现代有机反应

碳–氮键的生成反应
C-N Bond Formation

胡跃飞　林国强　主编

·北京·

本书根据"经典性与新颖性并存"的原则，精选了10种碳-氮键的生成反应。详细介绍了每一种反应的历史背景、反应机理、应用范围和限制，注重近年来的研究新进展，并精选了在天然产物全合成中的应用以及 5 个代表性反应实例；参考文献涵盖了较权威的和新的文献，有助于读者对各反应有全方位的认知。

本书适合作为有机化学及相关专业的本科生、研究生的教学参考书及有机合成工作者的工具书。

图书在版编目（CIP）数据

碳-氮键的生成反应/胡跃飞，林国强主编．—北京：化学工业出版社，2008.12 (2016.12 重印)
(现代有机反应：第二卷)
ISBN 978-7-122-03878-4

Ⅰ．碳… Ⅱ．①胡…②林… Ⅲ．碳化合物：氮化合物-有机合成-化学反应 Ⅳ.O621.3

中国版本图书馆 CIP 数据核字（2008）第 160075 号

责任编辑：李晓红　　　　　　　　装帧设计：尹琳琳
责任校对：陶燕华

出版发行：化学工业出版社（北京市东城区青年湖南街 13 号　邮政编码 100011）
印　　装：北京虎彩文化传播有限公司
720mm×1000mm　1/16　印张 26　字数 516 千字　2016 年 12 月北京第 1 版第 2 次印刷

购书咨询：010-64518888　　　　　　　售后服务：010-64518899
网　　址：http://www.cip.com.cn
凡购买本书，如有缺损质量问题，本社销售中心负责调换。

定　　价：128.00 元　　　　　　　　　　　　　　　　　版权所有　违者必究

序 一

翻开手中的《现代有机反应》，就很自然地联想到 John Wiley & Sons 出版的著名丛书 "Organic Reactions"。它是我们那个时代经常翻阅的一套著作，是极有用的有机反应工具书。而手中的这套书仿佛是中文版的 "Organic Reactions"，让我感到亲切和欣慰，像遇见了一位久违的老友。

《现代有机反应》全套 5 卷，每卷收集 10 个反应，除了着重介绍各种反应的历史背景、适用范围和应用实例，还凸显了它们在天然产物合成中发挥的重要作用。有几个命名反应虽然经典，但增加了新的内容，因此赋予了新的生命。每一个反应的介绍虽然只有短短数十页，却管中窥豹，可谓是该书的特色。

《现代有机反应》是在中国首次出版的关于有机反应的大型丛书。可以这么说，该书的编撰者是将他们在有机化学科研与教学中的心得进行了回顾与展望。书中收录了 5000 多个反应式和 8000 余篇文献，为读者提供了直观的、大量的和准确的科学信息。

《现代有机反应》是生命、材料、制药、食品以及石油等相关领域工作者的良师益友，我愿意推荐它。同时，我还希望编撰者继续努力，早日完成其余反应的编撰工作，以飨读者。

此致

周绍琮

中国科学院院士
中国科学院上海有机化学研究所
2008 年 11 月 26 日

序　二

美国的 "*Organic Reactions*" 丛书自 1942 年以来已经出版了七十多卷，现在已经成为有机合成工作者不可缺少的参考书。十多年后，前苏联也开始出版类似的丛书。我国自上世纪 80 年代后，研究生教育发展很快，从事有机合成工作的研究人员越来越多，为了他们工作的方便，迫切需要编写我们自己的"有机反应"工具书。因此，"现代有机反应"丛书的出版是非常及时的。

本丛书根据最新的文献资料从制备的观点来讨论有机反应，使读者对反应的历史背景、反应机理、应用范围和限制、实验条件的选择等有较全面的了解，能够更好地利用文献资料解决自己遇到的问题。在 "*Organic Reactions*" 丛书中，有些常用的反应是几十年前编写的，缺少最新的资料。因此，本书在一定程度上可以弥补其不足。

本丛书对反应的选择非常讲究，每章的篇幅恰到好处。因此，除了在科研工作中有需要时查阅外，还可以作为研究生用的有机合成教材。例如：从"科里氧化反应"一章中，读者可以了解到有机化学家如何从常用的无机试剂三氧化铬创造出多种多样的、能满足特殊有机合成要求的新试剂。并从中学习他们的思想和方法，培养自己的创新能力。因此，我特别希望本丛书能够在有机专业研究生的学习和研究中发挥自己的作用。

中国科学院院士
南京大学
2008 年 11 月 16 日

前　言

许多重要的有机反应被赞誉为有机合成化学发展路途中的里程碑，因为它们的发现、建立、拓展和完善带动着有机化学概念上的飞跃、理论上的建树、方法上的创新和应用上的突破。正如我们熟知的 Grignard 反应 (1912)、Diels-Alder 反应 (1950)、Wittig 反应 (1979) 和烯烃复分解反应 (2005) 等，就是因为对有机化学的突出贡献而先后获得了诺贝尔化学奖的殊荣。

有机反应的专著和工具书很多，从简洁的人名反应到系统而详细的大全巨著。其中，"*Organic Reactions*" (John Wiley & Sons, Inc.) 堪称是经典之作。它自 1942 年开始出版以来，到现在已经有 73 卷问世。而 1991 年出版的"*Comprehensive Organic Synthesis*" (B. M. Trost 主编) 是一套九卷的大型工具书，以 10,400 页的版面几乎将当代已知的重要有机反应涵盖殆尽。此外，各种国际期刊也经常刊登关于有机反应的综述文章。这些文献资料浩如烟海，是一笔非常宝贵的财富。在国内，随着有机化学研究和各种相关化学工业的飞速发展，全面了解和掌握有机反应的需求与日俱增。在此契机下，编写一套有特色的《现代有机反应》丛书，对各种有机反应进行系统地介绍是一种适时而出的举措。

根据经典与现代并存的理念，我们从数百种有机反应中率先挑选出 50 个具有代表性的反应。将它们按反应类型分为 5 卷，每卷包括 10 种反应。本丛书的编写方式注重完整性和系统性，以有限的篇幅概述了每种反应的历史背景、反应机理和应用范围。本丛书的写作风格强调各反应在有机合成中的应用，除了为每一个反应提供 5 个代表性的实例外，还增加了它们在天然产物合成中的巧妙应用。

本丛书前 5 卷共有 2210 页，5771 个精心制作的图片和反应式，8142 条权威和新颖的参考文献。我们衷心地希望所有这些努力能够帮助读者快捷而准确地对各个反应产生全方位的认识，力求能够满足读者在不同层次上的特别需求。从第一卷的封面上我们可以看到一幅美丽的图片：一簇簇成熟的蒲公英种子在空中飞舞着播向大地。其实，这亦是我们内心的写照，我们祈望本丛书如同是吹起蒲公英种子飞舞的那一缕煦风。

本丛书原策划出版 10 卷或 100 种反应，当前先启动一半，剩余部分将按计划陆续完成。目前已将第 6 卷的内容确定为还原反应。在现有的 5 卷出版后，我们也希望得到广大读者的反馈意见，您的不吝赐教是我们后续编撰的动力。

本丛书的编撰工作汇聚了来自国内外 19 所高校和企业的 39 位专家学者的努力和智慧。在这里，我们首先要感谢所有的作者，正是大家的辛勤工作才保证了本书的顺利出版，更得益于各位的渊博知识才使得本书更显丰富多彩。尤其要感谢王歆燕博士，她身兼本书的作者和主编秘书双重角色，不仅完成了繁重的写作和烦琐的联络事务，还完成了本书全部图片和反应式的制作工作。这些工作看似平凡简单，但却是本书如期出版不可或缺的一个环节。本书的编撰工作还被列为"北京市有机化学重点学科"建设项目，并得到学科建设经费（XK100030514）的资助，在此一并表示感谢。

最后，值此机会谨祝周维善先生和胡宏纹先生身体健康！

胡跃飞
清华大学化学系教授

林国强
中国科学院院士
中国科学院上海有机化学研究所研究员

目　录

贝克曼重排 ························ 1
(Beckmann Rearrangement)
王存德
扬州大学化学化工学院
扬州　225002
cundeyz@hotmail.com

费歇尔吲哚合成 ···················· 45
(Fischer Indole Synthesis)
唐锋
江苏先声药业(集团)有限公司
南京　210042
tangfeng@simcere.com

曼尼希反应 ························ 95
(Mannich Reaction)
付华
清华大学化学系
北京　100084
fuhua@mail.tsinghua.edu.cn

帕尔-克诺尔吡咯合成 ············· 135
(Paal-Knorr Pyrrole Synthesis)
朱永强
江苏先声药业(集团)有限公司
南京　210042
zhuyongqiang@simcere.com

皮克特-斯宾格勒反应 ············· 173
(Pictet-Spengler Reaction)
麻远
清华大学化学系
北京　100084
mayuan@mail.tsinghua.edu.cn

里特反应 ························ 209
(Ritter Reaction)
王歆燕
清华大学化学系
北京　100084
wangxinyan@mail.tsinghua.edu.cn

施密特反应 ························ 247
(Schmidt Reaction)
钟民
Presidio Pharmaceuticals, Inc.
San Francisco, CA 94158, USA
mzhong@presidiopharma.com

史特莱克反应 ······················ 291
(Strecker Reaction)
成昌梅
清华大学化学系
北京　100084
chengcm@mail.tsinghua.edu.cn

乌吉反应 ························ 327
(Ugi Reaction)
董汉清
OSI Pharmaceuticals, Inc., 1 Bioscience
Park Drive, Farmingdale, NY 11735, USA
hdong@osip.com

范勒森反应 ························ 373
(Van Leusen Reaction)
朱锐
清华大学化学系
北京　100084
zhu-r03@mails.tsinghua.edu.cn

贝克曼重排

(Beckmann Rearrangement)

王存德

1 历史背景简述 ·· 2
2 Beckmann 重排反应的定义和机理 ·· 2
   2.1 肟类化合物的立体化学 ··· 2
   2.2 Beckmann 重排反应的定义 ··· 3
   2.3 Beckmann 重排反应的立体化学 ··· 4
   2.4 Beckmann 重排反应的机理 ··· 5
3 Beckmann 重排反应的条件 ·· 7
   3.1 质子酸催化的 Beckmann 重排反应 ·· 7
   3.2 五氯化磷催化的 Beckmann 重排反应 ·· 10
   3.3 氯化亚砜、磺酰氯和酰氯催化的 Beckmann 重排反应 ···················· 12
   3.4 Lewis 酸催化的 Beckmann 重排反应 ··· 14
   3.5 有机小分子催化的 Beckmann 重排反应 ·· 17
   3.6 超临界水体系中的 Beckmann 重排反应 ·· 18
   3.7 离子液体中肟的 Beckmann 重排反应 ·· 19
   3.8 气相 Beckmann 重排反应 ··· 20
   3.9 固相 Beckmann 重排反应 ··· 20
   3.10 光 Beckmann 重排反应 ··· 22
   3.11 "一锅法" Beckmann 重排反应 ··· 23
4 Beckmann 重排反应的类型综述 ·· 25
   4.1 正常 Beckmann 重排反应 ··· 26
   4.2 非正常 Beckmann 重排反应 ··· 28
   4.3 生成 α-取代亚胺的 Beckmann 重排反应 ··································· 31
5 Beckmann 重排反应在天然产物合成中的应用 ·· 34
   5.1 (−)-2-Epilentiginosine 和 (−)-Lentiginosine 的全合成 ························ 34
   5.2 Swainsonine 的全合成 ··· 35
   5.3 (−)-Pumiliotoxin C 的全合成 ··· 36

5.4　Solenopsin A 的全合成 ·· 37

6　Beckmann 重排反应的实例 ··· 38

7　参考文献 ·· 40

1　历史背景简述

贝克曼重排 (Beckmann rearrangement) 是有机化学中重要的重排反应之一，它于 1886 年由德国著名有机化学家 Ernst Otto Beckmann 所发现。

Beckmann (1853-1923) 出生于德国小城索林根 (Solingen)。1875 年，他开始在莱比锡大学跟随 Hermann Kolbe 和 F. W. Ostwald 等著名化学家学习，并于 1878 年毕业。他先后在吉森大学 (1881)、埃朗根大学 (1892-1897) 和莱比锡大学 (1899-1912) 任教授。1912 年起，他担任柏林威廉皇家应用化学与药物研究所所长。

Beckmann 从莱比锡大学毕业后，首先作为病毒学家 Robert Otto 的助手从事有关卤化钡和铝盐等方面的药物化学工作。五年后，他又重新开始有机化学反应的研究工作，并于 1886 年发现酮肟在硫酸的作用下发生重排生成酰胺的反应。这就是现在被称为贝克曼重排的反应 (式 1)。

$$\underset{\text{Ph}}{\overset{\text{N-OH}}{\|}}\text{CH}_3 \quad \xrightarrow{\text{H}_2\text{SO}_4,\ 125\ ^\circ\text{C},\ 10\ \text{min}} \quad \text{Ph}\overset{\text{H}}{\underset{\text{O}}{\text{N}}}\overset{}{\underset{}{\text{C}}}\text{CH}_3 \qquad (1)$$

此外，Beckmann 还改进了在溶液中测定分子量的凝固点法 (1888 年) 和沸点法 (1889 年)。他发明了可准确到 0.001 $^\circ$C 的示差温度计，现在被称之为 "贝克曼温度计"。

2　Beckmann 重排反应的定义和机理

贝克曼重排反应自被发现至今，许多有机化学家对该反应进行了广泛和深入的研究，极大地丰富了该反应的内涵和拓展了该反应在有机合成中的应用。

2.1　肟类化合物的立体化学

肟类化合物通常可以由酮和醛与羟胺反应来制备 (式 2)。由于 C-N 双键的原因，肟有 Z- 和 E-异构体 (式 3)，但往往仅得到一种较稳定的优势异构体。

醛肟中 Z-构型一般不稳定，在酸性条件下很容易转变成较为稳定的 E-构型。例如：苯甲醛肟的 Z-构型异构体 (mp 35 °C) 在酸性醇溶液中就可顺利地转变成 E-构型异构体 (mp 132 °C) (式 4)。而不对称酮肟的优势异构体主要取决于两个基团的立体效应。

$$R^1R C=O + H_2NOH \longrightarrow R^1R C=NOH \quad (2)$$

$$PhCHO \xrightarrow[99\%]{H_2NOH \cdot HCl,\ NaOAc,\ EtOH,\ reflux,\ 15\ min} \underset{E\text{-苯甲醛肟}}{\overset{H}{\underset{Ph}{C}}=N\text{-}OH} + \underset{Z\text{-苯甲醛肟}}{\overset{H}{\underset{Ph}{C}}=N\text{-}OH} \quad (3)$$

$$\underset{Z\text{-苯甲醛肟}}{\overset{H}{\underset{Ph}{C}}=N\text{-}OH} \xrightarrow[92\%]{5\%\ HCl,\ EtOH,\ rt,\ 60\ min} \underset{E\text{-苯甲醛肟}}{\overset{H}{\underset{Ph}{C}}=N\text{-}OH} \quad (4)$$

2.2　Beckmann 重排反应的定义[1~11]

经典的 Beckmann 重排反应被定义为肟类化合物在酸作用下，经过分子内重排生成取代酰胺化合物的反应 (式 5)。

$$\underset{R}{\overset{R^1}{C}}=N\text{-}OH \longrightarrow \underset{R}{\overset{HO}{C}}=N\text{-}R^1 \longrightarrow R\overset{O}{\underset{}{C}}\text{-}N(H)R^1 \quad (5)$$

通常，浓硫酸、五氯化磷和 Beckmann 混合物 (氯化氢溶于乙酸和乙酐中的混合物) 被用作 Beckmann 重排反应中的酸催化剂。Beckmann 重排反应通常得到单一产物，在反应过程中表现为羟基和碳氮双键异侧邻位基团互换的高度选择性。最早的 Beckmann 重排反应机理研究认为，离去基团和迁移基团在反应过程中是协同进行的。

但是，随着研究的深入，人们发现有些肟在 Beckmann 重排试剂作用下并未转化成酰胺。例如：1889 年 Wallach 发现[12] 化合物 3,4,7,7-四甲基双环 [2.2.1] 庚-2-酮肟在重排条件下，得到了 1,2,2-三甲基-3-氰基环戊甲醛 (式 6)。随着愈来愈多类似反应的不断发现，1960 年后这类反应逐渐得到有机化学家的重视 (式 7)。为了区别于经典的 Beckmann 重排，它们被称为 "非正常 Beckmann 重排" ("abnormal" Beckmann rearrangement)。它们实际上由正常 Beckmann 重排生成的中间体引起的，所以从反应机理上又被称之为 "次级 Beckmann 重排" ("second order" Beckmann rearrangement)。由于非正常 Beckmann 重排产物从肟生成两个新的官能团或者两个新的分子，因此从产物形式上又称之为 "Beckmann 裂解" (Beckmann fragmentation)[13,14] (式 8)。

$$\text{(6)}$$

$$\text{(7)}$$

$$\text{(8)}$$

此外，肟及其磺酸酯在苯并三氮唑磺酸酯、有机铝、Grignard 试剂和氰基三甲基硅烷等参与的 Beckmann 重排反应中，会形成亚胺、亚胺硫醚或氰基亚胺等产物 (式 9)。

$$\text{(9)}$$

因此，广义的 Beckmann 重排反应应该包括三个部分：经典的 Beckmann 重排、正常 Beckmann 重排和非正常 Beckmann 重排。

2.3 Beckmann 重排反应的立体化学[4]

醛和不对称的酮形成的肟存在 Z- 和 E-两种异构体形式。理论上而言，发生 Beckmann 重排反应时肟羟基和邻基交换就有两种可能：同侧交换 (syn-) 和异侧交换 (anti-) (式 10)。

$$\text{(10)}$$

从 Beckmann 重排发现至 1921 年间，人们一直认为重排过程中肟羟基和邻基是同侧交换。Beckmann 曾经基于这个假设，根据重排产物酰胺的结构来推测母体肟化合物的构型。1921 年，Meisenheimer 通过对化合物 3,4-二苯基异噁唑的碳碳双键进行臭氧化反应，得到了化合物 (Z)-1,2-二苯基乙二酮-2-肟苯甲酸酯。然后，经小心水解去掉苯甲酰基，得到了构型确定的 (Z)-1,2-二苯基-1,2-乙二酮单肟。使用该肟和五氯化磷在无水乙醚中实施重排反应，结果得到的唯一重排产物是 2-羰基-N,2-二苯基乙酰胺 (式 11)。因此，Meisenheimer 认为

Beckmann 重排过程中肟羟基和邻基是异侧交换[15]。

$$\underset{\text{OH}}{\overset{\text{Ph}\quad\text{Ph}}{\underset{\|}{\text{C}}-\text{C}}}\xrightarrow[-78\ ^\circ\text{C, 30 min}]{\text{O}_3,\ \text{CH}_2\text{Cl}_2,\ \text{MeOH}}\underset{\text{OBz}}{\overset{\text{Ph}\quad\text{Ph}}{\text{C}=\text{C}}}\xrightarrow{\text{aq. NaOH}}$$

$$\underset{\text{OH}}{\overset{\text{Ph}\quad\text{Ph}}{\text{C}=\text{C}}}\xrightarrow{\text{PCl}_5,\ \text{ether}}\text{Ph-NH-C(O)-C(O)-Ph} \qquad(11)$$

当然有时候使用酸催化剂时，也会分离到一部分肟羟基和邻基同侧交换的重排产物，这可能是由于肟在重排发生之前部分构型在酸作用下发生了转变而造成的结果。

2.4 Beckmann 重排反应的机理[1~4,16]

2.4.1 经典的 Beckmann 重排反应机理

经典的 Beckmann 重排反应是一个非常典型的分子内重排反应。在酸性介质中，肟的羟基首先被质子化，使缺电子氮原子和肟羟基对位的邻基参与形成缺电子三环过渡态。然后，质子化的羟基很快重排到邻基碳原子上，同时三环过渡态破裂，新的氮-碳共价键形成。最后，质子化的羟基上去质子后经烯醇式异构成酰胺化合物 (式 12)。

$$\text{R}^1-\underset{\text{R}}{\overset{\|}{\text{C}}}=\text{N-OH}\xrightarrow{+\text{H}^+}\text{R}^1-\underset{\text{R}}{\overset{\|}{\text{C}}}=\text{N}^+\text{OH}_2\longrightarrow{}^+\text{R}^1\cdots\overset{\text{CR}}{\underset{\text{N}\cdots\text{OH}_2}{}}$$

$$\longrightarrow\underset{\text{R}}{\overset{\text{H}_2\text{O}^+}{\text{C}=\text{N-R}^1}}\xrightarrow{-\text{H}^+}\underset{\text{R}}{\overset{\text{HO}}{\text{C}=\text{N-R}^1}}\rightleftharpoons\underset{\text{H}}{\overset{\text{O}}{\text{R-C-N-R}^1}}\qquad(12)$$

Beckmann 重排反应过程中，迁移基团在迁移前后的立体构型始终保持不变[16,17]。因此，经典的 Beckmann 重排反应保持高度立体专一性。能够催化肟发生经典的 Beckmann 重排反应的试剂通常为：浓硫酸、五氯化磷和 Beckmann 混合物。

2.4.2 正常 Beckmann 重排反应机理

当使用稀硫酸和多聚磷酸等作为酸催化剂时，Beckmann 重排的产物大多不具有立体专一性。有别于经典的 Beckmann 重排反应，这些反应中的迁移基团有时是位于肟羟基的同侧，或者迁移基团的中心碳原子发生构型翻转等。很显然，这些反应可能有不同的反应机理。从肟的结构特征可以知道，质子酸或 Lewis 酸既可以进攻肟的氧原子，又可以进攻氮原子。

如果酸催化剂进攻氧原子就会促使肟羟基很快离去，反应则按照经典的 Beckmann 重排反应历程进行。如式 13a 所示：如果酸催化剂进攻氮原子，就会导致部分与肟羟基同侧的基团异构到与肟羟基异侧的位置，结果生成的重排产物结构正好和经典的 Beckmann 重排反应产物相反。

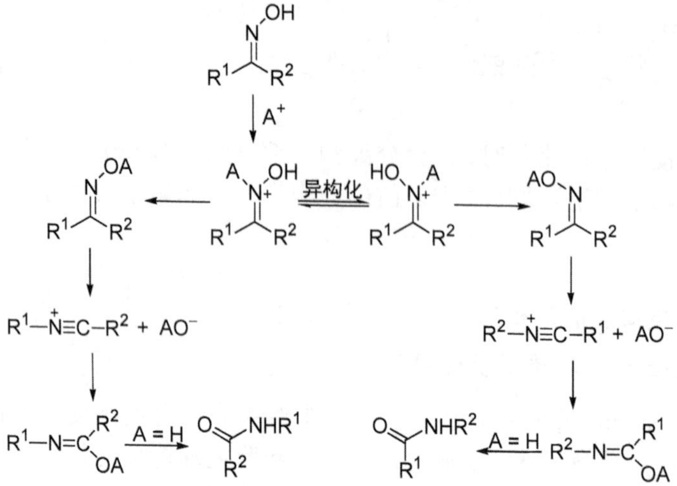

$$(13a)$$

如果有竞争性强的外源亲核试剂，它们会在氮-碳双键的碳原子上发生亲核加成而生成 α-取代的亚胺（式 13b）。如果发生分子内的 endo-亲核加成得到取代环内亚胺，而分子内 exo-亲核加成则得到取代环外亚胺（式 13c）。

$$(13b)$$

外源亲核试剂加成   外源亲核试剂加成

$$(13c)$$

分子内 endo-亲核加成   分子内 exo-亲核加成

2.4.3 非正常 Beckmann 重排反应机理

当肟的反位取代基具有较强的推电子能力时，它们在 Beckmann 重排反应条件下会发生非正常 Beckmann 重排反应。叔碳取代基或者带有羟基的叔碳取代基的肟是非正常 Beckmann 重排反应的主要底物类型，生成相应的烯-腈产物或者酮-腈产物。

如式 14 所示[18]：叔碳取代肟在质子酸作用下首先发生肟羟基的质子化。当质子化的肟羟基离去时，引起反位取代基照常发生碳-碳键的断裂生成碳正离子。但是，由于叔碳正离子比较稳定，并没有或者部分没有进攻氮负离子。因此，氮负离子片段转化为相应的腈。而叔碳正离子片段经过一个 α-氢的消去反应，形成相应的双键。如果被消去的 α-氢连接在碳原子上，则得到烯烃。如果被消去的 α-氢连接在氧原子上，则得到酮。

$$\underset{R}{\overset{R^1\,R^2}{X-\underset{|}{C}-C=N-OH}} \xrightarrow{H^+} \underset{R}{\overset{R^1\,R^2}{X-\underset{|}{C}-C=N-\overset{+}{O}H_2}} \longrightarrow \left[X-\overset{R^1}{\underset{R^2}{\overset{|}{C}^\oplus}} + R-C\equiv N \right] \quad (14)$$

$$\longrightarrow X'=\overset{R^1}{\underset{R^2}{C}} \quad X'=CH_2$$
$$X'=O$$

3 Beckmann 重排反应的条件

Beckmann 重排反应是有机合成路线设计中经常使用的一个重要反应。为了满足不同反应底物和构筑不同结构的目标化合物，已经研究和发展了许多类型的 Beckmann 重排试剂以及反应条件。

3.1 质子酸催化的 Beckmann 重排反应[1~3]

浓硫酸是最早和最常用于催化 Beckmann 重排反应的质子酸。用浓硫酸作催化剂时，一般无需另外的反应溶剂。但肟溶解到浓硫酸中会放热，保持低温可以防止肟发生碳化。通常是在冰浴条件下将肟溶解到一份浓硫酸中，然后将其滴加到另一份已预热到 120~130 ℃ 的浓硫酸中。在相同的温度下保持数分钟后，冷至 36 ℃ 以下。用浓氨水将反应体系中和至 pH = 6 后，用合适的溶剂（氯仿或者二氯甲烷等）萃取。最后通过常规的后处理就能获得收率在 50%~94% 的产物。有时为了避免反应太剧烈，可以通过控制比较低的反应温度和延长反应时间来获得满意结果[19](式 15)。

$$\text{(structure)} \xrightarrow[94\%]{H_2SO_4,\ 0\sim1\ ^\circ C,\ 80\ min} \text{(structure)} \quad (15)$$

在常规反应条件下，稀硫酸在催化肟的 Beckmann 重排的同时，也会促使肟和酰胺发生水解反应。但是，稀硫酸在微乳液介质中不会引起肟和酰胺的水解，因此可以有效地用来催化肟的 Beckmann 重排反应[20](式 16)。

$$\text{cyclohexanone oxime} \xrightarrow[78\%]{\text{H}_2\text{SO}_4\ (1.5\ \text{mol/L}),\ \text{SDS},\ 30\ ^\circ\text{C},\ 2\ \text{h}}\ \text{caprolactam} \qquad (16)$$

SDS = 十二烷基磺酸钠

为了改善肟在反应体系中的溶解度，有时使用乙酸作为反应溶剂[21]。除浓硫酸外，发烟硫酸和多聚磷酸 (PPA) 也常用于 Beckmann 重排反应[22,23]。和浓硫酸一样，使用它们可以避免反应过程中肟和酰胺的水解。多聚磷酸适合于催化那些对强酸敏感的反应底物 (式 17~式 19)[24]，二甲苯常作为该类反应的辅助溶剂[25,26]。

$$\text{(17)} \quad \xrightarrow[85\%]{\text{PPA, 115 }^\circ\text{C, 15 min}}$$

$$\text{(18)} \quad \xrightarrow[70\%]{\text{PPA, 115 }^\circ\text{C, 15 min}}$$

$$\text{(19)} \quad \xrightarrow[75\%]{\text{PPA, 115 }^\circ\text{C, 15 min}}$$

许多实验事实表明，多聚磷酸催化的 Beckmann 重排反应在机理上有别于浓硫酸。当多聚磷酸与具有 α-季碳的肟反应时，主要生成非正常 Beckmann 重排产物烯烃和腈。例如：肟 **1** 在多聚磷酸的作用下生成 98% 的两种烯烃的混合物[27] (式 20)。

$$\textbf{1} \xrightarrow[98\%]{\text{PPA, rt, 15 min}}\ n\text{-C}_3\text{H}_7\text{-HC}\!=\!\text{CH}_3\text{Ph}\ +\ n\text{-C}_4\text{H}_9\text{-C(=CH}_2)\text{Ph} \qquad (20)$$

有时这类反应具有很好的合成价值。如式 21 所示：多聚磷酸催化苯并环酮肟首先发生非正常 Beckmann 重排，生成烯烃和氰基。生成的烯烃接着在多聚磷酸催化下发生分子内 Friedel-Crafts 烷基化[28]，同时氰基发生水解，一步得到四氢萘酰胺。

$$\xrightarrow{\text{PPA, 125 }^\circ\text{C}}\ \xrightarrow[\text{75\% for 2 steps}]{\text{PPA, 125 }^\circ\text{C}} \qquad (21)$$

多聚磷酸的衍生物多聚磷酸三甲基硅酯 (trimethylsilyl polyphosphate, PPSE) 也是一个优秀的试剂[29]，在室温即可有效地催化 Beckmann 重排反应 (式 22)，反应底物中对酸敏感的基团不受影响。

$$\text{（式 22）}\quad \xrightarrow[63\%]{\text{PPSE}}$$

氯化氢溶于乙酸和乙酐生成的的混合溶液，通常称为 Beckmann 混合物，也是 Beckmann 重排反应的常用试剂[30]。在室温下，将氯化氢气体通入到肟的乙酸和乙酐混合溶液中数分钟后放置过夜，然后再加热回流 5 min。将反应混合物冷至室温后，倒入冰水中水解。最后，按照正常的后处理即可能获得理想收率的产物 (式 23)。

$$\text{（式 23）}\quad \xrightarrow[94\%]{\text{HCl }(g),\ \text{Ac}_2\text{O},\ \text{AcOH, rt, 12 h}}$$

在早期的 Beckmann 重排反应研究中，无水氟化氢也常用作催化剂。例如：在无水氟化氢催化下，环己酮肟苯酸酯和二苯甲酮肟苯酸酯发生 Beckmann 重排，分别生成 72% 的环己内酰胺和 90% 的 N-苯基苯甲酰胺[31]。

三氟乙酸也是 Beckmann 重排反应的良好催化剂，而且也兼作反应溶剂。使用三氟乙酸可以简化反应操作，但用量比较大限制了它的应用范围。如式 24 所示：在室温下先将肟溶解在一份三氟乙酸中，然后滴加到另一份沸腾的三氟乙酸中反应半小时。反应结束后，减压蒸去三氟乙酸，粗产物直接通过重结晶或减压蒸馏纯化得到纯净的重排产物。

$$\text{（式 24）}\quad \xrightarrow[91\%]{\text{CF}_3\text{CO}_2\text{H, 72~108 °C, 1 h}}$$

在去水试剂的存在下，有助于 Beckmann 重排反应生成裂解产物。当使用 DCC-DMSO 反应体系时，催化量的三氟乙酸在苯溶液中可以有效地催化甾体-17-酮肟 2 发生 Beckmann 重排反应。除了分离到正常 Beckmann 重排产物甾体-D-内酰胺 3 外，主要得到的是非正常 Beckmann 重排产物烯腈 4[32] (式 25)。1983 年，Ribeiro 等人[33]使用相同的反应体系，从 1-甲基雌甾-17-酮肟的反应中得到 80% 的非正常 Beckmann 重排产物。

10 碳-氮键的生成反应

[反应式 (25): 甾体-17-酮肟在 DMSO, DCC, TFA, PhH, 3 h 条件下重排生成化合物 3 (30%) 和 4 (61%)]

三氟乙酸在原甲酸三甲酯或原甲酸三乙酯的存在下，可以催化甾体-17-酮肟生成 70%~92% 的非正常 Beckmann 重排产物烯腈[34] (式 26)。

[反应式 (26): 甾体-17-酮肟在 TFA, CH(OCH$_3$)$_3$, THF, 60~70 °C, 2 h 条件下以 70%~92% 收率生成烯腈产物。R^1 = OAc, OBz, OMe; R^2 = H; R^3 = Me, H]

五氧化二磷和甲基磺酸 (MeSO$_3$H-P$_2$O$_5$) 混合试剂能够有效地促进肟的 Beckmann 重排反应。尽管实际的应用实例比较少，但能使二苯甲酮肟和环己酮肟重排分别得到 95% 的 N-苯基苯甲酰胺和 96% 的己内酰胺[35]。

氯磺酸在甲苯溶剂中可以高效率地催化芳酮肟的 Beckmann 重排反应，而对脂肪酮肟和脂环酮肟的 Beckmann 重排反应的催化活性和选择性都比较低[36]。

固载催化剂催化有机反应是有机化学的一个重要研究领域，固载酸和固载碱的研究特别引人关注。2001 年，Zolfigol[37] 首次使用氯磺酸和硅胶制得硅胶磺酸，在微波辐射下有效地催化肟的 Beckmann 重排反应。如式 27 所示：该反应具有反应速度快、选择性高和收率高等优点[38]。

[反应式 (27): 肟在 SiO$_2$-OSO$_3$H, acetone, MW, 2~6 min 条件下以 80%~93% 收率生成酰胺。R^1, R^2 = H, alkyl, aryl, heterocyclyl]

3.2 五氯化磷催化的 Beckmann 重排反应[39]

和浓硫酸一样，五氯化磷 (PCl$_5$) 也是最早和最常用的 Beckmann 重排反应催化剂之一。使用 PCl$_5$ 作为催化剂，可避免肟和酰胺的水解，也不会造成肟的构型发生转变。所以，在早期研究 Beckmann 重排反应的立体化学问题时，常选择 PCl$_5$ 作为催化剂。有时使用 PCl$_5$ 的同时，还添加少量的 POCl$_3$ 以改善反应[1]。通常是将过量的 PCl$_5$ 在冰浴下加入到肟的乙醚溶液中，然后在室温下反应数小时后倒入冰水中。最后，经常规的后处理即可得到重排产物。在无水乙醚作为反应溶剂的体系中用 POCl$_3$ 代替 PCl$_5$，也能获得相同的实验结果[40]。除了使用无水乙醚作溶剂外，THF、C$_6$H$_6$、C$_6$H$_5$CH$_3$、CHCl$_3$、二噁烷和石油醚等惰性溶剂也经常被用作该试剂的反应溶剂。

但是，使用过量的 PCl$_5$ 会造成反应操作和后处理比较麻烦。由于 PCl$_5$ 具有脱水性质，所以 α-季碳酮肟底物往往会得到非正常 Beckmann 重排产物（腈或腈水解的酰胺）以及从正碳离子衍生的化合物。例如：四氢吡喃的肟衍生物 **5** 在五氯化磷催化下，生成 69% 的非正常 Beckmann 重排产物腈 **6**[41]（式 28）。螺环-2-酮肟 **7** 在五氯化磷催化下，生成 92% 的非正常 Beckmann 重排产物腈 **8**[13]（式 29）。

$$\text{t-Bu} \underset{\mathbf{5}}{\overset{\text{N-OH}}{\diagup\!\!\!\diagdown}} \xrightarrow[69\%]{\text{PCl}_5, \text{Et}_2\text{O}, \text{rt}, 30 \text{ min}} \text{NC} \underset{\mathbf{6}}{\diagdown\!\!\!\diagup} \quad (28)$$

$$\underset{\mathbf{7}}{\text{螺环-N-OH}} \xrightarrow[92\%]{\text{PCl}_5, \text{PhH}, \text{rt}, 12 \text{ h}} \underset{\mathbf{8}}{\text{环己烯-CN}} \quad (29)$$

三卤化磷类似于五卤化磷，也能够有效地催化许多有机反应，如式 30 所示：三氯化磷不仅作为催化剂催化肟的 Beckmann 重排，而且还作为亲核试剂进攻 Beckmann 重排中间体缺电碳正离子，生成 α-胺基二膦酸[42]。

$$\underset{}{\overset{\text{N-OH}}{\diagup\!\!\!\diagdown}} \xrightarrow[51\%]{\text{PCl}_3, \text{PhMe}, \text{H}_2\text{O}, \text{rt}\sim110\,^\circ\text{C}, 30 \text{ min}} \underset{}{\text{环-NH-C(P(OH)}_2\text{)}_2} \quad (30)$$

此外，三卤化磷也能有效地催化 1,2-噁嗪化合物发生的 Beckmann 重排反应，生成取代四氢呋喃。根据重排反应产物的立体结构可以判定，离去基团和迁移基团在反应过程中是协同进行的[43]（式 31），该反应机理和五氯化磷催化肟的 Beckmann 重排反应的机理一样。

$$\text{MeO-Ph-} \overset{\text{N-O}}{\diagup\!\!\!\diagdown}\text{-CH}_2\text{OH} \xrightarrow[35\%]{\text{PBr}_3, \text{reflux}, 12 \text{ h}} \text{MeO-Ph-N=} \overset{\text{O}}{\diagup\!\!\!\diagdown} \text{-CH}_2\text{Br} \quad (31)$$

2007 年，Sardarian 等人[44]首次报道利用氯代磷酸二乙基酯和肟生成中间体二乙基亚磷酸肟酯，然后发生分子内重排反应。氯代磷酸二乙基酯是温和的

Beckmann 重排反应试剂。通常情况下,将该试剂与等倍量的肟在甲苯溶液中回流 20~120 min,几乎定量地得到 Beckmann 重排产物 (式 32)。该反应的机理如式 33 所示。

$$\text{(32)}$$

$$\text{(33)}$$

3.3 氯化亚砜、磺酰氯和酰氯催化的 Beckmann 重排反应

在无水乙醚、THF、C_6H_6、$C_6H_5CH_3$、$CHCl_3$、CCl_4、二噁烷和石油醚等惰性溶剂中,氯化亚砜 ($SOCl_2$) 也是 Beckmann 重排反应的温和催化剂[45](式 34)。

$$\text{(34)}$$

氯化亚砜也常用于带有对酸敏感基团肟的 Beckmann 重排反应[46](式 35)。如式 36 所示:4-三甲硅基苯乙酮肟若在硫酸作用下进行 Beckmann 重排反应,碳-硅键很容易断裂,而使用氯化亚砜催化剂就可以避免碳-硅键的断裂[47]。

$$\text{(35)}$$

$$\text{(36)}$$

用 $SOCl_2$ 催化邻基带有季碳的肟时,可以避免生成非正常 Beckmann 重排产物[48](式 37)。

$$\text{(37)}$$

和 SOCl$_2$ 相比，苯磺酰氯和对甲苯磺酰氯在 Beckmann 重排反应中的表现更为优秀。对于那些用浓 H$_2$SO$_4$、PCl$_5$ 和 Beckmann 混合物等试剂容易产生裂解的肟，用这些试剂可以获得较高收率的内酰胺。例如：用 PCl$_5$ 处理螺 [5.6] 十二-7-酮肟，得到的是非正常 Beckmann 重排产物 6-(环己烯基)己腈[13]（式 38）。而使用苯磺酰氯催化该反应时，则得到正常 Beckmann 重排产物内酰胺[49,50]（式 39）。

$$\text{(38)}$$

$$\text{(39)}$$

对甲苯磺酰氯催化杂环底物肟的 Beckmann 重排反应，能够获得比较理想的结果。如式 40 和式 41 所示：在碱性条件下，对甲苯磺酰氯催化 5-溴噻唑-2-乙酮肟 Beckmann 重排反应，可获得 86%~90% 的重排产物酰胺[51]；而若使用五氯化磷或 Lewis 酸 Yb(OTf)$_3$ 作为 Beckmann 重排反应催化剂，给出收率仅为 60% 的重排产物酰胺。

$$\text{(40)}$$

$$\text{(41)}$$

在使用对甲苯磺酰氯催化 Beckmann 重排反应时，一般是通过中间体肟磺酸酯在碱性条件下重排的。碱的选择非常重要，有时甚至会影响反应的历程。如式 42 所示：使用吡啶或三乙胺等有机碱时，主要生成内酰胺产物。但是，氢氧化钠则导致生成裂解产物[52]。这主要是由于氢氧根负离子是个强亲核试剂，很容易进攻羰基碳，促使双环断裂而形成氰基酸（式 43）。

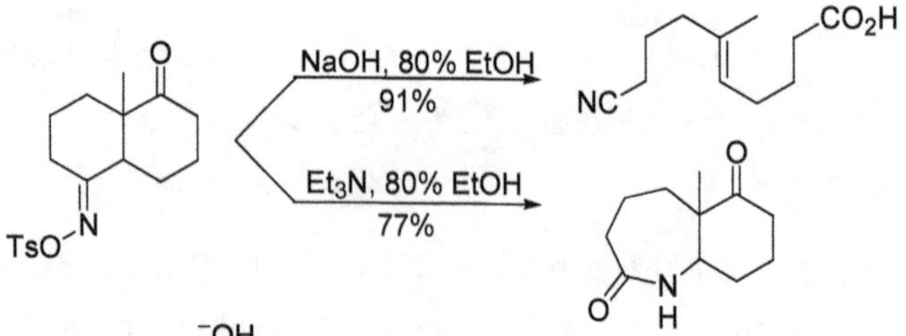

[化学反应式 (42)]

[化学反应式 (43)]

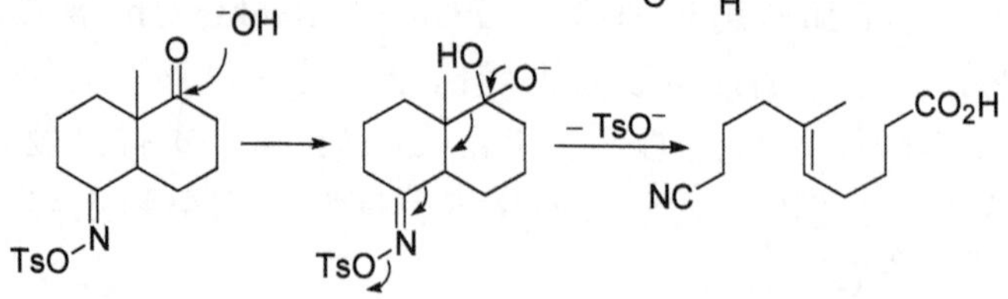

在催化肟 Beckmann 重排反应的试剂中，偶尔也使用酰氯[53~55]。

3.4 Lewis 酸催化的 Beckmann 重排反应[3]

三氟化硼 (BF_3) 作为一个重要的 Lewis 酸经常用于催化许多有机化学反应，对 Beckmann 重排反应也具有较好的催化作用 (式 44)。BF_3 对 Beckmann 重排反应的催化机理和质子酸相似，也是通过先形成氮正离子，再转移到氧原子上后形成三环过渡态而快速完成分子内的基团的迁移 (式 45)[56]。

BF_3 催化的 Beckmann 重排反应通常在乙酸溶剂中进行，偶尔也采用无水乙醚为溶剂。此外，BF_3 也能有效地催化肟甲基醚和乙酸酯的 Beckmann 重排反应[57]。

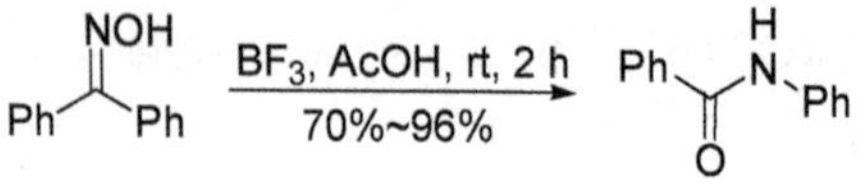

[化学反应式 (44)]

[化学反应式 (45)]

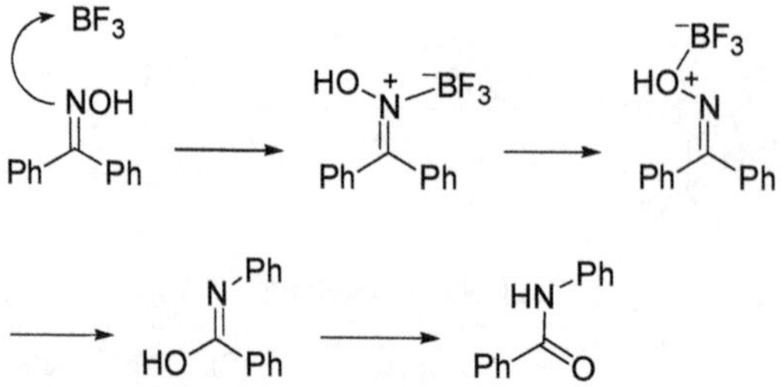

2000 年，Chandrasekhar 等人[58]改善了 BF_3 催化的反应条件。他们利用三氟化硼乙醚溶液 $BF_3·Et_2O$ 作用于肟的碳酸乙酯二氯甲烷溶液，在室温下反应 4~18 h 即可获得 70%~99% 的酰胺。

和 BF_3 催化剂一样，氯化铝也是有机反应中常用 Lewis 酸催化剂之一。在含水介质中，氯化铝能够和碘离子协同催化肟 Beckmann 重排反应，反应底物中对酸敏感基团不受影响[59](式 46 和式 47)。

$$\underset{Ph}{\overset{HO\diagdown N}{\parallel}}\underset{Ph}{\diagdown} \xrightarrow[82\%]{AlCl_3,\ KI,\ H_2O,\ CH_3CN,\ reflux,\ 6\ h} Ph\underset{H}{\overset{O}{\parallel}}N\diagdown Ph \qquad (46)$$

式 (47): AlCl$_3$, KI, H$_2$O, CH$_3$CN, reflux, 6 h, 72%

Lewis 酸对有机反应催化活性往往表现在多方面, 例如: 四氯化锡催化含有 γ-位双键的肟甲磺酸酯 Beckmann 重排反应的同时, 会促进双键参与分子内成环反应 (式 48)[60]。

式 (48): 1. SnCl$_4$, CH$_2$Cl$_2$, $-20\sim0\ ^\circ$C, 1 h; 2. DIBAH, CH$_2$Cl$_2$, 0 $^\circ$C, 1 h, 65%

Lewis 酸五氯化锑也能有效地催化 Beckmann 重排反应, 氯仿、四氯化碳和氯苯是该试剂常用的反应溶剂[61] (式 49)。

式 (49): SbCl$_5$, PhCl, 100 $^\circ$C, 2 h, 63%

稀土氯化物作为 Lewis 酸对许多有机反应都具有比较高的催化活性, 在温和条件下就能够有效地促进肟的 Beckmann 重排反应。但对于不同类型的肟化合物, 它们的催化活性有所差异。例如: 氯化钌对芳香酮肟的催化能力优于对脂肪酮肟的催化能力。在通常情况下, 芳香酮肟的重排产物收率可达 75%~92%, 而脂肪酮肟的重排产物收率仅为 50% 左右。芳香酮肟的芳环上有推电子基团时, 对重排反应有促进作用; 而带有拉电子取代基时, 重排反应的速度明显降低, 需要延长反应时间才能获得理想的收率。这可能是因为带有推电子基团的芳环更能够稳定重排过程中形成的氮正离子, 降低反应活化能, 从而在短时间内完成反应[62]。

此外, 一些金属三氟甲基磺酸盐也能够有效地促进肟的 Beckmann 重排反应。由于三氟甲基磺酰基的强烈拉电子效应, 使金属离子对肟羟基氧原子具有高度的亲和力。这样可以使肟羟基更容易离去, 从而加速了 Beckmann 重排反应的进行[63~66]。常用的三氟甲基磺酸盐包括 Ga(OTf)$_3$、Ln(OTf)$_3$、Yb(OTf)$_3$、Eu(OTf)$_3$、Sc(OTf)$_3$、Bi(OTf)$_2$ 和 Cu(OTf)$_2$ 等。

近来的研究表明, 将 Lewis 酸金属盐负载到二氧化硅、氧化铝或硅藻土上生成的试剂能够极大地改善其催化活性[67,68]。例如：使用硅藻土 K-10 负载的三氯化铁为催化剂，苯乙酮肟在甲苯中回流 5 min，即可得到 56% 的重排产物乙酰苯胺[69]；而单独使用三氯化铁或硅藻土 K-10，在甲苯中回流 8 h 可得到重排产物 71%。Lewis 酸金属盐不仅通过物理吸附在二氧化硅、氧化铝或硅藻土等上催化肟的 Beckmann 重排反应，而且还能够通过形成多核配位化合物催化肟的 Beckmann 重排反应[70]。

无溶剂有机反应已经成为绿色化学研究的重点，这类反应不仅节省反应溶剂和减少环境污染，而且还能够大大地提高反应效率。例如：催化量的三氯化铁和反应底物肟在一起研磨后再加热一定时间，能够很快生成 Beckmann 重排产物[71]。

高效、安全的微波技术在促进有机化学反应方面已得到广泛的应用，其中对无溶剂有机反应的改善效果尤其明显。Bosch 等人[72]将肟吸附于硅藻土 K-10，在无溶剂条件下进行微波辐射 10 min，得到 95% 的重排产物。Touaux 等人[73]将肟吸附于氧化铝上，在无溶剂条件下进行同样的反应，也取得了较为理想的结果。

在式 50 所示的反应中，使用氯化锌作为催化剂，在无溶剂条件下微波辐射 20 min 可以得到 92% 的苯甲酰胺[74]。但是，使用乙酸镍在中性条件下[75]或将肟吸附在硅胶上[76]，需要在二甲苯中回流 69 h 才能得到同样的结果。

$$Ph-CH=N-OH \xrightarrow[92\%]{ZnCl_2, MW, 20\ min} PhC(O)NH_2 \qquad (50)$$

在无水氯化锌催化下，邻羟基苯乙酮肟通过邻位羟基参与能够有效地直接转变成为 2-甲基苯并噁唑[74] (式 51)。

$$\text{2-HOC}_6\text{H}_4\text{C(CH}_3\text{)=NOH} \xrightarrow[86\%]{ZnCl_2, MW, 140\ ^{o}C, 20\ min} \text{2-methylbenzoxazole} \qquad (51)$$

氯化铟 (InCl$_3$) 也是一个 Beckmann 重排反应的温和催化剂[77]，反应底物中的杂环和酸敏感基团基本上不受到影响[78](式 52)。

$$\xrightarrow[86\%]{InCl_3, CH_3CN, reflux, 10\ min} \qquad (52)$$

3.5 有机小分子催化的 Beckmann 重排反应

有机小分子催化剂和反应底物在化学结构上有着相似相容的性质，因而催化剂和反应物分子很容易通过分子间范德华力结合在一起，促使许多有机反应的发生。现在，有机小分子催化的 Beckmann 重排反应也是有机化学反应研究的热点[79~81]。

2002 年，Luca 等人[82]首次将三聚氯氰引入到 Beckmann 重排反应的研究中。在室温下，等倍量的三聚氯氰和肟在 DMF 混合搅拌一定时间后，经常规后处理可得到 60%~100% 的酰胺产物（式 53）。反应机理研究认为，该反应首先通过三聚氯氰和 DMF 形成 Vilsmeier-Hack 类型的复合物。然后，再和肟羟基结合形成一个氧鎓正离子中间体而完成 Beckmann 重排反应。

R	R^1	反应时间/h	转化率/%
Ph	Me	6	100
o-HOPh	Me	12	75
m-HOPh	Me	6	100
p-HOPh	Me	6	80
o-O$_2$NPh	Me	12	60

2005 年，Yamamoto 和 Ishihara 等人[83]利用催化量的三聚氯氰来促进 Beckmann 重排反应，首次真正意义上实现了有机分子催化的 Beckmann 重排反应。使用 BOP-Cl 作为催化剂的实验结果表明：将 5%~10% 的催化剂在乙腈中加热回流 1 h，即可得到 94%~99% 的 Beckmann 重排产物。当使用氯化锌和 BOP-Cl 协同催化时，即使 BOP-Cl 的用量减少到 2 mol% 依然能够得到 99% 的收率[84]（式 54）。机理研究表明，反应通过由 BOP-Cl 和两分子肟参与形成复合物 A 而进行的（式 55）。

18 碳-氮键的生成反应

(55)

2008 年，Ishii 等人[79]首次利用六氯环三磷腈催化肟的 Beckmann 重排反应。在乙腈或六氟异丙醇溶剂中，0.3~1 mol% 的六氯环三磷腈可以将环己酮肟、环十二酮肟和芳基乙酮肟等定量地转化成酰胺。研究发现：六氯环三磷腈的催化作用类似于 BOP-Cl，较高的反应温度对反应有加速作用。

水合氯醛能够在中性条件下催化 Beckmann 重排反应，该反应非常适合于那些对酸敏感的底物。而且在真空状态下更有利于提高反应速率，10 Torr (1 Torr = 133.322 Pa) 时的反应速率是常压的 3~5 倍[80] (式 56)。

$$\underset{R}{\overset{OH}{\underset{\|}{N}}} \underset{R^1}{\overset{}{}} \xrightarrow[\text{67\%~98\%}]{\text{Cl}_3\text{CCH(OH)}_2,\ 10\ \text{Torr},\ 120\ ^\circ\text{C},\ 0.5\ \text{h}}_{\text{or 760 Torr, 120 }^\circ\text{C, 1.5~7.5 h}} \underset{R}{\overset{H}{\underset{}{N}}}\underset{O}{\overset{}{}}R^1 \quad (56)$$

R = Ph, R^1 = Me; R = Ph, R^1 = Et;
R = Ph, R^1 = Ph; R = 4-(MeO)C$_6$H$_4$, R^1 = Me
R = 4-tolyl, R^1 = Me; R = 4-ClC$_6$H$_4$, R^1 = Me
R = naphth-2-yl, R^1 = Me; R + R^1 = -(CH$_2$)$_5$-

3.6 超临界水体系中的 Beckmann 重排反应

绿色化学已经成为化学和化工研究的重要方向之一，使用超 (近) 临界流体作为环境友好的绿色化催化剂或者溶剂已经引起许多化学研究人员的兴趣。水的临界温度 T_c = 647 K，临界压力为 p_c = 22.1 MPa。当体系的温度和压力超过临界点时，称为超临界水 (supercritical water, scH$_2$O)。超临界水的物性类似于非极性的有机溶剂，具有较低的黏度，表现出溶剂化特征，能与非极性有机化合物以任意比例互溶[85]。以超临界水为环境友好溶剂，可以改变化学过程的相行为、扩散速率和溶剂化效应。它可以将传统溶剂条件下的多相反应变为均相反应，增大扩散系数、降低传质和传热阻力的效果。所以有利于扩散控制反应、控制相分离过程和缩短反应时间。在超临界水中，Beckmann 重排无需其它酸催化剂的存在也可以快速进行。在临界点附近加速效果尤其明显，已证实超临界水起到了有效替代传统酸催化剂的作用。如式 57 所示：Ikushima 等[86~88]报道了环己酮肟的水溶液在临界点温度范围内的 Beckmann 重排反应，在 400 °C、40 MPa、反应时间不到 1 s 的条件下，重排反应产物的选择性和转化率均接近 100%。Ikushima[89]、Boero[90]和 Yamaguchi[91]等对反应的机理进行了深入的研究认为：接近临界温度时，反应速率常数显著增大；但超过临界温度后，速率常数又明显降低。因为离子积 K_w 对反应速率影响很大，在 300～550 K 的温度范围内，水的离子积几乎增加了近 1000 倍，提供丰富的 H^+ 和 OH^-。这对于酸碱催化的反应特别有用，尤其是在超临界水中的某些酸碱催化反应。这些反应可以避免再加入常规的酸碱作为催化剂，免去了中和等后处理步骤。

$$\text{环己酮肟} \xrightarrow[\text{100 \%}]{\text{scH}_2\text{O, 400 °C, 40 MP, 1 s}} \text{己内酰胺} \tag{57}$$

3.7 离子液体中肟的 Beckmann 重排反应

在室温条件下离子液体中的有机化学反应也是绿色化学研究的主要内容之一。多数离子液体表现出中等极性有机溶剂的性质，极性相当于醇和两极非质子溶剂。例如：1-丁基-3-甲基咪唑六氟磷酸盐 [Bmim]PF_6 的极性大于乙腈而小于甲醇。许多情况下，离子液体在促进反应速度的同时，也提高了反应的选择性。这类反应不仅条件温和和无需反应溶剂，而且离子液体还可以反复循环使用。例如：使用催化量的 P_2O_5 和 Eaton's 试剂（7.7% P_2O_5 的甲基磺酸溶液），环己酮肟在 1,3-二烃基咪唑正离子的离子液体 bmiBF$_4$ 或者 bmiPF$_6$ 中发生 Beckmann 重排得到 95%~99% 的己内酰胺。在该反应中，P_2O_5 既是催化剂又是干燥剂，通过除去反应体系中的水而避免肟的水解[92,93]（式 58）。

$$\xrightarrow[\text{95\%~99\%}]{\text{P}_2\text{O}_5, \text{bmiPF}_6, \text{rt, 16~21 h}} \tag{58}$$

在离子液体中进行的 Beckmann 重排反应中，PCl$_5$ 也是很好的催化剂。如式 59 和式 60 所示：使用催化量的离子液体 RTIL 和催化量的 PCl$_5$，可以在温和条件下协同催化肟的 Beckmann 重排[94]。

$$\text{Ph-C(=NOH)-CH}_3 \xrightarrow[\text{69\%~85\%}]{\text{RTIL (20 mol\%), PCl}_5 \text{ (20 mol\%), 80 °C, 3 h}} \text{PhNHC(=O)CH}_3 \tag{59}$$

使用离子液体 $BPyBF_4$ 和 PCl_5 共同促进环己酮肟的 Beckmann 重排，转化率接近 100%。离子液体也可以和多聚硼酸一起使用，并显示出具有较强的反应选择性[95]。

通过对离子液体进行官能团化，可以使离子液体负载上合适的催化剂。这样，就可以使用单一的体系来促进肟的 Beckmann 重排。例如：将离子液体中的 2-甲基咪唑、吡啶或三苯基膦进行磺酰氯化后，可以直接用于环己酮肟 Beckmann 重排反应[96,97] (式 61)。

3.8 气相 Beckmann 重排反应

己内酰胺是合成高分子材料尼龙-6 的重要单体，传统的制备方法是用浓硫酸催化环己酮肟的 Beckmann 重排反应。但是，该方法会产生大量副产物，既污染环境又腐蚀设备。为了克服这些缺点，人们研究使用在气相条件下催化环己酮肟的 Beckmann 重排反应。如式 62 所示[103]：使用分子筛或者氧化物负载的催化剂[98~102]，肟的转化率可以达到 97%~100%。

3.9 固相 Beckmann 重排反应[104]

组合化学已成为合成大批量样品和快速优化反应条件的重要工具，而固相反应则是组合化学所研究的重要内容。文献 [65] 报道：三氟乙酸在二氯甲烷溶液中能够有效地催化肟的碳酸酯进行 Beckmann 重排 (式 63)。其反应机理研究表明：在重排过程中迁移基团迁移的同时，碳酸苄酯以释放二氧化碳和苄醇离开。因此，通过肟的羟基形成碳酸酯就可以连接到树脂上进行反应 (式 64)。

	R^1	酯	酰胺
a	Ph	Me	80%	60%
b	Ph	Ph	85%	75%
c	-(CH$_2$)$_5$-		80%	60%
d	p-IC$_6$H$_4$	Me	75%	63%
e	p-PhC$_6$H$_4$	Me	53%	56%
f	p-MeC$_6$H$_4$	Et	48%	70%
g	p-BrC$_6$H$_4$	Et	52%	85%
h	n-Bu	n-Bu	65%	70%
I	Bn	Bn	45%	94%

肟通过咪唑树脂连接到固相载体上后用三氟乙酸的二氯甲烷溶液处理，在发生 Beckmann 重排的同时，产物也从固相载体离开，顺利获得酰胺 (式 65)。

R = Ph, R^1 = Ph, 95%; R = 4-I-Ph, R^1 = Me, 85%
R + R^1 = -(CH$_2$)$_5$-, 85%; R = R^1 = n-Bu, 51%
R = 4-Ph-C$_6$H$_4$, R^1 = Me, 95%; R = 4-Br-C$_6$H$_4$, R^1 = Et, 73%
R = 4-Me-C$_6$H$_4$, R^1 = Et, 95%,

使用硼酸的高聚物 (Metaboric acid) (式 66) 在无溶剂条件下促进酮肟的 Beckmann 重排，已显现出固相反应的巨大优点。Chandrasekhar 等人[105]将酮肟直接吸附在聚硼酸上，加热到反应需要的温度，即能够顺利完成 Beckmann 重排，后处理用溶剂简单萃取即可获得重排产物 (式 67)。如式 68 所示：聚硼酸对肟的 Beckmann 重排催化机制和三氟化硼相似。该方法较适合芳酮肟的 Beckmann 重排，对脂环酮肟仅得到中等产率的重排产物。而聚硼酸催化醛肟 Beckmann 重排生成含有腈和酰胺的混合物，因而没有实际应用价值。

$$n\,B(OH)_3\ (\text{Boric acid}) \xrightarrow{100\ ^\circ C} (HBO_2)_n\ (\text{Metaboric acid}) \qquad (66)$$

$$\underset{R\ \ R^1}{\overset{N-OH}{\|}} + (HBO_2)_n \xrightarrow[62\%\sim 92\%]{130\sim 145\ ^\circ C,\ 7\sim 42\ h} \underset{O}{\overset{H}{R-N}}\!\!-\!\!\overset{}{C}\!\!-\!\!R^1 \qquad (67)$$

$$(68)$$

3.10 光 Beckmann 重排反应

如式 69 所示[106]: 苯甲醛肟在光照下，肟首先生成中间体噁啶。然后，经氢原子迁移给出 Beckmann 重排反应产物苯甲酰胺。由于氢原子迁移能力优于芳基，因而芳醛肟的光 Beckmann 重排反应仅得到芳基甲酰胺，但反应转化率比较低。

$$(69)$$

在光照下，3β-乙酰氧基雄甾-17-酮肟 (脂环酮肟) 经 Beckmann 重排可以得到两种内酰胺的异构体[107]，但没有分离到裂解产物 (式 70)。

$$(70)$$

和传统的 Beckmann 重排反应相比，光促进肟重排反应可以避免发生非正常 Beckmann 重排反应等副反应[108] (式 71)。

$$\text{(71)}$$

但是，光反应对于不对称酮肟作底物缺乏立体选择性，一般得到不同酰胺的混合物。所以，光反应仅仅用于反应机理的研究，而不具有制备意义。例如：2,2-二甲基环己酮肟在噻唑溶剂中被二氯亚砜催化发生 Beckmann 重排反应，只生成具有高度立体选择性的内酰胺 **9** (式 72)。但是，同样反应在光照下得到是两种内酰胺 (**9** 和 **10**) 的混合物[108,109] (式 73)。

$$\text{(72)}$$

$$\text{(73)}$$

3.11 "一锅法" Beckmann 重排反应

在 "一锅法" Beckmann 重排反应中，底物酮和羟胺盐在催化剂作用下首先生成肟，不经分离接着发生 Beckmann 重排反应。例如：在无溶剂条件下，氧化锌能够有效地连续催化酮的成肟反应和 Beckmann 重排反应。如式 74 所示[110]：氧化锌首先作为缚酸剂吸收反应过程中释放出的氯化氢促进酮肟的生成。然后，氧化锌与氯化氢反应生成的氯化锌作为 Lewis 酸催化酮肟发生 Beckmann 重排反应。

$$\text{(74)}$$

R = Ar, Alkyl; R^1 = Ar, Alkyl, H

在 "一锅法" Beckmann 重排反应中，离去基团和迁移基团也是反式协同进行的。芳醛一般转化成芳基甲酰胺，是因为芳醛在氧化锌催化下主要生成 Z-肟。在该 Beckmann 重排反应中，邻、对位取代芳醛的反应活性要高于间位取代的芳醛[111]。同样，二氧化钛或氧化铝-甲磺酸等试剂也能够催化底物酮的 "一锅法" Beckmann 重排反应。

1995 年，Naradaka[112]利用 Bu$_4$NReO$_4$-CF$_3$SO$_3$H-CH$_3$NO$_2$ 体系顺利地实现了从酮 "一锅法" 合成酰胺 (式 75)。该反应体系适合于简单的脂环酮肟和饱和脂链酮肟等反应底物，而当反应底物含有 β-芳基或不饱和键时，会诱发肟离去基团形成的中间体进攻芳环或不饱和键发生亲电取代反应[113]。

$$\text{(式 75)}$$

而 Krow 和 Szczepanski[114,115]使用羟胺-O-磺酸处理酮，也可以直接发生"一锅法"Beckmann 重排反应。该反应通过羟胺-O-磺酸对羰基的亲核加成形成同碳的胺-醇中间体，然后直接发生分子内重排成酰胺（式 76 和式 77）。

$$\text{(式 76)}$$

$$\text{(式 77)}$$

1996 年，Elliott 等人[116]利用羟胺-O-磺酸和 2,3,8,9-四甲氧基-5,6,11,12-四氢二苯并 [a,e] 环辛烯-5-酮 "一锅法" 反应，直接获得大环酰胺化合物。如式 78 所示：该反应在甲酸溶液中回流 3 h 可以得到 54% 的产物，而在 DMF 溶液中回流 35 min 则可以得到 72% 的产物。实验结果表明：较高的反应温度有利于重排反应的发生。另外，该反应具有高度立体选择性，重排反应后仅获得芳环迁移的产物。说明在反应过程中，芳基的迁移能力比脂肪类基团迁移能力强[117]。

$$\text{(式 78)}$$

而当反应底物为 1,2-二酮时，使用羟胺-O-磺酸和甲酸反应体系也能够"一锅法"获得非正常 Beckmann 重排产物[118]（式 79）。

$$\text{(式 79)}$$

草酸是一个较强的有机酸，常常作为辅助试剂参与许多有机反应。Chandrasekhar[81]等将过量的无水草酸与酮和盐酸羟胺生成的混合物在无溶剂条件下在 100~110 °C 加热 4~12 h，"一锅法" Beckmann 重排产物的产率可以达到 60%~96% (式 80)。

$$\underset{R}{\overset{O}{\|}}\underset{R^1}{C} + H_2NOH \cdot HCl + (CO_2H)_2 \xrightarrow[60\%\sim96\%]{100\sim110\ ^\circ C,\ 4\sim12\ h} \underset{R}{\overset{O}{\|}}\underset{N-R^1}{C}\underset{H}{} \quad (80)$$

R = Ph, H, Me, PhCH$_2$; R^1 = p-MeOPh, Naphth-2-yl, Ph, PhCH$_2$

在上述反应中，草酸和盐酸羟胺首先形成了草酸单酯。随后，羟胺草酸单酯和酮发生亲核加成得到肟的草酸单酯。最后，草酸单酯很快分解释放出二氧化碳、一氧化碳，同时发生 α-取代基迁移完成重排过程 (式 81)。

$$Cl^-H_3\overset{+}{N}-OCOCO_2H \underset{+HCl}{\overset{-HCl}{\rightleftharpoons}} [H_2N-OCOCO_2H] \xrightarrow{\underset{R^1}{\overset{R}{\|}}\underset{}{C=O}} \underset{R}{\underset{R^1}{\|}}C=N-OCOCO_2H$$

$$RCONHR^1 \longleftarrow \left[R^1-N \overset{OH}{=} \underset{R}{} \right] \xleftarrow{-CO,\ -CO_2} \left[\text{环状过渡态} \right] \quad (81)$$

利用酮的"一锅法"反应可以减少反应的操作步骤和节约生产成本，因而愈来愈受到工业界的青睐。Raja 等人[119]利用钴锰铝磷杂多酸分子筛作催化剂，在液相体系中使用氧气和氨完成了环己酮的"一锅法"Beckmann 重排反应。研究表明：氧气和氨在杂多酸的内核中心原子上经 Brønsted 酸催化首先生成羟胺化合物；然后，对环己酮进行肟化；最后再经过钴锰铝磷杂多酸分子筛催化发生 Beckmann 重排反应。

4 Beckmann 重排反应的类型综述

反应机理研究表明： Beckmann 重排反应首先是肟的羟基或肟酯的酯基离去生成亚胺正离子，并诱导 α-碳相连的共价键发生断裂。如果 α-碳原子在共价键断裂时直接迁移到氮原子上，则形成酰胺或亚胺等正常 Beckmann 重排产物 (如果受到外源亲核试剂的进攻会获得胺类化合物)。若 α-碳原子是一个烷基取代的季碳原子，与其相连的共价键断裂后可以生成稳定的叔碳正离子。如果叔碳正离子与任何 β-碳原子上的氢发生消去生成烯，亚胺正离子也被转化成氰基。

这时，则形成烯腈非正常 Beckmann 重排产物。

4.1 正常 Beckmann 重排反应

使用浓硫酸、三氟乙酸、五氯化磷、氯化氢、甲基苯磺酰氯等作为酸催化剂时，肟倾向于发生分子内重排，生成正常 Beckmann 重排产物取代酰胺。

通常构型稳定的肟在催化剂作用下，在肟羟基反位的 α-取代基都能够顺利地迁移到氮原子上生成取代酰胺。许多时候，可以根据肟的结构推测出重排产物酰胺的结构。例如：对甲基苯乙酮肟在五氯化磷催化下被转化成乙酰对甲基苯胺，基团迁移严格按照经典 Beckmann 重排反应的规则（式 82）。

$$\text{(82)}$$

基于经典的 Beckmann 重排反应具有高度立体化学专一性，因而该反应被用于许多不对称的有机合成中。如式 83 所示[120]：利用手性 α,α-二取代-β-酮酸酯肟化合物的 Beckmann 重排反应，能够高度立体化学专一性地合成各种天然和非天然的氨基酸化合物。

$$\text{(83)}$$

但有些质子酸在催化肟的 Beckmann 重排反应中却缺乏立体专一性。例如：2-戊酮肟甲基苯磺酸酯在有些质子酸和非质子酸条件下就得到了具有不同立体选择性的 Beckmann 重排产物[82]（式 84）。

$$\text{(84)}$$

上述结果表明：在有些质子酸作用下，2-戊酮肟甲基苯磺酸酯的 E/Z-异构体混合物和 Z-构型化合物发生的 Beckmann 重排是通过 2-戊酮肟甲基苯磺酸酯的 E-构型进行的。而 Z-构型 2-戊酮肟甲基苯磺酸酯在非质子酸氧化铝催化下，完成了经典的 Beckmann 重排反应，获得具有立体专一的重排产物。

有许多实验结果表明：在有些质子酸催化的肟 Beckmann 重排中，基团的离去和基团的迁移不是协同的。例如：使用多聚磷酸对肟 Beckmann 重排，它所表现出来的反应现象有别于浓硫酸对肟的 Beckmann 重排。如式 85 和式 86 所示：肟 **11** 和 **12** 经多聚磷酸作用分别获得酰胺 **13** 和 **14**。而当肟 **11** 和 **12** 混合以后再进行 Beckmann 重排时，除酰胺 **13** 和 **14** 外，还得到了交叉的酰胺 **15** 和 **16** (式 87)。它们可能是由肟 **11** 和 **12** 先行裂解后形成的苯腈、乙腈、苯异丙基正离子和叔丁基正离子再结合的产物[121]。这些事实说明：基团的离去和基团的迁移不是协同进行的，而是经历了一个裂解和重组的过程。这就违背了经典 Beckmann 重排中基团的离去和基团的迁移必定同时进行的准则。

1962 年，Hill 和 Chortyk[122]发现使用对甲苯磺酰氯、硫酸或多聚磷酸催化同一反应底物 1-(顺十氢萘-4a-)乙酮肟进行 Beckmann 重排时，可以得到两个不同的重排产物。使用对甲苯磺酰氯，得到的是符合经典 Beckmann 重排反应规则的产物 N-(顺十氢萘-4a-)乙酰胺 (式 88)。而使用硫酸或多聚磷酸，则形成了立体化学不符合 Beckmann 重排反应规则的产物 N-(反十氢萘-4a-)乙酰胺 (式 89)。

机理研究表明：使用质子酸硫酸或多聚磷酸催化该反应底物时可能形成中间体碳正离子和腈。随后，它们之间又发生了 Ritter 反应，从而得到了构象稳定的重排物 (式 90)。

$$\text{(90)}$$

因此，根据肟的结构推测重排产物酰胺的结构就显得比较困难了。但通过对反应条件分析，可以知道使用非质子酸催化剂一般不会导致重排产物酰胺构型的翻转。当使用质子酸催化剂时，产物的立体化学主要取决于酰胺构型的稳定性。

4.2 非正常 Beckmann 重排反应[12,27,28,32~34,39,40,123]

对反应底物的化学结构分析可以看到：肟的邻位迁移基团具有羰基、羟基、季碳原子或者张力环[124]等结构特征时，在反应过程中很容易形成稳定的缺电子中间体。从而导致迁移基团不能迁移到肟的氮原子上，而生成非正常 Beckmann 重排反应产物[125~131]。如式 91[17]所示，酮肟 17 在五氯化磷催化下，获得 70.2% 的非正常 Beckmann 重排反应产物烯腈 18 和 19。反应物酮肟 17 由于存在张力环，在催化剂作用下很快形成稳定的氰基叔碳正离子 20。随后，通过消去 α-氢而生成烯腈 18 和 19 (式 92)。

$$\text{(91)}$$

$$\text{(92)}$$

最早，非正常 Beckmann 重排反应只是作为正常 Beckmann 重排反应的副反应被报道。通常在使用多聚磷酸、五氯化磷、五氧化二磷和对甲苯磺酰氯等催化剂催化邻位具有季碳结构或环状结构的肟时，会分离到一定量的非正常 Beckmann 重排反应产物烯腈化合物。例如：(3β,5α)-3-乙酰氧基雄甾-17-酮肟在吡啶中被对甲苯磺酰氯催化，生成 78% 的 D-内酰胺和 21% 的非正常 Beckmann 重排反应产物[132] (式 93)。

后来，非正常 Beckmann 重排反应的双官能团烯-腈产物在有机合成中的应用受到了重视。通过对实验程序的改进，可以大大地提高非正常 Beckmann 重排的选择性 (式 94 和式 95[133])。

如式 96 所示：使用 DMSO-DCC-TFA 反应体系，1-甲基雌甾-17-酮肟在无水苯溶剂中可以高度立体选择性地得到非正常 Beckmann 重排的环外烯-腈产物[33]。而当该反应体系作用于非甾体环酮肟时，却难以获得立体选择性的环外烯-腈产物。

通过对五氯化磷催化的非正常 Beckmann 重排反应机理研究发现：在比较

低的反应温度下,有利于生成具有高度立体选择性的环外烯-腈产物[134] (式 97)。

$$\text{(97)}$$

而当肟的 α-位连有其它取代基时,经非正常 Beckmann 重排后得到多官能团的腈化合物。例如:当肟的 α-位被卤素取代,经非正常 Beckmann 重排后得到二卤代的腈化合物[135] (式 98)。

$$\text{(98)}$$

α-位有羟基或羰基的肟,经质子酸催化通常获得非正常 Beckmann 重排裂解产物酮或羧酸 (式 99[14] 和式 100[136])。

$$\text{(99)}$$

$$\text{(100)}$$

如式 101 和式 102 所示:α-位有缩酮的肟经重排后得到氰基羧酸酯[137,138],而 α-位有羧酸基的肟经重排后则得到腈[139] (式 102)。

$$\text{(101)}$$

$$\text{(102)}$$

当 α-位有烷氧基取代的环酮肟乙酸酯在三烷基铝作用下进行非正常 Beckmann 重排时,三烷基铝中的烷基会进攻反应中生成的碳正离子,生成烷基取代的氰基-醚产物[140] (式 103)。

$$\text{(structure)} \xrightarrow[79\%]{\text{Me}_3\text{Al, CH}_2\text{Cl}_2, 0\ ^\circ\text{C, 4 h}} \text{(structure)} \qquad (103)$$

在上述反应条件下，α-烷氧基取代的环酮肟苄基醚也发生非正常 Beckmann 重排。但是，反应中生成的碳正离子受到离去基团苄氧基负离子的进攻生成了缩醛产物 (式 104)。

$$\text{(structure)} \xrightarrow[54\%]{\text{Me}_3\text{Al, CH}_2\text{Cl}_2, 0\ ^\circ\text{C, 4 h}} \text{(structure)} \qquad (104)$$

4.3 生成 α-取代亚胺的 Beckmann 重排反应

肟的磺酸酯在有机铝、Grignard 试剂和氰基三甲基硅烷等参与的 Beckmann 重排反应中，会形成亚胺、亚胺硫醚或氰基亚胺等产物。这主要是因为在这些试剂中，R^-、RS^- 或 ^-CN 等亲核能力强于反应底物中的离去基团 MsO^- 或 TsO^-。一旦反应中的缺电子中间体形成后，R^-、RS^- 或 ^-CN 等很快会与之发生亲核加成，生成各类取代亚胺。但由于亚胺不稳定，通常不经分离而直接被还原成为取代仲胺产物 (式 105)[141]。

$$\text{(structure)} \xrightarrow[55\%]{\substack{1.\ (n\text{-Pr})_3\text{Al, ClCH}_2\text{CH}_2\text{Cl, 80}\ ^\circ\text{C, 10 min} \\ 2.\ \text{DIBAH, 0}\ ^\circ\text{C, 60 min}}} \text{(structure)} \qquad (105)$$

使用 β-苯基取代的肟为反应底物时，重排中形成的碳正离子还会作为亲电试剂进攻苯或苯乙烯形成 3,4-二氢异喹啉产物。例如：4-苯基-2-丁酮肟在 P_2O_5 和 $POCl_3$ 混合催化剂的作用下，重排生成 1-甲基-3,4-二氢异喹啉[142] (式 106 和式 107)。

$$\text{(structure)} \xrightarrow[45\%]{P_2O_5,\ POCl_3} \text{(structure)} \qquad (106)$$

$$\text{(structure with mechanism)} \qquad (107)$$

β-乙烯基取代或 β-苯乙烯基取代的肟也可以发生相同的反应[143,144] (式 108 和式 109)，生成多取代环戊亚胺化合物。

$$\text{(108)}$$

$$\text{(109)}$$

4.3.1 Grignard 试剂参与的 Beckmann 重排反应

早在 1933 年，Hoch[145]就已经研究了 Grignard 试剂参与 Beckmann 重排反应。通常情况下，Grignard 试剂首先促使肟发生 Beckmann 重排反应。随后，Grignard 试剂很快和 Beckmann 重排产物酰胺发生亲核加成得到酮和胺[146] (式 110)。

$$\text{(110)}$$

在 Grignard 试剂催化肟磺酸酯的 Beckmann 重排反应中，首先形成一个具有碳氮三键的氮正离子。然后，Grignard 试剂亲核加成得到取代的亚胺。亚胺接着发生还原反应或者与第二个 Grignard 试剂再次发生亲核加成反应，最后得到 α-取代胺 (式 111) 或 α,α-二取代胺[147] (式 112)。

$$\text{(111)}$$

$$\text{(112)}$$

该方法对大环肟的催化效果优于对小环。例如：在 0~25 °C 反应 1 h，六员以上的环肟可得到 80% 以上的产率，而五员环仅得到 36% 产率。该反应需要使用无水甲苯作为反应溶剂，使用乙醚和二氯甲烷的混合溶剂不能改善该反应，而单纯使用乙醚或四氢呋喃则不利于该反应的进行。

1983 年，Yamamoto 等人[148]利用碘代三甲基硅烷或碘化二乙基铝诱导肟的衍生物发生 Beckmann 重排反应，生成碘代亚胺中间体。接着再用 Grignard 试剂处理，直接得到了 α-苯基取代的胺 (式 113)。

[环己酮肟甲磺酸酯] $\xrightarrow{\text{Me}_3\text{SiI, CH}_2\text{Cl}_2, 0\sim15\ ^\circ\text{C, 15 min}}$ [碘代七元环亚胺中间体]

$\xrightarrow[\text{81\%}]{\substack{\text{1. PhMgBr, }-20\ ^\circ\text{C, 2.5 h} \\ \text{2. DIBAH/DCM, 20}\ ^\circ\text{C, 1 h}}}$ [2-苯基氮杂环庚烷] (113)

2-取代-5H-苯并环庚烯-5-酮肟的甲磺酸酯在 Grignard 试剂诱导下发生 Beckmann 重排反应后，再与 Grignard 试剂发生亲核加成可以得到苯并吗吩烷类镇痛药的母体环。这种方法已经成为合成苯并吗吩烷类镇痛药时最常用的策略[149] (式 114)。

反应条件: ArMgBr, PhMe, −20~0 °C, 1 h, 40%~93%   (114)

	R	Ar	21	22
1	OCH$_3$	p-MePh	93%	0
2	OCH$_3$	Ph	91%	0
3	OCH$_3$	p-FPh	92%	0
4	CH$_3$	p-MePh	67%	27%
5	H	p-MePh	45%	49%

研究结果表明：上述反应受底物中 R 基的影响很大。当 R 基为 OCH$_3$ 时，只生成 Beckmann 重排产物。当 R 基为 CH$_3$ 或 H 时，除了得到重排产物外，还分离到未重排的肟甲磺酸酯被 Grignard 试剂取代的产物。如式 115 所示：甲磺酸基离去形成碳正离子是控制整个反应的关键步骤，过渡态 **23** 的稳定性受到芳环上取代基的电子效应影响。当 R 基为具有强供电子效应的 OCH$_3$ 时，就能够使得过渡态更稳定，有利于 Beckmann 重排反应的发生。所以，R 基对该反应的影响次序为：CH$_3$O- > CH$_3$- > H-。此外，Grignard 试剂的亲核能力对反应也有一定影响，影响次序为：p-CH$_3$PhMgBr > PhMgBr > p-FPhMgBr。

[反应式] $\xrightarrow{-\text{CH}_3\text{SO}_3^-}$ **23** $\xrightarrow{\text{ArMgBr}}$ [产物]   (115)

4.3.2 有机铝试剂参与的 Beckmann 重排反应

有机铝试剂催化的肟磺酸酯的 Beckmann 重排反应机理和 Grignard 试剂相同，但反应条件更为温和。所以，已经在许多含氮天然生物碱的全合成中得到了应用。在天然生物碱 Solenopsin A 的全合成中[150,151]，2-十一烷基环戊酮肟在三甲基铝 (AlMe₃) 催化下首先发生重排，得到了 2,6-二取代的哌啶的亚胺 **24**。然后，**24** 经氢化铝锂-三甲基铝选择还原生成目标产物 (式 116)。

$$\text{环戊酮肟NOMs} \xrightarrow[57\%]{Me_3Al} \mathbf{24} \xrightarrow[97\%]{LiAlH_4,\ Me_3Al} \text{Solenopsin A} \quad (116)$$

在 EtAlCl₂ 或 Et₂AlCl 催化肟磺酸酯的 Beckmann 重排反应中，如果使用烯醇硅醚作为亲核试剂进攻重排过程中生成的中间体，则可以形成一个酮亚胺或者隔烯酰胺化合物 (式 117 和式 118)[152]。但是，该反应受到底物环大小的制约，五员环以下酮肟和芳香酮肟难以实现该反应。

$$\text{环己酮NOMs} + \text{OTMS} \xrightarrow[42\%]{EtAlCl_2,\ CH_2Cl_2,\ -78\sim20\ ^\circ C,\ 2\ h} \text{产物} \quad (117)$$

$$\text{环庚酮NOMs} + \text{OTMS} \xrightarrow[74\%]{EtAlCl_2,\ CH_2Cl_2,\ -78\sim20\ ^\circ C,\ 2\ h} \text{产物} \quad (118)$$

在式 119 中，二异丁基氢化铝 (DIBAL-H) 既是 Beckmann 重排反应的催化剂，又是亚胺的还原剂。在反应历程中，位于肟 α-位手性碳的构型保持不变[153]。

$$\xrightarrow[55\%]{DIBAL-H,\ CH_2Cl_2,\ -78\sim0\ ^\circ C,\ 18\ h} \quad (119)$$

5 Beckmann 重排反应在天然产物合成中的应用

Beckmann 重排反应是在碳链和碳环中引入氮原子最简捷和最重要的方法之一，在合成天然产物及其复杂化合物中起着重要的作用，尤其在天然生物碱的全合成中得到了广泛的应用。

5.1 (−)-2-Epilentiginosine 和 (−)-Lentiginosine 的全合成

氢化中氮茚是一类具有重要生理活性的天然生物碱，化学结构上具有一定的特殊性，不仅两个环共享氮原子，而且两个环上有多个手性中心，许多有机化学家把它们作为全合成的目标。(-)-2-Epilentiginosine (**25**) 和 (-)-Lentiginosine (**26**) 是两个结构类似的立体异构体，可以用几乎相同的合成路线来完成。在 Greene 等人的全合成路线中 (式 120)[154~156]，手性 1-(2,4,6-三异丙基苯基)乙基-1-(1,5-己二烯基)醚 (**27**) 被用作原料。接着，在 Zn-Cu 试剂作用下与三氯乙酰氯发生 [2+2]-环合反应，高度立体选择性的生成 α,α-二氯环丁酮衍生物 **28**。将 **28** 与羟胺-O-2,4,6-三甲基苯磺酸进行"一锅法"Beckmann 重排反应，立体选择性地构成了关键中间体 **29**。然后，将 **29** 上侧链的末端双键经硼羟化反应、甲磺酸酯化反应和 N-烷基化反应得到了氢化中氮茚 **30**。最后，经过适当的官能团修饰之后得到目标化合物。

$$(120)$$

5.2 Swainsonine 的全合成

在氢化中氮茚类天然生物碱的全合成路线设计中，母体双环一般是分步构筑的。无论是首先构筑五员氮环还是六员氮环，使用环酮肟的 Beckmann 重排是一个不错的选择。Honda 等人[157,158]在天然产物苦马豆素 (Swainsonine, **31**) 的不对称合成中，充分利用了不对称环酮肟在 Beckmann 重排反应中的迁移次序以及保持构型的特点,高度区域选择性和立体选择性地首先得到六员氮环。然后，再经过适当的官能团转化得到目标产物 (式 121)。

5.3 (−)-Pumiliotoxin C 的全合成

早在 1969 年，Daly 等人[159]从剑毒蛙的皮肤腺体中分离得到了天然产物 (−)-Pumiliotoxin C。作为高效神经毒素，该产物是作用于氯化乙酰胆碱受体通道的非竞争性抑制剂。如式 122 所示：Toyota 等人[160]利用手性环己烯醇 32 作为起始原料完成了该化合物的全合成。在该合成路线中，他们充分利用了不对称环酮肟在 Beckmann 重排反应中的迁移次序以及保持构型的特点，高度区域选择性和立体选择性地构筑出母体骨架结构。然后，再经过多步修饰引入支链得到目标产物 (−)-Pumiliotoxin C (33)。

BBEDA = N,N'-bis(henzylidene)ethylenediamine
DCE = 1,2-dichloroethane
1,1'-TCDI = 1,1'-thiocarbonyldiimidazole
PMHS = polymethylhydrosiloxane
DMAP = 4-dimethylaminopyridine

5.4 Solenopsin A 的全合成

1982 年, Yamamoto 等人[161]利用简单的环戊酮和 1-十一碳烯作为起始原料, 在氧化银的催化下首先得到 2-十一烷基环戊酮。然后, 经过羰基成肟反应后, 在低温下将其转化为肟的甲磺酸酯。接着, 在 −78 °C 和无水二氯甲烷溶剂中用三甲基铝对 2-十一烷基环戊酮肟甲磺酸酯实行 Beckmann 重排, 得到了环亚胺化合物。最后, 经氢化铝锂还原得到具有立体专一性的生物碱 Solenopsin A (式 123)。

6 Beckmann 重排反应的实例

例 一

ε-己内酰胺的合成[162]
(浓硫酸催化的 Beckmann 重排反应)

$$\text{环己酮} \xrightarrow[79\%]{H_2SO_4,\ MeNO_2,\ 125\sim130\ ^\circ C} \text{ε-己内酰胺} \tag{124}$$

在剧烈搅拌下，将硝基甲烷 (305 g, 5.0 mol) 慢慢滴入已预热到 125 °C 的浓硫酸 (500 g, 5.102 mol) 中，控制滴加速度以维持反应体系温度在 125~130 °C。所有硝基甲烷加完后，在该温度下继续搅拌 5 min。然后，在 120~125 °C 温度范围内慢慢滴加环己酮 (440 g, 4.483 mol) 到上述反应混合物中，在相同温度下继续搅拌 5 min。将反应体系冷至 36 °C 以下，用浓氨水中和后过滤，滤液用氯仿萃取 3~5 次。合并的滤液经干燥后蒸去溶剂，剩余物经减压蒸馏 (138 °C /10 mmHg) 得到纯净的反应产物 (360 g, 79%)。

例 二

(R)-4-乙基-1,2,3,4-四氢喹啉的制备[163]
(肟甲基磺酸酯的 Beckmann 重排反应)

$$\xrightarrow[-25\ ^\circ C,\ 1\ h]{MsCl,\ Et_3N,\ CH_2Cl_2} \xrightarrow[73\%]{DIBAL-H,\ CH_2Cl_2\ -78\sim0\ ^\circ C,\ 8\ h} \tag{125}$$

在 −25 °C，将甲基磺酰氯 (0.17 mL, 2.19 mmol) 在 10 min 内滴加到 4-乙基-1-茚酮肟 (300 mg, 1.83 mmol) 和三乙胺 (0.51 mL, 3.66 mmol) 的无水二氯甲烷 (10 mL) 溶液中。继续搅拌 1 h 后，反应混合物用二氯甲烷稀释，并分别用冰冷的盐酸 (1 mol/L)、饱和碳酸氢钠和饱和氯化钠溶液洗涤。所得有机相经无水硫酸镁干燥 10 h 后，经减压浓缩 (维持浴温 20 °C) 到大约 10~15 mL。然后，上述溶液冷至 −78 °C 后加入 DIBAL-H (1 mol/L in hexane, 6.4 mL)。反应 10 min 后，让体系自然升温到 0 °C，继续反应 8 h。反应混合物用二氯甲烷稀释后加入水终止反应。分出的有机相后用饱和氯化钠溶液洗涤并经无水硫酸镁干燥。滤去干燥剂，滤液减压浓缩。粗产物通过柱色谱纯化 (硅胶，乙酸乙酯/己烷 = 1/10), 得到纯净的反应产物 (216 mg, 两步收率为 73%)。

例 三

3-乙酰氧基-17-氮杂雌-1,3,5(10)-三烯-16,17a-二酮的制备[164]
(α-酮肟的 Beckmann 重排反应)

$$\text{（反应式）} \quad (126)$$

在氮气保护和搅拌下,将雌甾酮 (200 mg, 740 mmol) 加入到由金属钾 (80 mg, 2.05 mmol) 和无水叔丁醇 (2 mL) 生成的溶液中。在室温下继续搅拌 1 h 后,将亚硝酸异戊酯 (180 mL, 1.34 mmol) 滴加到上述反应体系中。所得深红色混合液搅拌过夜后,倒入水中。用乙醚萃取后,水相经乙酸 (10 mL) 酸化,析出淡黄色沉淀。静置 2 h 后,滤出淡黄色沉淀产物 (140 mg, 63%)。用丙酮重结晶得到白色晶体状 3-羟基雌-1,3,5(10)-三烯-16,17-二酮-16-肟 (mp 223~225 °C)。

在氮气保护下,将上述制得的肟悬浮在乙酸 (4.5 mL) 和乙酐 (7.5 mL) 中生成的悬浮的混合溶液加热回流 48 h。减压蒸去溶剂后加入水,小心用氢氧化钠溶液中和。所得混合溶液经乙酸乙酯萃取后,合并的有机相依次用水和饱和食盐水洗涤。经无水硫酸镁干燥后,滤去干燥剂。滤液减压浓缩,生成的粗产物通过柱色谱纯化 (硅胶,氯仿),获得纯净的反应产物 (111 mg, 65%)。

例 四

8-甲氧基-2-苯基-1-苯并吖辛因的制备[149]
(格氏试剂催化的 Beckmann 重排反应)

$$\text{（反应式）} \quad (127)$$

在 −20 °C 和氩气保护下,将苯基溴化镁 (3 mol/L 乙醚溶液, 0.5 mL, 1.5 mmol) 加入到肟甲磺酸酯 (279 mg, 1 mmol) 的无水甲苯 (5 mL) 溶液中。所得

反应混合物分别在 −20 °C 搅拌 30 min 和 0 °C 搅拌 1 h。然后用水终止反应，混合物用乙醚萃取，合并的乙醚萃取液用饱和氯化钠溶液洗涤并经无水硫酸镁干燥。滤去干燥剂，滤液减压浓缩，粗产物通过柱色谱纯化 (硅胶，乙酸乙酯/石油醚/二乙胺 = 1/9/1) 后经石油醚结晶给出反应产物 (238 mg, 91%)。

例 五

Pumiliotoxin-C 的制备[150,165]

(DIBAL-H 催化的 Beckmann 重排反应)

$$
\text{(128)}
$$

1. (n-Pr)$_3$Al, CH$_2$Cl$_2$
2. DIBAL-H, 25 °C, 2.5 h
60%

在 25 °C，将三丙基铝的甲苯溶液 (2 mol/L, 1.8 mL, 3.6 mmol) 滴加到 cis-4β-甲基六氢吲哚酮肟对甲苯磺酸酯 (384 mg, 1.2 mmol) 的二氯甲烷 (5 mL) 的溶液中。生成的反应混合物搅拌 30 min 后，在 25 °C 下加入 DIBAL-H 的己烷溶液 (1 mol/L, 4.8 mL, 4.8 mmol)。反应混合物搅拌 2 h 后，用二氯甲烷稀释。然后，加入氟化钠 (600 mg, 14.4 mmol) 和水 (0.2 mL, 10.8 mmol)，在 0 °C 下搅拌所得混合物 20 min。过滤后的浓缩母液用硅胶柱分离 (淋洗液：异丙胺/乙醚/二氯甲烷 = 1/30/30)，得到无色油状产物 Pumiliotoxin-C (135 mg, 60%)。

7 参考文献

[1] Beckmann, E. *Chem. Ber.* **1886**, *19*, 988.
[2] Donaruma, L. G.; Heldt, W. Z. *Org. React.* **1960**, *11*, 1.
[3] Gawly, R. E. *Org. React.* **1988**, *35*, 1.
[4] Blatt, A. H. *Chem. Rev.* **1933**, *12*, 215.
[5] Moller, F. in *Methoden der Organischen Chemie*, Muller, E. Ed., Thieme Verlag, Stuttgart, **1957**, *11*, Part 1, 892.
[6] Beckwith, A. L. J. in *The Chemistry of Amides*, Zabicky, J. Ed., Interscience, New York, **1970**, 131.
[7] McCarty, C. G. in *The Chemistry of the Carbon-Nitrogen Double Bond*, Patai, S. Ed., Interscience, New York, **1970**, 408.
[8] Smith, P. A. S. In *Molecular Rearrangements*, De Mayo, P. Ed., Interscience, New York, **1963**, 457.
[9] Mukamal, H. *Nuova Chim.* **1971**, *47*, 79.
[10] Hornke, G.; Krauch H.; Kunz, W. *Chem.Ztg.* **1965**, *89*, 525.
[11] Padwa, A. *Chem. Rev.* **1977**, *77*, 37.
[12] Wallach, O. *Justus Liebigs Ann. Chem.* **1889**, *309*, 1.
[13] Conley, R. T.; Annis, M. C. *J. Org. Chem.* **1962**, *27*, 1961.

[14] Blatt, A. H.; Barnes, R. P. *J. Am. Chem. Soc.* **1934**, *56*, 1148.
[15] Meisenheimer, J. *Ber.* **1921**, *54*, 3206.
[16] Jones, B. *Chem. Rev.* **1944**, *35*, 335.
[17] Cottingham, R. W. *J. Org. Chem.* **1960**, *25*, 1473.
[18] Hassner, A.; Nash, E. G. *Tetrahedron Lett.* **1965**, *9*, 525-529.
[19] Greer, F.; Pearson, D. E. *J. Am. Chem. Soc.* **1955**, *77*, 6649.
[20] Jha, B. K.; Kulkarni, B. D. *Ind. Eng. Chem. Res.* **1996**, *34*, 3826.
[21] Furukawa, S. *Sci. Papers Inst. Phys. Chem. Research* (Tokyo), **1932**, *19*, 27; **1933**, *20*, 71.
[22] Horning, E. C.; Stromberg, V. L. *J. Am. Chem. Soc.* **1952**, *74*, 5151.
[23] Horning, E. C. Stromberg, V. L; Lloyd, H. A. *J. Am. Chem. Soc.* **1952**, *74*, 5153.
[24] Barkenbus, C.; Diehl, J. F.; Vogel, G. R. *J. Org. Chem.* **1955**, *20*, 871.
[25] Guy, A.; Guette, J. P.; Lang, G. *Synthesis* **1980**, 222.
[26] Stepanova, G. Y.; Dikolenko, V. M.; Dikolenko, E. I.; Jethwa, F. *Zh. Org. Khim.* **1974**, *10*, 1455; *J. Org. Chem. USSR* (Engl. transl.), **1974**, *10*, 1464.
[27] Palmere, R. M.; Conley, R. T.; Rabinowitz, J. L. *J. Org. Chem.* **1972**, *37*, 4095.
[28] Amit, B.; Hassner, A. *Synthesis* **1978**, 932.
[29] Imamoto, T.; Yokoyama, H.; Yokoyama, M. *Tetrahedron Lett.* **1981**, *22*, 1803.
[30] Brown, R. F.; van Gulick, N. M.; Schemidt, G. H. *J. Am. Chem. Soc.* **1955**, *77*, 1094.
[31] Kopple, K. D.; Katz, J. J. *J. Org. Chem.* **1959**, *24*, 1975.
[32] Fenselau, A. H.; Hamamura, E. H.; Moffatt, J. G. *J. Org. Chem.* **1970**, *35*, 3546.
[33] Ribeiro, O.; Hadfeild, S. T.; Clayton, A. F.; Wose, C. W.; Coombs, M. M. *J. Chem. Soc., Perkin Trans I* **1983**, 87.
[34] Wang, C.; Jiang, X.; Shi, H.; Lu, J.; Hu, Y.; Hu, H. *J. Org. Chem.* **2003**, *68*, 4579.
[35] Eaton, P. E.; Carlson, G. R.; Lee, J. T. *J. Org. Chem.* **1973**, *38*, 4071.
[36] Li, D.; Shi, F.; Guo, S.; Deng, Y. *Tetrahedron Lett.* **2005**, *46*, 671.
[37] Zolfigol, M. A. *Tetrahedron* **2001**, *57*, 9509.
[38] Li, Z.; Ding, R.; Lu, Z.; Xiao, S.; Ma, X. *J. Mol. Catal. A: Chem.* **2006**, *250*, 100.
[39] Corbett, R. E.; Davy, C. C. *J. Chem. Soc.* **1955**, 296.
[40] Meisenheimer; J.; Gaiser, K. *Ann.* **1939**, *539*, 95.
[41] Seebach, D.; Pohmakotr, M.; Schregenberger, C.; Weidmann, B.; Mali, R. S.; Pohmakotr, S. *Helv. Chim. Acta* **1982**, *65*, 419.
[42] Wu, M.; Chen, R.; Huang, Y. *Synthesis* **2004**, 2441.
[43] Dang, T. T.; Albrecht, U.; Gerwien, K.; Siebert, M.; Langer, P. *J. Org. Chem.* **2006**, *71*, 2293.
[44] Sardarian, A. R.; Shahsavari-Fard, Z.; Shahsavari, H. R.; Ebrahimi, Z. *Tetrahedron Lett.* **2007**, *48*, 2639.
[45] Stephen, H.; Bleloch, W. *J. Chem. Soc.* **1931**, 886.
[46] Matsumura, K.; Sone, C. *J. Am. Chem. Soc.* **1931**, *56*, 1148.
[47] Neville, R. G. *J. Org. Chem.* **1959**, *24*, 870.
[48] Regan, B. M.; Hayes, F. N. *J. Am. Chem. Soc.* **1956**, *78*, 639.
[49] Gates, M.; Malchick, S. P. *J. Am. Chem. Soc.* **1957**, *79*, 5546.
[50] Craig, J. C.; Naik, A. R. *J. Am. Chem. Soc.* **1962**, *84*, 3410.
[51] Nurkkala, L. J.; Steen, R. O.; Dunne, S. J. *Synthesis* **2006**, 1295.
[52] Grob, C. A.; Fischer, H. P.; Raudenbusch, W. *Helv. Chim. Acta* **1964**, *47*, 1003.
[53] Meisenheimer, J.; Hanssen, K.; Wachterowitz, J. *J. Prakt. Chem.* **1928**, *119*, 315.
[54] Tonasescu, S.; Nanu, B. *Ber.* **1939**, *72*, 1083.
[55] Foldi, B. J. *Acta Chim. Acad. Sci. Hung.* **1955**, *6*, 307.
[56] Hauser, C. R.; Hoffenberg, D. S. *J. Org. Chem.* **1955**, *20*, 1482, 1491.
[57] van der Zanden, C. K.; de Vries, D.; Dijkstra, K. F. *Rec. Trav. Chim.* **1942**, *61*, 280.
[58] Anilkumar, R.; Chandrasekhar, S. *Tetrahedron Lett.* **2000**, *41*, 5427.
[59] Boruah, M.; Konwar, D. *J. Org. Chem.* **2002**, *67*, 7138.
[60] Sakane, S.; Matsumura, Y.; Yamamura, Y.; Ishida, Y.; Maruoka, K.; Yamamoto, H. *J. Am. Chem. Soc.* **1983**, *105*, 672.

[61] Theilacker, K.; Gerstenkorn, J.; Gruner, B. K. *Ann.* **1949**, *563*, 104.
[62] De, S. K. *Synth. Commun.* **2004**, *34*, 3431.
[63] Yadav, J. S.; Reddy, B. V. S.; Madhavi, A. V.; Ganesh, Y. S. S. *J. Chem. Res. Syn.* **2002**, *5*, 236.
[64] Barman, D. C.; Gohain, M.; Prajapati, D.; Sandhu, J. *Indian J. Chem. Sec. B* **2002**, *41B*, 154.
[65] Yan, P.; Batamack, P.; Prakash, G. K. S.; Olah, G. A. *Catalysis Lett.* **2005**, *103*, 165.
[66] De, S. K. *J. Chem. Res.* **2004**, 131.
[67] Thomas, B.; Prathapan, S.; Sugunan, S. *Micropor. Mesopor. Mat.* **2005**, *84*, 137.
[68] Thomas, B.; Sugunan, S. *Micropor. Mesopor. Mat.* **2005**, *96*, 55.
[69] Pai, S. G.; Bajpai, A. R.; Deshpande, A.B.; Samant, S. D. *Tetrahedron Lett.* **1997**, *27*, 370.
[70] Mishra, A.; Ali, A.; Upreti, S.; Gupta, R. *Inorg. Chem.* **2008**, *47*, 154.
[71] Khodaei, M. M.; Meybodi, F. A.; Rezai, N.; Salehi, P. *Synth. Commun.* **2001**, *31*, 2047.
[72] Bosch, A. I.; De la Cruz, P.; Diez-Barra, E.; Loupy, A.; Langa, F. *Synlett.* **1995**, 1259.
[73] Touaux, B.; Texier-Boullet, F.; Hamelin *J. Heteroatom Chem.* **1998**, *9*, 351.
[74] Loupy, A.; Régnier, S. *Tetrahedron Lett.* **1999**, *40*, 6221.
[75] Leusink, A. J.; Meerbeek, T. G.and Noltes, J. G. *Reel. Truv. Chim. Pays-Bus* **1977**, *96*, 142.
[76] Chattopadhyaya, J. B.; Rama Rao, A. V. *Tetrahedron* **1974**, *30*, 2899.
[77] Barman, D. C.; Thakur, A. J.; Prajapati, D.; Sandhu, J. S. *Chem. Lett.* **2000**, *29*, 1196.
[78] Yoo, K. H.; Choi, E. B.; Lee, H. K.; Yeon, G. H.; Yang, H. C.; Pak, C. S. *Synthesis* **2006**, 1599.
[79] Hashimoto, M.; Obora, Y.; Sakaguchi, S.; Ishii, Y. *J. Org. Chem.* **2008**, *73*, 2894.
[80] Chandrasekhar, S.; Gopalaiah, K. *Tetrahedron Lett.* **2003**, *44*, 755.
[81] Chandrasekhar, S.; Gopalaiah, K. *Tetrahedron Lett.* **2003**, *44*, 7437.
[82] Luca, L. D.; Giacomelli, G.; Porcheddu, A. *J. Org. Chem.* **2002**, *67*, 6272.
[83] Furuya, Y.; Ishihara, K.; Yamamoto, H. *J. Am. Chem. Soc.* **2005**, *127*, 11240.
[84] Zhu, M.; Cha, C.; Deng, W.P.; Shi, X.X. *Tetrahedron Lett.* **2006**, *47*, 4861.
[85] Shaw, R. W.; Brill, T. B.; Clifford, A. A.; Eckert, C. A.; Franck, E. U. *Chem. Eng. News* **1991**, *69*, 26.
[86] Ikushima, Y.; Hatakeda, K.; Sato, O.; Yokoyama, T.; Arai, M. *J. Am. Chem. Soc.* **2000**, 122, 1908.
[87] Sato, O.; Ikushima, Y.; Yokoyama, T. *J. Org. Chem.* **1998**, *63*, 9100.
[88] Ikushima, Y.; Hatakeda, K.; Sato, M. *Chem. Commun.* **2002**, *19*, 2208.
[89] Ikushima, Y.; Sato, O.; Sato, M. *Chem. Eng. Sci.* **2003**, *58*, 935.
[90] Boero, M.; Ikeshoji, T.; Liew, C. C. *J. Am. Chem. Soc.* **2004**, *126*, 6280.
[91] Yamaguchi, Y.; Yasutake, N.; Nagaoka, M. *J. Mol. Struct.* **2003**, *639*, 137.
[92] Ren, R. X.; Zueva, L. D.; Ou, W. *Tetrahedron Lett.* **2001**, *42*, 8441.
[93] Peng, J.; Deng, Y. *Tetrehedron Lett.* **2001**, *42*, 403.
[94] Elango, K.; Srirambalaji, R.; Anantharaman, G. *Tetrahedron Lett.* **2007**, *48*, 9059.
[95] Guo, S.; Deng, Y. *Catalysis Comm.* **2005**, *6*, 225.
[96] Du, Z.; Li, Z.; Gu, Y.; Zhang, J.; Deng, Y. *J. Mol. Catal. A: Chem.* **2005**, *237*, 80.
[97] Gui, J.; Deng, Y.; Hu, Z.; Sun, Z. *Tetrahedron Lett.* **2004**, *45*, 2681.
[98] Landis, P. S.; Venuto, P. B. *J. Catal.* **1996**, *6*, 245.
[99] Yashima, T.; Miura, K.; Komatsu, T. *Stud. Surf. Sci. Catal.* **1994**, *84C*, 1897.
[100] Curtin, T.; McMonagle, J. B.; Hodnett, B. K. *Appl. Catal.* **1992**, *93*, 75.; 91.
[101] Ghiaci, M.; Abbaspur, A. R.; Kalbasi, J. *Applied Catalysis A: General* **2005**, *287*, 83.
[102] Forni, L.; Fornasari, G.; Trifiro, F.; Aloise, A.; Katovic, A.; Giordano, G.; Nagy, J. B. *Micropor. Mesopor. Mat.* **2007**, *101*, 161.
[103] Li, W.C.; Lu, A.H.; Palkovits, R.; Schmidt, W.; Spliethoff, B.; Schuth, F. *J. Am. Chem. Soc.* **2005**, *127*, 12595.
[104] His, S.; Meyer, C.; Cossy, J.; Emeric, G.; Greiner, A. *Tetrahedron Lett.* **2003**, *44*, 8581.
[105] Chandrasekhar, S.; Gopalaiah, K. *Tetrahedron Lett.* **2002**, *43*, 2455.
[106] Ogata, Y.; Takagi, K.; Mizuno, K. *J. Org. Chem.* **1982**, *47*, 3684.
[107] Suginome, H.; Uchida, T. *Tetrahedron Lett.* **1973**, *29*, 2293.
[108] Conley, R. T.; Nowak, B. E. *J. Org. Chem.* **1962**, *27*, 3196.
[109] Cunningham, M. L.; Ng Lim, S.; Just, G. *Can. J. Chem.* **1971**, *49*, 2891.

[110] Sharghi, H.; Hosseini, M. *Synthesis* **2002**, 1057.
[111] Schofield, K.; Gregory, B. J.; Moodie, R. B. *J. Chem. Soc. B* **1970**, 338.
[112] Kusama, H.; Yamashita, Y.; Naradaka, K. *Bull. Chem. Soc. Jpn.* **1995**, *68*, 373.
[113] Kitamura, M.; Yoshida, M.; Kikuchi, T.; Narasaka, K. *Synthesis.* **2003**, 2415.
[114] Krow, G. R.; Szczepanski, S. *Tetrahedron Lett.* **1980**, *21*, 4593.
[115] Krow, G. R.; Szczepanski, S. *J. Org. Chem.* **1982**, *47*, 1153.
[116] Elliott, I. W.; Sloan, M. J.; Tare, E. *Tetrahedron* **1996**, *52*, 8063.
[117] Olah, G. A.; Fung, A. P. *Org. Syn.* **1984**, *63*, 188.
[118] Carter, K. N.and Hulse, J. E. *J. Org. Chem.* **1982**, *47*, 2208.
[119] Raja, R.; Sankar, G.; Thomas, J. M. *J. Am. Chem. Soc.* **2001**, *123*, 8153.
[120] Frutos, R. P.; Spero, D. M. *Tetrahedron Lett.* **1998**, *39*, 2475.
[121] Conley, R. T. *J. Org. Chem.* **1963**, *28*, 278.
[122] Hill, R. K.; Chortyk, O. T. *J. Am. Chem. Soc.* **1962**, *84*, 1064.
[123] Butler, R. N.; O'Donoghue, D. A. *J. Chem. Res. (S)*, **1983**, 18.
[124] Rakitin, O. A.; Rees, C. W.; Williams, D. J.; Torroba, T. *J. Org. Chem.* **1996**, *61*, 9178.
[125] R. K. Hill, *J. Org. Chem.* **1962**, *27*, 29.
[126] Hassner, A.; Nash, E. G. *Tetrahedron Lett.* **1965**, *9*, 525.
[127] Ohno, M. *Kugaku No Ryoiki*, **1968**, *22*, 30.
[128] Grob, C. A.; Schiess, P. W. *Angew. Chem., Int. Ed. Engl.,* **1967**, *6*, 1.
[129] Grob, C. A. *Angew. Chem., Int. Ed. Engl.,* **1969**, *8*, 535.
[130] McCarty, C. G. In *The Chemistry of the Carbon-Nitrogen Double Bond*, ed. S. Patai, Wiley-Interscience, New York, **1970**, 416.
[131] Iglesias-Arteaga, M. A.; Sandoval-Ramirez, J.; Mata-Esma, M. Y.; Vinas-Bravo, O.; Bernes, S. *Tetrahedron Lett.* **2004**, *45*, 4921.
[132] Chapman, J. C.; Pinhey, J. T. *Aust. J. Chem.* **1974**, *27*, 2421.
[133] Wawzonek, S.; Hallum, J. V. *J. Org. Chem*, **1959**, *24*, 364.
[134] Cao, L.; Sun, J.; Wang, X.; Zhu, R.; Shi, H.; Hu, Y. *Tetrahedron* **2007**, *63*, 5036.
[135] Błaszczyk, K.; Koenig, H.; Mel, K.; Paryzek, Z. *Tetrahedron* **2006**, *62*, 1069.
[136] Cosley, R. T.; Mikulski, F. A. *J. Org. Chem.* **1959**, *24*, 97.
[137] Rogic, M. M.; Van Peppen, J. F.; Klein, K. P.; Demmin, T. R. *J. Org. Chem.* **1974**, *39*, 3424.
[138] Klein, K. P.; Demmin, T. R.; Oxenrider, B. C.; Rogic, M. M.; Tetenbaum, M. T. *J. Org. Chem.* **1979**, *44*, 275.
[139] Ahmad, A.; Spenser, I. D. *Can. J. Chem.* **1960**, *38*, 1625.
[140] Fujioka, H.; Yamanaka, T.; Takuma, K.; Miyazaki, M.; Kita, Y. *J. Chem. Soc., Chem. Commun.*, **1991**, 533.
[141] Hattori, K.; Matsumura, Y.; Miyazaki, T.; Maruoka, K.; Yamamoto, H. *J. Am. Chem. Soc.* **1981**, *103*, 1368.
[142] Tada, R.; Sakuraba, H.; Tokura, N. *Bull. Chem. Soc. Jpn.* **1958**, *31*, 1003.
[143] Gawley, R. E.; Termine, E. J. *J. Org. Chem.* **1984**, *49*, 1946.
[144] Gawley, R. E.; Termine, E. J. *Tetrahedron Lett.* **1982**, *23*, 307.
[145] Hoch, *Compt. Rend.* **1936**, *203*, 799.
[146] Grammaticakis, *Compt. Rend.* **1940**, *210*, 716.
[147] Hattori, K.; Maruoka, K.; Yamamoto, H. *Tetrahedron Lett.* **1982**, *23*, 3395.
[148] Ishida, Y.; Sasatani, S.; Maruoka, K.; Yamamoto, H. *Tetrahedron Lett.* **1983**, *24*, 3255.
[149] Ma, Z.; Dai, S.; Yu, D. *Tetrahedron Lett.* **2006**, *47*, 4721.
[150] Maruoka, K.; Miyazaki, T.; Ando, M.; Matsumura, Y.; Sakane, S.; Hattori, K.; Yamamoto, H. *J. Am. Chem. Soc.* **1983**, *105*, 2831.
[151] Matsumura, Y.; Maruoka, K.; Yamamoto, H. *Tetrahedron Lett.* **1982**, *23*, 1929.
[152] Matsumura, Y.; Fujiwara, J.; Maruoka, K.; Yamamoto, H. *J. Am. Chem. Soc.* **1983**, *105*, 6312.
[153] Schiner, D.; Abel, U.; Jones, P. G. *Synlett* **1997**, 635.
[154] Pourashraf, M.; Delair, P.; Rasmussen, M. O.; Greene, A. E. *J. Org. Chem.* **2000**, *65*, 6966.
[155] Michael, J. P. *Nat. Prod. Rep.* **1998**, *15*, 572; **2002**, *19*, 719, 721 and 733.
[156] Rasmussen, M. O.; Delair, P.; Greene, A. E. *J. Org. Chem.* **2001**, *66*, 5438.

[157] Honda, T.; Hoshi, M.; Kanai, K.; Tsubuki, M. *J. Chem. Soc. Perkin Trans. I* **1994**, 2091.
[158] Honda, T.; Hoshi, M.; Tsubuki, M. *Heterocycles* **1992**, *34*, 1515.
[159] Daly, J. W.; Tokuyama, T.; Habermehl, G.; Katie, I. L.; Witkop, B. *Liebigs Ann. Chem.* **1969**, *729*, 198.
[160] Toyota, M.; Asoh, T.; Fukumoto, K. *Tetrahedron Lett.* **1996**, *37*, 4401.
[161] Matsumura, Y.; Maruoka, K.; Yamamoto, H. *Tetrahedron Lett.* **1982**, *23*, 1929.
[162] Novotny, A. *U. S. Pat.* **1951**, 2,569,114.
[163] Mani, N. S.; Wu, M. *Tetrahedron: Asymmetry* **2000**, *11*, 4687.
[164] Fischer, D. S.; Lawrence Woo, L. W.; Mahon, M. F.; Purohit, A. Reed, M. J.; Potter, B. V. L. *Bioorg. Med. Chem.* **2003**, *11,* 1685.
[165] Hattori, K.; Matsumura, Y.; Miyazaki, T.; Maruoka, K.; Yamamoto, H. *J. Am. Chem. Soc.* **1981**, *103*, 7368.

费歇尔吲哚合成

(Fischer Indole Synthesis)

唐 锋

1 历史背景简述 46
2 Fischer 吲哚合成的定义和机理 47
  2.1 Fischer 吲哚合成的定义 47
  2.2 Fischer 吲哚合成的机理 47
3 Fischer 吲哚合成的基本概念 48
  3.1 芳腙 48
  3.2 烯基肼 49
  3.3 [3,3]-σ 迁移 50
  3.4 吲哚化的区域选择性 50
4 Fischer 吲哚合成的反应条件综述 55
  4.1 加热反应 55
  4.2 酸催化反应 57
  4.3 固相合成反应 60
  4.4 离子液体反应 62
  4.5 微波反应 64
5 Fischer 吲哚合成的反应类型综述 65
  5.1 芳基肼为反应起始物 65
  5.2 Japp-Klingemann 反应 68
  5.3 二苯甲酮腙为反应起始物 71
  5.4 以 N-Boc 肼为反应起始物 73
  5.5 炔烃的氢化氨解 75
  5.6 烯烃的加氢醛化 80
  5.7 其它 83
6 Fischer 吲哚合成在天然产物和药物合成中的应用 84
7 Fischer 吲哚合成实例 88
8 参考文献 90

1 历史背景简述

Fischer 吲哚合成是众多吲哚合成方法中最为便捷和经济的方法之一，取名于首次通过该方法合成吲哚的德国化学家 Emil Fischer (1852-1919)[1]。

Fischer 于 1852 年出生于德国莱茵河附近的乌斯吉城，1869 年毕业于波恩大学预科，1871 年进入波恩大学。一年以后，又转入斯特拉斯堡大学学习。1874 年，他在拜耳教授指导下完成了博士论文"有色物质的荧光和苔黑素"，成为该校当时最年轻的博士。1875 年，Fischer 做出了自己在化学上的第一个重要发现，使用亚硫酸盐还原重氮苯合成了苯肼[2]。Fischer 对苯肼进行了大量的实验，发现糖类与苯肼作用形成苯腙和脎的反应，后者成为确定糖类的特征鉴别反应。

1881 年，Fischer 成为埃尔朗根-纽伦堡大学教授。他在对茶叶、咖啡和可可等饮料的组分进行研究中，分离并分析了茶碱、咖啡因和可可碱等，进一步阐明了这些化合物和尿酸都是嘌呤的衍生物[3,4]。1883 年，Fischer 通过 1-甲基苯腙丙酮酸在氯化氢乙醇中反应，首次实现了芳腙的吲哚化 (式 1)[1]。但是直至次年，反应产物的结构才被确证是 1-甲基-2-吲哚羧酸[5]。虽然 100 多年过去了，Fischer 吲哚合成仍然是现代有机合成中合成吲哚及其衍生物的最普遍选用的方法[6~10]。

$$\text{ArN(Me)N=C(Me)CO}_2\text{H} \xrightarrow{\text{HCl/EtOH, }\triangle} \text{1-Me-indole-2-CO}_2\text{H} \tag{1}$$

1892 年，Fischer 接替去世的奥古斯特·威廉·冯·霍夫曼任柏林大学化学系主任一直到 1919 年去世。在柏林大学，Fischer 确定了葡萄糖的链状结构，并确认葡萄糖有 16 种异构体，他自己合成了其中的异葡萄糖、甘露糖和伊杜糖。1899 年到 1908 年间，Fischer 对蛋白质的组成和性质进行了开创性的研究，首先提出氨基酸通过肽键 (-CONH-) 结合形成多肽产物。在实验上，Fischer 改进了测试氨基酸的办法。

Emil Fischer 是 19 世纪下半叶和 20 世纪初最杰出的有机化学家之一，并因对糖类和嘌呤类有机化合物研究的杰出成就荣获 1902 年诺贝尔化学奖。

2 Fischer 吲哚合成的定义和机理

2.1 Fischer 吲哚合成的定义[6,7]

一个醛或酮的芳腙类化合物，在酸催化或加热情况下环合形成相应吲哚化合物的反应被称之为 Fischer 吲哚合成 (式 2)。

$$(2)$$

该反应通常是将等物质的量的芳基肼与醛或酮混合，对生成的腙中间体不作分离，直接在合适的反应条件下反应得到吲哚。

2.2 Fischer 吲哚合成的机理[6]

人们提出了许多反应历程来解释 Fischer 吲哚反应。其中，1918 年 Robinson 提出的反应机理在经过 Allen 等的拓展[10]以及 Carlin 等的现代电子理论[11]解释以后被人们普遍接受。如式 3 所示，该反应机理分为三个阶段：(1) 腙和烯基肼的互变异构平衡；(2) 烯基肼的 [3,3]-σ 迁移重排形成新的 C-C 单键；(3) 放出一分子氨气，形成吲哚母核。

$$(3)$$

在酸性条件下，第一步反应首先是腙氮原子的质子化，并发生互变异构形成烯基肼中间体；然后，发生 [3,3]-σ 迁移重排和质子迁移生成亚胺，环合后形成五员环；最后，放出氨气得到吲哚母核。

3 Fischer 吲哚合成的基本概念[6,7,12]

3.1 芳腙

芳腙 (Arylhydrazone) 是 Fischer 吲哚合成中的重要前体化合物或者中间体，它可以简单地通过芳基肼与醛或者酮发生缩合反应来制备 (式 4)。根据反应机理的要求，用于 Fischer 吲哚合成的醛和酮在羰基的 α-碳原子上至少有一个氢原子。所以，苯甲醛和二苯甲酮等 α-碳原子上无氢原子的醛或酮不能够用于该反应。在通常的 Fischer 吲哚合成中，生成的芳腙在反应过程中一般不需要分离。

根据醛和酮的结构，芳腙可以分为：醛芳腙、对称烷基酮芳腙、不对称烷基酮芳腙和环烷基酮芳腙等 (式 5)。根据芳基肼的结构，芳腙又可以分为：取代苯腙 (例如：邻-、间-、对-取代苯腙) 以及杂环或多环芳腙等 (式 6)。

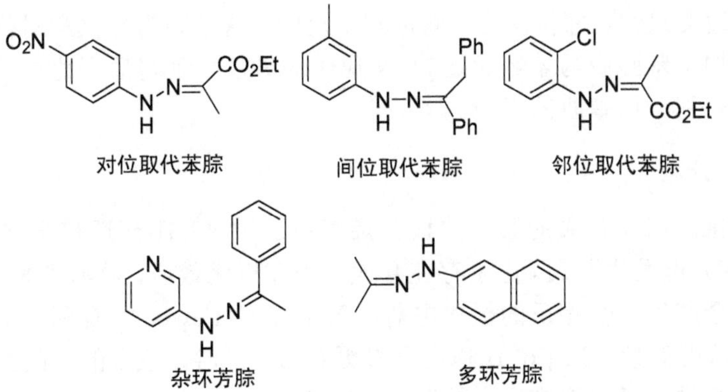

对位取代苯腙　　　　间位取代苯腙　　　　邻位取代苯腙

杂环芳腙　　　　　　　多环芳腙

(6)

3.2 烯基肼

芳腙需要转变为烯基肼 (ene-hydrazine) 后才能发生反应，两者为互变异构体并且存在动态平衡（式 7）。烯基肼是 [3,3]-σ 迁移重排和 C-C 单键形成的起始物，烯基肼的形成有时也是整个反应的决速步骤。

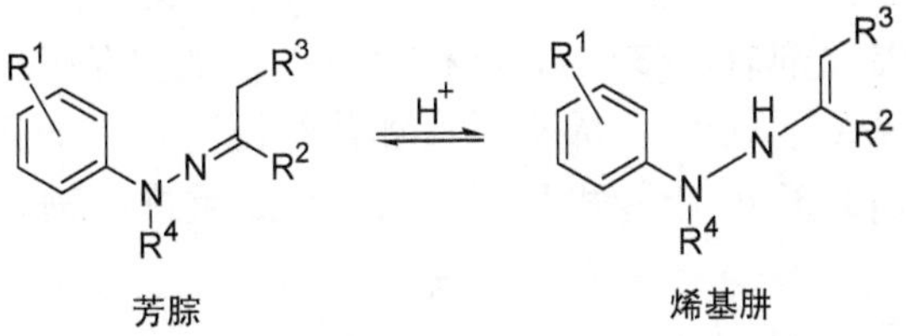

$$\text{芳腙} \xrightleftharpoons{H^+} \text{烯基肼} \tag{7}$$

一般情况下，烯基肼中间体因不稳定而无法分离。但是在一些特殊的结构中，烯基肼可以稳定存在和分离，并能进一步发生 Fischer 吲哚反应（式 8）[13]。

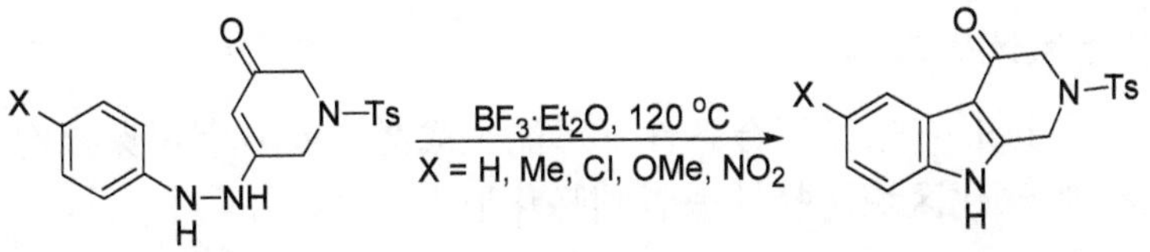

$$\xrightarrow{BF_3 \cdot Et_2O,\ 120\ ^\circ C} \quad X = H,\ Me,\ Cl,\ OMe,\ NO_2 \tag{8}$$

在不对称烷基酮芳腙和环烷基酮芳腙中，当存在有两个可以烯烃化的碳原子时，则生成两种烯基肼。两者的比例受烯基肼本身热力学稳定性以及 Fischer 吲哚化条件的影响（式 9）。

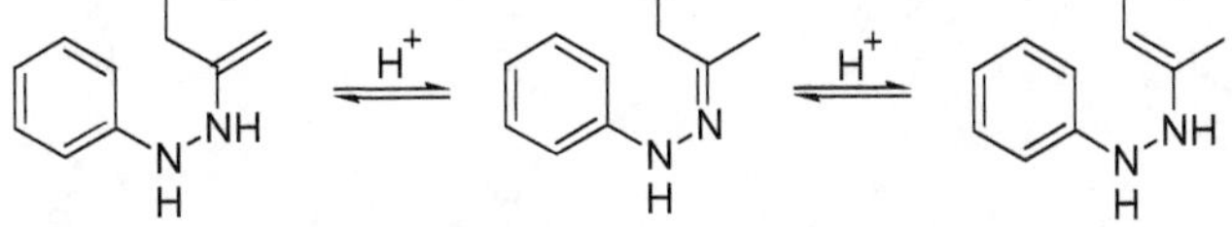

$$\xrightleftharpoons{H^+} \quad \xrightleftharpoons{H^+} \tag{9}$$

苯腙上取代基的电性效应和取代位点对烯基肼异构体的形成速度具有重要的影响，进而影响到取代苯腙吲哚化的快慢。研究显示[14]：在相对温和的反应条件下，拉电子基团对苯腙的吲哚化是钝化作用。而对位有供电子基取代时，苯胺的吲哚化速度最快，邻位次之，间位则不反应。这是因为邻位和对位供电子基团的存在增加了苯胺中与苯环相连的 N-原子的碱性，使得质子化过程更容易发生，从而更有利于烯基肼的形成。

3.3 [3,3]-σ 迁移

在 Fischer 吲哚合成的第二阶段，烯基肼通过 [3,3]-σ 迁移形成新的 C-C 键，同时 N-N 键发生断裂。由于存在共轭作用和极化效应，烯基肼的 1-位和 6-位碳原子上会产生电性相反的极化电荷。质子酸或 Lewis 酸有利于增强这种极化的程度，从而促使 [3,3]-σ 迁移进行得更容易。同时，适合的空间结构和取向也有利于烯基肼分子内重排反应的发生 (式 10)。

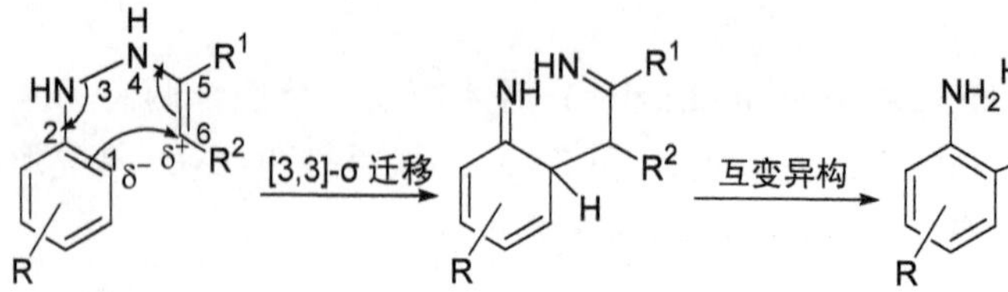

(10)

当不使用酸性催化剂时，[3,3]-σ 迁移也可以在加热条件下发生，其反应机理类似于邻位 Claisen 重排[15]。烯基肼在加热情况下，首先形成六员环过渡态 (式 11)，进而发生 [3,3]-σ 迁移和互变异构，得到重排产物。

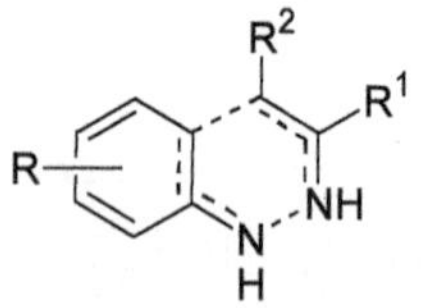

(11)

3.4 吲哚化的区域选择性

某些芳肼在 Fischer 吲哚环合条件下可能生成两个或多个吲哚异构体，因此存在有 Fischer 吲哚化区域选择性或者吲哚化取向。

Fischer 吲哚化的区域选择性可以从其反应机理中得以解释。在反应的第一

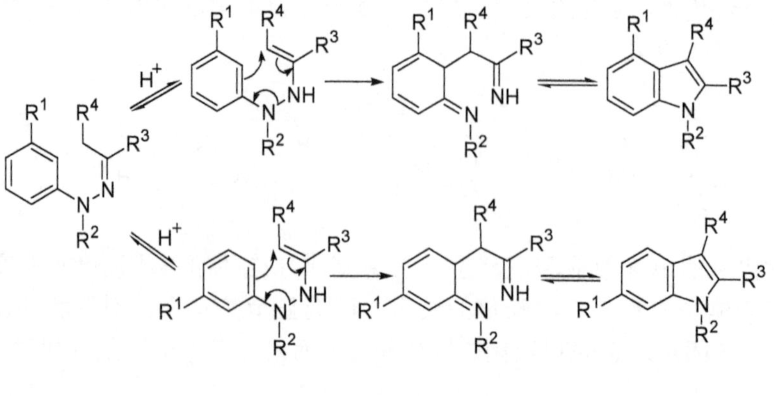

(12)

阶段，如果不对称烷基或环烷基芳腙可以异构化为两种烯基肼，则可能生成两种吲哚化产物。在反应的第二阶段，如果芳环上不同碳原子参与烯基肼的 [3,3]-σ 迁移，也有可能得到两种吲哚化产物。如式 12 所示：间位取代的苯腙通常会生成两种吲哚化产物。

3.4.1 不对称芳腙吲哚化的区域选择性

不对称芳腙（醛/酮部分）吲哚化的区域选择性和产率受到反应条件的影响（例如：催化剂、溶剂和反应温度等），但主要取决于两种烯基肼异构体在所使用条件下的相对稳定性。通常情况下[16]，强酸性条件有利于生成取代基少的烯基肼，弱酸则有利于生成多取代烯基肼。例如：Eatons's 酸 (P_2O_5/$MeSO_3H$) 是一种强酸，它催化的甲基酮类芳腙在环合反应中主要生成 3-位无取代吲哚 (式 13)[17]。

如果使用叔丁基取代的烷基酮，由于空间位阻因素不利于多取代烯基肼的 [3,3]-σ 迁移重排，3-位无取代吲哚在产物中的比例还可以进一步提高。此外，一些二环烷基酮苯腙吲哚化的区域选择性也与桥头原子或取代基的构象相关 (式 14[18]和式 15[19])。

在 1,3-环己二酮单苯腙的 Fischer 吲哚化过程中，由于烯基肼中 C-C 双键与羰基产生共轭作用而具有更好的热力学稳定性，所以主要生成 4-羰基咔唑产物 (式 16)[20]。

$$\text{(16)}$$

由于四氢萘-1-酮只生成一种烯基肼，所以它与苯肼在酸性条件下发生 Fischer 吲哚环合时选择性地生成 1,2-苯并四氢咔唑 (式 17)[21]。

$$\text{(17)}$$

3.4.2 取代苯腙吲哚化的区域选择性

间位和邻位取代苯腙中不同的苯环碳原子可以参与烯基肼的 [3,3]-σ 迁移重排，因而存在吲哚化的区域选择性。间位取代苯腙会生成 4-取代和 6-取代两种吲哚的混合物 (式 18)，产物的比例主要受到苯环取代基 (R) 的性质、腙的结构以及反应条件 (例如：溶剂和催化剂等) 的影响。

$$\text{(18)}$$

当 R 基是一个供电子基团时 (在亲电芳香取代反应中属于邻、对位定位基)，环合产物中 4-取代吲哚一般会少于 6-取代吲哚。如果 R 是一个间位定位基的话，4-取代吲哚一般会多于 6-取代吲哚。例如：间甲基取代苯腙在 PCl₃ 的催化下主要生成 6-甲基吲哚 (式 19)[22]。当 R² 是一个体积较大的取代基时，位阻因素对吲哚化取向的影响更为重要，因而更有利于位阻较小的 6-位取代吲哚的生成[23]。

$$\text{(19)}$$

邻位取代苯腙在正常情况下只生成一种吲哚产物，但环合的速度低于间位或对位取代苯腙。在某些反应条件下，邻位取代苯腙在吲哚化过程中会发生亲核取代反应。在脱去邻位基团的同时，生成苯环被亲核试剂取代的"非正常"吲哚 (式 20)[24]。一般情况下，邻位供电子基团取代的苯腙趋向于生成"非正常"取代吲哚。尤其是当 R² 基团没有位阻效应时，这种趋势更为显著。而当邻位取代基为拉电子基团时，则主要生成单一的正常吲哚化产物。

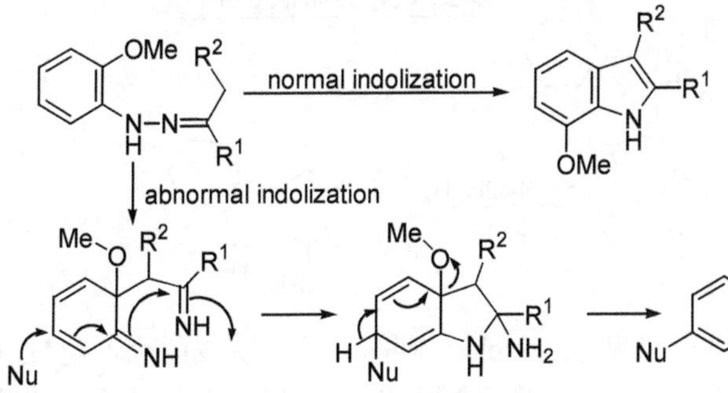

(20)

邻位甲基取代苯腙除了生成正常的吲哚化产物以外，还可以生成甲基 [1,2]-迁移产物 (式 21)[25]，两种产物的比例为 1.1~1.35。

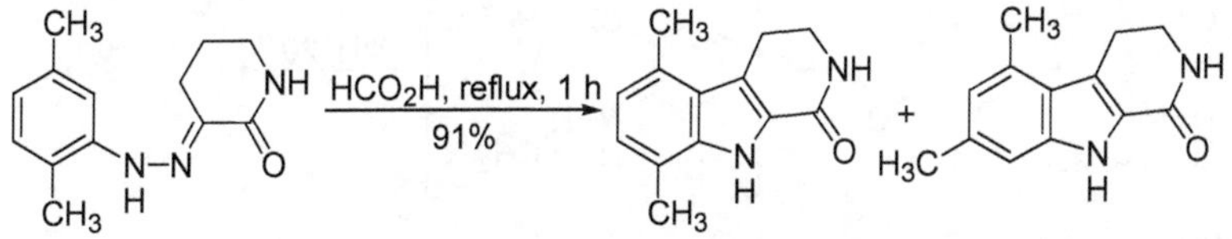

(21)

某些 2,6-二取代苯腙通过取代基迁移也可以发生 Fischer 吲哚环合反应。苯乙酮 2,6-二甲基苯腙在路易斯酸 ZnCl₂ 催化下主要生成两种吲哚化产物 (式 22)，其中 2-苯基-4,7-二甲基吲哚则是通过甲基发生 [1,2]-迁移的方式形成 (式 23)[26~28]。

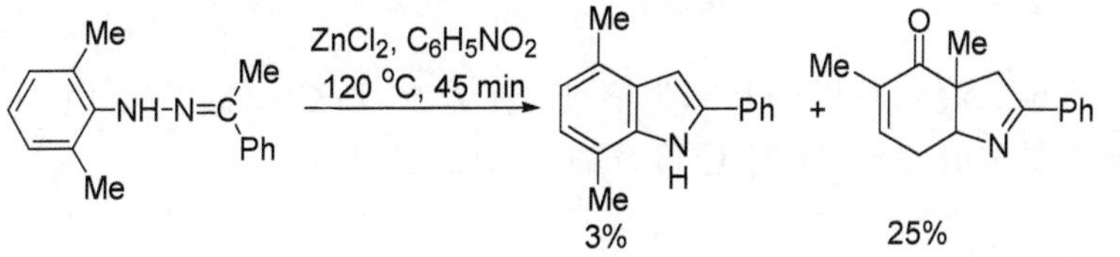

(22)

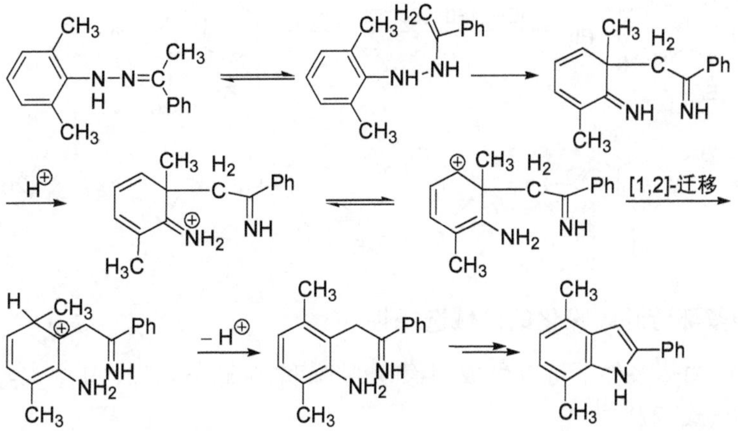

(23)

邻位二甲基取代苯腙也可以通过 Fischer 吲哚反应生成甲基 [1,4]-迁移产物。如式 24 所示：环己酮 2,4,6-三甲基苯腙在醋酸中回流反应可以得到 6,7,8-三甲基-1,2,3,4-四氢咔唑[29]。

$$\text{(24)}$$

邻位二卤取代苯腙也可以发生 Fischer 吲哚环合，生成脱卤产物或卤素迁移产物。例如：N^1-甲基-邻二氯苯肼与环己酮发生 Fischer 吲哚环合，生成两种四氢咔唑产物 (式 25)[30]。

$$\text{(25)}$$

苯乙酮的 2,6-二溴苯腙以硝基苯为溶剂，在无水 ZnCl$_2$ 催化下发生 Fischer 吲哚反应，则主要生成卤素 [1,3]-迁移产物 (式 26)[31]。

$$\text{(26)}$$

3.4.3 杂环和多环芳腙吲哚化的区域选择性

3-吡啶腙在加热条件下可以生成 4-氮杂吲哚和 6-氮杂吲哚，其中 4-氮杂吲哚为主要产物 (式 27)[32]。

$$\text{(27)}$$

腙的醛/酮部分	反应时间/h	产率/%	
		4-氮杂吲哚	6-氮杂吲哚
R^1=H, R^2=Me	8	21	6
R^1=R^2=Me	5	20	3
环戊酮	5	68	10
环己酮	8	38	6

3-、6-、7-喹啉腙在酸催化下发生 Fischer 吲哚反应，其吲哚化取向与喹啉母环上的亲电取代反应一致，喹啉环上 4-、5-、8-位碳原子分别参与环合了反应。例如：丙酮酸乙酯-3-喹啉腙在浓硫酸催化下可以环合生成吡咯并 [2,3-c] 喹啉（式 28）[33]。而 α-四氢萘酮-6-喹啉腙则在醋酸/硫酸 (5:1) 催化下生成 3,4-二氢咔唑衍生物（式 29）[34]。

$$\text{(28)}$$

$$\text{(29)}$$

在 Fischer 吲哚反应的第二阶段，新 C-C 键的形成可以视为分子内的亲电取代反应过程。由于萘环中 1 位比 3 位更易发生亲电取代反应，因此 2-萘腙的吲哚化主要发生在萘环的 1 位（式 30）[35]。

$$\text{(30)}$$

4 Fischer 吲哚合成的反应条件综述

4.1 加热反应

Fitzpatrick 等在 1957 年发现甲乙酮苯腙在加热情况下可以直接生成 2,3-二甲基吲哚（式 31）[36]：

$$\text{PhNHN=C(CH}_3)\text{CH}_2\text{CH}_3 \xrightarrow[\substack{\text{乙二醇, 3 h, 70\%} \\ \text{乙二醇, 4 h, 68\%} \\ \text{四氢萘, 17 h, 48\%}}]{\triangle,\ \text{solvents}} \text{2,3-二甲基吲哚} \quad (31)$$

研究发现：在 Fischer 吲哚反应的第二个阶段中，由于不可逆的芳构化反应，芳腙和烯基肼互变异构体之间的平衡不断地向形成烯基肼的方向进行 (式 7)。如果反应中间体和产物具有较好的热稳定性，Fischer 吲哚化过程可以在简单的加热条件下完成而不需要其它催化剂的参与[7,10]。此类反应比较适用于那些含有芳香杂环的腙 (例如：吡啶腙、嘧啶腙以及喹啉腙等)。

一些苯腙和吡啶腙化合物在加热情况下也可以发生 Fischer 吲哚环合[37~39]。例如：在加热条件下，β-四氢咔啉酮与过量苯肼或吡啶肼反应生成腙，然后再发生吲哚化 (式 32[37]和式 33[38])。

$$\text{(β-四氢咔啉酮-N-Bz)} \xrightarrow[\text{70\%}]{\text{C}_6\text{H}_5\text{NHNH}_2,\ \text{Ar, reflux, 6 h}} \text{产物} \quad (32)$$

$$\text{(β-四氢咔啉酮-N-Bz)} + \text{2-肼基吡啶} \xrightarrow[\substack{\text{1. 160 °C, 24 h} \\ \text{2. NH}_2\text{NH}_2,\ 160\ ^\circ\text{C, 16 h}}]{\text{71\%}} \text{产物} \quad (33)$$

含有哌啶酮结构的腙在二苯醚中回流也可以顺利地发生 Fischer 吲哚反应 (式 34)[40]。

$$\text{腙} \xrightarrow[\text{88.7\%}]{\text{Ph}_2\text{O, reflux, 25 min}} \text{产物} \quad (34)$$

除了腙以外，烯基肼在加热情况下也能发生 Fischer 吲哚环合 (式 35)[41]。

$$\text{烯基肼} \xrightarrow[\text{90\%}]{o\text{-dichlorobenzene, reflux, 12 h}} \text{产物} \quad (35)$$

4.2 酸催化反应

酸是 Fischer 吲哚合成中最常使用的催化剂。一般认为[12]，由于酸的存在可以促进芳腙和烯基肼异构体之间平衡的形成。酸也可以使碱性较强的氮原子发生质子化或形成配合物，进而稳定烯基肼的存在。此外，氮原子的质子化或配合物的形成还可以提高 $1',6'-\pi$ 电子共轭系统的极化程度，进而有利于促进重排反应和 C-C 键的形成。

许多酸被用于催化 Fischer 吲哚合成，但只有个别的酸具有普遍的适用性。常用于该反应的质子酸和路易斯酸有：醋酸、三氟化硼醋酸溶液、盐酸、硫酸、多聚磷酸、多聚磷酸乙酯、对甲苯磺酸、氯化亚铜和氯化锌等。

盐酸[42]、硫酸[43~47]和醋酸[45,47~49]等是在 Fischer 吲哚合成中使用较为广泛的质子酸。甲乙酮的 N-甲基-对硝基苯腙在浓盐酸催化下可以用来合成 1,2,3-三甲基-5-硝基吲哚 (式 36)[50]。

$$\text{(36)}$$

稀硫酸也可以有效催化吲哚环的形成。将 4-位取代苯肼和 4-(N,N-二甲氨基)-丁醛二甲缩醛在稀硫酸中加热回流，可高产率得到相应的 5-取代-N,N-二甲基色胺 (式 37)[51]：

$$\text{(37)}$$

氯化氢的醋酸溶液也常用于催化 N-乙酰色胺的合成。如式 38 所示[52]：苯肼与不同的酮在饱和氯化氢的醋酸溶液中加热回流即可得到相应的 2-取代-N-乙酰色胺。

$$\text{(38)}$$

其它类型的质子酸也可用于 Fischer 吲哚反应的催化[43,48]。例如：Kissman 等首次利用多聚磷酸 (PPA) 催化苯乙酮和苯肼的反应，以较高的产率生成 2-苯基吲哚及其衍生物 (式 39 和式 40)[53]。

$$\text{PhCOCH}_3 + \text{PhNHNH}_2 \xrightarrow[76\%]{\text{PPA, 180 °C}} \text{2-phenylindole} \quad (39)$$

$$\text{PhCOCH}_3 + \text{PhN(Me)NH}_2 \xrightarrow[73\%]{\text{PPA, 100 °C}} \text{1-methyl-2-phenylindole} \quad (40)$$

Eaton's 酸 (P_2O_5/MeSO$_3$H) 则可应用于一些特殊的 3-位无取代吲哚的合成[17,54]。该反应不仅条件温和,而且具有较高的产率和区域选择性 (式 41)[17]。

$$\xrightarrow[81\%]{3\% \; P_2O_5/\text{MeSO}_3\text{H}, \; \text{CH}_2\text{Cl}_2, \; 1\sim2 \text{ d}, \; 35\sim40 \text{ °C}} \quad (41)$$

路易斯酸也可以催化 Fischer 吲哚环的形成[27,43,48,55~57]。例如:将苯乙酮苯腙和粉末状的无水 $ZnCl_2$ 在 170 °C 下剧烈搅拌反应即可得到 2-苯基吲哚 (式 42)[58]。而一些特殊的路易斯酸 [例如: (N-2,2,6,6-四甲基哌啶)二乙基铝 (DATMP)] 不仅可以有效地催化吲哚环的生成,而且在不对称烷基酮苯腙的 Fischer 环合中也具有很好的区域选择性[59]。

$$\text{PhC(=NNHPh)CH}_3 \xrightarrow[72\%\sim80\%]{\text{ZnCl}_2, \; 170 \text{ °C}} \text{2-phenylindole} \quad (42)$$

多聚磷酸乙酯 (PPE) 作为温和的路易斯酸也可以应用于一些特殊的 Fischer 吲哚环的合成。在 2-呋喃取代的 N-乙酰色胺合成中,使用氯化氢的醋酸溶液作为催化剂得到的是焦油物,但使用 PPE 则可以得到固体产物 (式 43)[52]。

$$\text{PhNHNH}_2 + \text{furyl-CO-CH}_2\text{CH}_2\text{NHAc} \xrightarrow[43\%]{\text{PPE (3 eq), 85 °C, 1 h}} \quad (43)$$

BF$_3$·Et$_2$O 可以有效地催化间位取代苯脒的吲哚化[23,43]。例如：甲乙酮的间硝基苯脒在 BF$_3$·Et$_2$O 和醋酸的混合溶剂中反应，生成 4-硝基吲哚和 6-硝基吲哚的混合物，两者比例为 1.3:1 (式 44)。当间位为供电子取代基如甲基时，在相同反应条件下以 63% 的产率生成单一的 6-位取代吲哚[23]。

$$\text{(44)}$$

一些固体酸也可以有效地催化 Fischer 吲哚环的形成，例如：蒙托土和沸石等[60,61]。在 K-10 蒙托土催化下，苯肼和环己酮在甲醇中可以通过一步反应直接生成四氢咔唑，产率高达 96% (式 45)[60]。

$$\text{(45)}$$

值得注意的是，酸催化剂的类型、浓度和用量都会影响 Fischer 吲哚化过程的区域选择性。例如：在异丙基甲基酮苯脒的吲哚化反应中，可以生成 2,3,3-三甲基吲哚啉和 2-异丙基吲哚。如果选用适当的催化剂及其用量，反应甚至可以区域选择性地生成单一的产物 (式 46)[62]。

$$\text{(46)}$$

酸	酸:脒 (摩尔分数)	产率/%	
		2,3,3-三甲基吲哚啉	2-异丙基吲哚
10% H$_2$SO$_4$	1:1	94.8	1.1
70% H$_2$SO$_4$	1:1	96.5	<1.0
70% H$_2$SO$_4$	5:1	27.1	67.1
78% H$_2$SO$_4$	1:1	91.5	2.1
78% H$_2$SO$_4$	5:1	20.2	79.0
78% H$_2$SO$_4$	6:1	12.9	84.0
ZnCl$_2$	1:1	87.3	
PPA	1:1	73.5	14.3
PPA	5:1	8.4	72.2
37% HCl	2:1	95.4	
37% HCl	17:1	69.9	23.8

4.3 固相合成反应

固相合成方法[63,64]在 Fischer 吲哚合成中也得到了广泛应用。Hutchins 等将芳香酮通过酯基连接到 PS-HMB 树脂上,然后在 ZnCl$_2$ 和醋酸催化下与苯肼盐酸盐反应,几乎定量地生成高纯度的吲哚产物 (式 47)[65]。

由于许多含有吲哚环的天然产物或药物都具有广泛的生物活性,因而吲哚化合物库的组合合成也引起了广泛关注[66,67],例如:利用固相合成反应进行痕量 Fischer 吲哚合成。Waldmann 等利用聚合物连接的取代苯肼与环己酮在三氟乙酸的催化下发生环合反应,生成四氢咔唑类衍生物 (式 48)[68]。

连接在树脂上的对硅烷基苯肼盐酸盐也可以和苯乙醛或其它酮发生 Fischer 吲哚反应,得到相应的吲哚化合物 (式 49)[69]。

有研究者还将固相合成条件下的 Fischer 吲哚反应应用于天然产物的合成。如式 50 所示：酮中间体可以和苯肼发生吲哚环合反应，几乎定量地转化为天然产物 Naltrindole (R^1 = 环丙烷；R^2 = 氢)。通过改变取代基团，还可以高产率地获得许多 Naltrindole 的衍生物[70]。

利用固相合成的方法，通过 Fischer 吲哚反应可以合成 3-氨基-3-羧基-四氢咔唑类衍生物 (式 51)[71]。

Cheng 等通过类似的方法，以三氟醋酸的二氯甲烷溶液为反应介质，高产率 (83%~95%) 地合成了 Spiroindoline 类似物 (式 52)[72]。

取代苯肼	反应条件	产率	HPLC 纯度
H	2% TFA/CH$_2$Cl$_2$, 40 °C	95%	72%
2-Br	10% TFA/CH$_2$Cl$_2$, 40 °C	93%	72%
4-NO$_2$	25% TFA/CH$_2$Cl$_2$, 40 °C	94%	66%
3,5-(CF$_3$)$_2$	20% TFA/CH$_2$Cl$_2$, 40 °C	95%	66%
4-Bu-t	2% TFA/CH$_2$Cl$_2$, rt	95%	87%
4-CF$_3$O	4% TFA/CH$_2$Cl$_2$, 40 °C	87%	80%

4.4 离子液体反应

离子液体几乎无蒸汽压,同时具有热稳定性高、离子导电率高、分解电压大和容易回收等优点。因而在许多有机反应中,离子液体作为传统溶剂和催化剂的替代试剂被广泛研究[73]。在 Fischer 吲哚合成中,离子液体可以同时作为溶剂和催化剂促使吲哚环的生成。

Khadilkar 等研究发现,苯肼与环状酮或脂肪族酮在离子液体 1-丁基吡啶盐酸盐-AlCl$_3$ (AlCl$_3$-nBPC) 中加热后迅速发生 Fischer 吲哚反应,高产率地得到相应的吲哚 (式 53)[74]。由于离子液体不易挥发和燃烧,安全性高于传统有机溶剂,同时 AlCl$_3$ 的用量也远小于传统方法中所用的催化剂 (PPA 和 ZnCl$_2$ 等),因而也更为绿色和环保。

酮	产物	时间	产率/%
苯乙酮	2-苯基吲哚	1 h	73
2-丁酮	2,3-二甲基吲哚	40 min	80
苯丙酮	2-苯基-3-甲基吲哚	3 h	80
环己酮	1,2,3,4-四氢咔唑	35 min	92

在离子液体胆碱盐酸盐-ZnCl$_2$ 中,取代苯肼与丁酮可以通过"一锅法"直接合成吲哚环。由于离子液体难以挥发,最后可以通过升华的方法直接得到最终产品 (式 54)[75]。更重要的是,该反应在离子液体介质中进行时还具有很好的区域专一性。例如:丁酮苯腙发生 Fischer 吲哚反应时通常会得到 2,3-二甲基吲哚和 2-乙基吲哚两个不同的反应产物,但在离子液体反应介质中只生成 2,3-二甲基吲哚。这也为合成具有区域选择性的 Fischer 吲哚环提供了重要的方法。

R	产物	催化剂/eq	时间/h	温度/°C	产率/%
H	2,3-二甲基吲哚	3	1	95	80
2,5-Cl$_2$	4,7-二氯-2,3-二甲基吲哚	3	4	95	72
4-Cl	5-氯-2,3-二甲基吲哚	1	2	120	88
2-Me	2,3,7-三甲基吲哚	1	3	120	71

Xu 等[76]研究了 Brønsted 酸离子液体 (BAILs) 在 "一锅法" 合成 Fischer 吲哚环中的应用 (式 55)。在不同的反应条件下，苯肼和环己酮在多种 BAILs 中都能高产率地发生 Fischer 吲哚环合反应 (式 56)。

BMImHSO$_4$: R = n-C$_4$H$_9$, Y = HSO$_4$
BMImH$_2$PO$_4$: R = n-C$_4$H$_9$, Y = H$_2$PO$_4$
HMImTA: R = H, Y = CF$_3$CO$_2$
HMImNO$_3$: R = H, Y = NO$_3$
HMImHSO$_4$: R = H, Y = HSO$_4$
HMImH$_2$PO$_4$: R = H, Y = H$_2$PO$_4$
HMImBF$_4$: R = H, Y = BF$_4$
HMImOTf: R = H, Y = CF$_3$SO$_3$

(55)

(56)

BAILs	时间/h	温度/°C	产率/%
BMImHSO$_4$	1	70	92
BMImHSO$_4$	5	rt	89
HMImHSO$_4$	1	70	82
BMImH$_2$PO$_4$	1	70	89
BMImH$_2$PO$_4$	14	rt	82
HMImH$_2$PO$_4$	0.75	100	80
HMImTA	1	70	87
HMImBF$_4$	1	70	85
HMImNO$_3$	7	100	81
HMImOTf	1.5	100	82

上述 Brønsted 酸离子液体在催化不对称酮的吲哚环合过程中也具有极高的选择性。例如：BMImHSO$_4$ 不仅可以有效地催化取代苯肼与丁酮的区域选择性反应，而且反应产率也高于离子液体胆碱盐酸盐-ZnCl$_2$ 体系 (式 57)[75]。

(57)

取代苯肼	产物	温度/°C	时间/h	产率/%
H	2,3-二甲基吲哚	70	3	89
H	2,3-二甲基吲哚	100	1	88
2,5-Cl$_2$	4,7-二氯-2,3-二甲基吲哚	70	6	88
2,5-Cl$_2$	4,7-二氯-2,3-二甲基吲哚	100	1	88
2-Me	2,3,7-三甲基吲哚	70	0.5	90

由于 Brønsted 酸离子液体具有很好的水溶性,而环合后的吲哚固体产物水溶性较差,将反应液直接倒入水中后过滤即可方便地得到产品。然后,在真空条件下将水除去,离子液体又可以回收和再使用。

离子液体催化的 Fischer 吲哚合成具有反应条件温和、收率高、区域选择性好、产品纯化简便和对环境更为友好等优点,因此该方法也日益引起研究者的兴趣和重视。

4.5 微波反应

微波反应技术可以有效地利用能源、缩短反应时间和减少反应污染,因而近年来微波反应广泛应用于一些经典的有机反应[77,78]。在 Fischer 吲哚合成中,使用微波反应技术不仅可以将反应时间从数小时缩短至几分钟,而且能普遍适用于各种 Fischer 吲哚的催化反应条件 (例如:质子酸催化、固体酸催化或路易斯酸催化等),同时也可以获得较为理想的反应产率[79,80]。

Abramovitch[81] 等研究发现:以 96% 的甲酸为反应溶剂,环己酮苯腙在微波作用下几乎可以定量地转化为四氢咔唑 (式 58)。以醋酸为溶剂,2-甲氧基-4-硝基苯肼和环己酮在微波作用下,也可以通过"一锅法"迅速生成四氢咔唑 (式 59)[82]。

在一些固体酸催化的 Fischer 吲哚合成中,微波反应也可以促进吲哚环的形成。例如:在 K-10 蒙托土 (MK-10) 催化下,苯肼和环己酮通过微波作用快速生成四氢咔唑。该反应与传统热反应的产率非常接近,但反应时间由原来的 5 h 缩短为 3 min (式 60)[60]。用 ZnCl$_2$ 处理过的 K-10 蒙托土 (MK-10/ZnCl$_2$) 在微波作用下也能加快 Fischer 吲哚环化的速度,并且应用于一些天然产物中间体的合成。例如：在常绿钩吻碱类似物的合成中，2-吡啶酮衍生物与苯肼以醋酸为催化剂，在乙醇中回流反应定量地生成腙。然后，腙在 MK-10/ZnCl$_2$ 催化下，迅速发生 Fischer 反应生成相应的吲哚化产物 (式 61)[83]。

$$\text{PhNHNH}_2 + \text{cyclohexanone} \xrightarrow[94\%]{\text{MK-10, MW, 140 °C, 3 min}} \text{tetrahydrocarbazole} \quad (60)$$

$$\xrightarrow[30\%\sim35\%]{\substack{\text{1. PhNHNH}_2\text{, EtOH, AcOH} \\ \text{2. MK-10/ZnCl}_2\text{, MW} \\ 165\sim190\ ^\circ\text{C, 1.5}\sim2.5\ \text{min}}} \quad n = 1, 3, 4 \quad (61)$$

上述反应也可以使用 ZnCl$_2$/三甘醇 (TEG) 作为介质，在微波作用下生成相应的吲哚产物，产率明显高于前者 (式 62)[84]。

$$\xrightarrow[50\%\sim53\%]{\substack{\text{1. PhNHNH}_2\text{, EtOH, AcOH} \\ \text{2. ZnCl}_2\text{/TEG, MW, 180 °C, 7 min}}} \quad n = 1\sim4 \quad (62)$$

在近临界水介质中，通过微波作用，苯肼和丁酮在 270 °C 反应 49 bar (4.9 MPa) 下 30 min 就可得到 2,3-二甲基吲哚 (式 63)[85]。

$$\text{PhNHNH}_2 + \text{butanone} \xrightarrow[64\%]{\text{H}_2\text{O, MW, 270 °C, 4.9 MPa, 30 min}} \text{2,3-dimethylindole} \quad (63)$$

综上所述，反应原料、催化剂、溶剂、pH 和反应温度等因素对 Fischer 吲哚合成产生很大影响，因而，针对不同吲哚环的合成需对不同反应条件进行筛选才能获得最为理想的反应结果。

5 Fischer 吲哚合成的反应类型综述

5.1 芳基肼为反应起始物

以芳基肼为原料，与醛基或酮基反应生成腙，进而经过环合、脱氨生成吲哚，已经成为 Fischer 吲哚合成中最经典的实验程序。这类反应起始原料简单、反应过程容易控制，一般情况下均可得到满意的结果。

如式 64 所示[86]：简单地将苯肼与 N-Cbz-4-甲醛基哌啶在三氟醋酸催化下稍稍加热，即可发生 Fischer 吲哚环合，几乎定量地生成 3-位螺环取代吲哚[86]。此外，该类反应在醋酸催化下也能得以顺利进行[87]。在同样条件下，芳基肼也非常容易和酮反应生成吲哚环 (式 65)[88]。

$$\text{PhNHNH}_2 + \text{N-Cbz-4-CHO-piperidine} \xrightarrow[99\%]{\text{TFA, CH}_2\text{Cl}_2, \text{N}_2, 35\ ^\circ\text{C, 17 h}} \text{spiroindole} \quad (64)$$

$$\text{(MeO-benzothiophenone)} + \text{4-Cl-C}_6\text{H}_4\text{NHNH}_2 \xrightarrow[68\%]{\text{TFA/AcOH(1:3), reflux, 12 h}} \text{product} \quad (65)$$

芳基肼可以直接与缩醛或半缩醛发生吲哚环合反应。如式 66 所示：以 4-氨基苯乙腈为起始原料，依次通过重氮化和还原得到 4-氰甲基苯肼。将生成的苯肼与 4-氯丁醛二甲缩醛共热，即可得到 5-氰甲基色胺[89]。

$$\text{NC-C}_6\text{H}_4\text{-NH}_2 \xrightarrow[\substack{\text{1. NaNO}_2, \text{H}_2\text{O, conc. HCl, }-10\ ^\circ\text{C, 0.5 h}\\ \text{2. SnCl}_2\cdot 2\text{H}_2\text{O, conc. HCl, }-10\ ^\circ\text{C, 20 min}\\ \text{3. 4-chlorobutanal dimethyl acetal}\\ \text{EtOH/H}_2\text{O (5:1), reflux, 2~4 h}\\ 32\%}]{} \text{5-cyanomethyltryptamine} \quad (66)$$

在硫酸催化下，苯肼盐酸盐可与 2,3-二脱氧戊糖的半缩醛反应生成吲哚衍生物。由于苯甲酰基同时发生酯交换反应，生成了 1-O-苯甲酰基和 2-O-苯甲酰基两个异构体，最后经过水解得到相同的 3-取代吲哚产物 (式 67)[90]。

$$\text{PhNHNH}_2\cdot\text{HCl} + \text{OBz-sugar-OH} \xrightarrow[75\%]{\substack{\text{1. NaOAc, EtOH, rt, 1 h}\\ \text{2. aq. H}_2\text{SO}_4, \text{reflux, 2 h}}} \text{indole-CH}_2\text{-CH(OR}^1\text{)-CH}_2\text{OR}^2 \xrightarrow[80\%]{\text{NaOMe, MeOH, rt, 16 h}} \text{indole-diol} \quad (67)$$

$$R^1 = Bz, R^2 = H$$
$$R^1 = H, R^2 = Bz$$

芳基肼也可以与烯醇直接发生 Fischer 吲哚反应。例如：4-羟基-1-甲基-1H-2-

羰基喹啉与苯肼盐酸盐在冰醋酸和浓盐酸的混合溶剂中回流,一步得到吲哚喹啉 (式 68)[91]。

$$\text{(68)}$$

芳基肼与环烯醚在酸催化下也能直接发生 Fischer 吲哚反应。例如:3-硝基-6-甲氧基苯肼与二氢呋喃在醋酸中反应首先得到腙,然后在 5-磺基水杨酸 (5-SSA) 催化下环合得到 3-取代吲哚 (式 69)[92]。

$$\text{(69)}$$

芳基肼还可以通过一步法直接与环状烯醚反应制备吲哚。如式 70 所示[93]: 5-取代苯肼与二氢吡喃在稀硫酸催化下直接环合生成 3-羟丙基取代吲哚。

$$\text{(70)}$$

在酸性催化剂存在下,取代苯肼也可以直接与环烯内酯反应生成吲哚产物。例如: N-对氯苯甲酰基-对甲氧基苯肼与当归内酯 (Angelicalactone) 在硫酸催化下发生 Fischer 吲哚反应,生成吲哚美辛 (Indomethacin) (式 71)[93]。

$$\text{(71)}$$

以芳基肼为反应起始物的 Fischer 吲哚合成反应也广泛应用于工业生产中。以 3,5-二氯苯肼盐酸盐为起始原料,在乙醇中与丙酮酸乙酯反应得到 E/Z 混合腙。然后以多聚磷酸 (PPA) 为催化剂，在甲苯中加热发生 Fischer 吲哚环合得到 2-羧酸乙酯吲哚。随后再通过 7 步反应得到 NMDA 类甘氨酸受体拮抗剂 MDL 103371 (式 72)[94]。

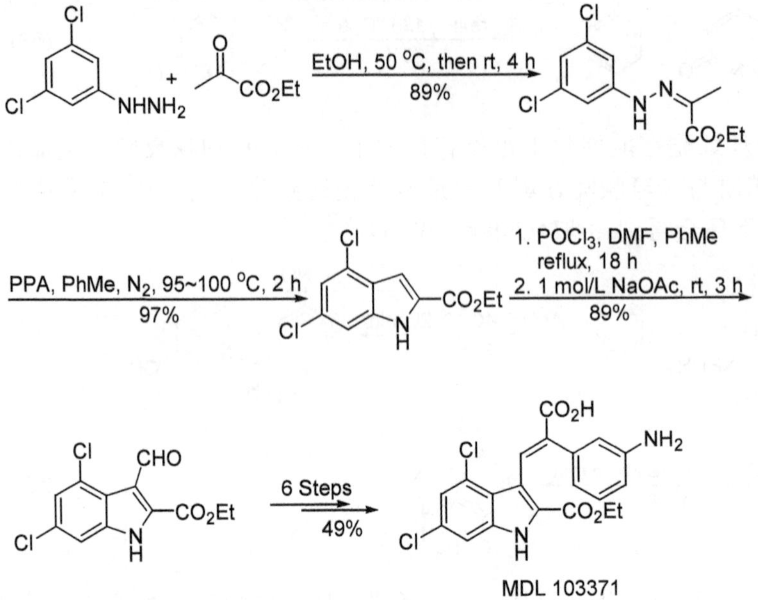

(72)

5.2 Japp-Klingemann 反应

在 Japp-Klingemann 反应中，β-酮酸酯和重氮盐首先反应生成偶氮酯中间体，接着脱去乙酰基生成芳腙 (式 73)。由于这种芳腙的制备方法不需要芳基肼的参与，可以避免不稳定肼的制备和保存，因此在 Fischer 吲哚合成中得到广泛的应用[6,7,95,96]。

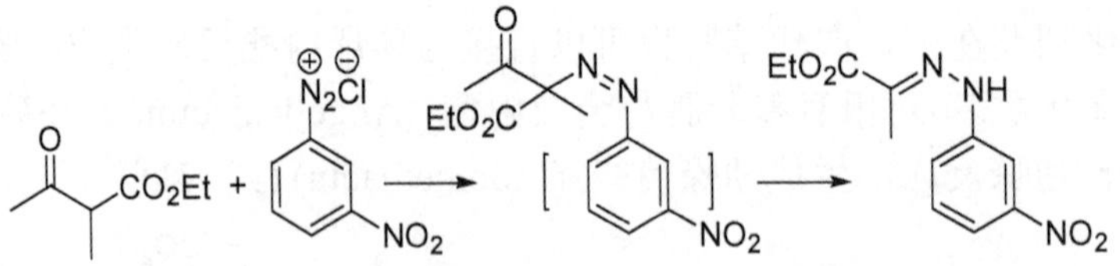

(73)

Japp-Klingemann 反应一般在中性或弱酸性水溶液中进行，反应过程中需加入 KOH、NaOAc 或 Na_2CO_3 等碱来调节 pH 值。利用该反应能够得到一些结构特殊的丙酮酸芳腙，它们在 Fischer 环合条件下生成相应的 2-羧酸或 2-羧酸酯取代吲哚。例如：4-甲氧基苯胺经重氮化后，与 2-甲基-乙酰乙酸乙酯在等摩尔分数的 KOH 作用下发生偶联反应，生成稳定的偶氮酯。然后在酸性条件下脱去乙酰基形成腙，最后经环合生成 5-甲氧基吲哚-2-羧酸乙酯 (式 74)[97]。

其它类型的芳香重氮盐与 2-甲基-乙酰乙酸甲酯也能发生 Japp-Klingemann 反应 (式 75)[98]。

除了 2-甲基乙酰乙酸酯以外，还可以利用其它 2-取代乙酰乙酸酯经 Japp-Klingemann 反应和 Fischer 吲哚反应来制备 2,3-二取代吲哚 (式 76)[99]。

在 Japp-Klingemann 反应中，加入相转移催化剂 [例如：二甲基二(十八烷基)氯化铵，DMDOA] 可以显著提高腙的纯度和产率，进而提高 Fischer 吲哚环合反应的产率 (式 77)[100]。

除了链状 2-取代乙酰乙酸酯以外，环状的 β-酮酸酯也可以发生 Japp-Klingemann 反应。例如：2-氧代环戊甲酸乙酯在醋酸钾催化下与重氮盐反应得到相应的芳腙，继而在甲酸催化下进一步发生 Fischer 吲哚环合 (式 78)[101]。同样，2-甲基-Meldrum's 酸也可以发生 Japp-Klingemann 反应 (式 79)[102]。

有些 β-酮烯醇类化合物也能与芳基重氮盐发生 Japp-Klingemann 反应 (式 80)[103]。

由于 Japp-Klingemann 反应条件温和、产率高、过程易于控制，因而广泛应用于天然产物中吲哚环的构建。例如：在 (−)-Gilbertine 的合成中，应用 Japp-Klingemann 反应可以非常容易地得到用苯肼难以得到的 α-酮基芳腙中间体 (式 81)[104]。

5.3 二苯甲酮腙为反应起始物

在 Fischer 吲哚合成中，芳腙通常是通过芳肼与羰基化合物直接缩合、或者通过芳基重氮盐的 Japp-Klingemann 反应来制备[6,7]。除了上述方法以外，Buchwald 等发现在碱性条件下，二苯甲酮腙和卤代芳烃在 Pd(OAc)$_2$/BINAP 催化下发生 N-芳基化反应也可以得到二苯甲酮芳腙。二苯甲酮芳腙在酸性条件下不能够发生 Fischer 吲哚环化，但容易发生水解释放出芳肼；在另外一个酮的存在下，被释放出来的芳肼与其原位生成新的腙，接着发生 Fischer 吲哚环化生成吲哚 (式 82)[105]。

二苯甲酮腙容易制备且很稳定，可以长时间保存而不发生显著分解。用二苯甲酮腙为反应原料，可以避免不稳定芳基肼的制备和分离。由于多取代的烯肼在 σ-迁移中更趋向于稳定，因而使用该方法，不对称酮的 Fischer 反应具有很好的区域选择性，只生成一种异构体 (式 83)[105]。

除了 Pd(OAc)$_2$/BINAP 可以催化二苯甲酮腙和卤代芳烃的 N-芳基化反应外[106]，Pd(OAc)$_2$/Xantphos (式 84) 也可以用作该反应的催化剂，而且给出更高的产率 (式 85)[107]。

在二苯甲酮腙和溴代芳烃的 N-芳基化反应中，生成的芳腙可以不经过特别的分离和提纯直接用于下一步反应。因此，在简单的"一锅法"条件下就可以制备多种类型的吲哚结构。例如：二苯甲酮腙和 1-溴萘在 Pd(OAc)$_2$/Xantphos 催化下发生 N-芳基化反应，生成的中间体二苯甲酮萘腙可以直接在 Fischer 吲哚反应条件下与苯乙酮发生环合，得到相应的吲哚产物 (式 86)[107]。

二苯甲酮腙用 LDA 处理后，与卤代烃或环氧乙烷反应可以生成二苯甲酮的 *N*-烷基芳腙。然后，在正常的 Fischer 吲哚反应条件下环合生成 *N*-烷基吲哚 (式 87 和式 88)[107]。

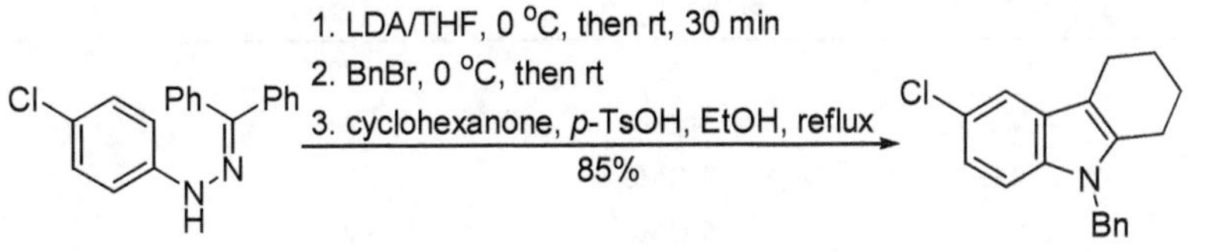
1. LDA/THF, 0 °C, then rt, 30 min
2. BnBr, 0 °C, then rt
3. cyclohexanone, p-TsOH, EtOH, reflux
85%
Cl
Ph
Ph
N
N
H
Bn

(87)

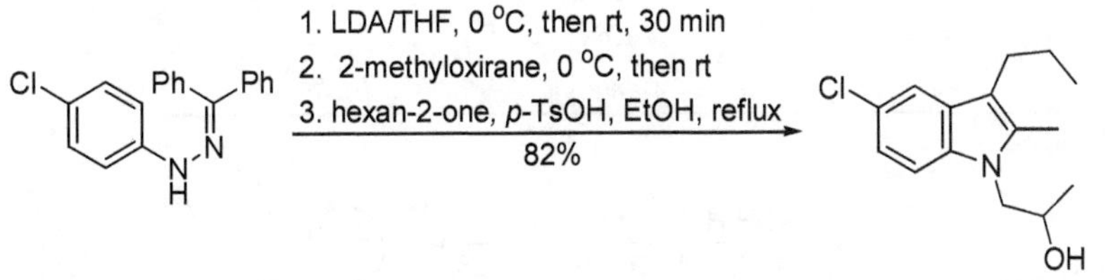
1. LDA/THF, 0 °C, then rt, 30 min
2. 2-methyloxirane, 0 °C, then rt
3. hexan-2-one, p-TsOH, EtOH, reflux
82%
Cl
Ph
Ph
N
H
OH

(88)

利用该方法制备芳腙并不局限在实验室中使用，也可以应用于工业生产中。Mignani 等将 4-氯甲苯、二苯甲酮腙和氢氧化钠溶解于新戊醇中，在 $Pd(OAc)_2$ 和 MePhos ($MebiphPCy_2$) 催化下，回流反应后即得产物二苯甲酮-4-甲苯腙。该反应产率可达到 93%，制备规模达到公斤级 (式 89)[108]。

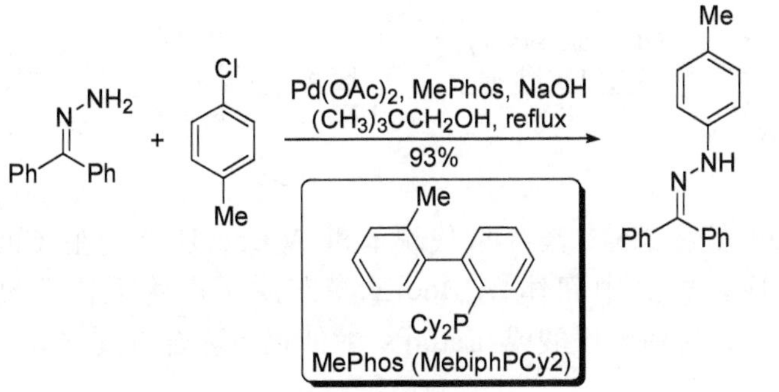
Pd(OAc)2, MePhos, NaOH
(CH3)3CCH2OH, reflux
93%
NH2
Ph
Ph
Cl
Me
NH
Cy2P
MePhos (MebiphPCy2)

(89)

5.4 以 *N*-Boc 肼为反应起始物

N-Boc 芳基肼[109,110]也常常用作 Fischer 吲哚反应的起始物，使用该起始物可以在环合过程中有效地避免副产物的生成。

当使用 *N*-Boc 取代苯肼与 2-丁酮在对甲苯磺酸催化下发生 Fischer 吲哚环合时，结果显示对位取代苯肼比邻位取代苯肼更容易获得较高的产率 (式 90)[111]。此外，*N*-Boc 的对位取代苯肼与其它易烯醇化的酮反应也能获得很高的产率 (式 91)[111]。

$$\text{(90)}$$

取代苯肼 (R)	吲哚产物 (R)	产率/%
H	H	72
4-Me	4-Me	94
4-OMe	4-OMe	75
2-OMe	6-OMe	23
4-t-Bu	4-t-Bu	92
4-Ph	4-Ph	69
4-n-hexyl	4-n-hexyl	79

$$\text{(91)}$$

除了和羰基化合物反应以外，N-Boc 芳基肼还可以与烯基卤代物在金属有机物催化下发生偶联反应直接生成烯肼。例如：1-Boc-苯肼与 1-碘环己烯在 Pd(OAc)$_2$ 和 P(t-Bu)$_3$ 催化下生成烯肼偶联产物，在无需分离情况下直接经酸催化发生 Fischer 吲哚反应转化成吲哚产物 (式 92)[111]。

$$\text{(92)}$$

Buchwald 等将 3,5-二溴-4-取代碘苯和 N-Boc 肼首先在 CuI 催化下发生选择性偶联反应，得到中间体 N-Boc-二溴苯肼。产物无需分离直接和酮发生 Fischer 反应，在对甲苯磺酸或 Eaton's 酸催化下环合得到 4,6-二溴-5-取代吲哚 (式 93)[112]。

$$\text{(93)}$$

酮	反应条件	吲哚	产率/%
(2-戊酮)	A	4,6-二溴-2-乙基-3-甲基吲哚	60
(2-戊酮)	A	4,6-二溴-2-乙基-3,5-二甲基吲哚	64
(丙酮酸乙酯)	B	4,6-二溴吲哚-2-甲酸乙酯	53
(丙酮酸乙酯)	B	4,6-二溴-5-甲基吲哚-2-甲酸乙酯	54

以 *N*-Boc 芳基肼为反应底物，通过级联反应也可以直接和烯烃的加氢醛化产物发生 Fischer 吲哚反应 (式 94)[113]。

$$\text{(式 94)}$$

5.5 炔烃的氢化氨解

在 Fischer 吲哚合成中，腙也可以通过炔烃的氢化胺解反应[114]直接生成。用这种方法制备腙具有更好的原子经济性。由于使用肼和未保护的醛制备腙时总是有反应产率低和副产物多的缺点[115,116]，而通过炔烃的氢化胺解则可以克服上述的缺点[117]。

Odom 等[118]发现在催化剂 10 mol% $Ti(NMe_2)_2(dap)_2$ （吡咯型）或 $Ti(NMe_2)_2(SC_6F_5)_2(NHMe_2)$ （硫醇型）的催化下，不同取代的炔烃与 1,1-二甲基肼可以反应生成相应的腙 (式 95 和式 96)。研究还发现，当肼比炔烃略过量时 (≥ 1.2 倍量)，反应收率较高。实验结果显示：吡咯型催化剂对末端炔烃的氢化胺解具有较好的催化作用；硫醇型催化剂则对末端炔烃和分子内炔烃都具有很好的催化作用，但反应的区域选择性则受到炔烃的电子效应的影响。在上述两种催化剂作用下，1-己炔趋向于生成马氏规则加成产物，而苯乙炔则趋向于生成反马氏规则产物。

$$Ti(NMe_2)_2(dap)_2 \qquad Ti(NMe_2)_2(SC_6F_5)_2(NHMe_2) \tag{95}$$

$$\tag{96}$$

炔烃	时间 /h	催化剂(Cat.)	产率/%	马氏产物：反马氏产物
n-Bu—C≡CH	8	$Ti(NMe_2)_2(dap)_2$	75	50:1
n-Bu—C≡CH	8	$Ti(NMe_2)_2(SC_6F_5)_2(NHMe_2)$	72	10:1
CH_3—C≡C—Ph	75	$Ti(NMe_2)_2(dap)_2$	13	苯丙酮腙
CH_3—C≡C—Ph	10	$Ti(NMe_2)_2(SC_6F_5)_2(NHMe_2)$	92	苯丙酮腙
Ph—C≡C—Ph	75	$Ti(NMe_2)_2(dap)_2$	0	
Ph—C≡C—Ph	18	$Ti(NMe_2)_2(SC_6F_5)_2(NHMe_2)$	22	
Ph—C≡CH	2	$Ti(NMe_2)_2(dap)_2$	85	1:3
Ph—C≡CH	2	$Ti(NMe_2)_2(SC_6F_5)_2(NHMe_2)$	88	1:30

在上述反应中，如果使用含有芳香环取代的肼作为原料时，则可以在$ZnCl_2$存在下通过"一锅法"直接生成吲哚产物（式 97）[118]。其中，当反应底物为二苯乙炔时，使用吡咯型催化剂效果最好，而其它反应则更适合使用硫醇型催化剂。

$$\tag{97}$$

炔烃	催化剂(Cat.)①	时间/h	产物	产率/%
n-Bu—C≡CH	Cat.A, 2 mol%	5	1-甲基-2-丙基-3-甲基吲哚	56
Ph—C≡CH	Cat.A, 2 mol%	18	1-甲基-3-苯基吲哚	95
Ph—C≡C—Ph	Cat.B, 2 mol%	48	1-甲基-2,3-二苯基吲哚	69
CH_3—C≡C—Ph	Cat.A, 10 mol%	20	1,2-二甲基-3-苯基吲哚	90

① Cat. A—$Ti(NMe_2)_2(SC_6F_5)_2(NHMe_2)$; Cat. B—$Ti(NMe_2)_2(dap)_2$.

上述两种钛催化剂 A 和 B 用于炔烃的氢化胺解制备吲哚时，一般只能与 N'-烷基取代的苯肼反应，生成 N-烷基取代吲哚。Odom 等设计了一类新的钛催化剂 $Ti(enp)(NMe_2)_2$，它可以用于催化苯肼的反应"一锅法"制备 NH-吲哚 (式 98)[119]。

$$\text{(98)}$$

在室温下，将乙炔气体通入溶有肼和 $Ti(NMe_2)_2(SC_6F_5)_2(NHMe_2)$ (5 mol%) 的甲苯溶液中，乙炔可以很快被肼氢化胺解生成相应的腙。该反应在 20 min~2 h 之内完成，产率均在 80% 以上 (式 99)[118]。

$$\text{HC≡CH} + \text{H}_2\text{N-N}\begin{matrix}R^1\\R^2\end{matrix} \xrightarrow[\substack{R^1 = \text{Me}, R^2 = \text{Me}, 83\% \\ R^1 = \text{Me}, R^2 = \text{Ph}, 97\% \\ R^1 = \text{Ph}, R^2 = \text{Me}, 99\%}]{\text{Ti(NMe}_2)_2(\text{SC}_6\text{F}_5)_2(\text{NHMe}_2) \\ (5 \text{ mol\%}), \text{PhMe, rt, 2 h}} R^1\text{-N(R}^2\text{)-N=CHCH}_3 \qquad (99)$$

在 Rosenthal 催化剂 [(η^5-Cp)$_2$Ti(η^2-Me$_3$SiC$_2$SiMe$_3$)] (式 100)[120]作用下，N-甲基-N-苯肼可以对末端炔烃进行区域选择性氢化胺解，主要生成马式加成产物。在 Rosenthal (2~10 mol%) 催化剂催化下，取代苯肼和炔烃在 85~100 ℃ 下反应 24 h 后得到相应的腙。然后在 ZnCl$_2$ 的催化下发生 Fischer 反应得到吲哚产物，产率在 62%~90% 之间 (式 100)[121]。当底物为 5-氯-1-戊炔时，使用 10 mol% 的催化剂可直接得到相应的吲哚盐酸盐，产率为 64%。但是，当使用 5 mol% 的二(二甲氨基)(4-甲基-2,6-二叔丁基苯氧基)钛化合物作为催化剂时，产率则增至 84% (式 101)[122]。上述的"一步法"反应为色胺类吲哚化合物的合成提供了一个有效和便捷的途径。

R	催化剂用量/mol%	温度/℃	产率/%
n-C$_5$H$_{11}$	5.0	100	90
cyclopentyl	3.0	100	62
Ph	5.0	85	67
ClCH$_2$CH$_2$	10.0	100	64 (R=CH$_2$CH$_2$NH$_2$·HCl)

Beller 等进一步研究发现：在金属钛化合物和配体的共同催化下，功能性炔

烃可以被肼氢化氨解。例如：在 Ti(NEt$_2$)$_4$ (5 mol%) 和 2,6-叔丁基-4-甲基苯酚 (10 mol%) 共同作用下，叔丁基二甲基硅氧基-2-丙炔和稍过量的 N-甲基-N-苯肼 (1.3 倍量) 在 100 ^{o}C 反应 24 h 后，得到符合马氏加成规则的产物腙；然后，在 ZnCl$_2$ 催化下发生 Fischer 吲哚环合，得到 65% 的理想产物 (式 102)[123]。而当底物是 1-叔丁基二甲基硅氧基-4-戊炔时，使用 Ti(NEt$_2$)$_4$ (10 mol%) 和 2,6-叔丁基-4-甲基苯酚 (20 mol%) 作为催化剂，相应产物的总收率高达 90% (式 103)[124]。

$$\text{(102)}$$

$$\text{(103)}$$

Ackermann 等[125]开发了更为简单的催化条件 (TiCl$_4$/t-BuNH$_2$) 用于炔烃的氨解以及吲哚环的制备。在叔丁基胺和 TiCl$_4$ 的甲苯溶液催化体系下，1,1-二取代肼可以对芳基或烷基取代的炔烃进行氢化氨解。有趣的是，在多数反应过程中并未观察到腙的形成，而是直接生成相应的吲哚衍生物 (式 104)。

$$\text{(104)}$$

反应条件[①]	R^1	R^2	R^3	产率/%
A	Ph	Ph	Ph	55
B	Ph	n-Hex	4-(CF$_3$)C$_6$H$_4$	77
B	Ph	n-Hex	4-OMeC$_6$H$_4$	70
B	Ph	n-Bu	4-ClC$_6$H$_4$	62
A	Me	Et	Ph	73
C	Me	n-Hex	3-(CF$_3$)C$_6$H$_4$	71
C	Me	n-Bu	4-ClC$_6$H$_4$	57
C	Me	n-Hex	4-BrC$_6$H$_4$	66
C	Me	Cl(CH$_2$)$_4$	Ph	52

① 反应条件：1.0 mmol 炔烃, 1.0~3.0 mmol 苯肼, 2 mL 甲苯, 24~48 h; A: 30 mol% TiCl$_4$, B: 40~50 mol% TiCl$_4$, C: 1.0 eq TiCl$_4$。

某些特殊的炔烃可以在没有催化剂的情况下直接被肼进行氨解。例如:丁炔二酸乙酯和 N-甲基-N-苯肼在甲苯中加热反应 24 h 后生成腙,进而在 $ZnCl_2$ 催化下发生 Fischer 吲哚环合生成 2,3-二羧酸酯类型的吲哚 (式 105)[126]。

$$\text{(105)}$$

5.6 烯烃的加氢醛化

烯烃的加氢甲酰化 (或加氢醛化) 是重要的醛基制备方法[127~129],并且在 Fischer 吲哚合成中得到巧妙的应用[130]。Eilbracht 等[131]首次报道了以烯烃和芳基肼为起始原料,通过加氢醛化/Fischer 吲哚环化级联反应"一锅法"制备复杂吲哚的新方法。在该反应中,端烯首先在金属催化下发生加氢甲酰化反应,原位生成的醛基中间体与芳基肼原位缩合生成芳腙,进而发生 [3,3]-σ 迁移,区域选择性地环合生成吲哚产物 (式 106)。在整个级联反应过程中,中间体不需要分离,同时也无其它副反应发生。

$$\text{(106)}$$

Eilbracht 等[131]研究了使用官能团化烯烃为底物的级联反应。他们发现,无论使用 2-甲基烯丙醇或者相应的醚和酯为底物时,均不易得到满意的产率 (式 107)。但是,使用邻苯二甲酰基保护的 2-甲基烯丙胺为底物时,一般可以得到适中的产率 (式 108)。如果选用适当的苯肼,有时甚至可以得到非常高的产率 (式 109)[132]。

$$\text{(107)}$$

$$\text{CH}_2=\text{C(CH}_3\text{)CH}_2\text{NPht} + \text{R-C}_6\text{H}_4\text{-NHNH}_2 \xrightarrow[\substack{2.\ \text{TosCl, NaOH, PhMe, rt} \\ 48\%\sim 60\% \\ R = H,\ Cl,\ 4\text{-Bu-}t}]{\substack{1.\ [\text{Rh(cod)Cl}]_2,\ \text{CO},\ \text{H}_2, \\ \text{PTSA, 100 °C, 3 d}}} \text{indole product} \quad (108)$$

$$\text{CH}_2=\text{C(CH}_3\text{)CH}_2\text{NPhth} + \text{MeO-C}_6\text{H}_4\text{-N(Boc)NH}_2 \xrightarrow[\substack{2.\ \text{H}_2\text{SO}_4\text{-THF, 80 °C, 2 h} \\ 95\%}]{\substack{1.\ \text{Rh(acac)(CO)}_2,\ \text{CO} \\ \text{H}_2,\ \text{THF, 120 °C, 68 h}}} \text{indole product} \quad (109)$$

如果以烯丙基醇或烯丙基胺为起始原料, 则可以通过区域选择性 (n-选择性) 加氢醛化得到无支链的色醇或色胺。但是, 由于催化剂和烯丙基上的官能团之间会产生分子内协同作用, 从而会降低了产物中 n-/iso- 的比例。Eilbracht 等发现：在反应体系中加入双齿配体 Xantphos, 可以在温和的反应条件下同时提高产物的产率和 n-/iso- 比例 (式 110[131] 和式 111[113])。

$$\text{CH}_2=\text{CHCH}_2\text{NPhth} + \text{C}_6\text{H}_5\text{NHNH}_2 \xrightarrow[\substack{100\ °C,\ 24\ h \\ 46\%}]{\substack{\text{Rh(acac)(CO)}_2,\ \text{Xantphos} \\ \text{PTSA, CO, H}_2,\ 60\ °C,\ 24\ h}} \text{tryptamine product} \quad (110)$$

$$\text{PhCH(NEt}_2\text{)CH=CH}_2 + \text{C}_6\text{H}_5\text{NHNH}_2 \xrightarrow[\substack{2.\ \text{H}_2\text{SO}_4,\ 100\ °C,\ 2\ h \\ 85\%}]{\substack{1.\ \text{Rh(acac)(CO), Xantphos} \\ \text{CO, H}_2,\ \text{THF, 80 °C, 3 d}}} \text{tryptamine product} \quad (111)$$

以 1-戊烯为原料与苯肼反应, 生成的腙也存在 n-/iso- 异构体。Beller 等发现：以 Rh(acac)(CO)$_2$ 和 Iphos 配体为催化剂, 在较低的反应温度和合适的溶剂中, 1-戊烯和苯肼反应可以选择性地生成 N-正己基-N'-苯腙, n-/iso-比例大于 99:1。随后在 ZnCl$_2$ 催化下, 加热数小时即可完成吲哚的环合过程 (式 112)[133]。

$$\text{1-hexene} + \text{PhNHNH}_2 \xrightarrow[\substack{\text{CO, H}_2,\ 65\ °C,\ 16\ h \\ 99\%,\ n\text{-:}iso\text{-} > 99:1}]{\text{Rh(acac)(CO)}_2,\ \text{Iphos, PhMe}} n\text{-hydrazone} + iso\text{-hydrazone}$$

$$n\text{-hydrazone} \xrightarrow[\text{85\%}]{\text{ZnCl}_2\ (4\ \text{eq}),\ \triangle} \text{3-butylindole}$$

Iphos = 2,2'-bis(PR$_2$-methyl)-1,1'-binaphthyl, R = 3,5-(CF$_3$)$_2$C$_6$H$_4$ (112)

除端烯外，分子内烯烃也可以发生加氢醛化/Fischer 吲哚环合级联反应，但是反应过程比端烯复杂。如式 113 所示[134]，当分子内烯烃加氢醛化后得到 α-位带有支链的醛，并与苯肼反应生成腙。然后在酸催化下，首先形成氮茚中间体。由于 3-位上有二个取代基而不能够直接发生芳构化，经过进一步重排反应后得到两种 2,3-二取代吲哚的混合物。

$$\begin{array}{c}\text{R}^2\diagdown\text{R}^3\\\text{R}^1\diagup\end{array}\xrightarrow{\text{CO/H}_2,\,[\text{Rh}]}\begin{array}{c}\text{R}^1\ \text{R}^3\\\text{R}^2\diagdown\text{CHO}\end{array}\xrightarrow{\text{PhNHNH}_2}\text{Ph-NH-N=CH-C(R}^2\text{R}^1\text{)-R}^3\xrightarrow[\text{R}^3\neq\text{H}]{[\text{H}^+]}\text{(3,3-二取代氮茚)}\rightarrow\text{(2,3-二取代吲哚混合物)}\quad(113)$$

与 Wagner-Meerwein 重排[135]相似，3-位基团的迁移能力主要决定于取代基阳离子的稳定性。如果能够同时控制加氢醛化和 3-位取代基迁移的选择性，上述方法则可以用于 2,3-二取代吲哚的合成。例如：以 1,2-二苯乙烯为原料一步法制备 2-苄基-3-苯基吲哚，就是巧妙地利用了苄基迁移的高度区域选择性 (式 114)[134]。

$$\text{PhNHNH}_2+\text{PhCH=CHPh}\xrightarrow[65\%]{\text{Rh(acac)(CO)}_2,\,\text{PTSA}\atop\text{CO, H}_2,\,100\,^\circ\text{C, 3 d}}\text{2-苄基-3-苯基吲哚}\quad(114)$$

环烯烃同样可以发生上述反应。例如：具有桥环结构的降冰片烯与苯肼反应时，由于五员环重排后更趋向于生成六员环，因此，在较高的 CO 压力下，反应可以选择性地生成单一吲哚化产物 (式 115)[134]。

$$\text{PhNHNH}_2+\text{降冰片烯}\xrightarrow[71\%]{\text{Rh(acac)(CO)}_2,\,\text{PTSA}\atop\text{CO, H}_2,\,100\,^\circ\text{C, 1 d}}\text{稠环吲哚}\quad(115)$$

在这些反应中存在一个共同的问题：由于芳基肼底物容易发生质子化反应，反应初始阶段往往会有固体盐析出，从而影响到整个级联反应的进行。Eilbracht 等发现，使用二苯甲酮腙替代苯肼作为底物，可以有效地避免上述问题的出现，从而提高整个级联反应的产率 (式 116)[131]。

5.7 其它

除了上述六种反应类型被广泛应用以外,随着近年来一些有机合成新方法和新技术的出现,Fischer 吲哚合成的方法也进一步得到了丰富和多样化。Rasmussen 等首次报道在 Grubbs' 第一代催化剂和三乙基硼氢化锂共同催化下,烯丙基苯肼可异构化为苯基烯基肼,进而发生 Fischer 重排,环合生成吲哚 (式 117)[136]。

如式 118 所示[136]:N-烯丙基-N'-烷基苯肼在 Grubbs' 催化剂 (5 mol%) 和 LiBEt$_3$H (20 mol%) 催化下加热可以生成 N-烷基-3-甲基吲哚,产率中等。

除了上述提及的方法以外,芳腙还可以通过 α-重氮酯与芳基锂反应来制备 (式 119)[137]。Takamura 等首次研究发现 α-取代-α-重氮酯与苯基锂反应可以获得苯腙,进而生成吲哚环 (式 120)。此外,通过溴代芳烃与正丁基锂原位生成芳基锂,再与 α-重氮酯反应同样可以获得相应的芳腙 (式 121)[137]。

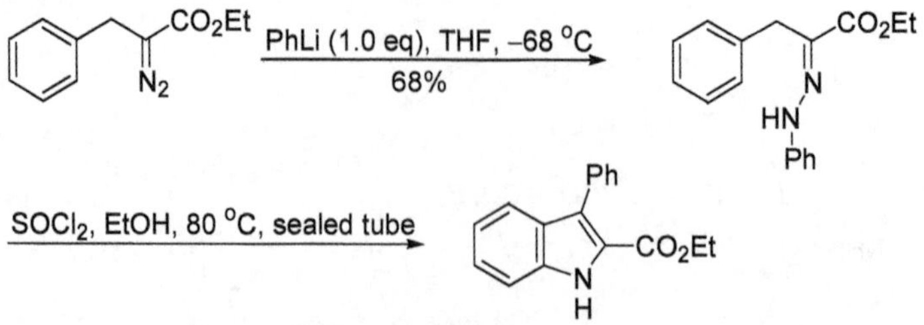

[反应式 (120) 和 (121)]

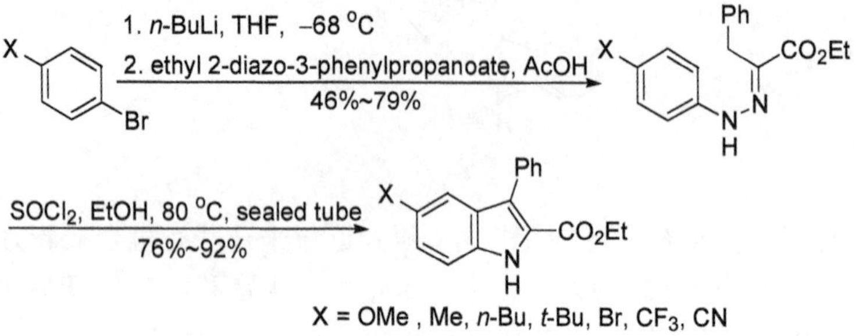

X = OMe, Me, n-Bu, t-Bu, Br, CF₃, CN

6　Fischer 吲哚合成在天然产物和药物合成中的应用

许多具有重要生物活性的天然产物和药物分子本身就是吲哚的衍生物或者含有吲哚环结构片段, 例如: 番木鳖碱 (Strychnine)[138]、长春碱 (Vinblastine)[139]、

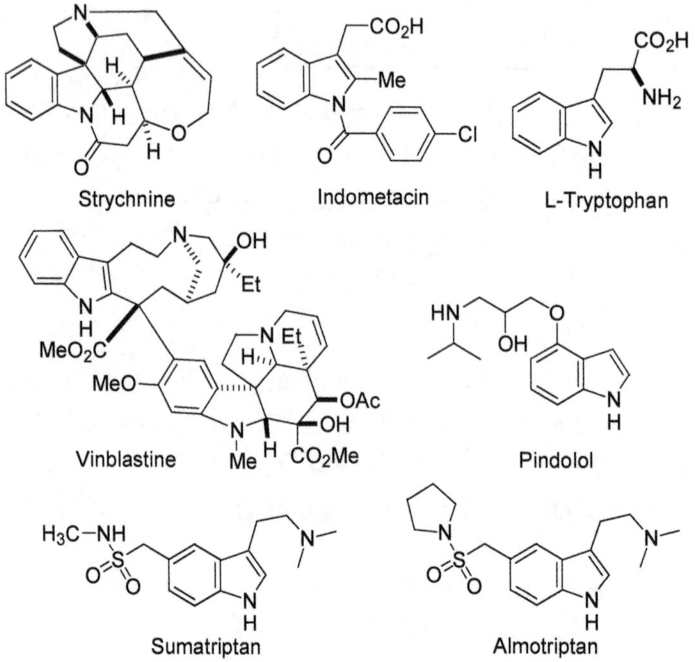

Strychnine　　Indometacin　　L-Tryptophan

Vinblastine　　Pindolol

Sumatriptan　　Almotriptan

L-色氨酸 (L-Tryptophan)[140]、抗炎镇痛药吲哚美辛 (Indometacin)[141]、抗心律失常药吲哚洛尔 (Pindolol)[142]、抗偏头痛药物舒马曲坦 (Sumatriptan)[143] 和阿莫曲坦 (Almotriptan)[144]等 (结构如上所示)。因此, 吲哚合成长期以来一直是有机化学和药物化学研究的重点。虽然已有众多方法可以用于吲哚环的构建[8,9], 但是 Fischer 吲哚合成是最经典和最有效的方法之一。

Deethylibophyllidine 是从植物 *Tabernaemontana albiflora* 的树皮中分离获得的一种类单萜生物碱, 其基本骨架是一个五环结构。1996 年, Bonjoch 等在合成 Deethylibophyllidine 过程中, 首先以对甲氧基苯乙胺为起始原料, 通过三步反应得到中间体 *cis*-八氢吲哚酮 (总产率为 54%)。八氢吲哚酮与苯肼反应生成腙后, 在醋酸催化下发生区域选择性 Fischer 吲哚合成反应, 得到了具有四环骨架结构的关键中间体 (式 122)[145]。

青霉属真菌 *Penicillium thiersii* 培养液的提取物具有很强的杀虫作用, Thiersindole C 是从中分离得到的一个吲哚二萜类生物碱。Marcos 等以天然产物 *ent*-Halimic 酸为起始物, 构建了手性二环体系; 然后, 通过 Fischer 环合引入吲哚杂环, 最后再引入异戊烯侧链得到 (+)-Thiersindole C (式 123), 从而确证了天然产物 (−)-Thiersindole C 的绝对构型[146]。

褪黑激素 (Melatonin) 是由脑部松果体分泌的一种激素, 与高血压、冠心病、阿兹海默症以及其它一些老年性疾病有密切关系。褪黑激素最早是由耶鲁大学的皮肤科医师 Aaron Lerner 发现, 其化学结构为 *N*-乙酰基-5-甲氧基色胺。目前可用于合成褪黑激素的方法有很多, 其中 Reddy 等开发的合成路线具有简单和廉价的优点, 更适合于工业生产[147]。该路线以邻苯二甲酰亚胺和 1-溴-3-氯丙烷为起始原料, 通过三步反应得到中间体 2-乙酰基-5-邻苯二甲酰亚氨基-戊酸乙酯

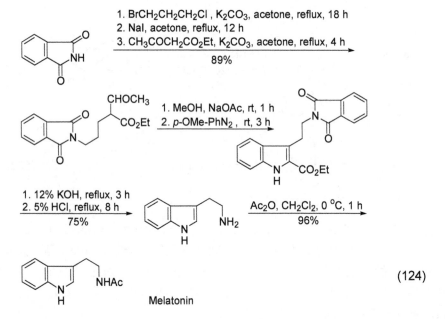

(总产率 90%)。然后再与对甲氧苯基重氮盐发生 Japp-Klingemann 反应得到关键中间体 2,3-二取代吲哚。最后依次通过水解、脱羧和酰化得到最终产物 (式 124)。

Tryprostatin A 是一种从海洋菌种 BM939 的次级代谢产物中分离得到的生物碱。它的结构中含有 2-异戊烯基取代的吲哚环和脯氨酸片段，对 tsFT210 细胞有完全的 G2/M 期抑制作用。在 Tryprostatin A 的合成中，Cook 等[148]以间甲氧基苯胺为起始原料，首先通过 Japp-Klingemann 反应，得到 2-羧酸酯取代的吲哚环。然后再通过水解、脱羧和 Boc 保护，得到了关键中间体 N-Boc-3-甲基-6-甲氧基吲哚 (式 125)。

阿莫曲坦 (Almotriptan) 是近年来上市的选择性 5-HT$_{1B/1D}$ 激动剂，用于治疗中度或严重的偏头痛[149]。在阿莫曲坦的合成中（式 126）[144]，首先以 p-四氢吡咯磺酰甲基取代苯胺为起始原料，依次通过氨基的重氮化和还原得到相应的肼盐。然后与 4-氯二乙缩丁醛缩合得到腙的盐酸盐，再在 35% HCl 和 Na$_2$HPO$_4$ 的缓冲液中（pH = 5）回流反应得到 Fischer 环合产物取代色胺。最后通过色胺的二甲基化获得阿莫曲坦，五步反应的总产率达到 42%。在上述 Fischer 吲哚环合过程中，由于采用了比较温和的催化条件，可以避免吲哚环的分解，从而获得了相对较高的反应产率 (58%)。

5-HT$_{1D}$ 激动剂 L-775606 则可以通过烯烃加氢醛化-Fischer 吲哚级联反应来制备（式 127）[113]。端烯烃中间体在 Rh(acac)(CO)$_2$ (1 mol%) 和 Xantphos (5 mol%) 催化下，发生加氢醛化反应，在原位与 Boc 保护的肼缩合生成腙，然后在稀硫酸催化下，通过 Fischer 吲哚环合得到 L-775606。

$$\text{(127)}$$

7 Fischer 吲哚合成实例

例 一
1,2,3,4-四氢咔唑的合成[150]
(质子酸催化的 Fischer 吲哚合成)

$$\text{(128)}$$

将苯肼 (108 g, 1 mol) 在 1 h 内滴加到回流的环己酮 (98 g, 1 mol) 和醋酸 (360 g, 6 mol) 生成的混合溶液中。继续回流反应 1 h 后，倒入烧杯中搅拌至反应液固化。将上述固化产物冷却至 5 ℃ 后抽滤，滤液在冰中冷却后析出固体，再次抽滤。收集的粗产品依次用水和乙醇洗涤后晾干，然后经甲醇重结晶，得到 1,2,3,4-四氢咔唑 (120~135 g)，mp 115~116 ℃。将重结晶母液浓缩至 1/4 体积后，可以再得到 10 g 产品，总产率为 76%~85%。

例 二
2-苯基吲哚的合成[58]
(Lewis 酸催化的 Fischer 吲哚合成)

$$\text{(129)}$$

将新制的苯乙酮苯腙 (53 g, 0.25 mol) 和粉末状无水 $ZnCl_2$ (36 g, 0.27 mol) 混合物在 170 $^\circ$C 的油浴中搅拌加热至溶液状 (3~4 min)。然后,把反应体系从油浴中移出并继续搅拌 5 min 后,倒入干净的细沙,再用水和浓盐酸溶解氯化锌并过滤。滤饼用 95% 乙醇加热溶解,经活性炭脱色后趁热过滤。待滤液冷至室温以后,抽滤收集 2-苯基吲哚固体,用少量冷的乙醇洗涤固体。产品经真空干燥,得到 30~33 g 纯品 (mp 188~189 $^\circ$C)。将上述收集的滤液和洗涤液浓缩后,再加入少量活性炭处理后得到纯度略差的产品 5~6 g (mp 186~188 $^\circ$C)。总产率为 72%~80%。

例 三
2-苯基-3-甲基吲哚的合成[74]
(离子液体催化的 Fischer 吲哚合成)

$$\text{PhNHNH}_2 + \text{PhCOEt} \xrightarrow[80\%]{\text{AlCl}_3\text{-}n\text{BPC, 180~185 }^\circ\text{C, 3 h}} \text{2-Ph-3-Me-indole} \quad (130)$$

将苯肼 (900 mg, 8.3 mmol) 和苯丙酮 (1.1 g, 8.3 mmol) 的混合液滴加到由 $AlCl_3$ 和 N-正丁基吡啶盐酸盐 (nBPC) 组成的离子液体 (1.5 mL, 6.5 mmol) 中。生成的混合物在氮气保护下,加热至 180~185 $^\circ$C 反应 3 h。待反应完成后 (TLC 检测),倒入水和浓盐酸中。用乙醚提取,合并的有机相用无水硫酸钠干燥。蒸去乙醚得到的粗产品用乙醇重结晶或硅胶柱色谱 [石油醚 (bp 60~90 $^\circ$C)-乙酸乙酯 (99:1)] 进行提纯,得到 2-苯基-3-甲基吲哚 (1.36 g, 80%)。

例 四
3-(1-苯基乙基)-吲哚的合成[131]
(通过烯烃羰基化 "一锅煮" 制备吲哚)

$$\text{PhNHNH}_2 + \text{CH}_2=\text{C(Me)Ph} \xrightarrow[67\%]{[\text{Rh(cod)Cl}]_2 \text{ (0.5 mol\%), PTSA, dioxane, CO, H}_2\text{, 120 }^\circ\text{C, 2 d}} \text{3-(1-phenylethyl)indole} \quad (131)$$

将 1-甲基苯乙烯 (600 mg, 5.1 mmol)、苯肼 (580 mg, 5.3 mmol)、$[\text{Rh(cod)Cl}]_2$ (10 mg, 0.5 mol%) 和对甲苯磺酸 (PTSA) (950 mg, 5.0 mmol) 的无水二氧六环 (30 mL) 溶液放入到高压釜中。然后在 CO (50 bar, 5 MPa) 和 H_2 (20 bar, 2 MPa) 压力下加热(120 $^\circ$C) 反应 2 天。反应体系冷却后,反应液经过氧化铝层过滤。

滤液浓缩至干后，残余物经过硅胶柱色谱分离提纯，得到 3-(1-苯基乙基)-吲哚 (740 mg, 67%)。

例 五

N-甲基-2,3-二苯基吲哚的合成[118]
(通过炔烃氢化胺解制备吲哚)

$$\text{PhNHNHMe} + \text{Ph-}{\equiv}\text{-Ph} \xrightarrow[\text{2. ZnCl}_2, 100\ ^\circ\text{C, 24 h}]{\substack{1.\ \text{Ti(Me}_2\text{NCH}_2\text{-}\alpha\text{-C}_5\text{H}_4\text{N)}_2(\text{NMe}_2)_2 \\ (1.2\ \text{mol}\%),\ \text{PhMe, 120}\ ^\circ\text{C, 48 h} \\ 69\%}} N\text{-Me-2,3-diphenylindole} \quad (132)$$

将二苯基乙炔 (3.145 g, 17.6 mmol)、1-甲基-1-苯肼 (4.3 g, 35.2 mmol) 和 Ti(Me$_2$NCH$_2$-α-C$_5$H$_4$N)$_2$(NMe$_2$)$_2$ (135 mg, 0.353 mmol) 的甲苯 (30 mL) 溶液在 100 $^\circ$C 反应 48 h。然后，加入 ZnCl$_2$ (7.2 g, 52.8 mmol)，并在 100 $^\circ$C 下继续反应 24 h。反应体系冷却后，加入乙醚稀释，经硅胶过滤，滤液经旋转蒸发除去挥发物后，通过真空升华 (80 $^\circ$C, 0.01 mmHg) 得到 N-甲基-2,3-二苯基吲哚纯品 (3.46 g, 69%)。

8 参考文献

[1] Fischer, E.; Jourdan, F. *Ber.* **1883**, *16*, 2241.
[2] Fischer, E. *Ber. Dtsch. Chem. Ges.* **1875**, *8*, 589.
[3] Fischer, E. *Ber. Dtsch. Chem. Ges.* **1881**, *14*, 637.
[4] Fischer, E. *Ber. Dtsch. Chem. Ges.* **1881**, *14*, 1905.
[5] Fischer, E.; Hess, O. *Ber.* **1884**, *17*, 559.
[6] Robinson, B. *Chem. Rev.* **1963**, *63*, 373.
[7] Robinson, B. *Chem. Rev.* **1969**, *69*, 227.
[8] Gribble, G. W. *J. Chem. Soc., Perkin Trans. 1* **2000**, 1045.
[9] Humphrey, G. R.; Kuethe, J. T. *Chem. Rev.* **2006**, *106*, 2875.
[10] Allen, C. F. H.; Wilson, C. V. *J. Am. Chem. Soc.* **1943**, *65*, 611.
[11] Carlin, R. B.; Fisher, E. E. *J. Am. Chem. Soc.* **1948**, *70*, 3421.
[12] Li, J. J. *Name Reactions in Heterocyclic Chemistry*, John Wiley & Sonc, Inc: Hoboken, NJ, **2005**, 116-127.
[13] Suzuki, H.; Tsukakoshi, Y.; Tachikawa, T.; Miura, Y.; Adachi M.; Murakami, Y. *Tetrahedron Lett.* **2005**, *46*, 3831.
[14] Desaty, D.; Keglevic, D. *Croat. Chem. Acta.* **1964**, *36*, 103.
[15] Ziegler, F. E. *Chem. Rev.* **1988**, *88*, 1423.
[16] Miller, F. M.; Schinske, W. N. *J. Org. Chem.* **1978**, *43*, 3384.
[17] Zhao, D.; Hughes, D. L.; Bender, D. R.; Demarco, A. M.; Reider, P. J. *J. Org. Chem.* **1991**, *56*, 3001.

[18] Christoffers, J. *Synlett* **2006**, 318.
[19] Andersen, D.; Storz, T.; Liu, P.; Wang, X.; Li, L.; Fan, P.; Chen, X.; Allgeier, A.; Burgos, A.; Tedrow, J.; Baum, J.; Chen, Y.; Crockett, R.; Huang, L.; Syed, R.; Larsen, R. D.; Martinelli, M. *J. Org. Chem.* **2007**, *72*, 9648.
[20] Rodriguez, J. G..; Temprano, Fernando.; Esteban-Calderon, C.; Martinez- Ripoll, M. *J. Chem. Soc., Perkin Trans. 1.* **1989**, 2117.
[21] Katritzky, A. R.; Wang, Z. *J. Heterocyclic. Chem.* **1988**, *25*, 671.
[22] Baccolini, G..; Marotta, E. *Tetrahedron* **1985**, *41*, 4615.
[23] Ockenden, D. W.; Schofield, K. *J. Chem. Soc.* **1957**, 3175.
[24] Ishii, H. *Acc. Chem. Res.* **1981**, *14*, 275.
[25] Luis, S. V.; Burguete M. I. *Tetrahedron* **1991**, *47*, 1737.
[26] Carlin, R. B.; Magistro, A. J.; Mains G. J. *J. Am. Chem. Soc.* **1964**, *86*, 5300.
[27] Carlin, R. B.; Carlson, D. P. *J. Am. Chem. Soc.* **1959**, *81*, 4673.
[28] Carlin, R. B.; Carlson, D. P. *J. Am. Chem. Soc.* **1957**, *79*, 3605.
[29] Carlin, R. B.; Moores, M. S. *J. Am. Chem. Soc.* **1962**, *84*, 4107.
[30] Robinson, F. P.; Brown, R. K. *Can. J. Chem.* **1964**, *42*, 1940.
[31] Carlin, R. B.; Larson, G. W. *J. Am. Chem. Soc.* **1957**, *79*, 934.
[32] Kelly, A. H.; Parrick, J. *J. Chem. Soc., C.* **1970**, *2*, 303.
[33] Govindachari, T. R.; Rajappa, S.; Sudarsanam, V. *Tetrahedron* **1961**, *16*, 1.
[34] Buu-Hoï, Ng. Ph.; Périn, F.; Jacquignon, P. *J. Chem. Soc.* **1960**, 4500.
[35] Bryant, S. A.; Plant, S. G. P. *J. Chem. Soc.* **1931**, 93.
[36] Fitzpatrick, J. T.; Hiser, R. D. *J. Org. Chem.* **1957**, *22*, 1703.
[37] Fukada, N.; Trudell, M. L.; Johnson, B.; Cook, J. M. *Tetrahedron Lett.* **1985**, *26*, 2139.
[38] Martin, M. J.; Trudell, M. L.; Arauzo, H. D.; Allen, M. S.; LaLoggia, A. J.; Deng, L.; Schultz, C. A.; Tan, Y. C.; Bi, Y.; Narayanan, K.; Dorn, L. J.; Koehler K. F.; Skolnick, P.; Cook, J. M. *J. Med. Chem.* **1992**, *35*, 4105.
[39] Baldwin, J. E.; Tzodikov, N. R. *J. Org. Chem.* **1977**, *42*, 1878.
[40] Hung, N. C.; Bisagni, E. *Tetrahedron* **1986**, *42*, 2303.
[41] Eberle, M. K.; Brzechffa, L. *J. Org. Chem.* **1976**, *41*, 3775.
[42] Southwick, P. L.; McGrew, B.; Engel, R. R.; Milliman, G. E.; Owellen, R. J. *J. Org. Chem.* **1963**, *28*, 3058.
[43] Palmer, M. H.; McIntyre, P. S. *J. Chem. Soc., B.* **1969**, 446.
[44] Pausacker, K. H.; Schubert, C. I. *J. Chem. Soc.* **1949**, 1384.
[45] Barnes, C. S.; Pausacker, K. H.; Badcock, W. E. *J. Chem. Soc.* **1951**, 730.
[46] Pausacker, K. H. *J. Chem. Soc.* **1950**, 621.
[47] Barnes, C. S.; Pausacker, K. H.; Schubert, C. I. *J. Chem. Soc.* **1949**, 1381.
[48] Lyle, R. E.; Skarlos, L. *Chem. Commun.* **1966**, 644.
[49] Martarello, L.; Joseph, D.; Kirsch, G.. *J. Chem. Soc., Perkin Trans. 1.* **1995**, 2941.
[50] Shaw, E.; Woolley D. W. *J. Am. Chem. Soc.* **1953**, *75*, 1877.
[51] Chen, C. Y.; Senanayake, C. H.; Bill, T. J.; Larsen, R. D.; Verhoeven T. R.; Reider, P. J. *J. Org. Chem.* **1994**, *59*, 3738.
[52] Nenajdenko, V. G.; Zakurdaev, E. P.; Prusov, E. V.; Balenkova, E. S. *Tetrahedron* **2004**, *60*, 11719.
[53] Kissman, H. M.; Farnsworth, D. W.; Witkop, B. *J. Am. Chem. Soc.* **1952**, *74*, 3948.
[54] Hughes, D. L.; Zhao, D. *J. Org. Chem.* **1993**, *58*, 228.
[55] Miller, F. M.; Lohr, Jr. A. L. *J. Org. Chem.* **1978**, *43*, 3388.
[56] Carlin, R. B.; Wallace, J. G..; Fisher, E. E. *J. Am. Chem. Soc.* **1952**, *74*, 990.
[57] Carlin, R. B.; Henley, W. O.; Carlson, Jr. D.P. *J. Am. Chem. Soc.* **1957**, *79*, 5712.
[58] Shriner, R. L.; Ashley, W. C.; Welch, L. *Org. Synth. Coll. Vol.* **1942**, *22*, 98.
[59] Maruoka, K.; Oishi, M.; Yamamoto, H. *J. Org. Chem.* **1993**, *58*, 7638.

[60] Dhakshinamoorthy, A,; Pitchumani, K. *Appl. Catal. A: Gen.* **2005**, *292*, 305.
[61] Argade, N. P.; Mhaske, S. B. *Tetrahedron* **2004**, *60*, 3417.
[62] Illy, H.; Funderburk, L. *J. Org. Chem.* **1968**, *33*, 4283.
[63] Brown, R. C. D. *J. Chem. Soc., Perkin Trans. 1.* **1998**, 3293.
[64] Blaney, P.; Grigg, R.; Sridharan, V. *Chem. Rev.* **2002**, *102*, 2607.
[65] Chapman, K. T.; Hutchins, S. M. *Tetrahedron Lett.* **1996**, *37*, 4869.
[66] Bräse, S.; Gil, C.; Knepper, K. *Bioorgan. Med. Chem.* **2002**, *10*, 2415.
[67] Horton, D. A.; Bourne, G. T.; Smythe, M. L. *Chem. Rev.* **2003**, *103*, 893.
[68] Rosenbaum, C.; Katzka, C.; Marzinzik, A.; Waldmann, H. *Chem. Commun.* **2003**, 1822.
[69] Mun, H. S.; Ham, W. H.; Jeong, J. H. *J. Comb. Chem.* **2005**, *7*, 130.
[70] Tanaka, H.; Ohno, H.; Kawamura, K.; Ohtake, A.; Nagase, H.; Takahashi, T. *Org. Lett.* **2003**, *5*, 1159.
[71] Koppitz, M.; Reinhardt, G.; van Lingen, A. *Tetrahedron Lett.* **2005**, *46*, 911.
[72] Cheng, Y.; Chapman, K. T. *Tetrahedron. Lett.* **1997**, *38*, 1497.
[73] Parvulescu, V.I.; Hardacre, C. *Chem. Rev.* **2007**, *107*, 2615.
[74] Rebeiro, G. L.; Khadilkar, B. M. *Synthesis* **2001**, 370.
[75] Morales, R. C.; Tambyrajah, V.; Jenkins, P. R.; Davies, D. L.; Abbott, A. P. *Chem. Commun.* **2004**, 158.
[76] Xu, D. Q.; Yang, W. L.; Luo, S. P.; Wang, B. T.; Wu, J.; Xu, Z. Y. *Eur. J. Org. Chem.* **2007**, *72*, 1007.
[77] Nüchter, M.; Ondruschka, B.; bonrath, W.; Gum, A. *Green. Chem.* **2004**, *6*, 128.
[78] Lidström, P.; Tierney, J.; Wathey, B.; Westman, J. *Tetrahedron* **2001**, *57*, 9225.
[79] Lipińska, T. M. *Tetrahedron* **2006**, *62*, 5736.
[80] Chen, J.; Chen, W.; Hu, Y. *Synlett* **2008**, 77.
[81] Abramovitch, R. A.; Bulman, A. *Synlett* **1992**, 795.
[82] Barbieri, V.; Ferlin, M. G. *Tetrahedron Lett.* **2006**, *47*, 8289.
[83] Lipińska, T. *Tetrahedron Lett.* **2002**, *43*, 9565.
[84] Lipińska, T. M.; Czarnocki, S. *J. Org. Lett.* **2006**, *8*, 367.
[85] Kremsner, J. M.; Kappe, C. O. *Eur. J. Org. Chem.* **2005**, *70*, 3672.
[86] Maligres, P. E.; Houpis, I.; Rossen, K.; Molina, A.; Sager, J,; Upadhyay, V.; Wells, K. M.; Reamer, R. A.; Lynch, J. E.; Askin, D.; Volante, R. P.; Reider, P. J. *Tetrahedron* **1997**, *53*, 10983.
[87] Liu, K. G.; Robichaud, A. J. *Tetrahedron Lett.* **2007**, *48*, 461.
[88] Royer, H.; Joseph, D.; Prim, D.; Kirsch, G. *Syn.Commun.* **1998**, *28*, 1239.
[89] Castro, J. L.; Matassa, V. G.; Broughton H. B.; Mosley, R. T.; Street, L. J.; Baker, R. *Bioorg. Med. Chem. Lett.* **1993**, *3*, 993.
[90] Lajsic, S.; Cetkovic, G.; Popsavin, M.; Popsavin, V.; Miljkovic, D. *Collect. Czech. Chem. Commun.* **1996**, *61*, 298.
[91] Dhanabal, T.; Sangeetha, R.; Mohan, P. S. *Tetrahedron Lett.* **2005**, *46*, 4509.
[92] Szczepankiewicz, B. G.; Heathcock, C. H. *Tetrahedron* **1997**, *53*, 8853.
[93] Campos, K. R.; Woo, J. C. S.; Lee, S.; Tillyer, R. D. *Org. Lett.* **2004**, *6*, 79.
[94] Watson, T. J. N.; Horgan, S. W.; Shah, R. S.; Farr, R. A.; Schnettler, R. A.; Nevill, C. R.; Weiberth, F. J.; Huber, E. W.; Baron, B. M.; Webster, M. E.; Mishra, R. K.; Harrison, B. L.; Nyce, P. L.; Rand, C. L.; Goralski, C. T. *Org. Process. Res. Dev.* **2000**, *4*, 477.
[95] Li, J. J.; Corey, E. J. *Name Reactions for Functional Group Transformations*, John Wiley & Sonc, Inc: Hoboken, NJ, **2007**, 630-634.
[96] Pete, B. *Tetrahedron Lett.* **2008**, *49*, 2835.
[97] Heath-Brown, B.; Philpott, P. G. *J. Chem. Soc.* **1965**, 7185.
[98] Itoh, S.; Fukui, Y.; Ogino, M.; Haranou, S.; Komatsu, M.; Ohshiro, Y. *J. Org. Chem.* **1992**, *57*, 2788.
[99] Andersen, K.; Perregaard, J.; Arnt, J.; Nielsen, J. B.; Begtrup, M. *J. Med. Chem.* **1992**, *35*, 4823.
[100] He, W.; Zhang, B. L.; Li, Z. J.; Zhang, S. Y. *Syn.Commun.* **2005**, *35*, 1359.

[101] Pete, B.; Parlagh, G. *Tetrahedron* **2004**, *60*, 8829.
[102] Bessard, Y. *Org. Process. Res. Dev.* **1998**, *2*, 214.
[103] Chetoni, F.; Da Settimo, F.; Marini, A. M.; Primofiore, G. *J. Heterocyclic. Chem.* **1993**, *30*, 1481.
[104] Jiricek, J.; Blechert, S. *J. Am. Chem. Soc.* **2004**, *126*, 3534.
[105] Wagaw, S.; Yang, B. H.; Buchwald, S. L. *J. Am. Chem. Soc.* **1998**, *120*, 6621.
[106] Wolfe, J. P.; Ahman, J.; Sadighi, J. P.; Singer, R. A.; Buchwald, S. L. *Tetrahedron Lett.* **1997**, *38*, 6367.
[107] Wagaw, S.; Yang, B. H.; Buchwald, S. L. *J. Am. Chem. Soc.* **1999**, *121*, 10251.
[108] Mauger, C. C.; Mignani, G. A. *Org. Process. Res. Dev.* **2004**, *8*, 1065.
[109] Wolter, M.; Klapars, A.; Buchwald, S. L. *Org. Lett.* **2001**, *3*, 3803.
[110] Wang, Z.; Skerlj, R. T.; Bridger, G. J. *Tetrahedron Lett.* **1999**, *40*, 3543.
[111] Lim, Y. K.; Cho, C. G. *Tetrahedron Lett.* **2004**, *45*, 1857.
[112] Chae, J.; Buchwald, S. L. *J. Org. Chem.* **2004**, *69*, 3336.
[113] Schmidt, A. M.; Eilbracht, P. *J. Org. Chem.* **2005**, *70*, 5528.
[114] Müller, T. E.; Beller, M. *Chem. Rev.* **1998**, *98*, 675.
[115] Simeone, J. P.; Bugianesi, R. L.; Ponpipom, M. M.; Goulet, M. T.; Levorse, M. S.; Desai, R. C. *Tetrahedron Lett.* **2001**, *42*, 6459.
[116] Castro, J. L.; Matassa, V. G. *Tetrahedron Lett.* **1993**, *34*, 4705.
[117] Li Y.; Shi, Y.; Odom, A. L. *J. Am. Chem. Soc.* **2004**, *126*, 1794.
[118] Cao, C. S.; Shi, Y. H.; Odom, A. L. *Org. Lett.* **2002**, *4*, 2853.
[119] Banerjee, S.; Barnea, E.; Odom, A. L. *Organometallics* **2008**, *27*, 1005.
[120] Rosenthal, U.; Burlakov, V. V.; Arndt, P.; Baumann, W.; Spannenberg, A. *Organometallics* **2003**, *22*, 884.
[121] Tillack, A.; Jiao, H. J.; Castro, I. G.; Hartung, C. G.; Beller, M. *Chem. Eur. J.* **2004**, *10*, 2409.
[122] Khedkar, V.; Tillack, A.; Mcihalik, M.; Beller, M. *Tetrahedron Lett.* **2004**, *45*, 3123.
[123] Schwarz, N.; Alex, K.; Sayyed, I. A.; Khedkar, V.; Tillack, A.; Beller, M. *Synlett* **2007**, 1091.
[124] Khedkar, V.; Tillack, A.; Michalik, M.; Beller, M. *Tetrahedron* **2005**, *61*, 7622.
[125] Ackermann, L.; Born, R. *Tetrahedron Lett.* **2004**, *45*, 9541.
[126] Sayyed, I. A.; Alex, K.; Tillack, A.; Schwarz, N.; Michalik, D.; Beller, M. *Eur. J. Org. Chem.* **2007**, 4525.
[127] Cuny, G. D.; Buchwald, S. L. *J. Am. Chem. Soc.* **1993**, *115*, 2066.
[128] Bohnen, H. W.; Cornils, B. *Adv. Catal.* **2002**, *47*, 1.
[129] Kamer, P. C. J.; Van Rooy, A.; Schoemaker, G. C.; van Leeuwen, P. W. N. M. *Coord. Chem. Rev.* **2004**, *248*, 2409.
[130] Eilbracht, P.; Schmidt, A. M. *Topics in Organometallic Chemistry* **2006**, *18*, 65.
[131] Köhling, P.; Schmidt, A. M.; Eilbracht, P. *Org. Lett.* **2003**, *5*, 3213.
[132] Schmidt, A. M.; Eilbracht, P. *Org. Biomol. Chem.* **2005**, *3*, 2333.
[133] Ahmed, M.; Jackstell, R.; Seayad, A. M.; Klein, H.; Beller, M. *Tetrahedron Lett.* **2004**, *45*, 869.
[134] Linnepe, P.; Schmidt, A. M.; Eilbracht, P. *Org. Biomol. Chem.* **2006**, *4*, 302.
[135] Trost, B. M.; Yasukata, T. *J. Am. Chem. Soc.* **2001**, *123*, 7162.
[136] Nielsen, S. D.; Ruhland, T.; Rasmussen, L. K. *Synlett* **2007**, 443.
[137] Yasui, E.; Wada, M.; Takamura, N. *Tetrahedron Lett.* **2006**, *47*, 743.
[138] Knight, S. D.; Overman, L. E.; Pairaudeau, G. *J. Am. Chem. Soc.* **1995**, *117*, 5776.
[139] Moncrief, J. W.; Lipscomb, W. N.; *J. Am. Chem. Soc.* **1965**, *87*, 4963.
[140] Shono, T.; Matsumura, Y.; Kanazawa, T. *Tetrahedron Lett.* **1983**, *24*, 1259.
[141] Mukai, C.; Takahashi, Y. *Org. Lett.* **2005**, *7*, 5793.
[142] Gadret, P. M.; Goursolle, M.; Leger, J. M.; Colleter, J. C. *Acta. Cryst.* **1976**, *B32*, 17.
[143] Ravikumar, K.; Swamy, G. Y. S. K.; Krishnan, H. *Acta Cryst.* **2004**, *E60*, o618.
[144] Bosch, J.; Roca, T.; Armengol, M.; Fernández-Fomer, D. *Tetrahedron* **2001**, *57*, 1041.
[145] Bonjoch, J.; Catena, J.; Valls, N. *J. Org. Chem.* **1996**, *61*, 7106.

[146] Marcos, I. S.; Escola, M. A.; Moro, R. F.; Basabe, P.; Diez, D.; Mollinedo, F.; Urones, J. G. *Synlett* **2007**, 2017.
[147] Prabhakar, C.; Kumar, N. V.; Reddy, M. R.; Sarma, M. R.; Reddy, G. O. *Org. Process. Res. Dev.* **1999**, *3*, 155.
[148] Gan, T.; Liu, R.; Yu, P.; Zhao, S.; Cook, J. M. *J. Org. Chem.* **1997**, *62*, 9298.
[149] Keam, S. J.; Goa, K. L.; Figgitt, D. P. *Drugs* **2002**, *62*, 387.
[150] Rogers, C. U.; Corson, B. B. *Org. Synth. Coll. Vol.* **1950**, *30*, 90.

曼尼希反应

(Mannich Reaction)

付 华

1　历史背景简述 ·· 96
2　Mannich 反应定义和机理 ·· 97
　2.1　Mannich 反应定义 ··· 97
　2.2　Mannich 碱 ··· 97
　2.3　Mannich 反应机理 ··· 97
　2.4　Mannich 反应动力学 ··· 100
3　Mannich 反应的条件综述 ·· 102
　3.1　反应溶剂 ·· 102
　3.2　反应时间 ·· 103
　3.3　反应物的比例 ·· 103
　3.4　反应催化剂 ··· 104
　3.5　产物的分离与提纯 ·· 104
　3.6　反应副产物 ··· 105
4　Mannich 反应的基本类型 ·· 105
　4.1　脂肪胺的 Mannich 反应 ··· 106
　4.2　氨的 Mannich 反应 ··· 113
　4.3　酰胺和芳胺的 Mannich 反应 ··· 115
　4.4　Mannich 反应中的醛组分 ··· 118
5　Mannich 反应在有机合成中的应用 ·· 119
　5.1　构建碳-碳、碳-杂原子键 ··· 119
　5.2　Mannich 关环反应 ·· 120
　5.3　合成不饱和化合物 ·· 121
　5.4　合成 β-氨基酸衍生物 ··· 123
　5.5　利用 Mannich 反应的不对称合成 ··· 124
　5.6　Mannich 反应在天然产物中的应用 ··· 126
6　Mannich 反应实例 ··· 129
7　参考文献 ·· 131

1 历史背景简述

曼尼希反应 (Mannich reaction)[1~7]是 20 世纪初发展起来的重要有机化学反应，取名于首先对该反应进行系统和深入研究的德国化学家 Carl Ulvich Franz Mannich。

Mannich (1877-1947) 生于德国 Bres'lau，在巴塞尔大学获得博士学位。在 Mannich 之前，Tollens 等[8,9]就已经发表了曼尼希反应类型的例子。他们使用苯乙酮、甲醛和氯化铵进行反应，得到了叔胺的盐酸盐产物 **1** (式 1)。

在 Tollens 之后，Pertrenko-Kristschenko 和他的学生也对这类反应进行过研究，却没有能够整理出这类反应的通式[10,11]。直到 1917 年，Mannich 等人利用含有 α-氢的醛、酮、酯等羰基化合物 (或其它具有活泼氢的化合物) 与甲醛和伯胺、仲胺或氨在弱酸性溶液中进行缩合，成功地得到了叔胺类化合物 (式 2)[12]。

后来 Mannich 等人又对这类反应进行了系统和深入的研究[13,14]，发现这种反应带有一定的普遍性，并总结出相应的规律。现在大家就把这种类型的反应称为 Mannich (曼尼希) 反应。

Mannich 反应自问世以后，引起了化学界的广泛重视，其反应理论也相继得到广泛的研究。特别是在药物分子和生物碱的合成中，一些以前难以得到的化合物，可以经过 Mannich 反应得到，或者以 Mannich 反应产物为中间体而解决。一些 Mannich 碱还可以作为过渡金属催化剂的配体[15,16]。

2 Mannich 反应定义和机理

2.1 Mannich 反应定义

在酸催化下，甲醛、胺 (氨) 与含有活泼 α-氢的化合物发生三组分缩合，脱水得到 β-氨甲基类化合物。这类缩合反应被称之为 Mannich 反应或者氨甲基化反应 (式 3)。后来人们对 Mannich 反应的范围进行了扩展，把含有活泼氢化合物 (包括含有与杂原子相连的活泼氢化合物) 与各种醛、胺 (氨) 或者亚胺的缩合反应都称之为 Mannich 反应 (式 4)。

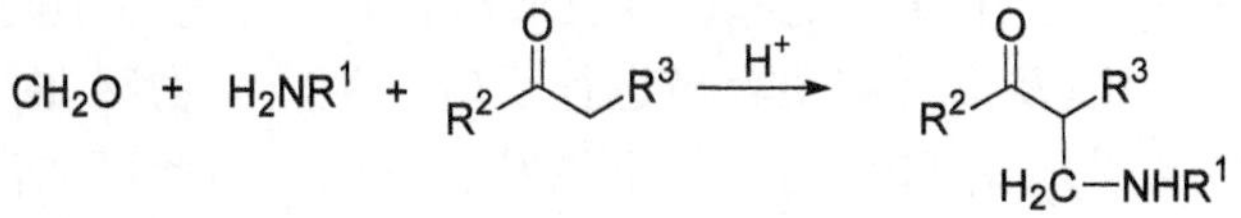

$$CH_2O + H_2NR^1 + R^2COCH_2R^3 \xrightarrow{H^+} R^2COCH(R^3)CH_2NHR^1 \quad (3)$$

$$R^1CHO + H_2NR^2 \text{ or } R^1CH=NR^2 + H-X(R^3)(R^4) \longrightarrow R^3R^4X-C(H)(R^1)NHR^2 \quad (4)$$

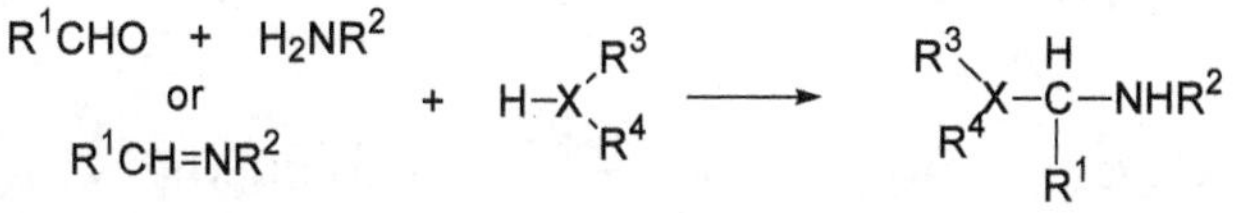

2.2 Mannich 碱

在 Mannich 反应中，生成的 β-氨甲基类化合物被称之为 Mannich 碱。含有活泼氢的酸性组分 (例如：酮、醛、酸、酯、酚、醚、腈、杂环化合物、不饱和烃和硝基取代物) 都可以参与该反应。氮、硫、氧等杂原子上的活泼氢也可以参与该反应，形成相应的 Mannich 碱。图 1 列出了部分具有代表性的 Mannich 碱。

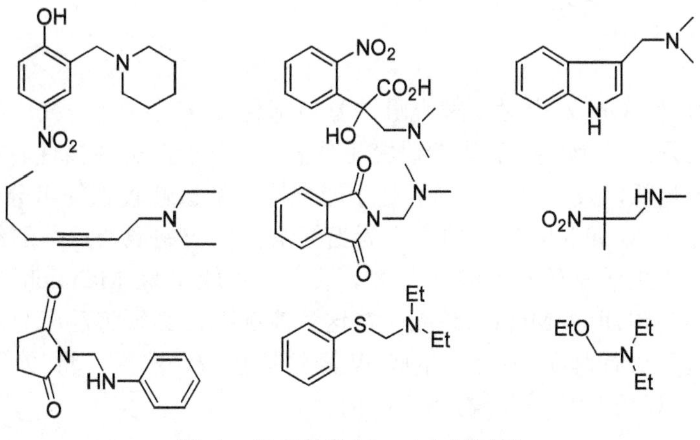

图 1 代表性的 Mannich 碱示例

2.3 Mannich 反应机理[17]

以前，关于 Mannich 反应历程一直存在争论。Mannich 发现，当三组分反应物混合后，反应介质的 pH 值不断下降。由此推断，反应的第一步是醛-胺缩合 (式 5)。由于醛组分对胺组分发生亲电加成生成中间体 N-羟甲基化合物 **2** [18]，从而降低了胺的碱性。绝大部分的 Mannich 反应历程都符合这种机理。

$$\begin{array}{c} R \\ R \end{array}\!\!NH \;+\; CH_2O \;\rightleftharpoons\; \begin{array}{c} R \\ R \end{array}\!\!N-CH_2OH \qquad (5)$$

$$\textbf{2}$$

Bodendorf 和 Koralewski 也研究了这一反应历程，提出了另一种观点。他们认为：反应的第一步是含有活泼氢的组分与甲醛的缩合，生成中间体甲基醇类化合物 **3** (式 6)。但是，当用安替吡啉进行反应时，情况却有所不同。如式 7 所示：安替吡啉 **4** 与甲醛及二甲胺很容易进行反应，生成生物碱 **5**。若用安替吡啉的甲基醇衍生物 **6** 与二甲胺作用，却不能发生反应。由此可知，甲基醇衍生物不可能是反应中间体。

$$R-Z-H \;+\; CH_2O \;\longrightarrow\; R-Z-CH_2OH \;\xrightarrow{R_2NH}\; R-Z-CH_2NR_2 \;+\; H_2O \qquad (6)$$

$$\textbf{3}$$

(7)

Hellmann 和 Optiz 也对安替吡啉的氨甲基化反应进行了研究，结果证明反应的第一步还是醛-胺缩合。后来的研究工作表明，对于一类亲核性较小的胺 (例如：酰胺、硝基胍以及一些杂环胺) 是不能直接与亲核性较强的组分 (例如：三硝基甲烷) 进行 Mannich 反应的。因为当三组分反应物混合后，醛组分首先与三硝基甲烷反应生成三硝基乙醇 (式 8)，该产物不能作为 Mannich 反应的中间体，因此得不到预期的 Mannich 碱。在这种情况下，必须将反应分步进行。首先，在碱催化下进行醛-胺缩合，生成 N-羟甲基胺 **7**。然后，将 **7** 与三硝基甲烷反应，便可以得到预期的产物 **8** (式 9)。

$$CH_2O \;+\; \underset{NO_2}{\underset{|}{H-\overset{NO_2}{\overset{|}{C}}-NO_2}} \;\longrightarrow\; \underset{NO_2}{\underset{|}{HOH_2C-\overset{NO_2}{\overset{|}{C}}-NO_2}} \qquad (8)$$

$$\underset{}{\text{CH}_3\text{CONH}_2} + \text{CH}_2\text{O} \xrightarrow{\text{NaOH}} \underset{7}{\text{CH}_3\text{CONHCH}_2\text{OH}} \xrightarrow{\text{HC(NO}_2)_3} \underset{8}{\text{CH}_3\text{CONHCH}_2\text{C(NO}_2)_3} \qquad (9)$$

虽然有一些文献报道：用三硝基乙醇与一些伯胺或者氨直接反应也得到了预期的 Mannich 碱 (式 10a 和式 10b)，但这也不能说明这种甲基醇类化合物是 Mannich 反应的中间体。因为凡是能与三硝基乙醇直接进行反应的胺，都具有很强的亲核性。它们可使三硝基乙醇逆向分解，然后夺取平衡态的甲醛，生成 N-羟甲基胺 (式 11a 和式 11b)。由于生成的 Mannich 碱更加稳定，可以从体系中分离出来，因此反应向着不可逆方向进行。

$$2\,\text{O}_2\text{N-C(CH}_2\text{OH)(NO}_2)_2 + \text{NH}_3 \longrightarrow (\text{O}_2\text{N})_3\text{C-CH}_2\text{-NH-CH}_2\text{-C(NO}_2)_3 \qquad (10a)$$

$$2\,\text{O}_2\text{N-C(CH}_2\text{OH)(NO}_2)_2 + \text{H}_2\text{N-CH}_2\text{CH}_2\text{-NH}_2 \longrightarrow (\text{O}_2\text{N})_3\text{C-NH-CH}_2\text{CH}_2\text{-NH-C(NO}_2)_3 \qquad (10b)$$

$$\text{O}_2\text{N-C(CH}_2\text{OH)(NO}_2)_2 \rightleftharpoons \text{HC(NO}_2)_3 + \text{CH}_2\text{O} \qquad (11a)$$

$$\text{R}_2\text{NH} + \text{CH}_2\text{O} \rightleftharpoons \text{R}_2\text{N-CH}_2\text{OH} \qquad (11b)$$

Mannich 反应的第二种可能中间体是亚胺正离子[19~21]，这一观点是由 Liberman 和 Wagner 提出的。例如：用酸与亚甲基二胺 9 反应，同样得到 Mannich 碱。这是因为 9 在酸催化下，可以接受一个质子形成盐。当这种盐失去一分子胺之后生成碳正离子 10 或者亚胺正离子 11 (式 12)。为了证明这个论点，他们用呱啶、吗啉和二苯胺的亚甲基化物与乙酰苯、安替吡啉、β-萘酚、二苯酰基甲烷等进行反应，其结果与直接用胺、醛的反应结果完全一致。

$$\underset{9}{\text{RNH-CH}_2\text{-NHR}} \xrightarrow{\text{H}^+} \text{RNH}_2^+\text{-CH}_2\text{-NHR} \longrightarrow \text{RNH}_2 + \underset{10}{\text{RHN-CH}_2^+} \rightleftharpoons \underset{11}{\text{RHN}^+\!\!=\!\text{CH}_2} \qquad (12)$$

在一些不对称合成的例子中，也常常利用亚胺正离子作为中间体进行 Mannich 反应[22~24]。如式 13 所示[25]：在酸性条件下，氨基 α-碳上的烷氧基很容易离去形成亚胺正离子中间体，进而与活性氢组分反应。为了保证产物的立体选择性，反应中通常需要加入手性诱导试剂 12。

$$\text{(13)}$$

Mannich 反应的第三种中间体是 Schiff 碱[26],特别是某些大分子的伯胺(例如：苯胺)与醛缩合时极易生成 Schiff 碱[27,28]。近年来,很多文献报道的 Mannich 反应都是以 Schiff 碱作为反应底物进行的 (式 14)[29~32]。

$$\text{(14)}$$

综上所述,Mannich 反应机理可以用式 15 来表示[33]。

$$\text{(15)}$$

2.4 Mannich 反应动力学[34]

对于每个 Mannich 反应,其反应机理不尽相同。基于拟定的反应条件,既与酸、碱性有关,也与反应底物的性质有关。如式 16 所示：Hellmann 与 Liberman 等人用甲醛所阐明的反应历程对大多数 Mannich 反应都能适用。在酸性介质中,胺 (氨) 和醛的加成产物首先转变成亚胺正离子 **13** (式 16a)。然后,**13** 再与烯醇化的酮作用 (式 16b) 生成产物 **14**。在碱性介质中,含活泼氢的化合物首先失去一个质子转变成碳负离子 **15**；然后,碳负离子与 N-羟甲基胺 **16** 进行决速步的 S_N2 反应 (式 16c)[35]。

$$CH_2O + R_2NH \longrightarrow H-\underset{OH}{\overset{NR_2}{\underset{|}{C}}}-H \xrightarrow[-H_2O]{+H} H-\underset{}{\overset{+NHR_2}{\underset{|}{C}}}-H \quad (16a)$$

$$\mathbf{13}$$

$$H-\overset{+NR_2}{\underset{|}{C}}-H + H_2C=\underset{OH}{\overset{}{\underset{|}{C}}}-R^1 \longrightarrow \underset{\underset{R^1}{\overset{}{\underset{|}{C=OH}}}}{\overset{NR_2}{\underset{|}{\underset{|}{H-C-H}}}} \xrightarrow{-H^+} \underset{\underset{R^1}{\overset{}{\underset{|}{C=O}}}}{\overset{NR_2}{\underset{|}{\underset{|}{H-C-H}}}} \quad (16b)$$

$$\mathbf{14}$$

$$H_3C-\overset{O}{\underset{}{\overset{\|}{C}}}-R^1 \xrightarrow{OH^-} H_2\overset{-}{C}-\overset{O}{\underset{}{\overset{\|}{C}}}-R^1$$

$$\mathbf{15}$$

$$CH_2O + R_2NH \longrightarrow H-\underset{OH}{\overset{NR_2}{\underset{|}{C}}}-H$$

$$\mathbf{16}$$

$$\xrightarrow{S_N2} \underset{\underset{R^1}{\overset{}{\underset{|}{C=O}}}}{\overset{NR_2}{\underset{|}{\underset{|}{H-C-H}}}} \quad (16c)$$

大多数 Mannich 反应都比较复杂。正是因为影响反应的因素比较多，所以对每一个反应都要具体分析。例如：1964 年 Burckhaltal 等研究发现：2,4-二甲基苯酚与吗啉和甲醛的反应对 2,4-二甲基苯酚为一级反应，从而推测其反应过程如式 17 所示。若用预先制备的纯 N,N'-亚甲基重吗啉 17 进行上述实验，得到了完全一致的动力学曲线。由此也证明：亚甲基二胺 $R_2NCH_2NR_2$ 可作为 Mannich 反应的中间体。

$$(17)$$

但是，在式 18 所示的一类反应中，Mannich 碱的生成并不遵循 Hellmann 所阐明的机理。首先是含 N-H 化合物 18 与甲醛缩合生成 N-羟甲基化合物 19，19 与胺发生脱水反应得到 Mannich 碱 20。这一假说由下列事实证明：当酸组分 18 与甲醛反应，高产率地得到 19。根据 Hellmann 机理，醛和胺缩合后会产生亚胺正离子 (式 15)。然而实验证明：20 可以在醇钠等强碱存在下生成，而在此条件下是不可能存在亚胺正离子的。但在其它条件下，N-羟甲基哌啶进行 Mannich 反应时符合 Hellmann 机理。

$$(18)$$

当反应中使用不同的催化剂时，会得到截然不同的结果。如式 19 所示：使用 Lewis 酸（如：醋酸铜）作为催化剂时，化合物 **21** 中端炔作为含有活泼氢组分参与 Mannich 反应（式 19a）。而在非 Lewis 酸的催化下，**21** 中苯环对位氢原子具有更高的反应活性（式 19b）。

$$\text{21} + CH_2O + HN\text{(piperidine)} \xrightarrow{Cu(OAc)_2} \text{product} \quad (19a)$$

$$\text{21} + CH_2O + HN\text{(piperidine)} \xrightarrow{H^+} \text{product} \quad (19b)$$

3 Mannich 反应的条件综述

一般情况下，Mannich 反应可以通过"一锅法"完成。将活泼氢组分滴入到胺组分和醛组分组成的混合溶液中,在室温或者加热的条件下搅拌一定时间后停止反应，通过分离提纯即可得到目标产物。有时候为了提高反应活性或者抑制副产物的生成，也可以采用"一锅两步法"进行。先将胺与醛进行反应形成 Schiff 碱中间体 **22**，然后再加入活泼氢组分和适当催化剂（式 20）[36]。

$$PhNH_2 + PhCHO \xrightarrow{CH_2Cl_2,\ 3\ \text{Å MS, rt, 1 h}} \text{22}$$

$$\xrightarrow[\text{23, }CH_2Cl_2,\ -78\ ^\circ C,\ 0.5\ h]{SiCl_4\ (0.2\ eq),\ DIPEA\ (0.2\ eq)} \text{product} \quad 87\% \quad (20)$$

23: OSiMe₃ 取代的 2,2-二甲基-4H-1,3-二氧杂环己烯

3.1 反应溶剂

当使用甲醛溶液进行 Mannich 反应时，一般情况下不需要使用有机溶剂。反应可以直接在甲醛的水溶液中进行[37]，有时会在反应体系中加入部分甲醇作为混合溶剂。当使用多聚甲醛、芳香醛或者脂肪醛时，则需要使用有机溶剂。如果反应体系中提供活泼氢的酮组分是液体（例如：丙酮、环戊酮或者环己酮等），

则可以直接加入过量的酮作为反应溶剂。在其它情况下，一般使用乙醇或者 95% 的乙醇水溶液作为反应溶剂。

对于某些特定结构的反应物，可能需要在特定的溶剂中进行反应。例如：使用 2-、3- 或者 9-取代的乙酰基菲作为反应物与多聚甲醛和仲胺盐酸盐进行 Mannich 反应时，用异戊醇作为溶剂可以提高反应速率[38]。

一般情况下，提高反应温度有利于 Mannich 反应的进行。因此使用高沸点的溶剂可以提高反应速度，避免由于反应时间过长而生成副产物。然而，另一方面，高温有可能导致某些不稳定的反应物分解，从而发生副反应。例如：乙酰基菲与多聚甲醛和仲胺盐酸盐在异戊醇溶液中的反应速率比在乙醇溶液中要快。但是，由于在较高沸点的异戊醇中回流会造成氨基酮的热分解，反而降低了反应产率[39]。因此在选择 Mannich 反应的溶剂时，必须同时考虑到反应的稳定性和反应速率，尽量减少副反应的发生。

3.2 反应时间

Mannich 反应时间主要取决于反应物中酮和胺盐的性质，以及反应溶剂的沸点[40]。例如：呋喃乙酮、多聚甲醛和二甲胺盐酸盐在乙醇水溶液中加热回流几分钟后就可以完全反应。但是，3-乙酰基-9-甲基咔唑与多聚甲醛的二乙胺盐酸盐在乙醇中加热反应 5 h 后只得到 59% 的产率，加热反应 8 h 后产率可以提高到 83%。

如果使用微波加热代替传统的加热方法，则可以明显缩短反应时间。例如：苯乙炔、哌啶和苯甲醛的反应在 60 W 微波的条件下进行，只需 6 min 即可得到 97% 的产率 (式 21)[41]。由于反应过程中温度高达 150 ℃，往往需要使用离子液体 (ionic liquid，常温下为固体，熔点约 80 ℃) 和高沸点的有机溶剂作为混合溶剂。

$$\text{piperidine} + \text{PhCHO} + \text{Ph-}\!\!\equiv\!\!\text{-H} \xrightarrow[97\%]{\text{CuCl (10 mol\%), Ionic liquid (20 mol\%)}\atop\text{dioxane, MW (60 W, 150 °C)}} \text{N-CH(Ph)-C}\!\!\equiv\!\!\text{C-Ph} \qquad (21)$$

3.3 反应物的比例

在 Mannich 反应中，有时需要将 3 种反应组分经过精确配比后进行反应，有时将其中一种组分过量来进行反应。在大多数情况下，使用 1 倍量的活泼氢组分、1.05~1.10 倍量的铵盐和 1.5~2.0 倍量的甲醛。但是，也有很多反应需要采用特殊的反应物配比才能得到更高的产率。例如：在环己酮、甲醛溶液和二甲胺盐酸盐 (或者吗啉盐酸盐) 进行的 Mannich 反应中，使用过量 5 倍的环己酮可以得到最高的产率。如果使用过量的甲醛，则需要在反应过程中分批加入。因为部分甲醛会与乙醇溶剂发生反应，生成亚甲基二乙醚。

在确定反应物的配比时，必须考虑产物分离提纯的因素。当反应结束时，没有反应的原料应该很容易与产物分离。如果找不到合适的方法将产物与过量的原料分离，即使反应的转化率很高，最终的分离产率也不一定会很高。如果反应中生成的产物不止一种，那么在选择铵盐和甲醛的投料比例时，还需要考虑是否会影响目标产物的结构和产率，有时需要通过改变原料配比抑制某些副反应的发生。

3.4 反应催化剂

经典的 Mannich 反应中不需要额外加入催化剂。近年来人们发现，在一些反应中加入过渡金属催化剂（例如：Pd[42]、Zn[43]、Zr[44]、Cu[45]、Ag[46]、Ni[47]、Co[48] 等）和分子筛 (MS) 可以有效地提高 Mannich 反应的产率和反应选择性。如果在反应体系中加入手性配体或者诱导试剂，可以通过 Mannich 反应高效地合成一些含有手性碳的 Mannich 碱（式 22 和式 23）[49,50]。

3.5 产物的分离与提纯

在大多数 Mannich 反应中，当反应结束并停止加热后，产物的盐酸盐会逐渐沉淀下来，过滤或者用乙醚萃取便可分离出产物。有些情况下，产物需要用乙醚或者丙酮进行重结晶。对于一些沸点比较低的 Mannich 碱，可以通过中和先将它们从盐酸盐中解离出来，然后通过蒸馏法分离提纯。但使用这种方法的前提是 Mannich 碱的结构比较稳定，不会在蒸馏过程中受热分解。

3.6 反应副产物

Mannich 反应中的副产物可能是由多种原因产生的。有些是由于反应原料自身的分解或者变质，也可能是醛与胺或者酮的缩合产物。例如：二乙胺在反应中可能会与甲醛反应，生成 N,N'-四乙基亚甲基二胺；而哌啶与甲醛可能转化为亚甲基二哌啶。在含有环己酮的反应中，可分离得到 2-亚甲基二环己酮和二(2-环己酮基甲基)醚。式 24~式 28 中列举了一些甲醛与酮或者胺生成的副产物。

4 Mannich 反应的基本类型

Mannich 反应的反应物由三部分组成，分别为碱性胺 (氨)、醛 (最常用为甲醛) 和含有活泼 α-氢的化合物 (例如：酮)。在 Mannich 反应中，不同胺类化合物可以发生不同类型的 Mannich 反应。常用的胺类化合物为脂肪胺、铵盐 (氨水)、酰胺和芳胺等。以下将分别介绍不同胺类化合物与其它两个反应组分之间的 Mannich 反应。

4.1 脂肪胺的 Mannich 反应

Mannich 反应中应用最多的是仲胺。它仅有一个氢原子，因此生成的产物比较单一。常用的仲胺有：二甲胺、二乙胺、二乙醇胺、六氢吡啶等[51,52]。伯胺具有两个氢原子，可以发生两次 Mannich 反应，往往用于分子内成环反应[53]。图 2 中列出了部分 Mannich 反应体系中常用的脂肪胺。

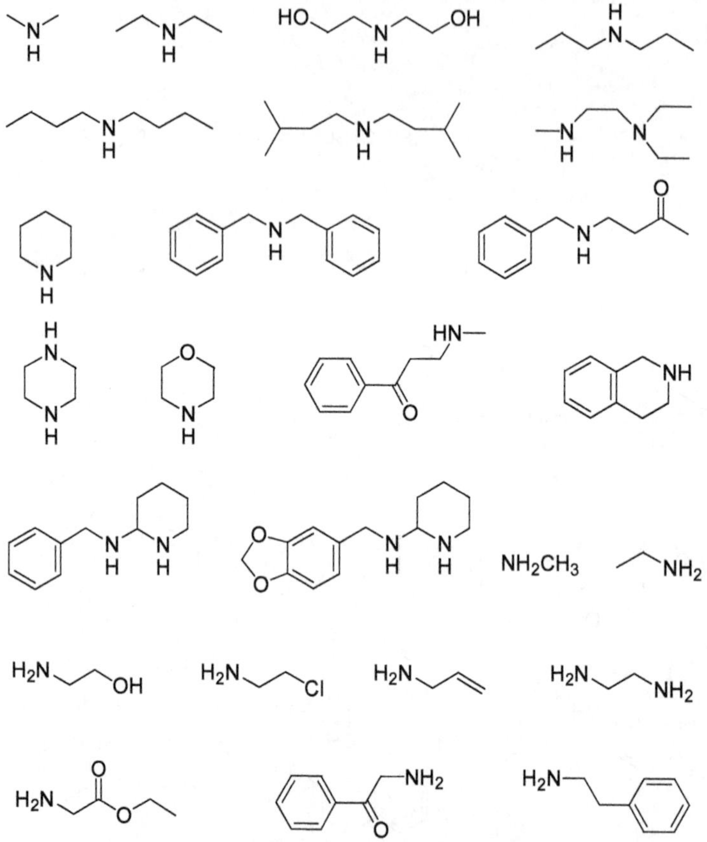

图 2 Mannich 反应体系中常用的脂肪胺

二甲胺通常具有较高的反应活性，一般可以得到较高的产率。它能够与醛和丙酮、苯基丙酮、苯乙酮以及多种苯乙酮衍生物发生 Mannich 反应，得到正常的 Mannich 碱。而二乙胺的活性要低很多，在一般的浓度下，二乙胺与甲醛和丁酮不会发生 Mannich 反应。甲醛和 2-醋酸呋喃可以与一些仲胺的盐 (例如：二甲胺、二丙胺、二正丁胺和二乙醇胺的盐) 反应，但在类似条件下不能与二乙胺的盐发生反应。有时候，当二甲胺、二乙胺和二丙胺都可以获得较高的反应产率时，二正丁胺和二乙醇胺却不能发生 Mannich 反应。下面分别介绍脂肪胺与不同底物的 Mannich 反应。

4.1.1 与酮的 Mannich 反应

饱和酮、环酮、α,β-不饱和酮、脂肪酮和芳香酮等都可以与脂肪胺发生 Mannich 反应,得到较高的产率[54]。其中芳香酮还包括含有杂芳环的化合物,特别是羰基在环内的杂芳环酮类化合物。图 3 列举了一些能与醛和脂肪胺反应的酮类化合物,其产物为 β-二烷基氨基酮。其中每个分子中可取代的氢原子已标记出来。

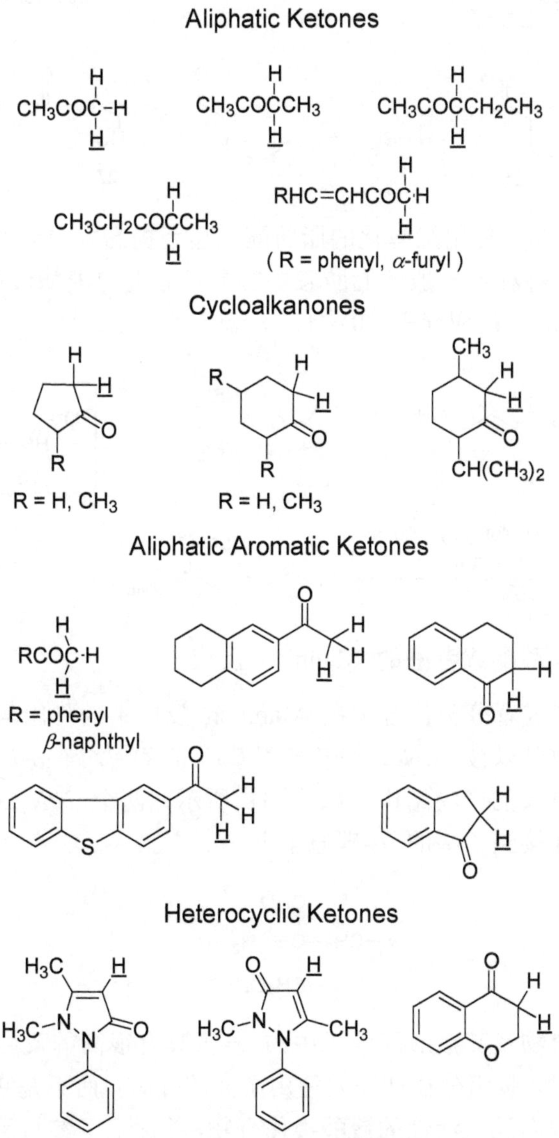

图 3 能与醛和脂肪胺反应的酮类化合物

当伯胺或者伯胺盐酸盐进行 Mannich 反应时，首先生成仲胺的 Mannich 碱。由于仲胺具有更强的碱性，如果体系中有过量的酮和甲醛，它会再次发生 Mannich 反应生成叔胺。例如：使用苯乙酮和甲胺盐酸盐反应时，除了少量的仲胺产物 **26** 外，主要得到叔胺的产物 **27** (式 29)[55]。

近年来人们发现：使用烯醇化的脂肪酮可显著提高酮组分的反应活性。硼酸酯等基团取代的胺往往比一般的脂肪胺更容易对醛上的羰基进行亲核加成，因此更容易发生 Mannich 反应 (式 30)[56]。

4.1.2 与羧酸、羧酸酯或者醛的 Mannich 反应

羧酸、羧酸酯或者醛类化合物在 Mannich 反应中的作用与酮类似，羰基的 α-氢原子在反应中可以被 N,N-二烷基氨甲基所取代[57]。当 α-碳为甲基或者亚甲基时，会得到更复杂的产物结构。如式 31 所示：两个 N,N-二烷基氨甲基和一个羟甲基将同时连接到乙醛的 α-碳原子上。

很多羧酸化合物及其羧酸酯分子中的 α-氢具有很高的反应活性。但是，使用羧酸进行反应时，胺组分往往需要使用游离的仲胺，而不是它的盐酸盐。图 4 列举了部分具有较高反应活性的羧酸类化合物，并标记了参与反应的 α-氢原子。

含有活泼氢的碳原子上连接的吸电子基团越多，吸电子效应越强，则越容易

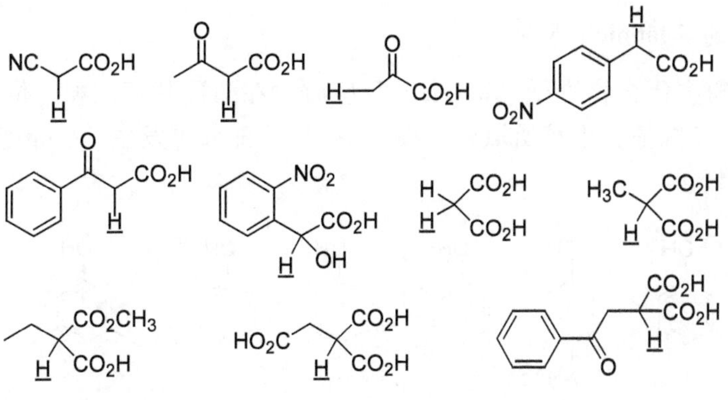

图 4 具有较高反应活性的羧酸类化合物

进行 Mannich 反应[58]。例如：丙二酸及其衍生物由于 α-碳原子上连接有两个强吸电子基团，α-氢更容易被取代，在 Mannich 反应中体现出较高的反应活性。为了合成含取代基的哌啶酮类化合物，也有人选用一些在 1,3-位碳原子上连有强吸电子基团的酮类化合物 **29**。这样可以增加 1,3-位氢原子的活性，更有利于哌啶环的形成 (式 32)。

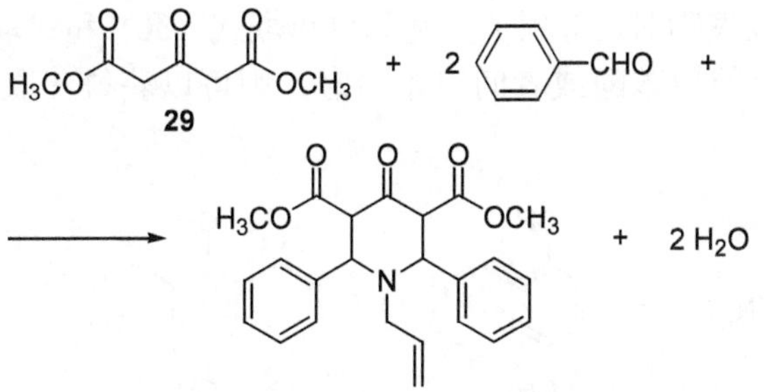

$$\text{(32)}$$

不饱和 C=N 键也可以活化 α-氢。例如：在分子筛和过渡金属的催化下，同时与酯基和亚胺基相连的碳原子上的氢具有很高的反应活性 (式 33)[59]。

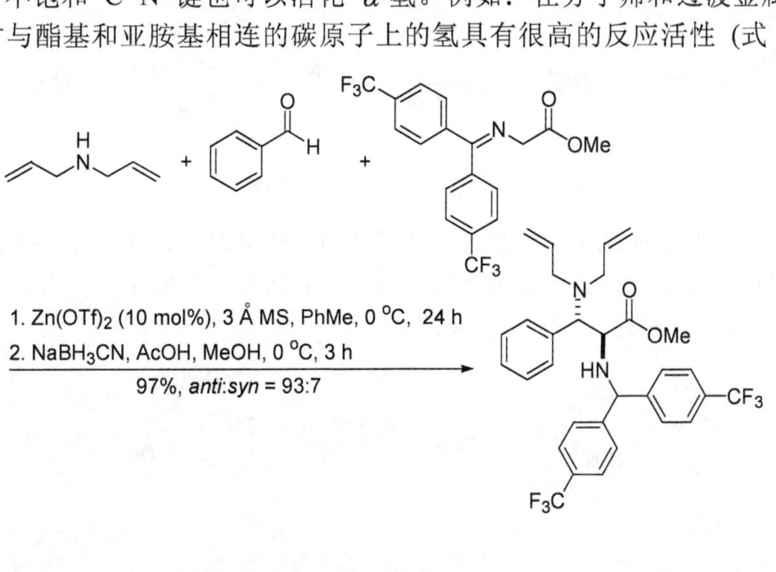

$$\text{(33)}$$

4.1.3 与酚的 Mannich 反应

当使用酚类化合物进行 Mannich 反应时，在酚羟基邻位和对位的氢原子具可以被 *N,N*-二烷基氨甲基所取代。图 5 列举了部分可发生 Mannich 反应的酚类化合物[60]。

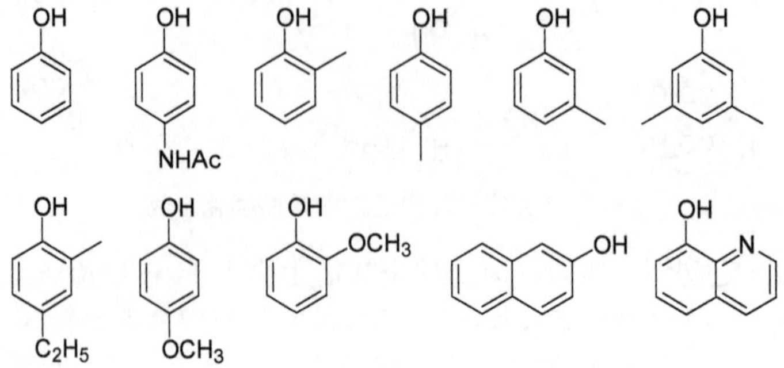

图 5 部分可发生 Mannich 反应的酚类化合物

在这类反应中，芳环上的酚羟基和取代基的定位效应决定了反应的位点[61,62]。当使用对甲基苯酚为反应底物时，得到了羟基邻位单取代 (**30**) 和二取代(**31**) 的 Mannich 碱 (式 34)。而使用苯酚或者间甲苯酚时，则可以获得三取代产物 **32** (式 35)。

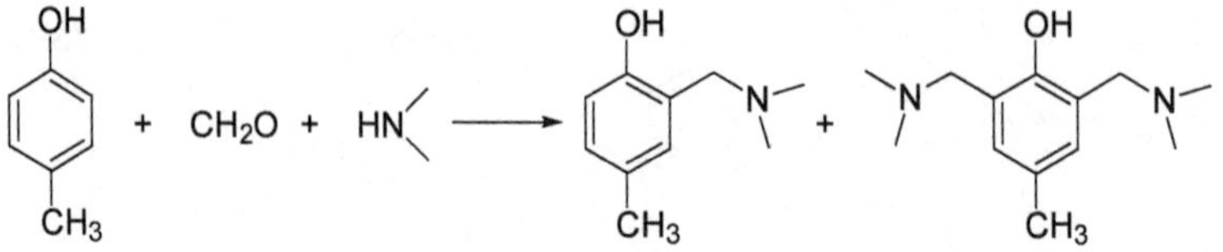

30

31

(34)

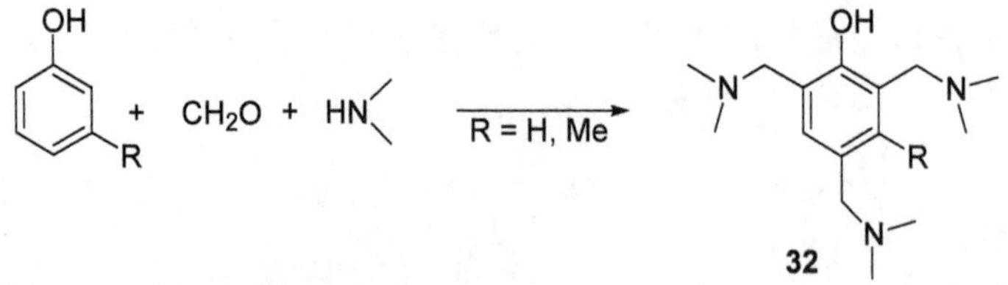

32

(35)

如果分子内适当位置存在醇羟基等活性基团时，使用伯胺、甲醛与苯酚进行反应时有可能进一步反应得到氮杂环产物。这类反应常用于合成杂环化合物，但酚羟基与胺很难进一步发生反应 (式 36)[63]。

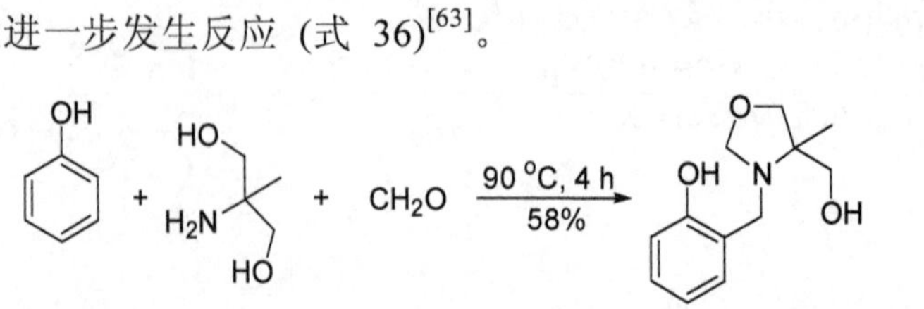

(36)

4.1.4 与炔烃的 Mannich 反应

苯乙炔和一些含有特定取代基的苯乙炔,其端炔基上的氢也具有一定的反应活性。因此,可以使用这类炔烃与甲醛和脂肪胺反应,制备分子内含有炔基的 Mannich 碱 (式 37)。常用的炔烃为苯环上含有硝基、氨基或者甲氧基的苯乙炔 (式 37)。Li 等人采用铜、银等催化剂实现了水中端炔与醛、胺的三组分 Mannich 反应 (式 38)[64,65]。

$$R = H, p\text{-}OCH_3, o\text{-}NO_2, o\text{-}NH_2 \tag{37}$$

$$R^1CHO + HN\begin{matrix}R^2\\R^3\end{matrix} + {\equiv}{-}R^4 \xrightarrow{\text{CuBr or AgCl}}{\underset{H_2O}{}} \tag{38}$$

4.1.5 与烯烃的 Mannich 反应

对于含有吸电子基团的烯烃,其 α-氢同样可以参与 Mannich 反应[66]。如式 39 所示:丁炔二酸二乙酯 (33) 与苯胺加成后可以生成含有 α-活泼氢的三取代烯烃 34,然后再与甲醛和苄胺发生 Mannich 反应得到 Mannich 碱 35。如果与苯环相连的仲胺被看作为酸组分,与苄基相连的仲胺被看作为胺组分,那么最后一步脱水成环得到氮杂环产物 36 的反应同样可以看作是 Mannich 反应[67]。

4.1.6 与吡啶、喹啉、吲哚等杂芳环化合物的 Mannich 反应

α-甲基吡啶和 α-甲基喹啉中甲基上氢的活性与羰基 α-氢原子的活性相似,可以被 N,N-二烷基氨甲基所取代。因此这类 α-甲基氮杂环化合物也可以参与 Mannich 反应 (式 40)。

其它一些杂芳环化合物（例如：吲哚等）也可以与二甲胺、二乙胺、乙胺和哌啶等脂肪胺反应，还可以与 N-甲基苯胺等反应。这些胺既可以是铵盐的形式，也可以是游离的胺或者亚胺中间体 (式 41)[68]。

4.1.7 与杂原子上含有活泼氢化合物的 Mannich 反应

除了常见的酮、醛等含有 α-活泼氢的化合物外，氮、硫、氧、磷等杂原子上的活泼氢也可以参与 Mannich 反应，称为杂原子的 Mannich 反应。例如：N-杂环化合物的 N-甲基化反应就是 Mannich 反应的重要组成部分，这类反应可用于合成抗肿瘤药物活性分子，例如：化合物 37 的合成 (式 42)[69]。此外，一些带有离去基团的杂原子 (例如：三苯氧基磷) 也可以作为酸组分参与反应 (式 43)[70]。

Mannich Reaction

$$\text{BnO-CO-NH}_2 + \text{2-NO}_2\text{-C}_6\text{H}_4\text{-CHO} + \text{P(OPh)}_3 \xrightarrow[93\%]{\text{AcOH, 80~85 °C, 2 h}} \text{BnO-CO-NH-CH(2-NO}_2\text{-C}_6\text{H}_4)\text{-P(O)(OPh)}_2 \quad (43)$$

在 Mannich 反应中，也可以使用芳基硼酸作为底物，其中硼酸基团的作用相当于 α-活泼氢。如果使用带有 α-羧基的醛组分，则可以利用此类反应合成 α-芳基氨基酸衍生物 (式 44)[71]。

$$\text{MeHN-OMe} + \text{OHC-CO}_2\text{H} + \text{PhB(OH)}_2 \xrightarrow[96\%]{\text{DCM, rt}} \text{MeO-N(Me)-CH(Ph)-CO}_2\text{H} \quad (44)$$

4.2 氨的 Mannich 反应

由于氨 (NH_3) 有三个氢原子，所以可能发生三次 Mannich 反应。当用氨或者氯化铵与甲醛和含有 α-活泼氢的化合物进行 Mannich 反应时，第一步先生成伯胺产物 **38**。**38** 可以继续发生 Mannich 反应生成仲胺 **39** 和叔胺 **40**。当使用氯化铵进行反应时，产物为 **38** 和 **39** 的混合物。如果使用氨水时，则主要得到 **39** 和 **40** 的混合物 (式 45)。

$$NH_3 + CH_2O + \text{MeCOR} \longrightarrow \underset{\mathbf{38}}{H_2N\text{-CH}_2\text{CH}_2\text{-COR}} \xrightarrow{\text{MeCOR, CH}_2\text{O}}$$

$$\underset{\mathbf{39}}{\text{RCO-CH}_2\text{CH}_2\text{-NH-CH}_2\text{CH}_2\text{-COR}} \xrightarrow{\text{MeCOR, CH}_2\text{O}} \underset{\mathbf{40}}{\text{N(CH}_2\text{CH}_2\text{COR)}_3} \quad (45)$$

当使用苯乙酮与氯化铵和甲醛进行反应时，可以直接得到叔胺产物 **41** (式 46)。

$$3\,\text{PhCOCH}_3 + 3\,CH_2O + NH_4Cl \longrightarrow [\text{PhCO-CH}_2\text{-CH}_2\text{-}]_3\text{N}\cdot\text{HCl} \quad (46)$$
$$\mathbf{41}$$

与脂肪胺的 Mannich 反应类似，氨可以与苄基丙二酸和甲醛反应，得到伯胺 **42** 和仲胺 **43** 的混合物 (式 47)。如果使用苯基丙二酸与氨反应，则只得到伯胺产物，并伴随着发生脱羧反应得到产物 **44** (式 48)。如果改用氯化铵与苯基丙二酸进行 Mannich 反应，则会得到脱羧后的仲胺产物 **45** (式 49)。

在某些条件下，由酮、氨与其它醛也可以发生 Mannich 反应得到环化产物。例如：在丙酮、氨水与苯甲醛的 Mannich 反应中，得到了哌啶衍生物 **46** (式 50)[72]，在该反应过程中发生了两次 Mannich 反应。由于反应中丙酮的 α-氢可能直接对苯甲醛上的羰基进行亲核加成，因此反应中可能会出现副产物。

4.3 酰胺和芳胺的 Mannich 反应

4.3.1 酰胺的 Mannich 反应

由于酰胺的碱性比脂肪胺弱，在经典的 Mannich 反应条件下很难与醛形成 Schiff 碱中间体。为了得到带有酰胺结构的 Mannich 碱，除了需要在反应中加入催化剂外，往往使用预先制备的亚胺中间体 **47** 与含有活泼氢的组分进行反应 (式 51)[73]。

在合成生物活性分子及不对称合成诱导试剂的过程中，还常使用磷酰胺 (式 52)[74]、磺酰胺 (式 53)[75,76]等作为反应底物。这类反应中也需要使用预先制备亚胺中间体，有时还需要金属催化剂的参与。

除了羰基的 α-氢外，酰胺还可以与其它强吸电子基活化的 α-氢组分反应。例如：硝基甲烷可以在低温下与亚胺中间体反应，得到较高选择性的手性 Mannich 碱 (式 54)。但是，反应的对映选择性很大程度上依赖于手性诱导试剂的性质和反应温度等条件。如式 54 所示：该反应在 $-40\ ^\circ C$ 反应 60 h 可以得到较高的立体选择性。如果提高温度至 $-20\ ^\circ C$，虽然反应时间可以缩短到 15 h，但产物的产率和对映选择性都大大降低 (62%, 82% ee)[77]。

$$\text{PhCH=N-P(O)Ph}_2 + \text{CH}_3\text{NO}_2 \xrightarrow[\text{PhMe/THF (7/1), } -40\ ^\circ\text{C, 60 h}]{\text{Cat. (20 mol\%), Yb/K/BINOL = 1/1/3}} \text{O}_2\text{N-CH}_2\text{-CH(Ph)-NH-P(O)Ph}_2 \quad (54)$$

$$79\%,\ 91\%\ ee$$

酰胺的 Mannich 反应在药物合成中占有重要地位,因为其产物 Mannich 碱是 α- 或者 β-氨基酸的衍生物,有些化合物具有酶抑制活性。近年来,N-甲基膦酰化反应引起了越来越广泛的关注,通过酰胺、醛与膦酰氯的反应可以高效的制备一系列 N-甲基膦酰胺衍生物。这类产物具有与氨基酸类似的结构,一些衍生物具有很好的药物活性。例如:甘氨酸的酰胺化衍生物 **49** 可以在有机碱的作用下,与苯甲醛和苯基二氯化膦发生 Mannich 反应。生成的 Mannich 碱 **50** 保留了一个 P-Cl 键,从而可与另一分子氨基酸发生 N-膦酰化反应,产物 **51** 中的四配位膦酰胺单元经常出现于酶抑制剂的分子中 (式 55)[78]。

$$\text{Cbz-Gly-NH}_2\ (\textbf{49}) + \text{PhCHO} + \text{PhPCl}_2 \xrightarrow{\text{MeCN, DIEA, rt}} \textbf{50} \xrightarrow[67\%]{\text{GlyOEt, DIEA}} \textbf{51} \quad (55)$$

通过二烷基亚磷酰氯 **52** 与二乙基磷酸酰胺和醛的 Mannich 反应,可以得到类似于天然氨基酸的氨基亚磷酸酯衍生物 **53**,此类化合物业已证明具有较高的反应活性或者生物活性 (式 56)[79]。

$$(\text{EtO})_2\text{P(O)NH}_2 + \text{PhCHO} + \textbf{52} \xrightarrow[90\%]{\text{solvent-free, catalyst-free, } 50\sim60\ ^\circ\text{C, } <1\ \text{min}} \textbf{53} \quad (56)$$

4.3.2 芳胺的 Mannich 反应

过去,人们一直认为芳胺不能直接参与 Mannich 反应。直到 20 世纪 80 年代初才开始出现芳香胺与醛和酮进行的 Mannich 反应。比较常用的芳胺是苯胺及其衍生物 (式 57)[80],它们常被用来合成一些过渡金属催化剂的配体或手性诱导试剂[81,82]。

$$\text{(57)}$$

此外，芳胺还可以与磷等杂原子上的活泼氢发生 Mannich 反应。例如：在芳胺与 P-H 键的 Mannich 反应中，由于 P-H 键具有较高的反应活性，反应可以在较短的时间内得到较高的产率。这种方法常用于合成一些具有 P 或 N 配位原子的过渡金属催化剂配体 (式 58)[83]。

$$\text{(58)}$$

通过 Mannich 反应进行不对称合成时，为了进一步提高立体选择性，可以在反应中加入适当的手性诱导试剂。常见的手性诱导剂包括脯氨酸、联二萘酚及其相应的衍生物等[84~86]。例如：应用 Mannich 反应合成手性有机磷化合物时，由于反应底物 **54** 本身不具备立体选择性，必须通过加入手性诱导试剂 **55** 才能获得较高的选择性 (式 59)[87]。

$$\text{(59)}$$

随着过渡金属催化体系的发展，芳胺与炔烃也可以在过渡金属催化下发生 Mannich 反应，有些还可以用于手性合成。例如：在铜催化剂和手性诱导剂 **56** 的作用下，苯胺、苯甲醛和苯乙炔的 Mannich 反应具有很高的立体选择性 (式 60)[88]。

$$(60)$$

如果酸组分或者芳胺本身带有手性基团,通过控制反应条件,让反应在低温下进行,则可以得到选择性很高的手性 Mannich 碱。为了保证反应在低温下顺利进行,往往需要使用预先生成 Schiff 碱与酸组分反应 (式 61)[89,90]。

$$(61)$$

4.4 Mannich 反应中的醛组分

在 Mannich 反应中,通常使用甲醛溶液或者三 (多) 聚甲醛。除甲醛之外,也可以使用其它脂肪醛,例如:乙醛、丙醛、丁醛、异丁醛、异戊醛和环己甲醛等[91]。还有一些芳香醛也可以用于 Mannich 反应,例如:苯甲醛、苯乙醛和茴香醛 (对甲氧基苯甲醛) 等。

如式 62 所示:除了使用脂肪醛或者芳香醛之外,有时也可以利用乙醛酸 (HOOCCHO) 作为醛组分。但是,乙醛酸参与的反应需要使用两当量的仲胺,可以形成 N-(γ-酮基-α-氨基酸) 57。

$$(62)$$

5 Mannich 反应在有机合成中的应用

Mannich 碱及其衍生物是药物合成中的主要中间体或者目标化合物,因此 Mannich 反应在药物合成中起着巨大的推动作用[92]。随着时代的发展,Mannich 反应的应用已经远远超过了它最初的应用范围,已经被广泛应用到了各个领域。

5.1 构建碳-碳、碳-杂原子键

经典的 Mannich 反应可以在酮的 α-碳原子上增加一个氨甲基,形成新的 C-C 键[93]和 C-N 键,达到增长碳链的作用。随着三种组分应用范围的不断扩展,人们已经开始使用带有活泼氢的 P、S、N 等杂原子化合物代替酮组分,从而形成 C-P、C-S 和 C-N 等碳-杂原子键 (式 63)[94]。

对于酰胺或者芳胺类的功能分子,常常在氨基端上进行衍生化来提高它们的反应活性。一些酶抑制剂或者抗生素分子的功能片段具有 β-氨基酮或者类似的结构,往往涉及到 N-烷基化反应。例如:通过硫代磷酸胺的膦甲基化反应,可以构建 P-N-C-P 结构 (式 64)[95],这一结构已被证明具有抗病毒、抗真菌等活性[96]。

Mannich 反应还提供了一种在芳香环,特别是杂芳环上引入胺甲基的方法。利用苯酚、杂原子以及各种取代基的定位效应,可以在特定的位点进行芳基的氨甲基化反应。例如:在苯酚或萘酚 2-位进行胺甲基化得到的产物 **58** 可以作为一种高效的手性诱导试剂 (式 65)[97]。

5.2 Mannich 关环反应

利用 Mannich 反应中三种组分的特点,可以巧妙地设计一系列分子内或者分子间的关环反应[98~100]。例如:利用伯胺可以进行两次 Mannich 反应的机会,选择分子内含有两个活泼氢的化合物与伯胺和两分子醛进行反应,可以巧妙地合成哌啶类化合物 **59** (式 66)。

如果选择能够同时提供氨基和活泼氢的底物,则可以与一分子醛形成杂环产物。例如:乙二胺类似物 **60** 中的两个氨基可以分别作为胺组分和活泼氢组分参与反应,生成咪唑衍生物 **61** (式 67)[101]。

通过 Mannich 反应不仅可以进行分子间关环反应,也可以根据 Mannich 碱的结构实现分子内关环反应。如式 68 所示[102,103]:伯胺在银催化剂和手性配体 **62** 的作用下,经过 Mannich 反应首先生成 Mannich 碱 **63**。而 **63** 中的氨基继续作为亲核试剂进攻分子内羰基的 α-碳,得到分子内关环产物 **64**。最后将羰基还原得到衍生化产物 **65**。

5.3 合成不饱和化合物

在 Mannich 反应的应用中,最具代表性的是将仲胺生成的 Mannich 碱分解得到胺及不饱和化合物。对于不同结构的 Mannich 碱,使用的分解条件也有所不同。有些需要在减压蒸馏或者水蒸气蒸馏过程中进行,有些需要在溶剂中加热条件下进行,还有些 Mannich 碱会自动分解[104]。如式 69 和式 70 所示[105]:α-脂肪胺形成的 Mannich 碱 66 在冰醋酸和分子筛存在的条件下,很容易发生 C-N 键的裂解反应生成烯烃 67 和仲胺。

其它一些 β-(N,N-二甲基)氨基酮类化合物也非常不稳定,通常会在乙醇钠或者弱碱溶液中分解。如式 71a 和式 71b 所示:Mannich 碱 68 和 69 在碳酸钠溶液中会迅速分解释放出二甲胺生成相应的 α,β-不饱和酮。

在某些情况下,当 Mannich 碱的一个碳原子上连有两个羧基时,其分解过程会伴随脱羧反应,最终产物中只保留一个羧基 (式 72)。

如果与含有活泼氢的碳原子相连的是季碳,而且不能发生脱羧反应,那么 Mannich 碱裂解后不可能生成双键,而是发生水解反应。相当于 Mannich 反应的逆反应,释放出甲醛、二烷基胺和酸组分 (式 73)。

利用 Mannich 碱的裂解反应,可以在酮的 α-碳原子上增加一个甲基,达到增长碳链的作用。如式 74 所示:Mannich 碱 70 分解后会释放出不饱和酮 71。通过加氢还原得到产物 72,比起始原料 2-甲氧基苯乙酮增加了一个碳原子 (式 74)。

使用氰化氢、端炔或烯烃作为活泼氢组分，也可以发生 Mannich 反应，从而得到含有氰基、炔基或者双键的不饱和 Mannich 碱 (式 75)[106,107]。

$$\text{(75)}$$

5.4 合成 β-氨基酸衍生物

在有机合成和生物有机合成中，Mannich 碱的衍生化是一种重要的合成手段，可以用于合成 β-氨基酸衍生物[108,109]。例如：将 Mannich 碱 **74** 经过还原、水解和酰胺化可制备具有神经酰胺转运酶的抑制剂 HPA-11 (式 76)[73]。

$$\text{(76)}$$

通过 Mannich 反应得到的 Mannich 碱可以进一步衍生化形成 β-氨基酸酯。在羧基一端还可以与其它氨基酸缩合，生成多肽衍生物。其中，β-氨基酸结构片段在药学、材料化学以及蛋白质功能结构研究等领域起着重要作用[110]。例如：由磺酰胺经过 Mannich 反应可以得到 α,β-氨基酸多肽衍生物 **75** (式 77)[111]。

如式 78 所示[112]：由仲胺、对甲苯硼酸和乙醛酸的 Mannich 反应可以制备 α-氨基酸 **76** (式 78a)，**76** 可以继续与醛、伯胺和异腈发生 Mannich 反应得到多肽衍生物 **77** (式 78b)。

5.5 利用 Mannich 反应的不对称合成

在 Mannich 反应中，如果酸组分的分子中只含有 α-活泼亚甲基，或者使用除甲醛以外的其它醛时，那么反应后都将产生手性碳。若在反应中使用适当的手性诱导试剂，则会得到手性 Mannich 碱 (式 79)[113]。近年来，随着人们对手性合成的关注程度不断提高，Mannich 反应在不对称合成中的应用已成为一个研究热点[114~117]。

如果醛、酮或者羧酸的 α-亚甲基参与 Mannich 反应，则产物中会出现两个手性碳。为了获得高立体选择性的产物，往往需要使用诱导效果更好的手性催化剂。例如：在锌的手性催化剂作用下，膦酰亚胺 **78** 与苯乙酮衍生物反应可以得到高立体选择性的目标产物 **79** (式 80)[118]。

$$(80)$$

在有机催化剂脯氨酸的催化下，芳醛、芳胺与脂肪醛经 Mannich 反应制备的 β-氨基酮或者醛类化合物可与亲核试剂反应 (例如：与 Me$_3$ZnLi 反应) 生成 γ-氨基醇，并使分子内增加一个手性碳原子，这类反应通常具有很好的立体选择性 (式 81)[119]。这条途径是合成氨基醇类化合物的一种非常有效的方法。

$$(81)$$

γ-氨基醇可以用于合成相应的安息香酸酯或者邻氨基安息香酸酯，这些酯类化合物可用作麻醉剂。已经商品化的麻醉剂 Tutocaine (式 82) 就是以 γ-氨基醇为原料合成的。将二甲胺、甲醛和丁酮经过 Mannich 反应首先得到 β-二甲氨基酮，然后经过还原和酯化得到最终的目标产物。

Tutocaine (82)

对于一些特殊结构的 Mannich 碱，可以实现分子内的手性关环。如式 83 所示：在还原剂 K-Seletride 的作用下，**80** 的羰基被选择性还原的同时发生分子内成环酯化反应，得到单一构象的五员环内酯产物 **81**[120]。

5.6 Mannich 反应在天然产物中的应用

由于 Mannich 反应是一种高效的合成 β-氨基酸衍生物的方法，而这种 β-氨基酸衍生物往往可以作为合成某些天然产物的前体[121]。因此，在很多天然产物的全合成中利用 Mannich 反应实现环化[122~124]、N-甲基化[125]和构建手性碳[126]等关键性步骤。

在 Mannich 关环反应中，通过选择适当的二醛类化合物作为反应底物，可以巧妙地合成多环化合物。这一方法已经成功应用于阿托品 (Atropine) 的合成中 (式 84)。

阿托品属于生物碱，存在于茄科植物中，具有兴奋脑和延髓的作用，并能使血管扩张，心跳加速和扩散瞳孔。在眼科上常用它的硫酸盐来治疗虹膜炎与角膜炎，也可用作有机磷及锑剂中毒时的解毒剂。它可以由颠茄醇 (**82**) 和颠茄酸 (**83**) 酯化得到（式 85）。

颠茄醇 (**82**) 和颠茄酮 (**84**) 是由 Willstatter 首先合成的，其结构于 1901~1903 年就已经被证实。15 年以后的 1917 年，Robinson 根据自己提出的生物碱生源合成的假设，利用 1,4-丁二醛（琥珀醛）、甲胺和丙酮二羧酸在 Mannich 反应条件下合成了阿托品的中间产物颠茄酮 (**84**)(式 86)。实验表明，Mannich 反应可以在相当于生物体内的生理条件下进行，产物颠茄酮的产率高达 90%。颠茄酮经过还原和酯化反应，即可得到阿托品。

2000 年，Pettit 等人从马尔蒂夫岛采集到的蓝色海绵 *Cribrochalina* 中提取得到三个新的天然产物。经单晶 X 射线衍射分析，其中的 Cribrostatin 4 (**85**) 具有 Mannich 碱的结构 (式 87)[127]。

Cribrochalina 化合物属于四氢异喹啉类的天然产物家族，对某些癌细胞具有抑制性，并具有一定的抗菌活性。如式 88 所示[128]：以化合物 **86** 和 **87** 为原料，经过格氏反应和基团保护得到 **88**。利用 **88** 结构中苯酚邻位的活泼氢与自身氨基的 Mannich 反应，可以构建出四氢喹啉中含氮杂环结构。得到的中间产物 **89** 经过多步反应，最终得到目标产物 **85**。

利用 Mannich 反应进行 *N*-甲基化，这是天然产物全合成或衍生化过程中常用的一种方法。例如：柚皮素 (**90**) 是一种从植物根部提取的黄酮类天然产物 (式 89)[129,130]。如果在柚皮素分子上引入生物荧光探针 **93**，可以更方便的观察它在生物细胞中的作用过程。如式 89 所示：首先含有叠氮的仲胺 **91** 与甲醛、柚皮素发生 Mannich 反应，可在柚皮素上引入含有叠氮基的连接臂，然后在铜催化下将端炔与 **93** 发生 Click 反应，从而实现了将柚皮素进行荧光标记[131]。

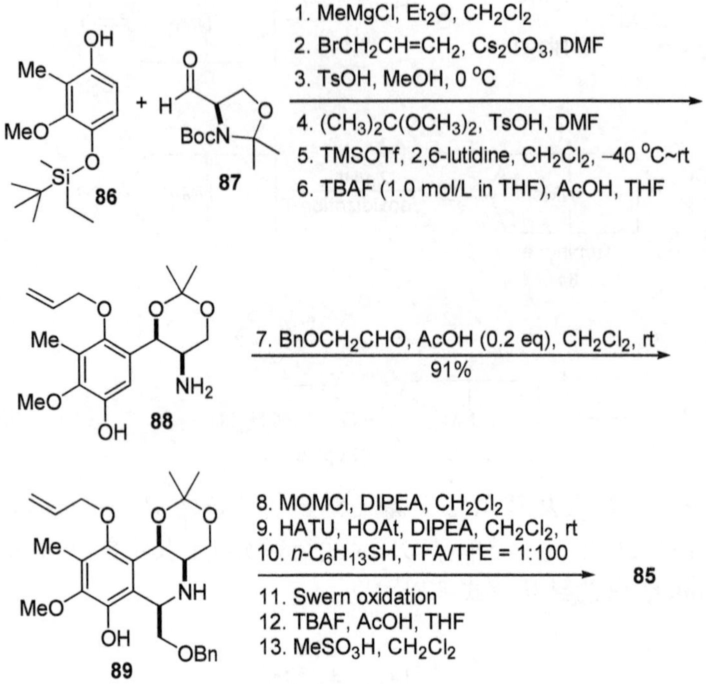
1. MeMgCl, Et_2O, CH_2Cl_2
2. $BrCH_2CH=CH_2$, Cs_2CO_3, DMF
3. TsOH, MeOH, 0 °C
4. $(CH_3)_2C(OCH_3)_2$, TsOH, DMF
5. TMSOTf, 2,6-lutidine, CH_2Cl_2, –40 °C~rt
6. TBAF (1.0 mol/L in THF), AcOH, THF
86
87
88
7. $BnOCH_2CHO$, AcOH (0.2 eq), CH_2Cl_2, rt
91%
89
8. MOMCl, DIPEA, CH_2Cl_2
9. HATU, HOAt, DIPEA, CH_2Cl_2, rt
10. n-$C_6H_{13}SH$, TFA/TFE = 1:100
11. Swern oxidation
12. TBAF, AcOH, THF
13. $MeSO_3H$, CH_2Cl_2
85

(88)

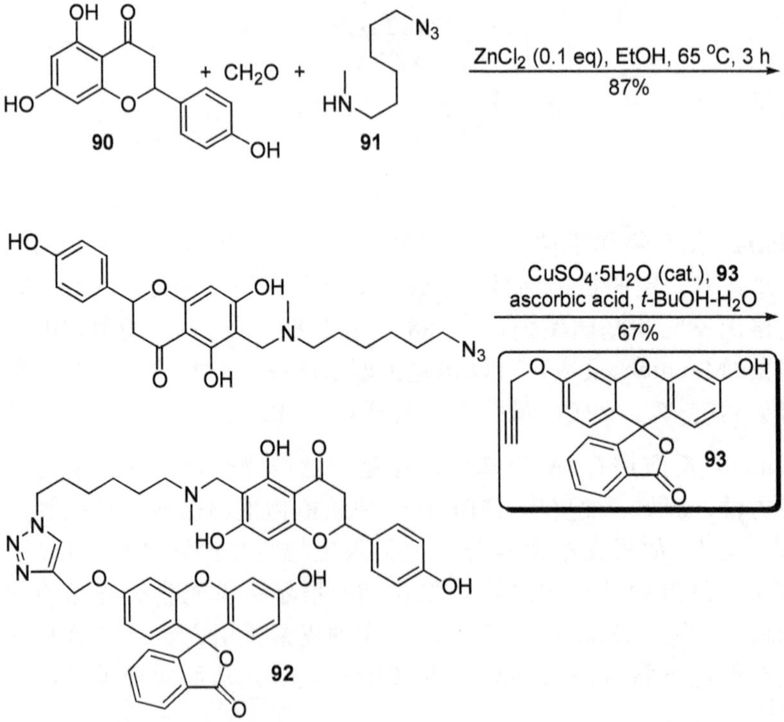
90
91
+ CH_2O +
$ZnCl_2$ (0.1 eq), EtOH, 65 °C, 3 h
87%
$CuSO_4·5H_2O$ (cat.), 93
ascorbic acid, t-BuOH-H_2O
67%
93
92

(89)

6 Mannich 反应实例

例 一

N-[(*S*)-3-羰基-1,3-二苯基丙基]苯甲酰胺的合成[132]

(90)

在氮气保护下,将 *N*-苯甲酰苯甲亚胺 (**95**) (20.9 mg, 0.10 mmol) 加入装有甲苯 (0.9 mL) 的两口瓶中,并使之溶解。然后,依次加入手性有机磷催化剂 **94** (0.0001 mmol) 的甲苯溶液 (0.1 mL) 和底物 **96** (21.3 mg, 0.12 mmol)。在室温下搅拌 5 h 后,加入饱和 $NaHCO_3$ 水溶液。反应液用 CH_2Cl_2 萃取,有机相用无水 Na_2SO_4 干燥,减压蒸馏除去溶剂后得到粗产物 **97**。将 **97** 溶于 MeOH (2.0 mL),并加入 48% 的 HBr 水溶液 (0.6 mL)。混合液在室温下搅拌 5 min,在 0 °C 下加入 $NaHCO_3$ 饱和溶液后再升至室温,用 CH_2Cl_2 萃取,有机相用无水 Na_2SO_4 干燥,减压蒸馏除去溶剂,用硅胶柱色谱分离 [正己烷-乙酸乙酯 (8:1 至 1:1)] 得到白色固体产物 **98** (82%, 95% ee)。

例 二

N,*N*' -二(2-羟基-3-甲基-5-硝基苯基)-4,13-二胺-18-冠-6 的合成[133]

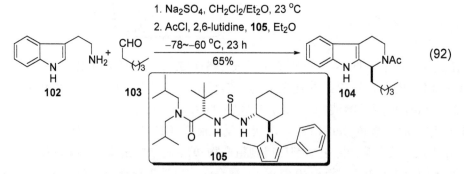

(91)

将 4,13-二胺-18-冠-6 (**100**) (1.0 g, 3.81 mmol)、多聚甲醛 (280 mg, 9.30 mmol) 和 2-甲基-4-硝基苯酚 (**99**) (1.39 g, 9.10 mmol) 溶解在苯 (180 mL) 中后在 80 °C 回流 20 h。然后，通过减压蒸馏除去溶剂。在剩余物中加入少量 MeOH，并经超声震荡 20~30 min。过滤得到黄色固体产物 **101** (0.81g, 36%)，mp 146~148 °C。

例　三

(S)-1-(1-戊基-1,3,4,9-四氢-β-咔啉-2-基)乙酮的合成[134]

(92)

在 23 °C 下，将正己醛 (**103**) (32 μL, 0.275 mmol) 逐渐滴入到 β-吲哚乙胺 (**102**) (40 mg, 0.25 mmol) 的 CH$_2$Cl$_2$ 和 EtOH (体积比 3:1, 12.5 mL) 溶液中。将混合溶液在相同温度下搅拌 90 min 后，加入硫酸钠 (500 mg)。再搅拌 30 min 后，过滤并将滤液收集到干燥的圆底烧瓶中。减压除去溶剂，所得浅褐色剩余物尽快溶解于乙醚 (5 mL) 中。然后，加入手性催化剂 **105** (13.5 mg, 0.025 mmol)。用干冰-丙酮将反应体系降温至 −78 °C 后，将 2,6-二甲基吡啶 (29 μL, 0.25 mmol) 和乙酰氯 (18 μL, 0.25 mmol) 分别滴加到反应体系中。生成的混合物在 −78 °C 反应 5 min 后，然后在 −60 °C 搅拌 23 h。反应结束后升至室温，减压蒸馏除去溶剂。用硅胶柱色谱分离 [洗脱剂为乙酸乙酯-正己烷 (1:2)] 得到白色固体的产物 **104** (47 mg, 65%)，mp 171~173 °C。

例　四

(2S,3S)-2-甲基-3-(4-甲氧基苯胺)-3-苯基丙醇的合成[135]

在装有丙醛 (**106**) (36 mg, 0.5 mmol) 的圆底烧瓶中，加入对甲氧基苯胺 (**108**) (62 mg, 0.5 mmol)、L-脯氨酸 (17 mg, 0.15 mmol) 和干燥的 DMF (3 mL)。在 4 ℃ 下滴加苯甲醛 (**107**) (530 mg, 5.0 mmol) 的干燥 DMF (3 mL) 溶液，并在该温度下搅拌 14~20 h。然后降温至 0 ℃，用干燥乙醚 (2 mL) 稀释，并加入 $NaBH_4$ (400 mg)，反应 10 min。再加入乙醚和饱和的 NH_4Cl 溶液 (或者 pH = 7.2 的磷酸钠缓冲液) 进行萃取。水相用乙酸乙酯洗 2~3 次，合并有机相，用无水硫酸镁干燥，浓缩后用硅胶柱色谱法分离 (正己烷/乙酸乙酯作流动相) 得到产物 β-氨基醇 **109** (82%, syn:anti = 4:1, 94% ee)。

例 五

3-(2-甲氧基苯基)氨基-3-(4-氯苯基)-丙酸甲酯的合成[136]

在室温下，将 2-甲氧基苯胺 (**110**) (115 μL, 1.02 mmol) 加入到 4-氯苯甲醛 (**111**) (139 mg, 0.98 mmol) 的 CH_2Cl_2 (7.5 mL) 溶液中。搅拌 30 min 后，一次性加入二甲基锌 (3.5 mmol, 2 mol/L, 1.75 mL) 的甲苯溶液。15min 后，加入 2-溴乙酸甲酯 (**112**) (100 μL, 1.05 mmol)。同时迅速加入新制的 $NiCl_2(PPh_3)_3$ (0.05 mmol, 0.02 mol/L, 2.5 mL) 的 CH_2Cl_2 溶液，用薄层色谱监测反应进度。1~3 h 后加入稀盐酸 (2.0 mL, 2 mol/L)。萃取并收集有机相，分别用饱和碳酸氢钠溶液 (10 mL) 和饱和食盐水洗后，用无水硫酸镁干燥。过滤后减压蒸馏除去溶剂，得到橘黄色油状液体产物 **113** (96%)。

7 参考文献

[1] Blicke, F. F. *Org. React.* **1942**, *1*, 303.
[2] March, J. *Advanced Organic Chemistry: reactions, mechanisms, and structure (4th ed.)*, **1992**, 900.
[3] Friestad, G. K.; Mathies, A. K. *Tetrahedron* **2007**, *63*, 2541.

[4] Sugiura, M.; Kobayashi, S. *Angew. Chem. Int. Ed.* **2005**, *44*, 5176.
[5] Arend, M.; Westermann, B.; Risch, N. *Angew. Chem. Int. Ed.* **1998**, *37*, 1044.
[6] Reddy, P. P.; Chu, C.-Y.; Hwang, D.-R.; Wang, S.-K.; Uang, B.-J. *Coord. Chem. Rev.* **2003**, *237*, 257.
[7] Taylor, M. S.; Jacobsen, E. N. *Angew. Chem. Int. Ed.* **2006**, *45*, 1520.
[8] Tollens, B. *Ber.* **1903**, *36*, 1351.
[9] Tollens, B. *Ber.* **1906**, *39*, 2181.
[10] Pertrenko K. P. *Ber.* **1908**, *41*, 1092.
[11] Pertrenko K. P. *Ber.* **1909**, *42*, 2020.
[12] Mannich, C. U. F. *Arch. Pharm.* **1912**, *250*, 647.
[13] Mannich, C. U. F. *Arch. Pharm.* **1926**, *264*, 65.
[14] Mannich, C. U. F. *Arch. Pharm.* **1926**, *264*, 164.
[15] Husain, K.; Abid, M.; Azam, A. *Eur. J. Med. Chem.* **2008**, *43*, 393.
[16] Puget, B.; Roblin, J. P.; Prim, D.; Troin, Y. *Tetrahedron Lett.* **2008**, *49*, 1706.
[17] Nobles, W. Lewis; Potti, N. D. *J. Pharm. Sciences* **1968**, *57*, 1097.
[18] Cumming, T. F.; Shelton, J. R. *J. Org. Chem.* **1960**, *25*, 419.
[19] Brehme, R.; Enders, D.; Fernandez, R.; Lassaletta, J. M. *Eur. J. Org. Chem.* **2007**, 5629.
[20] Ahond, A; Cavé, A; Kan-Fan, C.; Potier, P. *Bull. Soc. Chim. Fr.* **1970**, 2707.
[21] Bryson, T. A.; Bonitz, G. H.; Reichel, C. J.; Dardis, R. E. *J. Org. Chem.* **1980**, *45*, 524.
[22] Stas, S.; Tehrani, K. A.; Laus, G. *Tetrahedron* **2008**, *64*, 3457.
[23] Bur, S. K.; Martin, S. F. *Tetrahedron* **2001**, *57*, 3221.
[24] Morgan, I. R.; Yazici, A.; Pyne, S. G. *Tetrahedron* **2008**, *64*, 1409.
[25] Chi, Y.; Gellman, S. H. *J. Am. Chem. Soc.* **2006**, *128*, 6804.
[26] Mukherjee, S.; Yang, J. W.; Hoffmann, S.; List, B. *Chem. Rev.* **2007**, *107*, 5471.
[27] Kiss, L.; Mangelinckx, S.; Sillanpää, R.; Fülöp,F.; De Kimpe, N. *J. Org. Chem.* **2007**, *72*, 7199.
[28] Esquivias, J.; Arrayás, R. G.; Carretero, J. C. *Angew. Chem. Int. Ed.* **2006**, *45*, 629.
[29] Zhang, H.; Mitsumori, S.; Utsumi, N.; Imai, M.; Delgado, N.-G; Mifsud, M.; Albertshofer, K.; Cheong, P. H.-Y.; Houk, K. N.; Tanaka, F.; Barbas, C. F. *J. Am. Chem. Soc.* **2008**, *130*, 875.
[30] Marques, M. M. B. *Angew. Chem. Int. Ed.* **2006**, *45*, 348.
[31] Qi, M.-J.; Ai, T.; Shi, M.; Li, G. *Tetrahedron* **2008**, *64*, 1181.
[32] Uraguchi, D.; Sorimachi, K.; Terada, M. *J. Am. Chem. Soc.* **2004**, *126*, 11804.
[33] Roman, G. *Mini-Rev. Org. Chem.* **2006**, *3*, 167.
[34] Atherton, J. H.; Brown, K. H.; Crampton, M. R. *J. Chem. Soc. Perkin Trans.* **2000**, *2*, 941.
[35] Benkovic, S. J.; Benkovic, P. A.; Comfort, D. R. *J. Am. Chem. Soc.* **1969**, *91*, 1860.
[36] Villano, R.; Acocella, M. R.; Massa, A.; Palombi, L.; Scettri, A. *Tetrahedron* **2007**, *63*, 12317.
[37] Nozière, B.; Córdova, A. *J. Phys. Chem. A.* **2008**, *112*, 2827.
[38] Van de Kamp, J.; Mosettig, E. *J. Am. Chem. Soc.* **1936**, *58*, 1568.
[39] Ruberg, L.; Small, L. *J. Am. Chem. Soc.* **1941**, *63*, 736.
[40] Mete, E.; Gul, G. I.; Kazaz, C. *Molecules* **2007**, *12*, 2579.
[41] Leadbeater, N. E.; Torenius, H. M.; Tye, H. *Mol. Diver.* **2003**, *7*, 135.
[42] Fujii A.; Hagiwara E.; Sodeoka M. *J. Am. Chem. Soc.* **1999**, *121*, 5450.
[43] Hamada T.; Manabe K.; Kobayashi S. *Chem. Eur. J.* **2006**, *12,* 1205.
[44] Ihori Y.; Yamashita Y.; Ishitani H.; Kobayashi S. *J. Am. Chem. Soc.* **2005**, *127* 15528.
[45] Foltz C.; Stecker B.; Marconi G.; Bellemin-Laponnaz S.; Wadepohl H.; Gade L. H. *Chem. Eur. J.* **2007**, *13*, 9912.
[46] Yanagisawa A.; Arai T. *Chem. Commun.* **2008,** 1165.
[47] Chen Z.; Morimoto H.; Matsunaga S.; Shibasaki M. *J. Am. Chem. Soc.* **2008**, *130,* 2170.
[48] Prieto O.; Lam H. W. *Org. Biomol. Chem.* **2008**, *6*, 55.
[49] Jia, Y.-X.; Xie, J.-H.; Duan, H.-F.; Wang, L.-X.; Zhou, Q.-L. *Org. Lett.* **2006**, *8*, 1621.
[50] Matsunaga, S.; Kumagai, N.; Harada, S.; Shibasaki, M. *J. Am. Chem. Soc.* **2003**, *125*, 4712.
[51] Mazzei, M.; Nieddu, E.; Miele, M.; Balbi, A.; Ferrone, M.; Fermeglia, M.; Mazzei, M. T.; Pricl, S.; La Colla, P.; Marongiu, F.; Ibba, C.; Loddo, R. *Bioorg. Med. Chem.* **2008**, *16*, 2591.

[52] Smith, C. D.; Batey, R. A. *Tetrahedron* **2008**, *64*, 652.
[53] Thayumanavan, R.; Hawkins, B. C.; Keller, P. A.; Pyne, S. G.; Ball, G. E. *Org. Lett.* **2008**, *10*, 1315.
[54] Córdova, A. *Acc. Chem. Res.* **2004**, *37*, 102.
[55] Cwik, A.; Fuchs, A.; Hell, Z.; Clacens, J.-M. *J. Mol. Catal. A: Chem.* **2004**, *219*, 377.
[56] Michinori, S.; Lars, U.; Masahiro, M. *J. Am. Chem. Soc.* **2004**, *126*, 13196.
[57] Funatomi, T.; Nakazawa, S.; Matsumoto, K.; Nagase, R.; Tanabe, Y. *Chem. Commun.* **2008**, 771.
[58] Uraguchi, D.; Terada, M. *J. Am. Chem. Soc.* **2004**, *126*, 5356.
[59] Salter, M. M.; Kobayashi, J.; Shimizu, Y.; Kobayashi, S. *Org. Lett.* **2006**, *8*, 3533.
[60] Babu, T. H.; Rao, V. R. S.; Tiwari, A. K.; Babu, K. S.; Srinivas, P. V.; Ali, A. Z.; Rao, J. M. *Bioorg. Med. Chem. Lett.* **2008**, *18*, 1659.
[61] Habata, Y.; Akabori, S. *Ind. Eng. Chem. Res.* **2000**, *39*, 3465.
[62] Lawrence, R. M.; Dennis, K. C.; O'Neill, P. M.; Hahn, D. U.; Roeder, M.; Struppe, C. *Org. Proc. Res. Devel.* **2008**, *12*, 294.
[63] Robert, A.; Gerard, L.; Joan, C. R.; Marina, G.; Virginia, C. *J. Polymer Sci.: Part A: Polymer Chem.* **2007**, *45*, 4965.
[64] Li, C.-J.; Wei, C. *Chem. Commun.* **2002**, 268.
[65] Wei, C.; Li, Z. G.; Li, C.-J. *Org. Lett.* **2003**, *5*, 4473.
[66] Zhang, Y.; Liu, Y.-K.; Kang, T.-R.; Hu, Z.-K.; Chen, Y.-C. *J. Am. Chem. Soc.* **2008**, *130*, 2456.
[67] Zhang, M.; Jiang, H. F.; Liu, H. L.; Zhu, Q. H. *Org. Lett.* **2007**, *9*, 4111.
[68] Wang, Y.-Q.; Song, J.; Hong, R.; Li, H.; Deng, L. *J. Am. Chem. Soc.* **2006**, *128*, 8156.
[69] Ivanova, Y.; Momekov, G.; Petrov, O.; Karaivanova, M.; Kalcheva, V. *Eur. J. Med. Chem.* **2007**, *42*, 1382.
[70] Deng, S.-L.; Baglin, I.; Nour, M.; Cavé, C. *Heteroatm Chem.* **2008**, *19*, 55.
[71] Naskar, D.; Roy, A.; Seibelb, W. L.; Portlock, D. E. *Tetrahedron Lett.* **2003**, *44*, 8865.
[72] Feng, L.; Xu, L. J.; Lam, K.; Zhou, Z. Y.; Yip, C. W.; Chan, A. S. C. *Tetrahedron Lett.* **2005**, *46*, 8685.
[73] Nakamura, Y.; Matsubara, R.; Kitagawa, H.; Kobayashi, S.; Kumagai, K.; Yasuda, S.; Hanada, K. *J. Med. Chem.* **2003**, *46*, 3688.
[74] Saito, S.; Tsubogo, T.; Kobayashi, S. *Chem. Commun.* **2007**, 1236.
[75] Davis, F. A.; Song, M. *Org. Lett.* **2007**, *9*, 2413.
[76] Conzález-Gómez, J. C.; Foubelo, F.; Yus, M. *Tetrahedron Lett.* **2008**, *49*, 2343.
[77] Yamada, K-I.; Harwood, S. J.; Gröger, H.; Shibasaki, M. *Angew. Chem. Int. Ed.* **1999**, *38*, 3504.
[78] Li, B.; Cai, S. Z.; Du, D. M.; Xu, J. X. *Org. Lett.* **2007**, *9*, 2257.
[79] Zhang, J. F.; Cui, Z. W.; Wang, F.; Wang, Y. D.; Miao, Z. W.; Chen, R. Y. *Green Chem.* **2007**, *9*, 1341.
[80] Hayashi, Y.; Urushima, T.; Aratake, S.; Okano, T.; Obi, K. *Org. Lett.* **2008**, *10*, 21.
[81] Teo, Y.-C.; Lau, J.-J.; Wu, M.-C. *Tetrahedron: Asymmetry* **2008**, *19*, 186.
[82] Dziedzic, P.; Ibrahem, I.; Córdova, A. *Tetrahedron Lett.* **2008**, *49*, 803.
[83] Ben-Aroya, B. B.-N.; Portnoy, M. *Tetrahedron* **2002**, *58*, 5147.
[84] Shen, W.; Wang, L.-M.; Tian, H. *J. Fluorine Chem.* **2008**, *129*, 267.
[85] Connon, S. J. *Angew. Chem. Int. Ed.* **2006**, *45*, 3909.
[86] Córdova, A. *Chem. Eur. J.* **2004**, *10*, 1987.
[87] Akiyama, T.; Morita, H.; Itoh, J.; Fuchibe, K. *Org. Lett.* **2005**, 7, 2583.
[88] Wei, C.; Li, C.-J. *J. Am. Chem. Soc.* **2002**, *124*, 5638.
[89] Hata, S.; Iguchi, M.; Iwasawa, T.; Yamada, K. -I.; Tomioka, K. *Org. Lett.* **2004**, *6*, 1721.
[90] Ting, A.; Schaus, S. E. *Eur. J. Org. Chem.* **2007**, 5797.
[91] Yang, J. W.; Chandler, C.; Stadler, M.; Kampen, D.; List, B. *Nature* **2008**, *452*, 453.
[92] Reichwald, C.; Shimony, O.; Sacerdoti-Sierra, N.; Jaffe, C. L.; Kunick, C. *Bioorg. Med. Chem. Lett.* **2008**, *18*, 1985.
[93] Casiraghi, G.; Zanardi, F. *Chem. Rev.* **2000**, *100*, 1929.
[94] Rowland, G. B.; Zhang, H.; Rowland, E. B.; Chennamadhavuni, S.; Wang, Y.; Antilla, J. C. *J. Am. Chem. Soc.* **2005**, 127, 15696.
[95] Kabachnik, M. M.; Zobnina, E. V.; Beletskaya, I. P. *Synlett* **2005**, *9*, 1393.
[96] Miao, Z. W.; Wang, B.; Zhang, G. H.; Chen, R. Y. *Bioorg. Chem.* **2006**, *34*, 167.

[97] Cimarelli, C.; Palmieri, G.; Volpini, E. *Tetrahedron: Asymmetry* **2002**, *13*, 2417.
[98] Dondoni, A.; Massi, A. *Acc. Chem. Res.* 2006, 39, 451.
[99] Padwa, A.; Danca, M. D.; Hardcastle, K. I.; McClure, M. S. *J. Org. Chem.* **2003**, *68*, 929.
[100] Hosokawa, T.; Matsumura, A.; Katagiri, T.; Uneyama, K. *J. Org. Chem.* **2008**, *73*, 1468.
[101] Katritzky, A. R.; Suzuki, K.; He, H.-Y. *J. Org. Chem.* **2002**, *67*, 8224.
[102] Josephsohn, N. S.; Snapper, M. L.; Hoveyda, A. H. *J. Am. Chem. Soc.* **2004**, *126*, 3734.
[103] Cossy, J.; Willis, C.; Bellosta, V.; Bouz, S. *J. Org. Chem.* **2002**, *67*, 1982.
[104] Tanaka, S.; Oguma, Y.; Tanaka, Y.; Echizen, H.; Masu, H.; Yamaguchi, K.; Kishikawa, K.; Kohmoto, S.; Yamamoto, M. *Tetrahedron* **2008**, *64*, 1388.
[105] Milagre, C. D. F.; Milagre, H. M. S.; Santos, L. S.; Lopes, M. L. A.; Moran, P. J. S.; Eberlin, M. N.; Rodrigues, J. A. R. *J. Mass Spectrom.* **2007**, *42*, 1287.
[106] Rueping, M.; Sugiono, E.; Azap, C. *Angew. Chem. Int. Ed.* **2006**, *45*, 2617.
[107] Itoh, J.; Fuchibe, K.; Akiyama, T. *Angew. Chem. Int. Ed.* **2006**, *45*, 4796.
[108] Romanini, D. W.; Francis, M. B. *Bioconjugate Chem.* **2008**, *19*, 153.
[109] Lelais, G.; Seebach, D. *Biopolymers* **2004**, *76*, 206.
[110] Cheng, R. P.; Gellman, S. H.; DeGrado, W. F. *Chem. Rev.* **2001**, *101*, 3219.
[111] Chung, W. J.; Omote, M.; Welch, J. T. *J. Org. Chem.* **2005**, *70*, 7784.
[112] Portlock, D. E.; Ostaszewski, R.; Naskarc, D.; West, L. *Tetrahedron Lett.* **2003**, *44*, 603.
[113] Notz W.; Tanaka F.; Barbas C. F. *Acc. Chem. Res.* **2004**, *37*, 580.
[114] Verkade, J. M. M.; van Hemert, L. J. C.; Quaedflieg, P. J. L. M.; Rutjes, F. P. J. T. *Chem. Soc. Rev.* **2008**, *37*, 29.
[115] Hoffmann, S.; Seayad, A. M.; List, B. *Angew. Chem. Int. Ed. Engl.* **2005**, *44*, 7424.
[116] Pouliquen, M.; Blanchet, J.; Lasne, M.-C.; Rouden, J. *Org. Lett.* **2008**, *10*, 1029.
[117] Kano, T.; Hato, Y.; Yamamoto, A.; Maruoka, K. *Tetrahedron* **2008**, *64*, 1197.
[118] Shibasaki, M.; Matsunaga, S. *J. Organometal. Chem.* **2006**, *691*, 2089.
[119] Hayashi, Y.; Urushima, T.; Shin, M.; Shoji, M. *Tetrahedron* **2005**, 61, 11393.
[120] Córdova, A.; Notz, W.; Zhong, G. F.; Betancort, J. M.; Barbas, C. F. *J. Am. Chem. Soc.* **2002**, *124*, 1842.
[121] Müller, R.; Röttele, H.; Henke, H.; Waldmann, H. *Chem. Eur. J.* **2000**, *6*, 2032.
[122] Davis, A. S.; Pyne, S. G.; Skelton, B. W.; White, A. H. *J. Org. Chem.* **2004**, *69*, 3139.
[123] Etchells, L. L.; Helliwell, M.; Kershaw, N. M.; Sardarian, A.; Whitehead, R. C. *Tetrahedron* **2006**, *62*, 10914.
[124] Machan, T.; Davis, A. S.; Liawrangrath, B.; Pyne, S. G. *Tetrahedron* **2008**, *64*, 2725.
[125] Yakovleva, J. N.; Lobanova, A. Y.; Shutaleva, E. A.; Kourkina, M. A.; Mart'ianov, A. A.; Zherdev, A. V.; Dzantiev, B. B.; Eremin, S. A. *Anal. Bioanal. Chem.* **2004**, *378*, 634.
[126] Wen, S.; Carey, K. L.; Nakao, Y.; Fusetani, N.; Packham, G.; Ganesan, A. *Org. Lett.* **2007**, *9*, 1105.
[127] Pettit, G. R.; Knight, J. C.; Collins, J. C.; Herald, D. L.; Pettit, R. K.; Boyd, M. R.; Young, V. G. *J. Nat. Prod.* **2000**, *63*, 793.
[128] Chen, X.; Zhu, J. *Angew. Chem. Int. Ed.* **2007**, *46*, 3962.
[129] McIver, J.; Djordjevic, M. A.; Weinman, J. J.; Bender, G. L.; Rolfe, B. G. *Mol. Plant-Microbe Interact.* **1989**, *2*, 97.
[130] Spaink, H. P.; Okker, R. J. H.; Wijffelman, C. A.; Tak, T.; Goosen-deRoo, L.; Dees, E.; van Brussel, A. A. N.; Lugtenberg, B. J. J. *J. Bacteriol.* **1989**, *171*, 4045.
[131] Zhang, Y.-H.; Gao, Z.-X.; Zhong, C.-L.; Zhou, H.-B.; Chen, L.; Wu, W.-M.; Peng, X.-J.; Yao, Z.-J. *Tetrahedron* **2007**, *63*, 6813.
[132] Terada, M.; Machioka, K.; Sorimachi, K. *Angew. Chem. Int. Ed.* **2006**, 45, 2254.
[133] Su, N.; Bradshaw, J. S.; Zhang, X. X.; Savage, P. B.; Krakowiak, K. E.; Izatt, R. M. *J. Org. Chem.* **1999**, *64*, 3825.
[134] Taylor, M. S.; Jacobsen, E. N. *J. Am. Chem. Soc.* **2004**, *126*, 10558.
[135] Notz, W.; Tanaka, F.; Watanabe, S.-I.; Chowdari, N. S.; Turner, J. M.; Thayumanavan, R.; Barbas, C. F. *J. Org. Chem.* **2003**, *68*, 9624.
[136] Adrian, Jr. J. C.; Snapper, M. L. *J. Org. Chem.* **2003**, *68*, 2143.

帕尔-克诺尔吡咯合成

(Paal-Knorr Pyrrole Synthesis)

朱永强

1 历史背景简述 ·· 136
2 Paal-Knorr 吡咯合成的定义和机理 ··· 137
3 Paal-Knorr 吡咯合成的反应条件综述 ·· 145
   3.1 质子酸催化的 Paal-Knorr 吡咯合成 ·· 145
   3.2 Lewis 酸催化的 Paal-Knorr 吡咯合成 ·· 147
   3.3 其它催化剂催化的 Paal-Knorr 吡咯合成 ·· 149
   3.4 无催化剂的 Paal-Knorr 吡咯合成 ··· 151
   3.5 微波促进的 Paal-Knorr 吡咯合成 ··· 152
4 底物结构对 Paal-Knorr 吡咯合成的影响 ··· 152
   4.1 1,4-二羰基化合物结构对反应的影响 ··· 152
   4.2 胺基结构对反应的影响 ·· 154
5 Paal-Knorr 吡咯合成的类型综述 ··· 156
   5.1 单取代吡咯的制备 ·· 156
   5.2 双取代吡咯的制备 ·· 157
   5.3 三取代吡咯的制备 ·· 159
   5.4 四取代吡咯的制备 ·· 160
   5.5 五取代吡咯的制备 ·· 161
6 Paal-Knorr 吡咯合成的其它形式 ··· 161
   6.1 1,4-二羰基化合物的类似物作为环化前体 ··· 161
   6.2 原位产生 1,4-二羰基化合物的"一锅法"反应 ··· 163
7 Paal-Knorr 吡咯合成在有机合成中的应用 ··· 164
   7.1 Paal-Knorr 吡咯合成在天然产物合成中的应用 ······································· 164
   7.2 Paal-Knorr 吡咯合成在药物合成中的应用 ·· 165
   7.3 Paal-Knorr 吡咯合成在新型有机材料合成中的应用 ································ 166
8 Paal-Knorr 吡咯合成反应实例 ··· 167
9 参考文献 ·· 170

1 历史背景简述

1884 年，Carl Paal 和 Ludwig Knorr 分别独立研究并发表了吡咯的合成方法[1, 2]。如式 1 所示：他们将 1,4-二羰基化合物与氨或伯胺一起加热即可得到吡咯化合物，其中 R 和 R^1 可以是烷基、芳基或者杂原子官能团。所以，现在人们将这种合成方法称之为帕尔-克诺尔吡咯合成 (Paal-Knorr pyrrole synthesis) 或者克诺尔-帕尔吡咯合成 (Knorr-Paal pyrrole synthesis)。

$$R-\underset{O}{\underset{\|}{C}}-CH_2-CH_2-\underset{O}{\underset{\|}{C}}-R^1 \rightleftharpoons R-C(OH)=CH-CH=C(OH)-R^1 \xrightarrow{NH_3, \Delta} \underset{H}{\underset{|}{N}} \quad (1)$$

著名有机化学家 Paal (1860-1935) 是德国籍奥地利人。他自慕尼黑 (Munich) 大学和海德堡 (Heidelberg) 大学毕业后，于 1884 年进入埃尔兰根 (Erlangen) 大学攻读博士学位，师从著名有机化学家、诺贝尔化学奖获得者 Emil Fischer。他于 1912 年开始在莱比锡 (Leipzig) 大学任教至 1929 年退休。

著名有机化学家 Knorr (1859-1921) 是德国人。他和 Paal 一样，先后毕业于慕尼黑大学和海德堡大学，于 1882 年师从 Emil Fischer 在埃尔兰根大学攻读博士学位。之后，他又作为 Emil Fischer 的亲密同事并跟随 Emil Fischer 到了维尔茨堡 (Würzburg) 大学。他于 1888 年成为耶拿 (Jena) 大学化学教授并一直在该校任教直至去世。他主要的研究内容是药物和药剂化学，合成了安替比林和氨基比林的活性成分并将其推向市场。他还在合成吡唑 (1883 年)、吡咯 (1884 年) 和喹啉 (1886 年) 等方面做出了突出贡献。1997 年，他的母校埃尔兰根大学以他的名字设立了 Ludwig-Knorr 奖。

杂环化合物是一大类有机物，占已知有机物的三分之一。吡咯及其衍生物单体是一类重要的五员氮杂环化合物，它们作为精细化工产品的重要中间体，在医药[3,4]、食品、农药、日用化学品[5]、涂料[6]、纺织、印染、造纸、感光材料、高分子材料[7,8]等领域有着广泛的用途。许多天然产物结构中含有吡咯环[9]，各种取代吡咯单体的构筑往往是这些天然产物进行全合成的关键步骤[10~12]。

除了 Paal-Knorr 吡咯合成方法之外，使用 1,4-二取代化合物通过缩合反应来制备吡咯环的方法还有其它三种：(1) 1,4-二 (二甲氨基)-1,3-丁二烯和胺在酸催化下反应生成中间产物 2,5-二 (二甲氨基)-四氢吡咯，然后加热脱去二甲胺得到吡咯衍生物[13]；(2) 1,4-二溴代烯烃和胺反应得到吡咯烷衍生物，然后经氧化后生成吡咯[14]；(3) 2,5-二甲氧基四氢呋喃和胺在醋酸中反应得到吡咯 (Clauson-Kaas 缩合)[15,16]。

2 Paal-Knorr 吡咯合成的定义和机理

Paal-Knorr 吡咯合成被定义为一个 1,4-二羰基化合物与一个伯胺经过脱水缩合生成吡咯产物的反应 (式 2)。

$$R-NH_2 + R^1\overset{R^2\ R^3}{\underset{O\ \ \ O}{\diagdown\diagup}}R^4 \longrightarrow \underset{R}{\overset{R^2\ R^3}{\diagdown\diagup}} R^4 \quad (2)$$

Paal-Knorr 吡咯合成的反应机理最初被认为是一个电环化反应:γ-二羰基化合物首先异构化为双烯醇,然后与胺在脱水反应的同时芳构化得到吡咯产物 (式 3)。

$$\text{(3)}$$

基于对 Paal-Knorr 反应机制的这种理解,研究人员的注意力曾一度集中在如何增加 γ-二羰基化合物的烯醇化程度来提高反应的速率和产率上。结果发现:即使有些化合物能够生成稳定的烯醇中间体 (式 4),但发生 Paal-Knorr 反应时的速率和产率仍不高[17,18]。

$$\text{(4)}$$

现在已经证实,上述反应机理中有一些较为明显的错误。例如:若烯醇化是反应的控速步骤,则反应的速率不应随着伯胺中 R 基团的变化而改变,但是事实并非如此。Duke 大学 Amarnath 等人[19]对 γ-二酮与伯胺的 Paal-Knorr 缩合反应的研究表明:当二酮不变时,不仅伯胺的碱性影响反应速率,而且 R 基团的大小也与反应速率密切相关。

曾等人[20]首先研究了酸催化下 Paal-Knorr 缩合反应的规律,发现反应的表观反应速率常数都随着酸的增加而表现出典型的"钟型"羰基加成催化曲线 (图 1),即 K_a 值随着体系酸性的增加而增大。直到 50% 以上的胺质子化时 pK_a

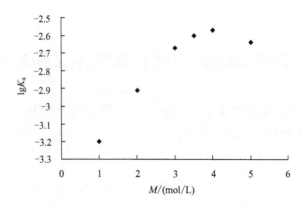

图 1 苯甲酸浓度对对乙氧基苯胺与丙酮基丙酮缩合反应速率的影响
(反应浓度为 0.2 mol/L, 在苯中 80 ℃ 恒沸脱水)

达到最大值 (此时 pH = pK_a)。之后，由于反应活性较高的胺转变为不反应的铵盐使得 K_a 降低。

从该缩合反应的规律可以认为 Paal-Knorr 缩合反应第一步并非是羰基的烯醇化，而是胺与 γ-二羰基化合物中的一个羰基发生了加成反应。因此，曾等人提出了加成控速反应机理 (Ad$_N$, 即加成过程为反应的控速步骤) (式 5) 和 β-消除反应机理 (β-E, 即环合后的脱水过程为反应的控速步骤) (式 6)。

$$\text{(5)}$$

$$\text{(6)}$$

Harris 等人[17,18]得到了下述加成反应的中间体 (式 7)。该类中间体在加热或加酸催化下可以生成相应的吡咯化合物，从而进一步支持了上述提出的机理。

$$\text{HO}\underset{\text{NH}_2}{\diagup}\diagdown\diagup\diagdown\diagup^{\text{O}} \qquad \underset{\text{H}_2\text{N}}{\diagup}\diagdown\diagup\text{COOEt}\diagdown\text{COPh} \qquad (7)$$

曾等人还发现反应溶剂改为极性小的石油醚时反应速率降低，说明反应控速步骤的过渡结构有电荷的集中或增加。若加叔胺作稳定剂或单纯用脂肪胺，则反应速率增加，说明反应控速步骤的过渡结构有电荷的分散或消失。根据羰基加成的规律[21,22]，在酸性介质中是加成控速，在中性和碱性介质中是脱水控速。故可推测各条件下反应的机理分别为 Ad_N 控速和 β-E 控速。

$$\left[\begin{array}{c}\text{Ar} \quad \text{Me} \\ \text{H}-\overset{\delta+}{\text{N}}\cdots\overset{+}{\text{C}}-\text{O}\cdots\text{H}-\text{A}^{\delta-} \\ \text{H} \quad \text{R} \quad \alpha\sim 0.25\end{array}\right] \quad Ad_N \text{ 过渡态产生部分电荷，高介电介质有利}$$

$$\left[\begin{array}{c}\overset{\delta+}{\text{B:}}\text{H}\cdots\overset{\text{R}^1\text{Me}}{\underset{\text{H}}{\text{C}}-\underset{\text{NH}}{\text{C}}}\cdots\overset{\delta+}{\text{OH}_2} \\ \beta\sim 1.0 \quad \overset{\delta+}{\text{R}^2}\end{array}\right] \quad E_2(C^+) \text{ 过渡态的电荷由分散至消退，低介电介质有利}$$

$$\left[\begin{array}{c}\text{B} \quad \text{H}\cdots\overset{\text{R}^1\text{Me}}{\underset{\text{H}}{\text{C}}-\underset{\text{NH}}{\text{C}}}+\text{H}_2\text{O} \\ \alpha\sim 1.0 \quad \text{R}\end{array}\right] \quad E_1\text{过渡态产生正电荷，高介电介质有利}$$

通过研究各种反应条件下 Paal-Knorr 缩合反应的动力学反应级数，他们发现与羰基的加成反应在动力学上为一级或二级反应。在很多情况下 Paal-Knorr 缩合反应的动力学反应级数为分数级。他们认为这是因为 Paal-Knorr 缩合反应过程较为复杂，一级或二级反应仅分别代表 β-E 控速和 Ad_N 控速的两个极端情况，更多的情况下反应速率随反应条件的改变而变化，表观上就表现为分数级的动力学反应级数。

他们进一步研究认为：(a) 1~1.5 级反应主要是消除控速，其反应历程为 Ad_N- > β-E- > Ad_{Ni}- > β-E′；(b) 1.5~2 级反应主要是加成控速，其反应历程为 Ad_N- > Ad_{Ni}- > β-E- > β-E′。在中性或碱性介质中遵循过程 (a)，在酸性介质中遵循过程(b)。因此，Paal-Knorr 缩合反应的机制受到介质 pH 值的影响。

他们还提出：反应机理中的每一步都是可逆的，通过分离产物可以促进化学平衡向有利于吡咯形成的方向进行。按照微观可逆性原理,曾等人质疑了 Findlay 所提出的下列逆反应机理 (式 8)[23]。

此外，从氘交换试验来看，β-质子交换的速度的确较 α-质子快，而且完全没有在 N-原子上的质子交换[24]，这也证明了上述机理是不正确的。在此基础上，曾等人提出了相应的逆反应机理 (式 9)。

$$(8)$$

$$(9)$$

$$(10)$$

Duke 大学 Amarnath 等人[19]对 γ-二酮与伯胺的 Paal-Knorr 缩合反应也提出了与曾等人类似的机理，并且进一步研究了取代基对反应速率的影响 (式 10)。

式中，**1**、**2** 和 **3** 分别为：

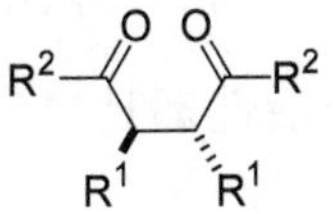

1a $R^1 = R^2 = Me$
2a $R^1 = Et, R^2 = Me$
3a $R^1 = Me, R^2 = Ph$

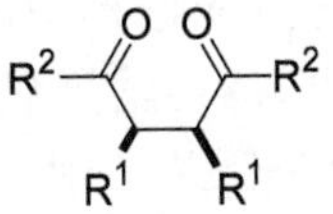

1b $R^1 = R^2 = Me$
2b $R^1 = Et, R^2 = Me$
3b $R^1 = Me, R^2 = Ph$

研究发现：当所用的伯胺相同时，反应速率随 γ-二酮的变化有如下规律：

(1) **1a** > **2a**； (2) **1a** > **1b**； (3) **2a** > **2b**； (4) **3a** > **3b**

当所用的 γ-二酮相同时，反应速率随伯胺的变化有如下规律：

4d > **4b** > **4e** > **4c**

这两个规律表明：γ-二酮与伯胺的 Paal-Knorr 缩合反应，其控速步骤的反应活性除了与体系的 pH 值和溶剂密切相关外，主要受到胺上取代基的性质和两羰基间碳上取代基的空间位阻的影响。

以上两点证明：胺对羰基的加成反应（严格地说是加成环合反应）是 Paal-Knorr 缩合反应的控速步骤。那么，Paal-Knorr 缩合反应的历程究竟是经过中间体 **5** 还是经过中间体 **11** 进行环合的呢？Amarnath 等人对这两个反应进行了纽曼构象分析 (式 11)：

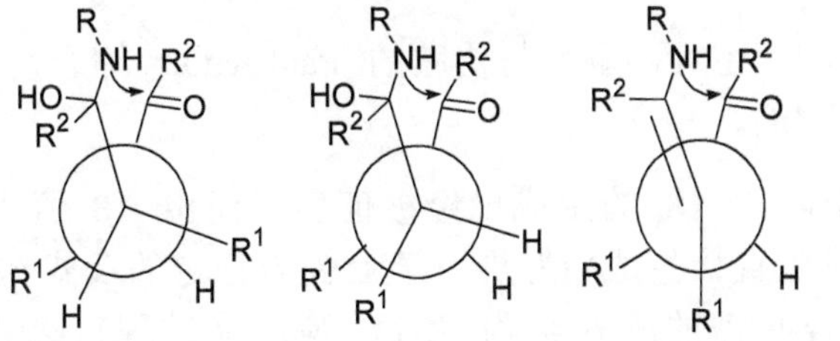

(11)

5a　　**5b**　　**11**

从纽曼构象可以看到：如果 **11** 是 Paal-Knorr 缩合反应的控速中间体，则 **1a** 与 **1b**、**2a** 与 **2b** 的反应速率不应有差别。但这与实验结果相矛盾，故可以证明 **11** 不是 Paal-Knorr 缩合反应的控速中间体。从纽曼构象可以看到，**5a** 的空间位阻较 **5b** 的空间位阻小。因此，**5a** 的反应速率应当比 **5b** 的反应速率大。这与实验结果相一致，故证明 **5** 是 Paal-Knorr 缩合反应的控速中间体。同时，这也可以解释胺的碱性及胺上取代基的空间位阻对反应速率的影响规律。

Amarnath 等人利用下述三种 γ-二酮与伯胺的反应,进一步研究了羰基碳的正电性对 Paal-Knorr 缩合反应的影响规律 (式 12)。

$$X-\text{C}_6\text{H}_4-\text{COCH}_2\text{CH}_2\text{CO}-\text{C}_6\text{H}_4-X \qquad \begin{array}{l} \mathbf{13}\ X = H \\ \mathbf{14}\ X = OMe \\ \mathbf{15}\ X = NO_2 \end{array} \qquad (12)$$

γ-二酮 **13**~**15** 与伯胺 **4d** 和 **4e** 的反应活性都是 **15 > 13 > 14**,说明羰基碳的正电性对 Paal-Knorr 缩合反应的影响是正向的。

Amarnath 等人还研究了 Paal-Knorr 缩合反应过程中的同位素效应,即全氘代的 **13 (13d)** 和 **16 (16d)** 对反应的影响 (式 13)。结果显示:(1) **16** 和 **16d** 与 **4b** 的反应,其动力学级数为二级,速率常数无显著差别;(2) **13** 和 **13d** 与 **4d** (或 **4e**) 的反应,其动力学级数为假一级。**13d** 的速率常数与 **13** 相比增大 (与 **4d** 反应) 或减小 (与 **4e** 反应) 约 20%。

$$\text{13d} \qquad \text{16d} \qquad (13)$$

Amarnath 等人对上述结果进行解释认为:上述结果 (1) 进一步证明了 γ-二酮与伯胺的 Paal-Knorr 缩合反应,其控速步骤不包含碳上氢离去的过程。结果 (2) 表明了在 **13** 与 **4d** 和 **4e** 的反应过程中,其控速步骤包含碳上氢离去的过程。但是,他们这一推论与前面的研究相矛盾。如果我们结合前述曾等人的研究结论[20]:动力学级数为 1~1.5 级 (假一级) 时,Paal-Knorr 缩合反应主要是消除控速,就能很好地解释这一反应现象。因为,消除控速步骤正好包含了碳上氢离去的过程。

Amarnath 等人[25]还对 γ-酮醛与伯胺的 Paal-Knorr 缩合反应提出了下述可能的反应路径 (式 14)。

该路径中,中间体 **18** 的生成已经被证实。而由 **18** 脱水生成亚胺 **19**,进一步异构化 (或是直接生成) 为热力学上较为稳定的反式结构烯胺 **E-21** 以及平衡转变为环合必需的顺式结构 **Z-21** 等后续过程可以由下述反应证实 (式 15)。

这就产生了一个问题,究竟是由化合物 **18** 进行环合,还是由化合物 **21** 进行环合呢?为此他们又合成了带标记物的 **17d$_2$** 和 **17d$_6$** (式 16)。

前述 **17** 与吗啉反应会迅速建立一个 **17** 和 **21** 的平衡。当使用标记了的 **17d$_2$** 代替 **17** 与吗啉反应时,通过 GC-MS 检测发现,通过该反应平衡 **17d$_2$** 已经失去了所带的标记物 (式 17)。

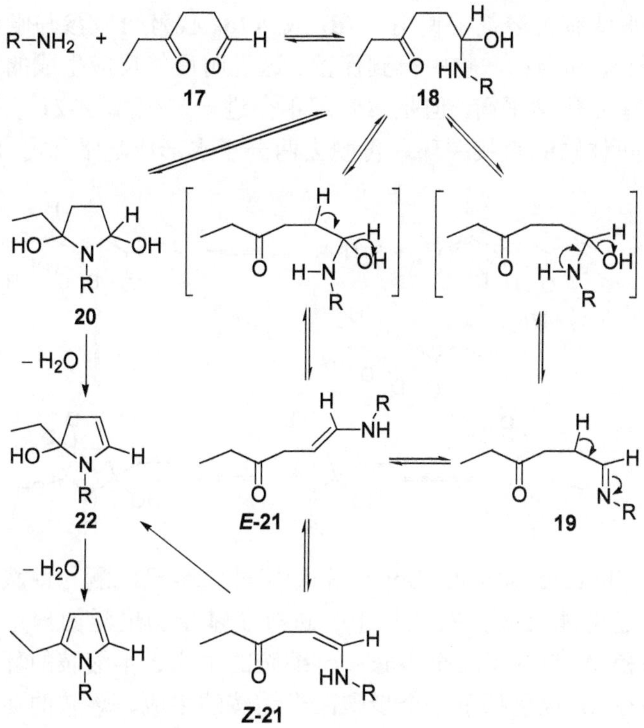

Paal-Knorr Pyrrole Synthesis

(14)

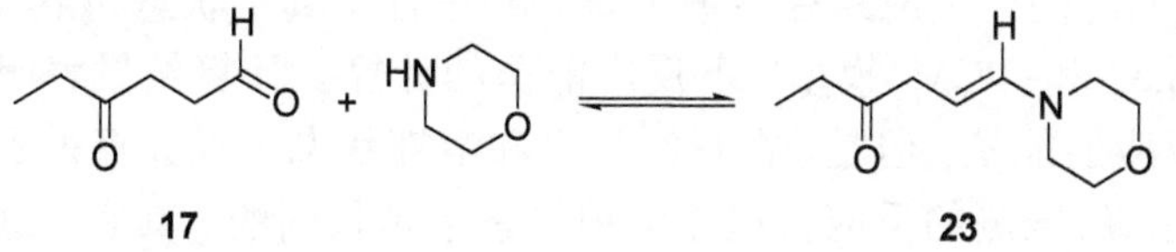

(15)

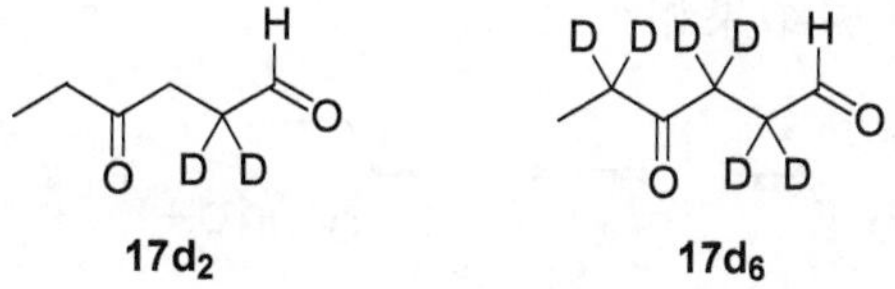

(16)

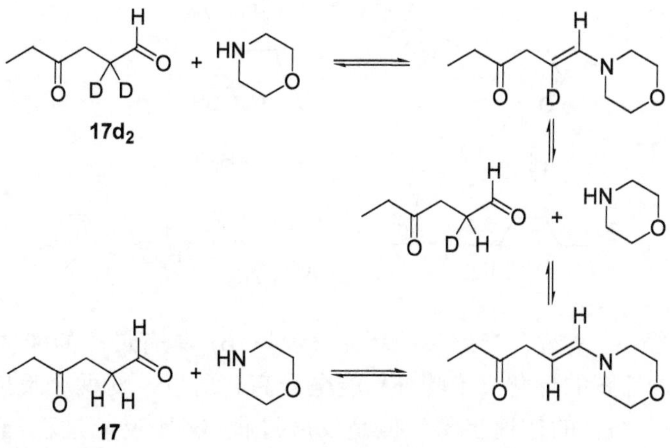

(17)

但是，在水或有机溶剂中使用 **17d$_2$** 或 **17d$_6$** 代替 **17** 参与吡咯环的合成反应时，所有的标记都会在产物中得到保留。这说明虽然反应生成的中间体 **18** 会与中间体 **19** 建立化学平衡，但是 **19** 却不会进一步生成 **Z-21** 并环合。反应的历程应当是中间体 **18** 直接关环，再脱去两分子水形成吡咯（式 18）。

$$\text{（反应式 18）}$$

加拿大 Dalhousie 大学的 Boyd 等人[26]对 2,5-己二酮与甲胺的 Paal-Knorr 缩合反应的下述可能反应历程（式 19）进行了基于密度泛函理论的计算研究。其中，反应路径 A 包括了三个步骤：半缩胺的生成、半缩胺的环化和缩胺脱水成吡咯环。路径 B 也包括了三个步骤：半缩胺的生成、烯胺的环化和烯胺脱水成吡咯环。他们对两个反应路径各个步骤分别进行了真空状态和溶液状态（分别使用了 Onsager 和 PCM 模型）下反应能垒的计算。计算结果表明：溶剂能显著降低脱水反应的能垒。但是，在真空状态和溶液状态下经计算得到了相似的势能曲线。因此，所推测的反应机理在两种状态下是相同的。其实，这个结论也与 Amarnath 等人[19,25]的实验结果相符合。

$$\text{（反应式 19）}$$

对反应路径 A 来说，半缩胺的环化（步骤 **b**）具有最高的能垒。而对反应路径 B 来说，烯胺的环化（步骤 **g**）能垒最高。所以，对两个反应路径来说，环化反应是整个路径的控速步骤。但是反应过程 **b** 比反应过程 **g** 的能垒低，说明路径 A 是该反应过程中较为合理的反应过程。这一结论与 Amarnath 等人的实验结果[19]相符合。

综上所述，Paal-Knorr 缩合反应的反应历程如式 20 所示：在酸性条件下，大部分 Paal-Knorr 缩合反应的控速步骤是加成环合 (A 步)，但是对于中性或碱性条件下，以及一些特殊结构的 1,4-二羰基化合物来说，消除步骤 (B 步) 单独或与加成步骤一起成为控速步骤。

$$(20)$$

3 Paal-Knorr 吡咯合成的反应条件综述

3.1 质子酸催化的 Paal-Knorr 吡咯合成

质子酸是 Paal-Knorr 吡咯合成中一类非常有效的催化剂，大多数 Paal-Knorr 吡咯合成是在质子酸催化下进行的。使用亲核性较大的胺或脂肪胺作为底物时，酸性较弱的羧酸通常被用作催化剂。使用亲核性较小的芳香胺 (尤其是芳环上带有吸电子基团的芳香胺) 等作为底物时，反应则需要在较强的酸催化下进行。乙酸[27]、甲酸[28]和新戊酸[29]等属于酸性较弱的质子酸催化剂，对甲苯磺酸[30]和盐酸[31]等属于酸性较强的质子酸催化剂。

但是，质子酸催化剂存在有很多的缺点，例如：不适合于对酸敏感的底物；反应条件比较剧烈，通常需要在较高的温度下进行。由于质子酸容易与底物胺生成盐，所以一般需要一个当量以上的酸作为催化剂。

乙酸是 Paal-Knorr 吡咯合成最常用的催化剂，它可以有效催化大多数 1,4-二羰基化合物 (或其等价物) 与伯胺的反应。但是反应条件比较剧烈，通常需要直接用乙酸作为反应溶剂并在较高的温度下反应。例如：将 1,4-二羰基化合物和氨甲基呋喃甲酸在冰醋酸中加热至 100~110 ℃ 就可以有效地发生 Paal-Knorr 反应，以 81% 的收率得到相应的吡咯产物。如式 21 所示[27i]：该反应可以用于制备同时具有吡咯和呋喃两个杂环的化合物。

根据不同的反应底物也可以选用一些常用的有机溶剂作为反应的溶剂，例如：甲醇、乙醇、甲苯和乙腈等[27e, 27g]。

甲酸也可以用作 Paal-Knorr 吡咯合成的催化剂。例如：1,4-二酚取代的 1,4-二羰基化合物 **24** 在氨水和甲酸的存在下共热，顺利发生 Paal-Knorr 反应生成 2,5-二酚取代吡咯。该吡咯化合物进一步与二溴多醚 **25** 发生酚的烷基化反应，可以得到含有吡咯结构的冠醚产物 **26**。可能是由于吡咯基团在第二步反应的条件下不太稳定，所以第二步反应的收率比较低 (式 22)。但是，采用式 23[28] 所示的另外一条路径时则可以避免这个问题。首先，让 1,4-二酚取代的 1,4-二羰基化合物与二溴多醚发生酚的烷基化反应，生成含有 1,4-二羰基的冠醚。然后，在同样的条件下进行 Paal-Knorr 吡咯合成反应，就可以得到较高收率的吡咯冠醚 **26**。

新戊酸也被经常用作 Paal-Knorr 吡咯合成反应中的催化剂。如式 24 所示：带有环状缩醛基团的胺和 1,4-二羰基化合物在新戊酸的存在下能有效地发生 Paal-Knorr 吡咯合成反应，以 71% 的收率得到吡咯衍生物。此化合物可以通过一些简单的反应后，进一步被转化为阿托伐他汀 (Atorvastatin)[29]。

在对甲苯磺酸的存在下，芳基取代的 1,4-二羰基化合物与各种取代的芳香胺能顺利地发生 Paal-Knorr 吡咯合成，得到一系列 1,2-二芳基取代的吡咯衍生物 (式 25)[30]。这类 1,2-二芳基取代的吡咯衍生物是一类很有效的和高选择性的人体环氧化酶-2 (Cyclooxygenase-2, COX-2) 的抑制剂。

盐酸是 Paal-Knorr 反应最常用的无机酸[31]。如式 26 所示：在盐酸的催化下，2,5-己二酮与苯胺能有效地进行 Paal-Knorr 吡咯合成[31a]。

3.2 Lewis 酸催化的 Paal-Knorr 吡咯合成

Lewis 酸也能有效地催化 Paal-Knorr 吡咯合成的发生，常用的 Lewis 酸包括：$TiCl_4$[32]、$Ti(OPr-i)_4$[33]、$Bi(NO_3)_3$[34]和 $Sc(OTf)_3$[35]等。Lewis 酸可以与 1,4-二羰基化合物的羰基配位，从而活化羰基并使反应能够顺利地进行。

Jolicoeur 等[32]在合成联吡咯时，利用 $TiCl_4$ 催化的 Paal-Knorr 吡咯合成来构筑第二个吡咯环。首先，他们从 4-羟基脯氨酸出发合成了一系列吡咯取代的

1,4-二羰基衍生物，但是这些化合物在通常的 Paal-Knorr 吡咯合成条件下不能够得到产物，这可能是因为其中一个羰基受到旁边缺电子吡咯环的影响。但是，当使用一个当量的 $TiCl_4$ 作为催化剂时，这类 1,4-二羰基衍生物和伯胺的反应则可以有效地发生，从而得到一系列 2,2'-联吡咯的衍生物 (式 27)。

$$\begin{array}{c}\text{结构式} \quad + \text{PhNH}_2 \xrightarrow[94\%]{TiCl_4, PhMe, rt} \text{产物} \end{array} \quad (27)$$

Ti(OPr-i)$_4$ 也可以用作 Paal-Knorr 吡咯合成反应的催化剂。在吡咯生物碱 (±)-Funebral 的合成中，其中的一个关键步骤就是利用二酮发生的 Paal-Knorr 吡咯合成反应。该反应在多种缓冲溶液或酸性条件下进行时，都只能得到聚合产物。这可能是在酸性条件下生成的吡咯产物会发生分解，从而与吡咯的形成反应产生竞争。当使用 Ti(OPr-i)$_4$ 作为催化剂时，Ti(OPr-i)$_4$ 可以通过与羰基配位来活化底物和减少因酸性较强而产生的副产物。因此，Paal-Knorr 吡咯合成能够有效地发生，以中等的收率得到预期的吡咯产物。该吡咯产物可以经过进一步转化生成 (±)-Funebral (式 28)[33]。

$$\xrightarrow[53\%]{Ti(OPr-i)_4, PhMe, 110\ ^oC}$$

(±)-Funebral (28)

Banik 等人[34]发现在催化量的 Bi(NO$_3$)$_3$ 促进下，伯胺和 1,4-二羰基之间的 Paal-Knorr 吡咯合成能有效地发生。如式 29 所示：该反应条件非常温和，并以很高的收率得到相应的多取代吡咯衍生物。

$$+ RNH_2 \xrightarrow[70\%\sim98\%]{Bi(NO_3)_3 \cdot 5H_2O, CH_2Cl_2, rt}$$
R = phenyl, benzyl, 1-naphthalenyl, 6-chrysenyl, etc. (29)

Chen 等人[35]发现金属三氟甲基磺酸盐也能有效地催化 Paal-Knorr 吡咯合成。在众多的金属三氟甲基磺酸盐中，Sc(OTf)$_3$ 给出了最好的结果。在 30 ℃下，只使用 1 mol% 的 Sc(OTf)$_3$ 作为催化剂，较多类型的伯胺（包括各种脂肪胺和芳香胺）和 1,4-二羰基化合物就能以很高的收率给出相应的吡咯衍生物。如式 30 所示：苯胺和 1,4-二羰基化合物在无溶剂条件下 25 min 即可反应完全，收率高达 93%。实验结果还显示：催化剂 $Sc(OTf)_3$ 可以重复使用，重复使用 3 次后催化剂的活性并没有明显降低 (3 次实验收率分别为 93%、92% 和 89%)。

$$\text{(30)}$$

3.3 其它催化剂催化的 Paal-Knorr 吡咯合成

除了质子酸和 Lewis 酸外，Al_2O_3[36]、分子筛[37]、$\alpha\text{-}Zr(KPO_4)_2$[38]、蒙脱土 KSF[39a]、$I_2$[39b]以及 Fe^{3+}-蒙脱土[40]等也能促进 Paal-Knorr 吡咯合成的进行。

使用预先吸附在 Al_2O_3 上的六甲基二硅胺烷 (HMDS) 与 1,4-二羰基衍生物反应，可以有效地发生 Paal-Knorr 环化反应得到吡咯衍生物。如式 31 所示：从消旋的 6-氧代前列腺素 E1 出发，以 80% 的收率得到了不稳定的吡咯前列环素衍生物 rac-27[36]。

$$\text{(31)}$$

分子筛是一种含有多孔结构的硅铝酸盐，具有独特的物理和化学性质。近年来，分子筛作为一种简单易得和无污染的固体催化剂，被广泛地应用于有机合成中。作为一个非均相的催化剂，分子筛同样能够催化伯胺和 1,4-二羰基间的 Paal-Knorr 吡咯合成反应 (式 32)[37]，而且使用 Y-型分子筛时能给出较好的结果。使用这种非均相催化剂的明显优点是反应条件简单温和、产物易于分离和催化剂可以重复利用且无污染。

$$\text{(32)}$$

R = $PhCH_2$-, Et-, n-Pr-, t-Bu-, Me_3CCH_2-
3-nitropyridin-2-yl, 5-nitropyridin-2-yl

表面参与的固相反应具有条件温和、反应迅速、容易处理、较高的选择性和收率、较高的产品纯度以及低成本等优点，逐渐引起了人们的兴趣[41]。Curini 等人[38]发现使用钾离子交换的层状磷酸锆 [$\alpha\text{-}Zr(KPO_4)_2$, 表面积 = 15.5 m^2/g, 11 < pK_a < 11.8][42]作为碱性的催化剂；或者使用磺酸苯基磷酸锆

[α-Zr(O$_3$PCH$_3$)$_{1.2}$(O$_3$PC$_6$H$_4$SO$_3$H)$_{0.8}$, 表面积 = 24 m^2/g, -8.4 < pK_a < -5.6][43] 作为酸性催化剂都能够很好地促进烷基和芳基胺与 1,4-二羰基间的 Paal-Knorr 吡咯合成反应 (式 33)。

$$\text{Cat.} = \alpha\text{-Zr(KPO}_4)_2 \quad 48\%\sim95\%$$
$$\alpha\text{-Zr(O}_3\text{PCH}_3)_{1.2}(\text{O}_3\text{PC}_6\text{H}_4\text{SO}_3\text{H})_{0.8} \quad 47\%\sim99\%$$

(33)

当以脂肪胺作为底物时，两种催化剂所得的结果没有什么差别。而使用亲核性较低的芳香胺作为底物时，酸性催化剂 α-Zr(O$_3$PCH$_3$)$_{1.2}$(O$_3$PC$_6$H$_4$SO$_3$H)$_{0.8}$ 比碱性催化剂 α-Zr(KPO$_4$)$_2$ 更有效。这可能是因为酸性催化剂可以使 1,4-二羰基化合物的羰基氧原子质子化，从而使 1,4-二羰基化合物得到活化的。使用这个方法的好处是反应条件温和，在室温无溶剂的条件下即可进行。而且催化剂较易制备，用量低 [α-Zr(KPO$_4$)$_2$ (12 mol%)；α-Zr(O$_3$PCH$_3$)$_{1.2}$(O$_3$PC$_6$H$_4$SO$_3$H)$_{0.8}$ (6 mol%)] 且可以重复使用。

Banik 等人[39a]报道了一个使用蒙脱土 KSF 作为催化剂的 Paal-Knorr 吡咯合成反应。如式 34 所示：将胺和 1,4-二羰基化合物溶于二氯甲烷中，再与蒙脱土 KSF 进行混合。然后减压除去溶剂，在室温下放置一段时间反应即能完成。该反应的收率很高，而且不需要强酸和碱，后处理更是非常简单。

(34)

R = Ph, PhCH$_2$, 1-naphthalenyl, 6-chrysenyl, etc.

这个方法还可以用于咔唑化合物的合成。如式 35 所示：1,4-二羰基化合物和苄胺在同样的条件下也能发生 Paal-Knorr 关环反应，得到 N-取代咔唑。

(35)

Banik 等人[39b]在研究中还发现催化量的 I$_2$ 也可以有效地促进 Paal-Knorr 吡咯合成反应。相比于上面提到的蒙脱土 KSF 参与的反应，这个反应的时间更短，反应的条件更简单。如式 36 所示：在胺和 1,4-二羰基化合物的四氢呋喃或二氯甲烷溶液中加入催化量的 I$_2$ (5~10 mol%) 后，在室温下搅拌反应就能完全进行。而当反应物是液体时，反应可以在无溶剂的条件下进行。

$$\underset{O}{\overset{R^2}{\underset{R^1}{\bigvee}}}\underset{O}{\overset{}{\bigvee}}R^3 + RNH_2 \xrightarrow[15\%\sim93\%]{I_2 \text{ (cat.), THF, rt}} \underset{R^1}{\overset{R^2}{\underset{N}{\bigvee}}}R^3 \quad (36)$$

R = Ph, PhCH$_2$, 1-naphthalenyl, 6-chrysenyl, *etc.*

反应可能是由于 I_2 与有机溶剂或者底物反应产生的 HI 催化而起作用的。为了验证这个可能性，他们对 HI 催化的反应也进行了探索。在一当量的 HI 存在下，胺和 1,4-二羰基的反应也能发生，但是收率比相应的 I_2 催化的反应要低。相对来说，使用分子碘作为催化剂是一个更方便和实用的方法。

2005 年，铁离子交换的蒙脱土催化剂 (Fe^{3+}-Montmorillonite) 第一次被用到 Paal-Knorr 吡咯合成反应中[40]。如式 37 所示：在 Fe^{3+}-Montmorillonite 的存在下，2,5-己二酮和胺能顺利地进行反应，以很高的收率得到吡咯衍生物。该反应条件非常温和，在室温下就能发生。一般固体催化剂的体系，通常需要加入质量分数超过 100 % 的催化剂，而在 Fe^{3+}-Montmorillonite 的体系中，只需要加入 12 % 的催化剂。作为固体催化剂，Fe^{3+}-Montmorillonite 同样可以很容易地回收和重复利用。在重复使用 3 次后，并没有观察到催化剂活性的明显降低。

$$\underset{O}{\overset{O}{\bigvee\bigvee}} + RNH_2 \xrightarrow[69\%\sim96\%]{Fe^{3+}\text{-Montmorillonite}, CH_2Cl_2, \text{ rt}} \underset{R}{\overset{}{\underset{N}{\bigvee}}} \quad (37)$$

R = alkyl, aryl

3.4 无催化剂的 Paal-Knorr 吡咯合成

在某些情况下，Paal-Knorr 吡咯合成反应也可以在没有催化剂的存在下发生。例如：2-咪唑啉和环己胺在甲醇中加热 1 h，再放置过夜就可以有效地发生 Paal-Knorr 缩合反应，得到一个含吡咯的并环化合物 (式 38)。在反应中不需要加入任何的催化剂[44]。

$$\text{(structure)} + \text{(cyclohexylamine)} \xrightarrow[60\%]{\text{MeOH, heat, 1 h}} \text{(product)} \quad (38)$$

Ar = *m*-NO$_2$Ph

室温离子液体，尤其是基于 1-烷基-3-甲基咪唑盐阳离子的离子液体，作为传统溶剂的替代物受到了人们的极大关注。除了离子液体本身的特殊性质外[45]，它们不但能促进一些有机反应[46]，而且在一些反应过程中能给出好的化学选择性[47]，产物的分离也比较简单和方便[48]。

离子液体作为溶剂也被应用到 Paal-Knorr 吡咯合成反应中[49]。在室温下，2,5-己二酮和伯胺在离子液体中能顺利地进行 Paal-Knorr 缩合反应，而且不需要加入任何其它的催化剂 (式 39)。在众多的离子液体中，[bmim]I 给出了最好的结果。与经典的方法相比较，使用离子液体作为溶剂，产物的分离步骤变得简单，反应的收率和选择性也得到了提高。而且反应的速率也有所加快，可以避免使用有毒的催化剂。此外，离子液体还可以重复使用，在重复使用三次后，活性没有明显降低。

$$\text{2,5-己二酮} + RNH_2 \xrightarrow[85\%\sim99\%]{\text{[bmim]I, rt, 0.5}\sim\text{3 h}} \text{吡咯} \qquad R = \text{alkyl, aryl} \tag{39}$$

3.5 微波促进的 Paal-Knorr 吡咯合成

近年来，微波辐射在促进有机反应中的应用引起了广泛的关注。微波辐射在化学反应中的应用主要是能够显著地加快反应的速度。在某些情况下，这种技术能够促进在常规的加热条件下不能发生的反应[50]。

微波辐射也可以促进 Paal-Knorr 吡咯合成反应。Danks[51]报道了第一例微波促进的 Paal-Knorr 缩合反应。2,5-己二酮和伯胺在 100~200 W 的微波辐射下，反应在 0.5~2 min 内就能完成，并以很高的收率给出相应的吡咯衍生物 (式 40)。该反应不需要加入任何的催化剂，并且在无溶剂的条件下进行。这个方法还适合于位阻较大的胺，例如：2,6-二甲基苯胺。

$$\text{2,5-己二酮} + RNH_2 \xrightarrow[75\%\sim90\%]{\substack{\text{MW (100-200 W)} \\ \text{neat, 0.5}\sim\text{2 min}}} \text{吡咯} \qquad R = \text{alkyl, aryl} \tag{40}$$

微波促进的 Paal-Knorr 吡咯合成反应还有很多，但是通常都需要加入酸催化剂，例如：醋酸[52]、对甲苯磺酸[53]和固体酸蒙脱土 K-10[54]等。

4 底物结构对 Paal-Knorr 吡咯合成的影响

在最初提出的 Paal-Knorr 吡咯合成中，使用的底物是 1,4-二羰基化合物和伯胺。随着人们对该反应的深入研究发现：反应底物不仅仅局限于 1,4-二羰基化合物和伯胺，很多结构类似于 1,4-二羰基化合物和其它的胺都可以发生该反应。一般情况下，反应进行的难易程度取决于两种底物的取代基性质。

4.1 1,4-二羰基化合物结构对反应的影响

由于取代基的相互作用，1,4-二羰基化合物分子在空间上不是正常锯齿型的线型结构。如式 41 所示：1,4-二羰基化合物具有一个卷曲的、类似五员环的构象，非常有利于氨基进行亲核加成反应生成吡咯环。

（41）

造成分子形成这样构象的因素有二种：一是相邻取代基之间的空间效应，二是分子中两个羰基之间的偶极相互吸引。在这个构象中，与 R^2、R^3、R^4 和 R^5 分别相连的 C2、C3、C4 和 C5 近似地处于一个平面上。两个羰基氧原子分别伸向平面的侧面，与它们相连的 C2 和 C5 处于 sp^2 杂化状态。所以，这个碳氧双键的平面与分子平面互相垂直，而 R^2 和 R^5 两个取代基的空间取向是近似地沿着分子平面的方向向外展开的。因此，这两个取代基的体积较小时，有利于中间体的生成。如式 42 所示：在相同的条件下，当 R^2 和 R^5 为体积较小的苯基时，Paal-Knorr 反应产物的产率为 85%。但是，当 R^2 和 R^5 为体积较大的对甲苯基时，产物的产率为 75%[55]。但实验结果表明，当 R^2 和 R^5 为 H 时，其反应收率远远低于有取代基（例如：甲基）的底物。这可能与二羰基中间体化合物的稳定性有关[56]。

$$R = PhH, 85\%$$
$$R = p\text{-}PhMe, 75\%$$
（42）

C3 和 C4 两个碳原子都是 sp^3 杂化，所以与之相连的 R^3 和 R^4 的空间取向是分别以较小的夹角伸向平面两侧。显然，R^3 和 R^4 的空间有效体积越大，对于分子卷曲成环状构象就越有利。其次，R^3 和 R^4 的空间效应对于脱水反应是有利的。如式 43 所示：当其它取代基相同时，R^3 的空间体积不同，产物的收率略有不同。当 R^3 为甲氧羰基时，收率为 85%；而 R^3 为乙氧羰基时，则为 88%[57]。

$$R = CO_2Me, 85\%$$
$$R = CO_2Et, 88\%$$
（43）

此外，1,4-二羰基化合物的立体异构体对反应的影响也较为显著。Graham 等人[58]对 3,4-二取代的 2,5-二羰基化合物在 Paal-Knorr 反应中的立体效应进行了详细的讨论。如式 44 所示：他们首先采用 PbO_2 氧化偶联酮的方法制备出了 d,l-构型二羰基化合物 a 及其内消旋体 (meso-) b 的混合物。通过柱色谱分离、减压蒸馏和重结晶的方法，得到了具有不同立体化学的纯异构体。然后，他们将每一种异构体分别与苄胺进行 Paal-Knorr 反应，测试立体异构体对表观反应速率的影响。

$$2\ CH_3COCH_2R \xrightarrow{PbO_2} \text{a} + \text{b} \quad \begin{matrix} \text{28 R = CH}_3 \\ \text{29 R = CH}_3\text{CH}_2 \\ \text{30 R = CH(CH}_3)_2 \\ \text{31 R = C}_6\text{H}_5 \end{matrix} \quad (44)$$

实验结果发现：对 **28** 和 **29** 来说，它们的 d,l-构型的表观反应速率是内消旋异构体的 4~6 倍，而体积较大的 **30** 可以达到 14 倍。这是由于在形成平面的吡咯环时，d,l-构型的二酮中取代基之间的相互作用比 $meso$-二酮小的原因。后来的实验也证明：d,l-构型的二酮无论与氨水还是伯胺反应，其反应速率都比 $meso$-异构体大。他们也得到与其它研究者[19]相同的结论：取代基体积越大，反应速率相对要小。研究还发现：二酮类化合物取代基的电负性对反应速率的影响也非常大，例如：化合物 **13~15** (式 12) 在与醋酸铵或甲胺-醋酸体系反应时，反应速率大小顺序是 **15 > 13 > 14**。该结果说明：强吸电性的硝基使羰基碳上缺电性增强，亲电能力增加有利于胺基上的 N-原子进行亲核加成反应。当化合物 **13** 上的两个亚甲基的四个氢原子被氘代后再与醋酸铵或甲胺-醋酸体系反应时，发现反应速率相差不大，这说明 Paal-Knorr 反应没有氘代同位素效应。这些讨论都说明 1,4-二羰基化合物的取代基对反应的速率影响比较大。

4.2 胺基结构对反应的影响

实验发现：胺上的取代基对 Paal-Knorr 缩合反应的影响要比 1,4-二羰基化合物中取代基的影响显著得多[57,59]。Hidalgo 等人[56]研究认为：芳香胺作为底物胺时的产率明显比脂肪胺高，这可能是因为芳香胺与二酮化合物生成了具有大的芳香体系的稳定中间体。而当均为芳香胺时，胺上的取代基对 Paal-Knorr 缩合反应的影响，最主要的还是它的电子效应，即 $R-NH_2$ 的碱性大小对于反应速率和产率影响很大。芳环上连有给电子基团时，胺基氮上的碱性增强而有利于缩合反应。如式 45 结果所示：当胺上的取代基为含有两个给电子取代基 (甲基和甲氧基) 的芳环时，得到了明显优于其它胺的收率 (99%)。

$$\text{(diketone)} + RNH_2 \xrightarrow[\substack{R = CH_3(CH_2)_3,\ 5\% \\ R = PhCH_2,\ 34\% \\ R = 2\text{-MePh},\ 55\% \\ R = 2\text{-Me-4-MeOPh},\ 99\%}]{AcOH,\ 16\ h,\ pH = 3} \text{(pyrrole)} \quad (45)$$

Kostyanovsky 等人[60]在实验中发现：位阻较大的叔丁胺和 1-(2-氨基-2-甲基丙基)-3,3-二甲基氮丙啶与 2,5-己二酮的反应，即使在回流 15 h 的条件下也不反应。在正常条件下，仲胺不与二酮发生 Paal-Knorr 反应生成吡咯环，例如：二甲胺与 2,5-己二酮在 20 ℃ 下即使反应两周也没有任何的变化。但 Kostyanovsky 等研究者[61]通过实验发现，两分子取代的氮丙啶在苯作溶剂或无溶剂的条件下与 2,5-己二酮按式 46 反应生成了吡咯环。

这个反应的产物可以通过下面的等价合成方法来确证 (式 47)。

仲胺氮丙啶之所以能和二酮发生 Paal-Knorr 反应生成吡咯环，可能是由于原料氮丙啶本身发生二聚生成了伯胺。这个二聚体的存在可以被下面的反应证实 (式 48)，而底物为位阻较大的 2,2-二甲基氮丙啶却不与 2,5-己二酮反应生成吡咯环。

Brummond 等人[27g]在合成三环吡咯化合物库的时候，研究了各种胺对实验结果的影响 (式 49 和表 1)。

表 1 不同胺对三环吡咯化合物合成的影响

序号	胺	温度/°C	时间/h	产物	产率/%
1	H$_2$N-CH$_2$-CO$_2$Me	70	4	36a	70[①]
2	H$_2$N-CH(^{i}Pr)-CO$_2$Me	70	4	36b	0[①]
3	H$_2$N-C$_6$H$_4$-OMe	60	2	36c	85[①]
4	H$_2$N-CH$_2$CH$_2$-OH	70	1	36d	76[②]
5	2-氨基吡啶	70	4	36e	0[①]

① RNH$_2$ (5 eq), AcOH (5 eq)。
② RNH$_2$ (10 eq), AcOH (8 eq)。

实验发现：当以甘氨酸甲酯的盐酸盐作为胺组分时，反应可以很好地进行，高产率地得到吡咯环衍生物。而以位阻较大的缬氨酸甲酯参与反应时，在相同条件下反应不能进行。当以对甲氧基苯胺这样的富电性芳香胺作为反应底物时，也可以高产率地得到吡咯环衍生物。而以 2-氨基吡啶作为胺组分时，反应却不能进行。这可能主要是由于吡啶环上 N-原子的吸电子能力较强，致使胺基的亲核能力减弱的缘故。乙醇胺参与吡咯环形成时，产率也较高。这些实验数据说明：在生成吡咯环时，位阻较小的脂肪胺是比较好的底物；芳香胺上的取代基能增加胺基亲核能力时有利于反应的进行。

总之，底物胺的结构对 Paal-Knorr 反应的影响应该是立体因素和电子效应综合的结果，不能够抛开任何一方单纯地用另外一个因素解释实验结果和反应机理。

5　Paal-Knorr 吡咯合成的类型综述

一般而言，多取代的吡咯化合物（尤其是 1,2,3,5-四取代吡咯）具有非常好的生物活性，例如：抗细菌[62]、抗病毒（包括抗艾滋病病毒）[63]、抗炎作用[64]和抗氧化作用[65]等。事实上，许多天然杂环化合物中都含有多取代吡咯环。Paal-Knorr 吡咯合成之所以非常重要和实用，就是因为它能够被用来合成各种具有生物活性的吡咯衍生物或者天然杂环化合物的关键中间体。

5.1　单取代吡咯的制备
5.1.1　1-取代吡咯的制备

使用不含取代基的 1,4-二羰基化合物和伯胺进行 Paal-Knorr 吡咯合成，即可得到 1-取代吡咯产物。该反应虽然是 Paal-Knorr 吡咯合成中最简单的一种形式，但它们的合成却比较困难。前面我们已经提到，Hidalgo 等人[56]在研究吡咯的合成时发现，当 $R^2=R^5=H$ 时，其反应收率远远低于有取代基的底物。如式 50 所示：制备 N-单取代吡咯的收率只有 4%，而制备 1,2,5-三取代吡咯的收率却高达 99%。这可能是因为没有取代的二羰基化合物形成的中间体的稳定性太差。因而，在合成单取代吡咯时，人们常常采用二羰基化合物的类似物作为前体（见第 6 节）。

$$\text{R}\underset{O}{\overset{O}{\|}}\!\!\underset{}{\diagdown}\!\!\underset{}{\diagup}\!\!\underset{}{\diagdown}\!\!\text{R} + \text{Ar-NH}_2 \xrightarrow[R = Me, 99\%]{\text{AcOH, 16 h, pH = 3} \atop R = H, 4\%} \text{product} \qquad (50)$$

5.1.2 2-取代吡咯的制备

使用 4-取代的 1,4-二羰基化合物与胺的衍生物发生 Paal-Knorr 吡咯合成，即可得到 2-取代吡咯产物。一些 2-取代吡咯化合物是精神类药物的重要结构单元，其中的 2-取代基可以是脂肪烃、芳烃和杂环化合物。例如：Kruse 等人[66]报道了用 4-(4-氟苯基)-4-氧代丁醛与醋酸铵在乙醇中反应可以得到 2-(4-氟苯基)吡咯，重结晶后收率达到 71% (式 51)。

$$\text{F-C}_6\text{H}_4\text{-CO-CH}_2\text{-CHO} \xrightarrow[71\%]{\text{CH}_3\text{CO}_2\text{NH}_4, \text{EtOH, reflux, 1.5 h}} \text{F-C}_6\text{H}_4\text{-pyrrole} \quad (51)$$

5.2 双取代吡咯的制备

5.2.1 2,5-二取代吡咯的制备

根据经典的 Paal-Knorr 合成法，2,5-二取代吡咯可以由 1,4-二羰基化合物和胺方便地制得，但由于具有生物活性的吡咯化合物多是 N 上被取代的，因而合成得到 2,5-二取代吡咯的例子并不多，其中多为环状产物。如式 52 所示：Nozaki 等人[67]通过 1,4-环十二烷二酮 (**37**) 和氨的环化反应得到了 [8](2,5)吡咯并环番化合物 **38**。

$$\mathbf{37} \xrightarrow{\text{NH}_3, \text{HOAc}} \mathbf{38} \quad (52)$$

在此基础上，Keehn 等人合成了一系列的 [2.2](2,5)吡咯并环番类化合物[27a]。后来，Shen 等人利用 Paal-Knorr 吡咯合成法制备得到了具有很好主-客体性质的含有吡咯单元的冠醚类化合物[28]。

但非环化合物的合成也有一些实例，例如：Rao 等人[68]以方便易得的 2-丁烯-1,4-二羰基化合物 **39** 为原料，经还原、Paal-Knorr 反应"一锅法"得到了 2,5-二取代吡咯 **40** (式 53)。在该反应中，他们在反应上对微波加热和传统加热两种方法进行了考察。实验结果表明：在微波辐射条件下，仅需 30 s 即可得到 98%的收率；而采用传统加热技术，反应 30 min 的收率为 87%。

$$\mathbf{39} + \text{HCO}_2\text{NH}_4 \xrightarrow[\substack{\text{MW (200 W), 0.5 min} \\ \text{or MeOH, reflux, 30 min} \\ \text{MW: 98\%} \\ \text{Heating: 87\%}}]{\text{Pd/C (10 \%), PEG-200}} \mathbf{40} \quad (53)$$

5.2.2 2,4-二取代吡咯的制备

2,4-二取代产物的例子相对也比较少,其中大多生成了大环类产物。如式 54 所示:Wasserman 等人[69]利用 1,4-二羰基化合物 4-乙基-3-甲酰基环十二烷酮 **41** 和碳酸铵为原料,经 Paal-Knorr 吡咯合成法,以 58% 的收率得到了"十字形"吡咯并环番类化合物 **42**。继而他们又以 **42** 和 **43** 为原料,合成了重要的抗真菌类抗生素间位环灵菌红素 **44** (式 55)。

5.2.3 1,2-二取代吡咯的制备

许多 1,2-二取代吡咯化合物也具有很好的生物活性,例如:化合物 **45** 是很好的血管紧张素转化酶抑制剂 (ACE)。Ortiz 等人[31b]提出了两条合成路线,但均使用 Paal-Knorr 吡咯合成方法作为关键步骤 (式 56 和式 57)。

5.3 三取代吡咯的制备

5.3.1 1,2,5-三取代吡咯的制备

1,2,5-三取代吡咯化合物是 Paal-Knorr 吡咯合成法制备三取代吡咯中最常见的产物。如式 58 所示：Török 等人以 1,4-二羰基化合物和伯胺为原料，在 90 ^{o}C 恒温微波条件下，以蒙脱土 K-10 为催化剂，进行 Paal-Knorr 吡咯合成制备得到一系列的 1,2,5-三取代化合物 **50**[70]。

$$\text{(58)}$$

Hall 等人[71]发现有些酸性及非酸性取代吡咯可以作为新型的 EP$_1$ 受体拮抗剂。化合物 **51** 是含有羧基的吡咯衍生物，是一类结构新颖的 EP$_1$ 受体拮抗剂中的先导物，它具有良好的生物活性（pIC$_{50}$ = 8.7 及 pK_a = 3.7）。如式 59 所示：首先使用经典的 Paal-Knorr 吡咯合成反应得到吡咯环，然后脱去酯的保护基后即可得到产物。

$$\text{(59)}$$

5.3.2 2,3,5-三取代吡咯的制备

2,3,5-三取代吡咯和其它没有 N-取代的产物一样，通常只是在研究一系列 1,2,3,5-四取代吡咯时的一个例子。如式 60 所示[72]：对溴苯甲腈和丙炔醇类化

$$\text{(60)}$$

合物 **52** 在钯催化剂催化下经偶联-异构化作用后，再在噻唑盐存在下与对甲氧基苯甲醛 (**53**) 反应，得到中间体 1,4-二羰基化合物 **54**。该中间体未经分离，然后在"一锅法"的条件下与氯化铵原位发生 Paal-Knorr 吡咯合成，以 56% 的收率得到了 2,3,5-三取代吡咯化合物 **55**。

5.4 四取代吡咯的制备

5.4.1 1,2,3,5-四取代吡咯的制备

许多取代吡咯具有很好的生理活性，1,2,3,5-四取代吡咯是其中被研究最多的一种。在已知的文献中，多种多样的 Paal-Knorr 吡咯合成反应条件被使用。如式 61 所示[27b]：在传统的条件下，胺 **56** 和 1,4-二羰基化合物 **57** 在醋酸钠和醋酸的混合物中回流 30 min，以 83% 的产率得到了具有很好抗菌活性的产物 **58**。后来，Taddei 等人[52b]又借助微波的手段合成了一系列 1,2,3,5-四取代化合物。如式 62 所示：1,4-二羰基化合物和苄胺在醋酸中经微波辐射，以 88% 的产率得到了产物 **59**。此外，Brummond 等人[27g]用该法合成了三环吡咯；Kidwai 等人[73]合成了嘧啶并吡咯化合物；而 Trost 等人[74]则将该方法成功地用来合成抗癌抗生素 Roseophilin 等。

5.4.2 2,3,4,5-四取代吡咯的制备

2,3,4,5-四取代吡咯通常具有重要的应用价值，同时，制备这类化合物的另一个目的主要是用于对反应机理的研究[75]。另外，当合成位阻较大的五取代吡咯比较困难时，可以考虑先合成 2,3,4,5-四取代吡咯，然后再使用其它方法合成目

标产物。例如：Kuo 等人[76]在合成荧光材料 TPPy 时，首先从 1,4-二羰基化合物 **60** 和醋酸铵经 Paal-Knorr 吡咯合成得到 2,3,4,5-四取代吡咯 **61**。然后，再通过 N-烷基化得到了目标产物 TPPy (式 63)。

$$\text{60} \xrightarrow{\text{CH}_3\text{CO}_2\text{NH}_4,\ \text{AcOH}} \text{61} \longrightarrow \text{TPPy} \tag{63}$$

5.5 五取代吡咯的制备

许多五取代吡咯具有较好的生物活性，因而对它们的合成研究也比较多。由于需要使用 1,2,3,4-四取代-1,4-二羰基化合物为原料，但该化合物通常具有较大的位阻。因此，在进行 Paal-Knorr 吡咯合成制备五取代吡咯时，反应的速度一般比合成含较少取代基的吡咯要慢一些。如式 64 所示[58]：将 1,4-二羰基化合物 **62** 和苄胺在 50~60 ℃ 下反应 24 h，最终以 75% 的收率得到了五取代吡咯化合物 **63**。

$$\text{62} \xrightarrow[\text{75\%}]{\text{PhCH}_2\text{NH}_2,\ 50\sim60\ ^\circ\text{C},\ 24\ \text{h}} \text{63} \tag{64}$$

6 Paal-Knorr 吡咯合成的其它形式

6.1 1,4-二羰基化合物的类似物作为环化前体

在 Paal-Knorr 吡咯合成中，通常所使用的原料为 1,4-二羰基化合物。但是，许多 1,4-二羰基化合物的类似物也可以作为 Paal-Knorr 吡咯合成的前体化合物。其中，羰基被保护为缩醛或者缩酮的化合物最常被使用。Török 等人[54]以蒙托土 K-10 为催化剂，用 2,5-二甲氧基四氢呋喃 (**64**) 和一系列胺反应，以 85%~92% 的收率高效地合成了一系列吡咯化合物 **65** (式 65)。

$$\text{64} \xrightarrow[\text{85\%}\sim 92\%]{\text{RCH}_2\text{NH}_2,\ \text{K-10,\ MW,\ 100\ }^\circ\text{C}} \text{65} \tag{65}$$

R = Ph, thiazol-2-yl, 1-biphenyl-2-yl, cyclohexyl, 2-chloro-pyridine-3-yl, hept-2-yl, 1-phenylethyl, 3-MePh, PhCH$_2$, indol-3-yl-(CH$_2$)$_2$, n-Bu

碳-氮键的生成反应

在一些天然化合物原料中，通常含有比较多的双键。如果双键的位置合适，可以将双键先环氧化生成 β,γ-环氧化羰基化合物。该环氧基团在酸性条件下被原位转化成醛基后，就可以发生 Paal-Knorr 吡咯合成。Dudley 等人[77]在进行 Roseophilin (**66**) 的全合成时，需要构建具有大环骨架的模型结构 **67**。而 **67** 可以通过化合物 **69** 经傅克烷基化反应方便地得到。如式 66 所示：具有环氧结构的化合物 **68** 可以像正常的 1,4-二羰基化合物一样有效地发生 Paal-Knorr 吡咯合成，以 93% 的产率得到吡咯化合物 **69**。

$$\text{68} \xrightarrow[\text{MeOH, 50 °C}]{\text{NH}_4\text{OAc, CSA}} \text{69} \quad 93\% \tag{66}$$

2-丁炔-1,4-二醇类化合物也是 Paal-Knorr 吡咯合成中一类很好的前体化合物。钌配合物是烯烃和烯丙醇异构化为醛的高效催化剂，因此，Watanabe 等人[78]利用这一原理，以 2-丁炔-1,4-二醇和不同的脂肪胺以及芳香胺为原料，对 Paal-Knorr 吡咯合成反应进行了研究。他们首先提出了 2-丁炔-1,4-二醇和伯胺的反应历程（式 67）：2-丁炔-1,4-二醇 (**70**) 经过异构化得到γ-羟基-α,β-不饱和醛 **71**，**71** 再和伯胺反应生成亚胺中间体 **72**。然后，再经过异构化得到 **73**，最后经分子内环合得到 N-取代吡咯化合物 **74**。如式 68 所示：二醇 **70** 和正辛胺 **75** 反应，以 63% 的收率得到吡咯化合物 **76**。

$$\text{HOH}_2\text{CC} \equiv \text{CCH}_2\text{OH} \xrightarrow{\text{RuL}_n} \text{HOH}_2\text{CHC}=\text{CHCHO} \xrightarrow{\text{RNH}_2} \text{HOH}_2\text{CHC}=\text{CHCH}=\text{NR}$$
$$\text{70} \qquad\qquad\qquad \text{71} \qquad\qquad\qquad \text{72}$$

$$\xrightarrow{\text{RuL}_n} \text{OHCH}_2\text{CHC}=\text{CHNHR} \longrightarrow \text{74} \tag{67}$$
$$\text{73}$$

$$\text{HOH}_2\text{CC} \equiv \text{CCH}_2\text{OH} + n\text{-C}_8\text{H}_{17}\text{NH}_2 \xrightarrow[63\%]{[\text{RuCl}_2(\text{PPh}_3)_3], 150\,°\text{C}} \text{76} \tag{68}$$
$$\text{70} \qquad\qquad \text{75}$$

6.2 原位产生 1,4-二羰基化合物的"一锅法"反应

当采用 1,4-二羰基化合物的前体化合物作为原料时,如果它们能够在反应中原位被转变成 1,4-二羰基化合物,就可以直接与胺在"一锅法"条件下完成 Paal-Knorr 吡咯合成。

Scheidt 等人[53,79]采用酰基硅烷化合物和 α,β-不饱和酮为原料,经硅-Stetter 反应原位产生 1,4-二羰基化合物。接着在不经分离和纯化的条件下,直接与胺在对甲苯磺酸促进下发生 Paal-Knorr 吡咯合成,以 54%~82% 的总收率得到了一系列多取代吡咯化合物。该反应不仅适合于各种各样的不饱和酮和不同的胺(包括芳胺和脂肪胺),而且对于不同的酰基硅烷化合物 (包括芳基和烷基酰基硅烷化合物) 都能取得很好的效果。如式 69 所示:苯甲酰基三甲基硅烷 (**77**) 和 1,3-二芳基-2-丁烯-1-酮 (**78**) 在 DBU 和噻唑盐的催化下首先生成中间体 1,4-二羰基化合物 **79**。然后,再原位加入对苯胺、4 Å 分子筛和对甲基苯磺酸后加热反应 8 h,以 70% 的收率得到了最终产物 **80**。

如式 70 所示[80]:在 CO 气氛中,芳基硼酸与 α,β-不饱和酮在 $RhH(CO)(PPh_3)_3$ 催化下首先发生羰基化反应生成 1,4-二羰基化合物。然后,向反应体系中直接加入苯胺和碘,在 40 ℃ 下反应过夜即可制得一系列 1,2,5-三取代吡咯化合物。

7 Paal-Knorr 吡咯合成在有机合成中的应用

吡咯存在于许多天然产物分子中[81]，许多吡咯化合物被用作药物[82]和电传导材料[83]。许多 1,2,3,5-四取代吡咯具有很高的生物活性，例如：抗细菌[62]、抗病毒（包括抗艾滋病病毒）[63]、抗炎作用[64]和抗氧化作用[65]等。有文献报道，它们对细胞因子介导的疾病也有抑制作用[84]。近年来还发现：某些 N-取代吡咯可干扰 gp41 六螺旋束的形成，阻止艾滋病毒 HIV-1 病毒融合，被用作 HIV-1 侵入抑制剂[85]。N-烷氧羰基-2,5-二甲基吡咯具有抗紫外线性能[86]，可以与丁炔二酸酯、马来酸酯或者丙烯酸酯进行 Diels-Alder 反应，得到一种低挥发性化合物，用作聚丙烯的抗紫外线剂。Paal-Knorr 吡咯环合成反应在合成这些化合物的过程中起到了十分重要的作用。

7.1 Paal-Knorr 吡咯合成在天然产物合成中的应用

(±)-Funebral 是一个立体堆积和旋转受限制的吡咯生物碱，是从美洲早期的阿兹太克居民在宗教仪式和医疗中一种叫 Quararibea funebris (Llave) Visher (Bombacaceae) 树木的花朵中分离得到的[87,88]。在生物合成中，(±)-Funebral 分子中的 1,2,5-三取代的吡咯环是由 (2S,3S,4R)-γ-羟基异亮氨酸形成的内酯与已糖发生缩合得到的。

在 Le Quesne 等人[33]报道的 (±)-Funebral 全合成路线中，就运用了 Paal-Knorr 吡咯环合成反应。如式 71 所示：首先，由 (2S,3S,4R)-γ-羟基异亮氨酸缩合生成内酯。然后，内酯与 2,9-二甲基-2,8-二烯-4,7-癸二酮发生 Paal-Knorr 缩合反应得到吡咯内酯 82。接着使用 OsO_4 对烯烃进行氧化断裂生成 2,5-吡咯二甲醛 83 后，再使用 $NaBH_3CN$ 进行选择性还原得到目标化合物。

Roseophilin 是 Hayakawa 等人[89]从 Streptomyces griseoviridis 的培养基中分离出来的一种含有吡咯环结构的天然产物。该化合物具有良好的抗肿瘤活性，对于人类的 K562 慢性髓性白血病肿瘤细胞和 KB 皮肤癌细胞有着显著的细胞毒性。由于其独特的结构，使得它成为开发抗肿瘤药物的先导化合物[90]。

在 Trost 等人[74]报道的 Roseophilin 全合成路线中，运用 Paal-Knorr 缩合反应构筑吡咯环是一个非常关键的步骤。如式 72 所示：首先由原料 84 经一系列反应得到 1,4-二羟基化合物 85。然后，85 被氧化后就构造出了 Paal-Knorr 缩合反应所需的 1,4-二羰基化合物 86。在 Paal-Knorr 缩合反应条件下，86 与伯胺反应得到了第一个吡咯环。最后，87 再经过一系列化学转化合成了目标化合物 Roseophilin。

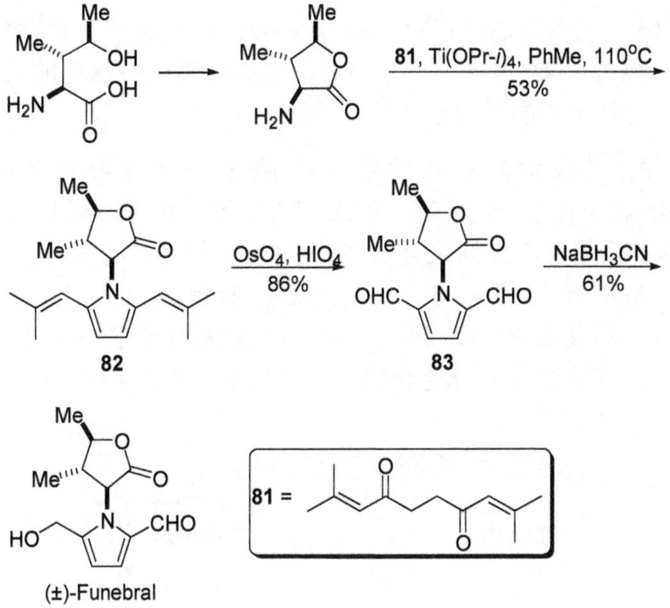

(±)-Funebral

(71)

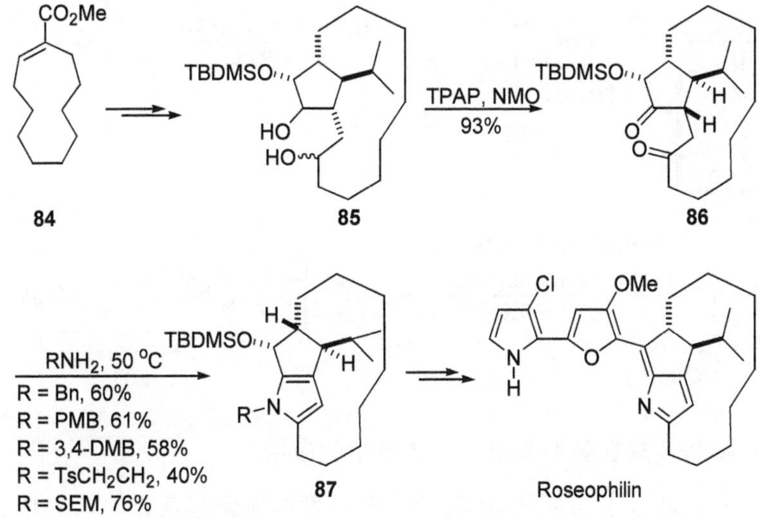

(72)

7.2 Paal-Knorr 吡咯合成在药物合成中的应用

血管紧张素转化酶 (ACE) 是一种将多种肽类底物中羧基末端的二肽除去的肽酶，它有着极其重要的生理作用。具有抑制 ACE 活性的化合物，常用来治疗高血压和充血性心力衰竭。其中的一些化合物已经上市销售，例如：依那普利、贝那普利和西拉普利等。

吡咯-2-酰胺骨架是许多海洋天然产物的核心结构单元，例如：Agelastatin A (抗癌抗菌素活性)[91]、Dispacamide A (抗组胺的活性)[92]、Hymenialdisine (激酶抑制剂)[93]、Sceptrin (抗病毒活性)[94]和 Storniamide A (抗菌活性)[95]等结构中都含有吡咯酰胺这一重要骨架。其中一个很重要的具有吡咯酰胺结构的天然产物就是 Distamycin[96]，它是著名的 DNA 小沟结合剂。

Werner 等人[52d]报道的三环的吡咯-2-酰胺类化合物的合成中运用了 Paal-Knorr 缩合反应来合成吡咯环。如式 73 所示：由苄基保护的氨基酸甲酯 **88** 出发，经过一系列反应得到化合物 **89**。**89** 与 Mo(CO)$_6$ 作用生成四氢吡咯并环戊烯的 β-烯酮 **90** 之后，与乙醛酰胺发生 Stetter 反应生成 1,4-二羰基化合物 **92**。最后，将化合物 **92** 转化成 1,4-二羰基化合物 **93** 后与伯胺发生 Paal-Knorr 缩合反应，生成目标化合物：三环吡咯-2-酰胺类化合物 **94**。

7.3 Paal-Knorr 吡咯合成在新型有机材料合成中的应用

吡咯环是一种含氮原子的环状 π-电子体系，可作为新型荧光材料的核心结构。Kuo 等人[76]研究发现：2,3,4,5-四芳基取代吡咯环可以更好地诱导荧光特性。如式 74 所示：Paal-Knorr 缩合反应是一个合成对称和不对称芳基取代吡咯衍生物的有效方法。首先，由脱氧安息香衍生物 **95** 在碘和甲醇钠的作用下构筑出对称或不对称的四芳基取代的 1,4-二羰基化合物 **96**。然后，在醋酸铵存在的条件下，**96** 发生 Paal-Knorr 缩合反应形成 2,3,4,5-四芳基取代的吡咯环 **97**。接着，再经过若干步化学转化生成荧光材料 NPAAPy。

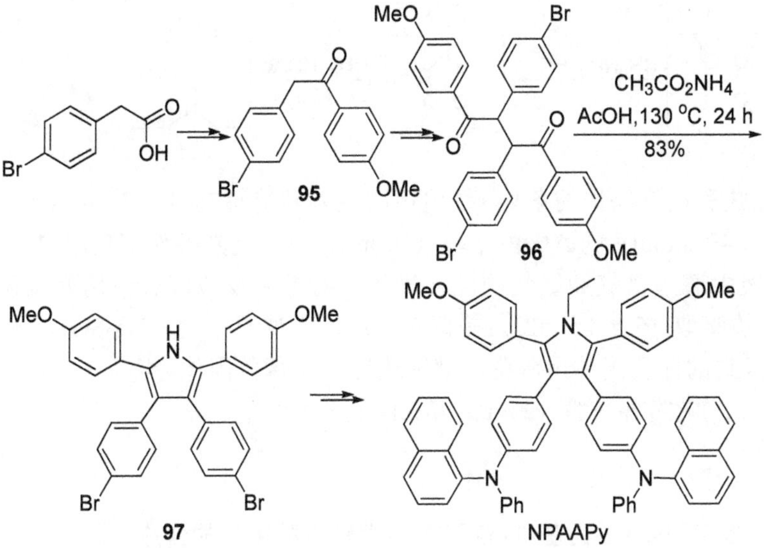

(74)

8 Paal-Knorr 吡咯合成反应实例

例 一

2,5-二(2-羟基-5-甲基苯基)吡咯的合成[33]
(甲酸促进的 Paal-Knorr 吡咯合成)

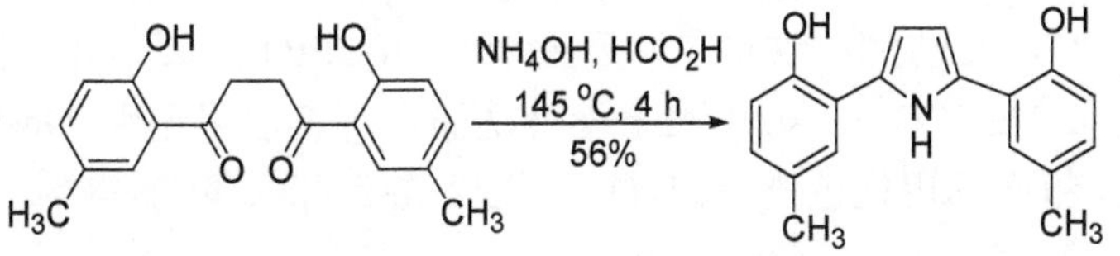

(75)

在氮气保护下，向 85% 的甲酸 (45 g, 0.83 mol) 中滴加 25%~28% 的氨水溶液 (54 g, 0.39 mol)。将生成的混合物加热到 150 °C 除去其中的水后，降温到 130 °C 以下。然后，将二羰基化合物 (7 g, 24 mmol) 分数次在搅拌条件下加入到反应瓶中，缓慢升温到 145 °C。在此温度下保温 4 h 后，将反应体系冷却到室温。用 28% 的氨水将体系调为碱性后，用苯萃取。合并的有机层用无水 Na_2SO_4 干燥，旋蒸除去苯。蒸干的固体在苯中重结晶，得到吡咯产物 (3.7 g, 56%), mp 210~213 °C。

例 二

N-甲基[2.2](2,5)吡咯并环番的合成[27a]
(醋酸促进的 Paal-Knorr 吡咯合成)

在搅拌、加热和氮气保护的条件下,将甲胺通入到溶解有 1,4,7,10-环十二烷四酮 (110 mg, 0.49 mmol) 的冰醋酸溶液 (10 mL) 中。避光条件下反应 10 min 后,反应混合液中通入氮气和氨气的混合气体。红棕色反应混合液用氨水调至 pH = 10,用氯仿萃取 (5 × 15 mL)。棕色有机层用水洗至中性,Na_2SO_4 干燥。减压蒸去溶剂得到的棕色固体用制备色谱纯化得到淡黄色固体。再经升华得到产品 N-甲基[2.2](2,5)吡咯并环番 (23 mg, 43%)。

例 三

N-(2-吡啶甲基)-2-丙基-5-叔丁基-3-吡咯甲酸甲酯的合成[52e]
(微波条件下的 Paal-Knorr 吡咯合成)

将吡啶-2-甲胺 (2.35 g, 21.7 mmol) 加入到溶解有 5,5-二甲基-2-丁酰基-4-己酮酸甲酯 (1.5 g, 6.2 mmol) 的冰醋酸溶液 (6 mL) 中。生成的混合物在 150 W 微波条件下在 170 ℃ 加热 12 min。反应结束后用 EtOAc (20 mL) 稀释,分出的有机层用饱和 $NaHCO_3$ (3 × 20 mL) 溶液洗涤,有机层用无水 Na_2SO_4 干燥。减压蒸去溶剂,粗产物用柱色谱提纯 (正己烷:乙酸乙酯 = 9:1) 得到产物 (1.56 g, 84%),HPLC 纯度为 97.3% (254 nm)。

例 四

2,5-二甲基-1-苄基吡咯的合成[37]
(分子筛促进的 Paal-Knorr 吡咯合成)

将 Y-型分子筛 (5 g) 加入到 2,5-己二酮 (0.57 g, 5 mmol) 和苄胺 (0.53 g, 5 mmol) 的 CH_2Cl_2 (10 mL) 中,生成的混合物在室温下搅拌 2 h 后过滤。分子

筛用 CH_2Cl_2 (3 × 25 mL) 洗涤，合并的有机相及滤液在减压下蒸去溶剂。生成的粗产品经乙醇重结晶得到产物 (0.82 g, 88%)。

例 五

1,2,3-三苯基-5-对氯苯基吡咯的合成[53]

("一锅法" Paal-Knorr 吡咯合成)

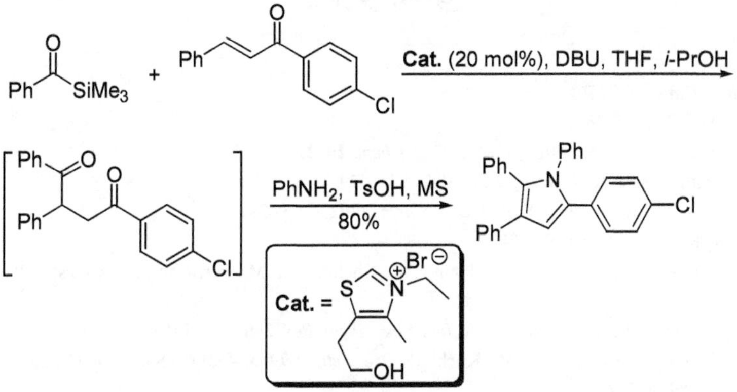

(79)

在充满氮气的干燥箱中，将噻唑盐催化剂 (14 mg, 0.055 mmol) 加入螺口试管中。取出试管，用氮气加压，加入 DBU (13 mL, 0.083 mmol)。然后，再通过注射器依次加入苯甲酰基三甲硅烷 (100 mg, 0.55 mmol) 的四氢呋喃溶液 (0.25 mL)、异丙醇 (83 mL, 1.10 mmol) 和 (E)-1-对氯苯基-3-苯基-2-烯-1-酮 (67 mg, 0.275 mmol) 的四氢呋喃溶液 (0.25 mL)。将反应体系加热到 70 ℃ 搅拌 12 h 后加入对甲苯磺酸 (104 mg, 0.55 mmol)、4 Å 分子筛和苯胺 (77 mg, 0.825 mmol) 的乙醇 (0.5 mL) 溶液。继续在 70 ℃ 下反应直至 TLC 检测二酮反应完全。反应完毕后冷至室温，加入乙酸乙酯 (30 mL) 稀释，再用水洗 (10 mL)。水相用乙酸乙酯萃取 (3 × 30 mL)，合并的有机相用饱和食盐水洗涤一次 (10 mL)有机层用无水 Na_2SO_4 干燥。减压蒸除溶剂后的残留物经柱色谱分离得白色固体 (89 mg, 80%)，mp 198~201 ℃。

例 六

2,5-二甲基-1-苄基吡咯的合成[40]

(Fe^{3+}-蒙脱土促进的 Paal-Knorr 吡咯合成)

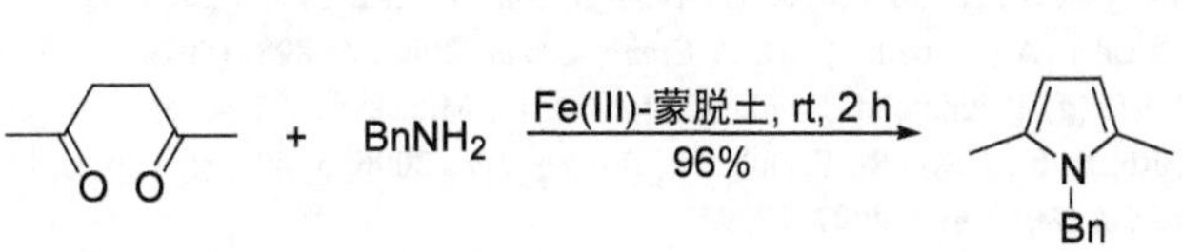

(80)

在搅拌下，将 Fe^{3+}-蒙脱土 (质量分数 12%) 加入到苄胺 (0.21 g, 2 mmol) 和

2,5-己二酮 (0.23 g, 2 mmol) 的 CH_2Cl_2 (< 1 mL) 溶液中。该混合体系在室温下 (20 °C) 搅拌 2 h 后，将固体催化剂过滤，滤饼用 CH_2Cl_2 洗涤 (3 × 2 mL)。滤液通过气质联用色谱检测。反应物和产物的浓度直接根据气相色谱测定的每个色谱峰的面积得出。经减压蒸馏得到白色固体产品 (0.36 g, 96%)，mp 40~41 °C。

9　参考文献

[1]　Paal, C. *Chem. Ber.* **1884**, *17*, 2756.
[2]　Knorr, L. *Chem. Ber.* **1884**, *17*, 2863.
[3]　Ortega, H. G.; Crusats, J.; Feliz, M.; Ribo, J. M. *J. Org. Chem.* **2002**, *67*, 4170.
[4]　Yu, S.; Saenz, J.; Srirangam, J. K. *J. Org. Chem.* **2002**, *67*, 1699.
[5]　Bullington, J. L.; Wolff, R. R.; Jackson, P. F. *J. Org. Chem.* **2002**, *67*, 9439.
[6]　Lee, D.; Swager, T. M. *J. Am. Chem. Soc.* **2003**, *125*, 6870.
[7]　Azioune, A.; Ben Slimane, A.; Ait Hamou, L.; Pleuvy, A.; Chehimi, M. M.; Perruchot, C.; Armes, S. P. *Langmuir.* **2004**, *20*, 3350.
[8]　Shenoy, S. L.; Cohen, D.; Erkey, C.; Weiss, R. A. *Ind. Eng. Chem. Res.* **2002**, *41*, 1484.
[9]　(a) Assmann, M.; Lichte, E.; Soest, R. W. M.; Köck, M. *Org. Lett.* **1999**, *3*, 455. (b) Sarath, P. G.; Susan, C.; Ross, E. L. *J. Nat. Prod.* **1989**, *4*, 757.
[10]　Neya, S.; Funasaki, N. *Tetrahedron Lett.* **2002**, *43*, 1057.
[11]　Naik, R.; Joshi, P.; Kaiwar, S. P.; Deshpande, R. K. *Tetrahedron* **2003**, *59*, 2207.
[12]　Cammidge, A. N.; Ozturk, O. *J. Org. Chem.* **2002**, *67*, 7457.
[13]　Fegley, M. F.; Bortnick, N. M.; Mckeever, C. H. *J. Am. Chem. Soc.* **1957**, *79*, 4144.
[14]　Kim, I. T.; Lee, S. W.; Elsenbaumer, R. L. *Synthetic Metals* **2004**, *141*, 301.
[15]　Gourlay, B. S.; Molesworth, P. P.; Ryan, J. H. *Tetrahedron Lett.* **2006**, *47*, 799.
[16]　Kijima, M.; Hasegawa, H.; Shirakawa, H. *J. Polym. Sci., Part A: Polym. Chem.* **1998**, *36*, 2691.
[17]　Harris, C. *Chem. Ber.* **1898**, *31*, 44.
[18]　Borscheu, W.; Pels, A. *Chem. Ber.* **1906**, *39*, 3877.
[19]　Amarnath, V.; Anthony, D. C.; Amarnath, K.; Valentine, W. M.; Wetterau, L. A.; Graham, D. G. *J. Org. Chem.* **1991**, *56*, 6924.
[20]　曾广植，严家炷，沈定璋. 化学学报 **1981**, *39*, 215.
[21]　Jencks, W. P. Catalysts in Chemistry and Enzymondogy, London, McGraw-Hill, 1969.
[22]　Jencks, W. P. Catalysts in Chemistry and Enzymondogy, London, McGraw-Hill, 1964.
[23]　Findlay, S. P. *J. Org. Chem.* **1956**, *21*, 644.
[24]　Jones, R. A.; Katriteky, A. R.; Boulton, A. J. *Advances in Heterocyclic Chemistry*, New York, Academic Press, **1970**, *11*, 383.
[25]　Amarnath, V. *Chem. Res. Toxicol.* **1995**, *8*, 234.
[26]　Mothana, B. *J. Mol. Struct.: Theochem.* **2007**, *811*, 97.
[27]　(a) Haley, J. F. Jr.; Rosenfeld, S. M.; Keehn, P. M. *J. Org. Chem.* **1977**, *42*, 1379. (b) Demirayak, S.; Karaburun, A. C.; Kiraz, N. *Eur. J. Med. Chem.* **1999**, *34*, 275. (c) Sáinchez, I.; Pujol, M. D. *Tetrahedron* **1999**, *55*, 5593. (d) Demirayak, S.; Karaburun, A. C.; Beis, R. *Eur. J. Med. Chem.* **2004**, *39*, 1089. (e) Hansford, K. A.; Zanzarova, V.; Dörr, A.; Lubell, W. D. *J. Comb. Chem.* **2004**, *6*, 893. (f) Braun, R. U.; Müller, T. J. J. *Synthesis* **2004**, 2391. (g) Brummond, K. M.; Curran, D. P.; Mitasev, B.; Fischer, S. *J. Org. Chem.* **2005**, *70*, 1745. (h) Nad, S.; Roller, S.; Haag, R.; Breinbauer, R. *Org. Lett.* **2006**, *8*, 403. (i) Lapina, I. M.; Pevzner, L. M.; Potekhin, A. A. *Russ. J. Gen. Chem.* **2007**, *77*, 923.
[28]　Zhu, L.; Shen, D. *Synthesis* **1987**, 1019.
[29]　Tararov, V. I.; Andrushko, N.; Andrushko, V.; König, G.; Spannenberg, A.; Börner, A. *Eur. J. Org. Chem.* **2006**,

5543.

[30] Khanna, I. K.; Weier, R. M.; Yu, Y.; Collins, P. W.; Miyashiro, J. M.; Koboldt, C. M.; Veenhuizen, A. W.; Currie, J. L.; Seibert, K.; Isakson, P. C. *J. Med. Chem.* **1997**, *40*, 1619.
[31] (a) Shaw, D. J.; Wood, W. F. *J. Chem. Educ.* **1992**, *69*, A313. (b) Bolós, J.; Pérez, Á.; Gubert, S.; Anglada, L.; Sacristán, A.; Ortiz, J. A. *J. Org. Chem.* **1992**, *57*, 3535.
[32] Jolicoeur, B.; Lubell, W. D. *Org. Lett.* **2006**, *8*, 6107.
[33] Yu, S. X.; Le Quesne, P. W. *Tetrahedron Lett.* **1995**, *36*, 6205.
[34] Banik, B. K.; Banik, I.; Renteria, M.; Dasgupta, S. K. *Tetrahedron Lett.* **2005**, *46*, 2643.
[35] Chen, J.; Wu, H.; Zheng, Z.; Jin, C.; Zhang, X.; Su, W. *Tetrahedron Lett.* **2006**, *47*, 5383.
[36] Rousseau, B.; Nydegger, F.; Gossauer, A.; Bennua-Skalmowski, B.; Vorbrüggen, H. *Synthesis* **1996**, 1336.
[37] Sreekumar, R.; Padmakumar, R. *Synth. Commun.* **1998**, *28*, 1661.
[38] Curini, M.; Montanari, F.; Rosati, O.; Lioy, E.; Margarita, R. *Tetrahedron Lett.* **2003**, *44*, 3923.
[39] (a) Samajdar, S.; Becker, F. F.; Banik, B. K. *Heterocycles* **2001**, *55*, 1019. (b) Banik, B. K.; Samajdar, S.; Banik, I. *J. Org. Chem.* **2004**, *69*, 213.
[40] Song, G.; Wang, B.; Wang, G.; Kang, Y.; Yang, T.; Yang, L. *Synth. Commun.* **2005**, *35*, 1051.
[41] Kabalka, G. W.; Pagni, R. M. *Tetrahedron* **1997**, *53*, 7999.
[42] Curini, M.; Epifano, F.; Marcotullio, M. C.; Rosati, O.; Tsadjout, A. *Synth. Commun.* **2002**, *32*, 355.
[43] Curini, M.; Epifano, F.; Marcotullio, M. C.; Rosati, O.; Nocchetti, M. *Tetrahedron Lett.* **2002**, *43*, 2709.
[44] Lown, L. W.; Landberg, B. E. *Can. J. Chem.* **1974**, *52*, 798.
[45] (a) Welton, T. *Chem. Rev.* **1999**, *99*, 2071. (b) Gordon, C. *Appl. Catal., A: Gen.* **2001**, *222*, 101. (c) Wasserscheid, P.; Keim, W. *Angew. Chem., Int. Ed.* **2000**, *39*, 3772. (d) Sheldon, R. *Chem. Commun.* **2001**, 2399. (e) Earle, M. J.; Seddon, K. R. *Pure Appl. Chem.* **2000**, *72*, 1391.
[46] Olivier-Bourbigou, H.; Magan, L. *J. Mol. Catal.* **2002**, *182-183*, 419.
[47] Wang, B.; Yang, L. M.; Suo, J. S. *Tetrahedron Lett.* **2003**, *44*, 5037.
[48] Dupont, J.; de Souza, R. F.; Suarez, P. A. Z. *Chem. Rev.* **2002**, *102*, 3667.
[49] Wang, B.; Gu, Y.; Luo, C.; Yang, T.; Yang, L.; Suo, J. *Tetrahedron Lett.* **2004**, *45*, 3417.
[50] Chastrette, M.; Soufiaoui, M.; Stambouli, A. *Tetrahedron Lett.* **1991**, *32*, 1723.
[51] Danks, T. N. *Tetrahedron Lett.* **1999**, *40*, 3957.
[52] (a) Werner, S.; Iyer, P. S. *Synlett.* **2005**, *9*, 1405. (b) Minetto, G.; Raveglia, L. F.; Sega, A.; Taddei, M. *Eur. J. Org. Chem.* **2005**, 5277. (c) Alongi, M.; Minetto, G.; Taddei, M. *Tetrahedron Lett.* **2005**, *46*, 7069. (d) Werner, S.; Iyer, P. S.; Fodor, M. D.; Coleman, C. M.; Twining, L. A.; Mitasev, B.; Brummond, K. M. *J. Comb. Chem.* **2006**, *8*, 368. (e) Bianchi, I.; Forlani, R.; Minetto, G.; Peretto, I.; Regalia, N.; Taddei, M.; Raveglia, L. F. *J. Comb. Chem.* **2006**, *8*, 491.
[53] Bharadwaj, A. R.; Scheidt, K. A. *Org. Lett.* **2004**, *6*, 2465.
[54] Abid, M.; Landge, S. M.; Török, B. *Org. Prep. Proced. Intl.* **2006**, *38*, 495.
[55] Schulte, K. E.; Zinnert, F. *Arch. Pharm.* **1953**, *286*, 452.
[56] Zamora, R.; Hidalgo, F. J. *Synlett* **2006**, *9*, 1428.
[57] Aiello, E.; Dattolo, G.; Cirrincione, G.; Almerico, A. M.; D'Asdia, I. *J. Heterocyclic Chem.* **1981**, *18*, 1153.
[58] Szakal-Quin, G.; Graham, D. G.; Millington, D. S.; Maltby, D. A. *J. Org. Chem.* **1986**, *51*, 621.
[59] Aiello, E.; Dattolo, G.; Cirrincione, G.; Plescia, S.; Daidone, G. *J. Heterocyclic Chem.* **1979**, *16*, 209.
[60] Kostyanovsky, R. G.; Leschinskaya, V. P.; Alekperov, R. K.; Kadorkina, G. K.; Shustova, L. L.; Elnatanov, Yu. I.; Gromova, G. L.; Alijiv, A. E.; Chervin, I. I. *Izv. Akad. Nauk SSSR Ser. Khim.* **1988**, 2566 (*Bull. Acad. Sci. USSR, Div. Chem. Sci.*, **1988**, 2315).
[61] Kostyanovsky, R. G.; Kadorkina, G. K.; Mkhitaryan, A. G.; Chervin, I. I.; Alijiv, A. E. *Mendeleev Commun.* **1993**, 21.
[62] Daidone, G.; Maggio, B.; Schillaci, D. *Pharmazie* **1990**, *45*, 441.
[63] (a) Almerico, A. M.; Diana, P.; Barraja, P.; Dattolo, G.; Mingoia, F.; Loi, A. G.; Scintu, F.; Milia, C.; Puddu, I.; La Colla, P. *Farmaco* **1998**, *53*, 33. (b) Almerico, A. M.; Diana, P.; Barraja, P.; Dattolo, G.; Mingoia, F.; Putzolu, M.; Perra, G.; Milia, C.; Musiu, C.; Marongiu, M. E. *Farmaco* **1997**, *52*, 667.
[64] (a) Kimura, T.; Kawara, A.; Nakao, A.; Ushiyama, S.; Shimozato, T.; Suzuki, K. PCT Int. Appl., WO 2000001688, A1 20000113, **2000**; *Chem. Abstr.* **2000**, *132*, 93204. (b) Kaiser, D. G.; Glenn, E. M. *J. Pharm. Sci.* **1972**, *61*, 1908.

[65] Lehuede, J.; Fauconneau, B.; Barrier, L.; Ourakow, M.; Piriou, A.; Vierfond, J. M. *Eur. J. Med. Chem.* **1999**, *34*, 991.
[66] Kruse, C. G.; Bouw, J. P.; Hes, R.; Kuilen, A.; Hartog, J. A. J. *Heterocycles* **1987**, *26*, 3141.
[67] Nozaki, H.; Koyama, T.; Mori, T.; Noyori. R. *Tetrahedron Lett.* **1968**, *18*, 2181.
[68] (a) Rao, H. S. P.; Jothilingam, S. *Tetrahedron Lett.* **2001**, *42*, 6595. (b) Rao, H. S. P.; Jothilingam, S.; Scheerenb, H. W. *Tetrahedron* **2004**, *60*, 1625.
[69] Wasserman, H. H.; Keith, D. D.; Nadelson, J. *Tetrahedron* **1976**, *32*, 1867.
[70] Abid, M.; Spaeth, A.; Török, B. *Adv. Synth. Catal.* **2006**, *348*, 2191.
[71] (a) Hall, A.; Bit, R. A.; Brown, S. H.; Chaignot, H. M.;Chessell, I. P.; Coleman, T.; Giblin, G. M. P.; Hurst, D. N.; Kilford, I. R.; Lewell, X. Q.; Michel, A. D.; Mohamed, S.; Naylor, A.; Novelli, R.; Skinner, L.; Spalding, D. J.; Tang, S. P.; Wilson, R. J. *Bioorg. Med. Chem. Lett.* **2006**, *16*, 2666. (b) Hall, A.; Atkinson, S.; Brown, S. H.; Chessell, I. P.; Chowdhury, A.; Clayton, N. M.; Coleman, T.; Giblin, G. M. P.; Gleave, R. J.; Hammond, B.; Healy, M. P.; Johnson, M. J.; Michel, A. D.; Naylor, A.; Novelli, R.; Spalding, D. J.; Tang, S. P. *Bioorg. Med. Chem. Lett.* **2006**, *16*, 3657.
[72] Braun, R.; Zeitter, K.; Müller, T. J. J. *Org. Lett.* **2001**, *3*, 3297.
[73] Kidwai, M.; Singhal, K.; Rastogi, S. *J. Heterocyclic Chem.* **2006**, *43*, 1231.
[74] Trost, B. M.; Doherty, G. A. *J. Am. Chem. Soc.* **2000**, *122*, 3801.
[75] Fabiano, E.; Golding, B. T. *J. Chem. Soc., Perkin Trans. I* **1991**, 3371.
[76] Kuo, W. J.; Chen, Y. H.; Jeng, R. J.; Chan, L. H.; Lina, W. P.; Yang, Z. M. *Tetrahedron* **2007**, *63*, 7086.
[77] Salamone, S. G.; Dudley, G. B. *Org. Lett.* **2005**, *7*, 4443.
[78] Tsuji, Y.; Yokoyamk, Y.; Huh, A. T.; Watanabe, Y. *Bull. Chem. Soc. Jpn.* **1987,** *60*, 3456.
[79] Mattson, A. E.; Bharadwaj, A. R.; Scheidt, K. A. *J. Am. Chem. Soc.* **2004**, *126*, 2314.
[80] Chochois, H.; Sauthier, M.; Maerten, E.; Castanet, Y.; Mortreux, A. *Tetrahedron* **2006**, *62*, 11740.
[81] (a) Gossauer, A. *Die Chemie der Pyrrole*; Springer Verlag: Berlin, **1974**. (b) Gossauer, A. In *Houben–Weyl Methoden der Organischen Chemie*, Vol. E6a; Kreher, R., Ed.; Thieme: Stuttgart, **1994**, 556. (c) Gribble, G. W. In *Comprehensive Heterocyclic Chem. II*, Vol. 2; Katritzky, A. R.; Rees, C. W.; Scriven, E. F. V., Eds.; Pergamon Press: Oxford, **1996**, 207. (d) Sundberg, R. J. In *Comprehensive Heterocyclic Chemistry II*, Vol. 2; Katritzky, A. R.; Rees, C. W.; Scriven, E. F. V., Eds.; Pergamon Press: Oxford, **1996**, 119. (e) Fürstner, A. *Synlett* **1999**, 1523.
[82] Braun, R. U.; Zeitler, K.; Müller, T. J. J. *Org. Lett.* **2000**, *2*, 4181.
[83] MacDiarmid, A. G. *Synth. Met.* **1997**, *84*, 27.
[84] Kawai, A.; Kawai, M.; Murata, Y.; Takada, J.; Sakakibara, M. PCT Int. Appl., WO 9802430, A1 19980122, **1998**; *Chem. Abstr.* **1998**, *128*, 140613.
[85] Jiang, S. B.; Lu, H.; Liu, S. W. *Antimicrobial Agents Chemotherapy.* **2004**, *48*, 4349.
[86] Cronin, B.; Nix, M. G. D.; Devine, A. L. *Phys. Chem. Chem. Phys.* **2006**, *8*, 599.
[87] Ablaza, S. L.; Pal, N. N.; Le Quesne, P. W. *Nat. Prod. Lett.* **1995**, *6*, 77.
[88] Zennie, T. M.; Cassady, J. M.; *J. Nat. Prod.* **1990**, *53*, 1611.
[89] Hayakawa, Y.; Kawakami, K.; Seto, H.; Furihata, K. *Tetrahedron Lett.* **1992**, *33*, 2701.
[90] (a) Fuerstner, A. *Angew. Chem., Int. Ed.Engl.* **2003**, *42*, 3582. (b) Füerstner, A.; Reinecke, K.; Prinz, H.; Waldmann, H. *Chembiochem* **2004**, *5*, 1575.
[91] D'Ambrosio, M.; Guerriero, A.; Ripamonti, M.; Debitus, C.; Waikedre, J.; Pietra, F. *Helv. Chim. Acta* **1996**, *79*, 727.
[92] Cafieri, F.; Carnuccio, R.; Fattorusso, E.; Taglialatela-Scafati, O.; Vallefuoco, T. *Bioorg. Med. Chem. Lett.* **1997**, *7*, 2283.
[93] Meijer, L.; Thunnissen, A. M. W. H.; White, A. W.; Garnier, M.; Nikolic, M.; Tsai, L. H.; Walter, J.; Cleverley, K. E.; Salinas, P. C.; Wu, Y. Z.; Biernat, J.; Mandelkow, E. M.; Kim, S. H.; Pettit, G. R. *Chem. Biol.* **2000**, *7*, 51.
[94] Keifer, P. A.; Schwartz, R. E.; Koker, M. E. S.; Hughes, R. G. Jr.; Rittschof, D.; Rinehart, K. L. *J. Org. Chem.* **1991**, *56*, 2965.
[95] Palermo, J. A.; Rodriguez Brasco, M. F.; Seldes, A. M. *Tetrahedron* **1996**, *52*, 2727.
[96] Martino, L.; Virno, A.; Pagano, B.; Virgilio, A.; Di Micco, S.; Galeone, A.; Giancola, C.; Bifulco, G.; Mayol, L.; Randazzo, A. *J. Am. Chem. Soc.* **2007**, *129*, 16048.

皮克特-斯宾格勒反应

(Pictet-Spengler Reaction)

麻 远

1 历史背景简述 ·· 174
2 Pictet-Spengler 反应的定义和机理 ···································· 175
3 Pictet-Spengler 反应的基本概念 ······································· 177
   3.1 芳乙胺 ··· 177
   3.2 羰基化合物 ·· 178
   3.3 羰基化合物的等价物 ··· 180
4 Pictet-Spengler 反应的条件综述 ······································· 180
   4.1 质子酸催化的 Pictet-Spengler 反应 ······················ 180
   4.2 Lewis 酸催化的 Pictet-Spengler 反应 ···················· 182
   4.3 无酸介质中的 Pictet-Spengler 反应 ······················ 183
   4.4 微波辅助的 Pictet-Spengler 反应 ·························· 184
5 Pictet-Spengler 反应的类型综述 ······································· 184
   5.1 液相 Pictet-Spengler 反应 ···································· 185
   5.2 固相 Pictet-Spengler 反应 ···································· 185
   5.3 区域选择性的 Pictet-Spengler 反应 ······················ 186
   5.4 不对称 Pictet-Spengler 反应 ································ 188
   5.5 特殊底物的分子内 Pictet-Spengler 成环反应 ········· 196
   5.6 氧杂 Pictet-Spengler 反应 ···································· 197
   5.7 硫杂 Pictet-Spengler 反应 ···································· 198
6 Pictet-Spengler 反应在天然产物合成中的应用 ··················· 198
   6.1 Lemonomycin 的全合成 ······································ 199
   6.2 Saframycin A 的全合成 ······································· 199
   6.3 Manzamine A 的全合成 ······································ 200
   6.4 Strictosidine 及 Vincoside 的全合成 ······················ 201
   6.5 (±)-Strychnofoline 的全合成 ································· 203

| 7 | Pictet-Spengler 反应实例 | 203 |
| 8 | 参考文献 | 206 |

1 历史背景简述

Pictet-Spengler 缩合反应是由 Amé Pictet 和 Theodor Spengler 在 1911 年发现的。他们使用苯乙胺与甲醛缩二甲醇在盐酸催化下发生反应时得到了四氢异喹啉，后来该反应就被称为皮克特-斯宾格勒 (Pictet-Spengler) 缩合反应 (式 1)[1]。该反应从发现距今已有将近 100 年的历史了，它目前仍然是合成异喹啉和 β-咔啉类衍生物的有效方法[2]。

$$\text{PhCH}_2\text{CH}_2\text{NH}_2 \xrightarrow{\text{CH}_2(\text{OCH}_3)_2,\ \text{HCl}} \text{tetrahydroisoquinoline} \quad (1)$$

Amé Pietet (1857-1937) 出生于瑞士日内瓦[3,4]，他于 1875 年开始了大学生涯。开始他选择了医学专业，可是 Marignac 教授的化学课让他着迷，使他决心改学化学。其后的两年，他在日内瓦跟随 Marignac 教授和 Monnier 教授学习。接着他到德国继续学业，明确了自己的主攻方向，在老师的指引下开始了有机化学研究和对矿物质的分析。1879 年秋天，他来到波恩大学，成为 Kekulé 的助手。1894 年，Pictet 成为有机化学专业的教授，直至 1932 年退休。1934 年，Pictet 作为副主编创刊了瑞士化学会志 (Helvetica Chimica Acta)。Pictet 性格沉稳，面对困难坚韧不拔，他一生无怨无悔地坚持自己的追求。除发现 Pictet-Spengler 反应之外，他还合成了许多生物碱。1903 年，他合成了尼古丁，从而证实了 1891 年所推测的尼古丁分子结构的正确性。1909 年，他合成了 N-甲基四氢罂粟碱，也译为劳丹素 (Laudanosine) 和罂粟碱 (Papaverine)。

在 Pictet-Splengler 反应被发现初期的近二十年里，它仅被用于合成四氢异喹啉 (THIQ, Tetrahydroisoquinoline) 类化合物。直到 1928 年，Tatsui 首次利用该反应从色胺和乙醛反应制备了 1-甲基-1,2,3,4-四氢-β 咔啉 (THBC, Tetrahydro-β-carboline) (式 2)[5]。

$$\text{tryptamine} \xrightarrow{\text{CH}_3\text{CHO},\ \text{H}_2\text{SO}_4} \text{1-methyl-THBC} \quad (2)$$

Pictet-Spengler 反应有力地支持了植物中异喹啉生物碱来源的理论假设。由于该反应最早是使用浓盐酸作为催化剂，因此化学家们力图在生理条件下进行反应，以便真正模拟自然界的转化方式。1934 年，Schöpf 和 Bayerle 在能与植物生理条件相容的温度、浓度及酸度条件下实现了 Pictet-Spengler 反应，并引发了一系列类似的报道[6~8]。但在当时发现的条件下，该反应进行得很慢，产率也不高，因此影响了它们的实用性。近年来，化学家们已经利用酶催化的 Pictet-Splengler 缩合反应，用色胺与开链马钱子苷 (Secologanin) 为原料获得了异胡豆苷 (Strictosidine)。它是生物合成单萜吲哚生物碱类化合物途径中的关键中间体[9~13]，色氨酸也可以发生类似的生物合成反应[14,15]。随着立体专一性的 Pictet-Spengler 反应的发展，该类缩合反应在许多异喹啉生物碱和吲哚生物碱的合成中发挥着重要作用[16~18]。

2 Pictet-Spengler 反应的定义和机理

Pictet-Spengler 反应是指 β-苯乙胺衍生物或 β-色胺衍生物与羰基化合物反应生成亚胺，随后经分子内芳香亲电取代反应发生环化，最终得到四氢异喹啉衍生物或者 β-咔啉衍生物的反应 (式 3 和式 4)。现在，β-苯乙醇衍生物和 β-色醇衍生物与羰基化合物发生的相似反应也被称为 Pictet-Spengler 反应。

如式 5 所示，2-芳基乙胺衍生物与羰基化合物在酸催化下发生的 Pictet-Splengler 反应一般认为需要经过两个步骤：(1) 2-芳基乙胺类衍生物与羰基化合物在酸或 Lewis 酸催化下发生缩合生成亚胺衍生物；(2) 亚胺衍生物质子化后生成亚胺鎓盐，然后再与富电子的芳香环发生分子内的芳香亲电取代反应。该步骤也称为分子内的氮杂 Friedel-Crafts 反应，生成四氢异喹啉衍生物。由于在许多实验中能够分离出中间体亚胺衍生物，并且亚胺中间体经酸催化确实可以生成 Pictet-Splengler 反应产物[2]，这些现象都支持这一反应机理。

色胺与醛发生 Pictet-Spengler 反应生成四氢-β-咔啉的机理与形成四氢异喹啉衍生物的机理相似 (式 6)。首先，在酸催化下，色胺与醛反应得到亚胺鎓离子中间体。然后，质子化的亚胺衍生物与富电子的吲哚环发生分子内的芳香亲电取代反应得到四氢-β-咔啉。

$$(6)$$

但是，也有学者对上述反应机理持有不同的观点，他们认为吲哚环上 C2 或者 C3 位碳原子都可以进攻质子化的亚胺。如果 C2 位碳原子进攻时，反应就按照式 6 所示的机理进行。如果 C3 位碳原子进攻时，则首先形成螺假吲哚中间体 **1**[19]。然后，再发生氮正离子诱导的碳正离子重排，去质子后就得到四氢-β-咔啉。Bailey 利用同位素标记的方法证明了螺假吲哚中间体 **1** 的存在[19]，Kowalski 等人的计算结果也表明螺环中间体 **1** 的能量比中间体 **2** 低而更易形成。但是，他们的 MNDO 计算结果同时也表明：由螺环中间体 **1** 到中间体 **2** 的重排在能量上是不利的[20]。其实，从机理分析也可以推测出螺环中间体 **1** 不能重排得到中间体 **2**。因为如果可以重排，不仅新形成的 C-C 键可以重排得到中间体 **2**，色胺中原来的 C-C 键也会不可避免地发生重排得到其异构体 **2'**，而在产物中并没有发现有异四氢-β-咔啉类产物存在。因此，目前普遍倾向于认为：亚胺中间体到螺环中间体 **1** 的过程是可逆的。四氢-β-咔啉产物最终是由 C2 位直接进攻得到中间体 **2**，然后再消除质子后得到的产物 (式 7)。

3 Pictet-Spengler 反应的基本概念

Pictet-Spengler 反应作为合成生物碱的重要反应之一。经过近一百年的实践，其反应底物已经有了较大的发展。苯乙胺和色胺衍生物可以扩展为苯并呋喃和苯并噻吩基乙胺衍生物以及苯乙醇和色醇衍生物等，醛可以扩展为半缩醛、缩醛、酮及其酮酸和酮酯等。

3.1 芳乙胺

Pictet-Spengler 反应中使用的芳香基乙胺底物一般为苯乙胺及其衍生物 (式 8)[2] 和色胺及其衍生物 (例如：色氨酸衍生物等) (式 9)[21]。由于环化过程属于芳香亲电取代反应，因此芳环上带有推电子取代基有利于反应。总体而言，苯乙胺衍生物中苯环的亲核性比色胺衍生物中吲哚环的亲核性差。因此，苯乙胺作为底物的反应体系通常需要更高的温度或更强的酸性催化剂。

N-对甲苯亚磺酰化的二甲氧基苯乙基胺与醛在 $BF_3 \cdot Et_2O$ 催化下也能够进行 Pictet-Spengler 反应，得到 N-亚磺酰化的四氢异喹啉衍生物 (式 10)[22]。

$$\text{(10)}$$

Barn 等人使用三氟乙酸来催化 N-对甲苯磺酰基苯乙胺与 3-邻苯二甲酰亚胺基丙醛的 Pictet-Spengler 反应,成功地合成了一类选择性高且亲和性好的 N-磺酰化的四氢异喹啉衍生物类 δ-阿片 (δ-Opioid) 配体 (式 11)[23]。

$$\text{(11)}$$

Tsuji 等人报道: 使用 Yb(OTf)$_3$ 和三甲基氯硅烷作为催化体系, N-酰基色胺与醛发生 Pictet-Spengler 反应生成四氢-β-咔啉-2-甲酸酯 (式 12)[24]。

$$\text{(12)}$$

在微波辐射条件下,取代的 N-乙酰基苯并呋喃乙胺也可以作为底物与由二甲基亚砜产生的甲醛发生 Pictet-Spengler 反应,得到相应的三环衍生物 (式 13 和式 14)[25,26]。

$$\text{(13)}$$

$$\text{(14)}$$

3.2 羰基化合物

当醛作为底物时,它们非常容易与芳香基乙胺结合生成亚胺中间体,并顺利地发生 Pictet-Spengler 反应 (式 15)。

$$\text{(15)}$$

半缩醛和缩醛在酸性条件下很容易原位转化成为相应的醛，因此也是 Pictet-Spengler 反应合适的底物 (式 1 和式 9)。如式 16 所示[27,28]：天然存在的各种醛糖类化合物均以半缩醛的形式存在，它们能够与富电子的苯乙胺发生 Pictet-Spengler 反应得到四氢异喹啉化合物。

$$\text{苯乙胺} \xrightarrow{\text{D-Glucose}} \text{四氢异喹啉产物} \tag{16}$$

乙醛酸及其衍生物也可以作为羰基化合物与芳乙胺发生 Pictet-Spengler 反应。如式 17 所示[29]：在酸催化下，乙醛酸与芳乙胺在甲醇中发生 Pictet-Spengler 反应直接生成了四氢异喹啉-1-甲酸甲酯产物。

$$\xrightarrow{\text{HCOCO}_2\text{H, HCl in MeOH}}_{58\%\sim71\%} \tag{17}$$

酮由于活性比醛低，其参与的 Pictet-Spengler 反应相对较难，例子也相对较少。但利用微波加热方式[30]或者使用沸石催化剂[31]，可以使常规加热下进行缓慢的以酮为底物的 Pictet-Spengler 反应顺利进行。如式 18 和式 19 所示：色氨酸和苯乙胺都可以在微波辐射或强酸性沸石催化条件下与酮顺利发生 Pictet-Spengler 反应。

$$\xrightarrow[67\%\sim99\%]{R^1COR^2,\ TFA\ (10\%)\ \ PhMe,\ MW,\ 60\ ^\circ C} \tag{18}$$

$$\xrightarrow[50\%\sim91\%]{R^3COR^4,\ E4a,\ EtOH\ \ 80\ ^\circ C,\ 10\sim40\ h} \tag{19}$$

活泼的酮酸或酮酸酯可以作为羰基底物顺利地发生 Pictet-Spengler 反应。如式 20 所示[32]：Bois-Choussy 等以 2-氧代丙二酸二乙酯和 3,4-二烷氧基苯乙胺为原料通过 Pictet-Spengler 反应，成功地合成了一系列 1,1'-二取代四氢异喹啉化合物。

$$\text{(20)}$$

(反应式 20: 3,4-二甲氧基苯乙胺 + CO(CO₂Et)₂, PhMe, TFA, 85 °C, 3 h, 96% → 四氢异喹啉产物)

3.3 羰基化合物的等价物

醛酮类化合物并不是唯一可以与苯乙胺和色胺衍生物发生反应生成亚胺中间体的底物。一些 N,O-缩醛类杂环化合物, 例如: 1,3-噁嗪烷 (**3**, Oxazinane) 和 1,3-噁唑烷 (**4**, Oxazolidine) 都可以作为醛的等价物参与 Pictet-Spengler 成环反应 (式 21)[33]。

$$\text{(21)}$$

此类杂环化合物的参与极大地拓展了 Pictet-Spengler 反应的应用范围。例如: 在 $TiCl_4$ 和 Et_3N 的催化下, 季噁唑烷 **5** 能够发生分子内 Pictet-Spengler 反应得到四氢异喹啉衍生物 **6**。化合物 **6** 不稳定, 直接经过氢化还原生成环状的二取代丝氨酸衍生物 **7**, 总产率 96% (式 22)[34]。

$$\text{(22)}$$

4 Pictet-Spengler 反应的条件综述

随着有机化学实践和理论的不断发展, Pictet-Spengler 反应的条件也得到持续更新和拓展, 从而进一步拓展了 Pictet-Spengler 反应的应用。

4.1 质子酸催化的 Pictet-Spengler 反应

质子酸催化的 Pictet-Spengler 反应是最早发现的 Pictet-Spengler 反应体系, 至今仍在广泛使用。在合成四氢异喹啉衍生物的过程中, 可以根据实际情况采用不同的质子酸催化体系, 例如: 盐酸[27,35]、磷酸[36]、甲酸[37]、乙酸[38~40]和三氟乙酸[41~44]等，在不同的反应条件下均可以顺利实现 Pictet-Spengler 反应 (式 23~式 26)。

如式 27 和式 28 所示：使用三氟甲磺酸[45,46]和对甲苯磺酸[47]这类超强酸和强酸，则可以促使一些在较弱酸性下很难进行的 Pictet-Spengler 反应得以顺利完成。

4.2 Lewis 酸催化的 Pictet-Spengler 反应

由于采用质子酸催化的 Pictet-Spengler 反应条件相对剧烈,不适合那些对酸敏感的反应物和产物。因此利用反应条件相对温和的 Lewis 酸作为 Pictet-Spengler 反应的催化剂受到了重视。最常用的 Lewis 酸 BF_3 电子结构中含有空的 p-轨道,Lewis 酸过渡金属盐离子一般都含有空的 d-轨道。Pictet-Spengler 反应的中间体亚胺氮原子上的孤对电子与 Lewis 酸的 p-空轨道或 d-空轨道发生配位可以使亚胺得到活化,活化后的亚胺可与苯环等芳环发生芳香亲电取代反应成环。

Srinivasan 和 Ganesan 利用微波辐射的方式平行筛选了在不同溶剂和不同反应温度下 30 种金属盐对 Pictet-Spengler 反应的催化性能。他们发现 (式 29)[48]:在一系列稀土金属 Lewis 酸催化剂 [例如:$Yb(OTf)_3$、$Sc(OTf)_3$、YCl_3 和 $Ce(OTf)_3$] 等中,$Yb(OTf)_3$ 的催化效果最好。离子液体 Lewis 酸催化体系 [bmim]Cl-$AlCl_3$ 也能够有效地促进该反应。

$$\text{indole-CH}_2\text{CH}(R^1)\text{NH}_2 + R^2\text{CHO} \xrightarrow[\substack{\text{MW, 100 °C, 30 min} \\ 65\%\sim86\% \\ R^1 = CO_2Me, H}]{\text{Lewis acid, CH}_2\text{Cl}_2} \text{tetrahydro-}\beta\text{-carboline} \quad (29)$$

Manabe 等分别以 Zn、In、Bi、Sm、Eu、Tb、Dy、Er、Lu 和 Yb 等金属的三氟甲基磺酸盐来催化 Pictet-Spengler 反应。如式 30 所示[49]:在合成 1-取代四氢异喹啉衍生物的反应中,以 $Yb(OTf)_3$ 为催化剂并加入脱水剂分子筛后产物收率可达 94%。

$$\text{HOC}_6\text{H}_4\text{CH}_2\text{CH}_2\text{NH}_2 + \text{RCHO} \xrightarrow[\substack{3\text{ Å MS, 25 °C, 24 h} \\ 94\%}]{Yb(OTf)_3 (10 \text{ mol\%}), CH_2Cl_2} \text{tetrahydroisoquinoline} \quad (30)$$

最近,Youn 报道了以 $AuCl_3/AgOTf$ 作为 Lewis 酸催化剂促进的 Pictet-Spengler 反应,以 34%~82% 的收率合成了一系列四氢异喹啉和四氢-β-咔啉化合物 (式 31 和式 32)[50]。

$$\text{(MeO)}_2\text{C}_6\text{H}_3\text{CH}_2\text{CH}_2\text{N=CHR} \xrightarrow[\substack{80\text{ °C, 24 h} \\ 34\%\sim82\%}]{AuCl_3, AgOTf, Cl(CH_2)_2Cl} \text{(MeO)}_2\text{-tetrahydroisoquinoline} \quad (31)$$

$$\text{indole-CH}_2\text{CH}_2\text{N=CH-CO}_2\text{Et} \xrightarrow[\substack{80\text{ °C, 24 h} \\ 65\%}]{AuCl_3, AgOTf, Cl(CH_2)_2Cl} \text{tetrahydro-}\beta\text{-carboline-CO}_2\text{Et} \quad (32)$$

4.3 无酸介质中的 Pictet-Spengler 反应

早期人们认为：Pictet-Spengler 反应只能在质子溶剂中和在酸催化下发生。1979 年，Cook 研究组发现：苯甲醛与色氨酸甲酯能够在没有酸的非质子溶剂中发生 Pictet-Spengler 反应，并就此展开了详细的研究[51]。结果表明：在无酸的非质子溶剂中能够明显提高 Pictet-Spengler 反应的产率，尤其是使用那些对酸敏感的底物。

在 Pictet-Spengler 反应中，环化的动力在于亚胺双键的亲电性。在无酸的非质子溶剂中反应，可以排除溶剂对氮原子质子化因素的影响，更加有利于研究氮原子上的电子云密度与环化难易程度的关系。因此，如果增加亚胺中间体的亲电性，则有利于在无酸的非质子溶剂中合成四氢-β-咔啉衍生物。Cook 等通过在 N-原子上引入苄基，实现了这一目的[51]。苄基的优点在于反应结束后可以通过催化氢解将其除去，从而使得苄基成为一个实现反应的良好辅助基团。随着这一发现，无酸条件下 Pictet-Spengler 反应的报道也逐渐增多 (式 33)[52,53]。

$$\text{(33)}$$

吡咯在酸性条件下不稳定，较难在酸催化下实现 Pictet-Spengler 反应。近年来的研究表明：无酸催化条件非常适合那些富电子吡咯衍生物的 Pictet-Spengler 反应 (式 34)[54]。

$$\text{(34)}$$

在仿生理的中性条件下，也可以进行 Pictet-Spengler 反应。例如：Manini 等在 pH = 7.4 的磷酸盐缓冲溶液和 37 °C 的仿生理条件下，检测到 L-多巴与 D-甘油醛之间发生 Pictet-Spengler 反应的产物 (式 35)[55]。

$$\text{(反应式图: HO-芳基乙胺 + CHO-CH(OH)-CH}_2\text{OH} \xrightarrow{\text{phosphate buffer, pH 7.4, 37 °C}}_{48\%,\ a:b=2:1} a + b) \quad (35)$$

4.4 微波辅助的 Pictet-Spengler 反应

通过微波辐射加热可以有效地提高很多有机反应的速率，尤其是那些需要高温和长时间才能够完成的反应。这一技术在有机合成中的应用日趋普遍，目前也有采用微波辅助来进行 Pictet-Spengler 反应的报道。

Chu 的小组利用微波加热方式[30]，使常规加热下进行缓慢的、以酮为底物的 Pictet-Spengler 反应顺利进行 (式 13 和式 14)。Besson 的小组发现[25]：当采用微波辐射时，取代的 N-乙酰氨基苯并噻吩或苯并呋喃也可以作为底物发生 Pictet-Spengler 反应。他们推测其机理认为：在微波辐射下，DMSO 首先被热解产生甲醛。然后，甲醛进攻 N-乙酰氨乙基苯并噻吩和苯并呋喃上的氮原子，经亚胺中间体发生分子内 Pictet-Spengler 反应缩合成环 (式 36)。

$$\text{(反应式 36)} \quad (36)$$

Srinivasan 和 Ganesan 研究了微波辐射下稀土盐对 Pictet-Spengler 反应的催化性能[48]。如式 29 所示：该反应在常规加热条件下需要 24 h 到 4 天才能完成，而在微波辐射条件下只需要 30 min。

5 Pictet-Spengler 反应的类型综述

β-苯乙胺和 β-色胺衍生物与羰基化合物反应，经过亚胺中间体发生分子内芳香亲电取代反应，环化为四氢异喹啉衍生物或者 β-咔啉衍生物可以视作典型的 Pictet-Spengler 反应。在此基础上，一些与此相关的反应也被称为 Pictet-Spengler 反应。

5.1 液相 Pictet-Spengler 反应

到目前为止,绝大多数 Pictet-Spengler 反应都是在溶液中进行的。根据反应进行所需要的温度和溶剂对底物的溶解性能来选择溶剂。常用的多种有机溶剂,例如:二氯甲烷、甲苯、对二甲苯、乙腈、乙醇、丙醇、水和这些溶剂的混合物等,都可以作为 Pictet-Spengler 反应的溶剂。关于液相 Pictet-Spengler 反应前面已经做了很多介绍,这里不再赘述。

5.2 固相 Pictet-Spengler 反应

近年来,杂环类小分子化合物库的固相合成已经成为固相组合化学研究的热点之一,通过固相 Pictet-Spengler 反应来合成小分子生物碱类化合物也成为 Pictet-Spengler 反应研究的新内容[56~59]。固相 Pictet-Spengler 反应最大的优点在于能够同时合成数目庞大的小分子生物碱类化合物库,同时分离和纯化都比较简单。由于固相合成中树脂载体对溶胀的特殊要求,固相 Pictet-Spengler 反应所使用的催化体系和溶剂必须经过多次筛选,其反应时间通常比液相 Pictet-Spengler 反应长。

Kan 等利用固体 Marshall 树脂,通过将羧基连接在固相载体上的 O-烷基化的色氨酸酯衍生物与多聚甲醛之间的 Pictet-Spengler 反应,平行合成了一系列四氢异喹啉衍生物 (式 37)[60]。

Nielsen 等以 PEGA$_{800}$ 为固相载体,通过 N-酰基 Pictet-Spengler 反应,平行合成了一类含氮小分子杂环化合物库[61],选用的催化剂为 10% 的 TFA 水溶液 (式 38)。

5.3 区域选择性的 Pictet-Spengler 反应

对于非取代或者邻、对位单取代的苯乙胺底物而言，发生 Pictet-Spengler 反应时只能得到一种成环产物，无需考虑其区域选择性。如果使用间位单取代的苯乙胺，则存在对位或者邻位成环两种可能的方式，这就需要考虑反应的区域选择性问题。

5.3.1 Pictet-Spengler 反应的区域选择性

早期研究发现：如果间烷氧基苯乙胺作为底物进行 Pictet-Spengler 反应时，由于位阻的原因会导致主要生成在烷氧基对位成环的产物。如式 39 所示：间甲氧基苯乙胺与甲醛缩合，只生成 6-甲氧基-1,2,3,4-四氢异喹啉，而没有分离得到任何 8-甲氧基-1,2,3,4-四氢异喹啉产物[62]。

在 1-(3,4-二甲氧基苯)甲基四氢异喹啉衍生物与甲醛的 Pictet-Spengler 反应中，也只得到在对位成环的产物 **9** (式 40)[63]。

但是，当底物 **8** 中的甲醚全部转变成为羟基时，由于酚羟基具有较小的位阻和能够极大地活化它们的邻、对位，因此得到两种成环产物的混合物 (式 41)[64]。

在式 42 所示的 Pictet-Spengler 反应中[65]，底物分子中的两个环上均能够进行环化反应。但是，区域选择性地主要发生在电子云密度较大的环上 (即有三个烷氧基取代的环上)。由于该环的两个位置均被烷氧基活化，因而邻位和对位都能够发生环化，也得到两种四氢异喹啉衍生物的混合产物。

5.3.2 pH 控制的区域选择性 Pictet-Spengler 反应

由于间位取代苯乙胺的 Pictet-Spengler 反应的区域选择性一般不太好，因而控制其区域选择性成为一个比较重要的问题。在 20 世纪 80 年代，Bates 等较为详细地研究了在不同 pH 值条件下，取代的 3-羟基苯乙胺与甲醛和乙醛发生 Pictet-Spengler 反应时的区域选择性。如式 43 所示[66]：他发现在酸性条件下 (pH = 2)，环化反应基本上发生在羟基的对位，得到对位环化产物 **10**；当 pH = 5 时，邻位环化产物 **11** 有明显增加，随取代基的不同而异，有的可以高达 41%；当 pH = 7 时，邻位产物 **11** 的比例达到最大，最高可以占到环化产物的 50%；但是，当 pH 增加至 8.5 时，邻位关环的产物又会减少。

他们对于这些反应现象提出了比较合理的解释：当反应在强酸性条件下进行时，反应的过渡态接近产物的结构，主要生成位阻较小的对位成环产物。随着 pH 的增大，酚羟基被转化成为酚氧基负离子。由于增加了芳香环上的电子云密度，降低了成环所需的活化能，因此也降低了反应的区域选择性[67]。随着 pH 进一步增大至碱性，亚胺鎓离子减少并导致与酚氧负离子之间的偶极吸引作用随之减少，从而减少了邻位关环产物。

5.3.3 硅烷基诱导的区域选择性 Pictet-Spengler 反应

近年来，也有报道利用本位芳香取代反应 (*ipso*-substitution) 可以使间位烷氧基取代的苯乙胺衍生物主要在邻位关环。如式 44 所示[68]：Miller 和 Tsang 通过在烷氧基的邻位引入三甲硅基，发生本位芳香取代反应来控制 Pictet-Spengler 反应的区域选择性，实现了以邻位关环产物为主的 Pictet-Spengler 反应。

Cutter 等人利用这一步骤成功地合成了 5 种天然存在的原小檗碱类化合物 (Protoberberine) (式 45)[69]。

$$\text{(45)}$$

$R^1 = R^2 = Me, 89\%, 55\% \ ee$
$R^1 + R^2 = -CH_2-, 91\%, 58\% \ ee$
$R^1 = H, R^2 = Me, 86\%, 59\% \ ee$
$R^1 = Me, R^2 = H, 92\%, 57\% \ ee$

5.4 不对称 Pictet-Spengler 反应

在 Pictet-Spengler 反应新形成的杂环体系中,原料羰基化合物的碳原子将成为一个新的手性中心。在通常的 Pictet-Spengler 反应条件下,得到的是一对外消旋混合产物。近年来,手性 Pictet-Spengler 反应研究已经成为该反应的重要内容之一。由于许多天然咔啉或异喹啉生物碱环系的 C1 位是手性的,所以可以利用底物的手性来诱导手性 Pictet-Spengler 反应。但是,使用手性辅助合成或者手性催化合成则更具有意义。

5.4.1 手性底物诱导的不对称 Pictet-Spengler 反应

根据所使用的原料,可以将手性底物诱导的不对称 Pictet-Spengler 反应分为手性芳乙胺作为底物和手性羰基化合物作为底物两种类型。

5.4.1.1 手性芳乙胺作为底物

1981 年,Ungemach 等人发现在无酸的非质子溶剂中,以 N_b-苄基色氨酸甲酯为起始原料,能够与多种位阻较大的醛发生反应。然后,经催化氢解脱除苄基,可以立体专一性地获得 trans-1,3-二取代-1,2,3,4-四氢-β-咔啉。接着,再脱去甲氧羰基得到光学纯的 1-取代-1,2,3,4-四氢-β-咔啉 (式 46)[70]。

$$\text{(46)}$$

R = o-HOPh, cHex, Et

控制该反应立体选择性的关键因素在于 N-原子上的苄基取代基。如果使用非取代的色氨酸甲酯作为原料,只能够得到 cis/trans 异构体的混合物。为此,Cook 等提出了二种可能的中间体 **12** 和 **13** (式 47)。由于中间体 **12** 为 Z-型,在反应的过渡态中苯环与吲哚环之间的位阻排斥作用大。而 E-型的中间体 **13**

反应时过渡态中吲哚环与氢原子间的排斥作用较小,因此认为在环化时以 **13** 为中间体更为有利。

$$(47)$$

式 48 显示了中间体 **13** 中吲哚双键的 C3 位进攻亚胺时,可以从碳-氮双键的下方 (路径 **A**) 或上方 (路径 **B**) 进行。从上方进攻得到的中间体 **15** 显然比中间体 **14** 更加拥挤,因为在中间体 **15** 中 C1、N2 和 C3 上的取代基均在环的同侧。当重排为中间体 **16** 和 **17** 时这种立体选择性更加明显,*cis* 非对映

$$(48)$$

异构体 **17** 更不稳定，因为其中的 *N*-苄基取代基占据准直立键，而且其 C1 的平伏键取代基 R 与吲哚环上的 *N*-H 之间存在相互排斥。因此，通过用分子模型对反应过程的立体化学进行分析可见，该类 Pictet-Spengler 反应有利于生成 *trans*-异构体 **18**。

Cook 小组的进一步研究发现：当吲哚环上的 *N*-原子被 Boc-基团保护后，虽然经 Pictet-Spengler 反应直接获得的是 *cis/trans* 的混合物，但经过 TFA/CH_2Cl_2 进行后处理可以将其中的 *cis*-产物最终转化为在热力学上更为稳定 *trans*-产物 (式 49)[71]。

$$\text{(49)}$$

5.4.1.2 手性羰基化合物作为底物

Thal 等人在 1993 年利用光学纯的 α-(*S*)-氨基醛与色胺反应，立体专一性地获得了 *cis*-(+)-1-(*S*)-氨基吲哚并[2,3-*a*]喹啉啶 [*cis*-(+)-1-(*S*)-aminoindolo[2,3-*a*]quinolizidine] (式 50)[72]。

$$\text{(50)}$$

5.4.2 手性辅助基诱导的不对称 Pictet-Spengler 反应

利用手性辅助基团形成局部的诱导,产生一个新的手性中心,反应后再将手性辅助基团除去,已经成为不对称合成的重要手段。这一策略同样可以应用于 Pictet-Spengler 反应,根据手性辅助基所处的位置,可以分为芳乙胺上的手性辅助基和羰基组分上的手性辅助基两种类型。

5.4.2.1 芳乙胺上的手性辅助基

Waldmann 等人最早将氨基酸酯作为手性辅助基团引入色胺,利用氨基酸酯与 3-(β-溴乙基)吲哚或 3-(β-碘乙基)吲哚反应得到手性胺 **20** (式 51)[73]。

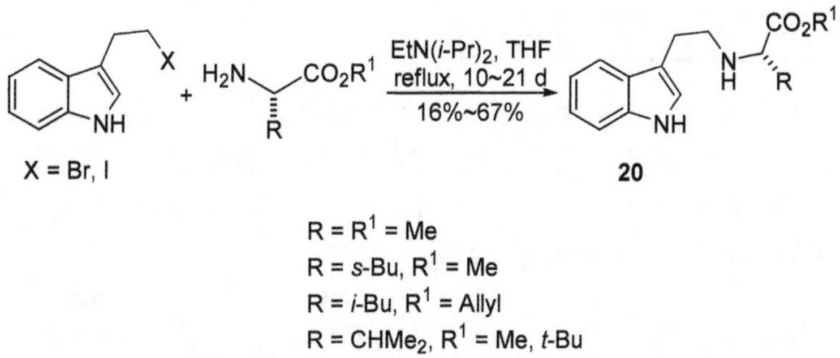

$$\text{(51)}$$

R = R^1 = Me
R = s-Bu, R^1 = Me
R = i-Bu, R^1 = Allyl
R = CHMe$_2$, R^1 = Me, t-Bu

该手性胺 **20** 与芳香醛在 6~40 °C 的条件下,以乙酸及二氯甲烷为溶剂,经数天反应后以 **21:22** > 70:30 的比例得到相应的关环产物 (式 52)。氨基酸侧链的体积对于反应的选择性有明显影响,其中 Val 和 Ile 衍生物的选择性较高。有推电子取代基的芳香醛以及取代基处于芳醛的邻位均有利于提高反应的选择性,降低反应温度也可以增加选择性。

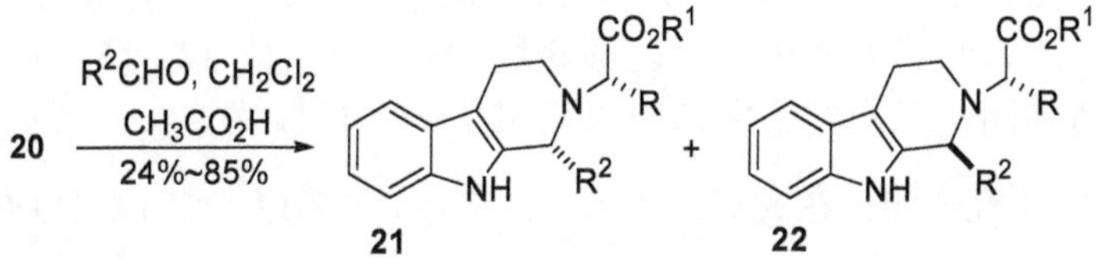

$$\text{(52)}$$

研究还发现:将对硝基苯甲醛生成的次要产物 **22** (R^2 = p-NO$_2$Ph) 和乙酸在苯溶液中回流 3 天,可以定量转变为 **21** (R^2 = p-NO$_2$Ph)。但是,如果在 25 °C 下进行同样的操作,该异构化不能进行。因此,推测该反应虽然是由动力学控制的,但产物中过量的异构体也恰好正是热力学上更为稳定的 cis-化合物。

去除辅助基团可以采用 Yamada 等发明的方法,经过一系列化学转变后进行脱除 (式 53)[73,74]。

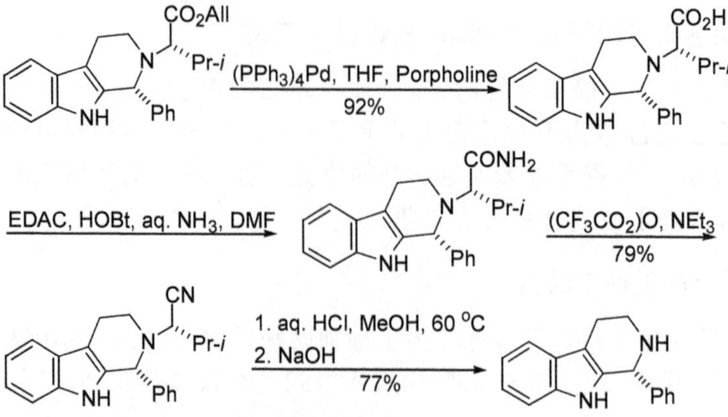

(53)

EDAC = $MeCH_2N{=}C{=}N(CH_2)_3NMe_2 \cdot HCl$

1995 年，Nakagawa 等也报道了利用手性辅助基团衍生化的色胺作为底物进行的不对称 Pictet-Spengler 反应 (式 54)[75]。他们首先以 3-吲哚基草酰氯与 (*R*)- 或 (*S*)-1-甲基苄胺反应，再经 $LiAlH_4$ 还原后获得原料 (1*R*)- 或 (1*S*)-*N*-(*β*-3-吲哚基)乙基-1-甲基苄胺 (**23**)。

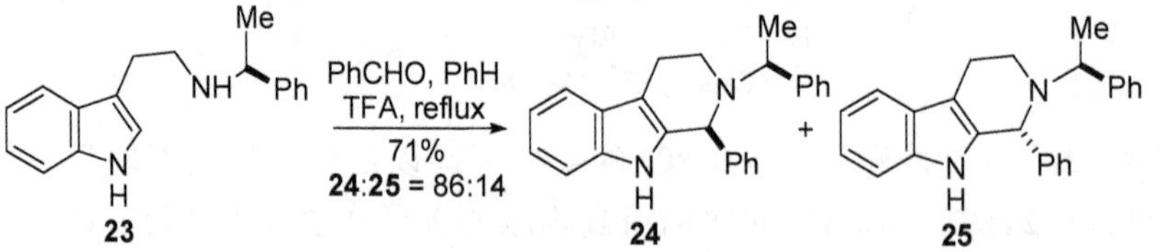

(54)

他们的研究表明：乙酸、盐酸和甲磺酸作为质子酸催化剂均不能获得立体选择性产物，使用手性酸 [例如：*d*-樟脑磺酸、(*S*)-扁桃酸和 *N*-对甲苯磺酰基氨基酸作催化剂] 亦无助于改善立体选择性。但是，TFA 和 TsOH 作为催化剂时产物有较好的立体选择性，生成 *cis*-化合物为主的产物。当以 0.5 摩尔倍量的三氟乙酸为催化剂，在回流的苯中反应能够获得最好的 *dr* 值 (**24**:**25** = 86:14)。产物中的苄基辅助基团在反应结束之后可以用氢解的方法脱去。

Jiang 等人的研究表明：在式 55 所示的反应中，由动力学控制可以获得 50%

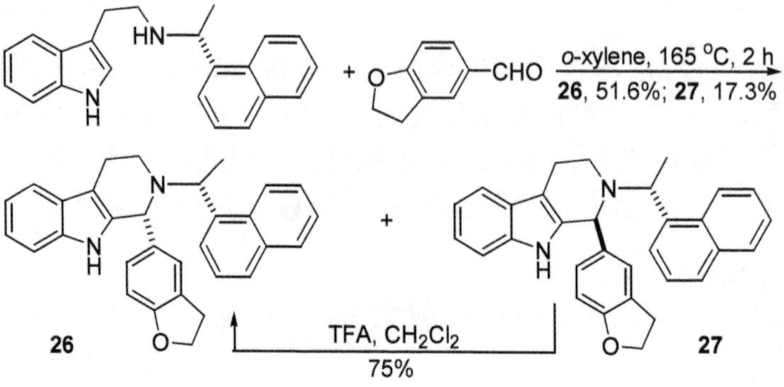

(55)

de 的非对映异构体混合物 **26** 和 **27**。在 CH_2Cl_2 中经 TFA 的处理，**27** 能够发生构型的转变得到热力学更为有利的产物 **26**。平衡时，该反应的选择性可以高达 **26:27** = 93:7。如果再经过重结晶，最后以 75% 的总产率得到立体专一性 *cis-*产物 **26**[76]。

如式 56 所示：在强酸性条件下，*trans-*产物发生了微观可逆的 Pictet-Spengler 反应。重新回到亚胺鎓离子中间体，最终得到稳定的 *cis-*产物。利用分子模拟对 *cis-* 和 *trans-*产物的构象能量进行计算表明，*cis-*产物比 *trans-*产物能量略低。因此 *cis-*产物更为稳定，这可能是由于其中的两个芳环能够发生有效的 π-π 堆积作用。计算结果与实验观察一致，支持了该过程是由热力学平衡控制的假设。

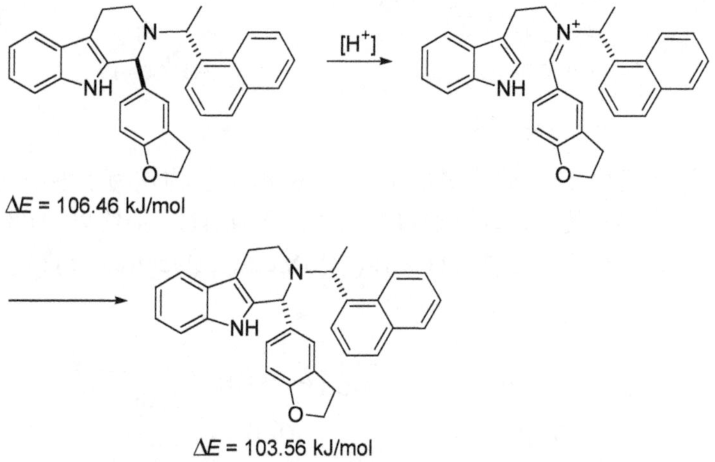

(56)

Gremmen 等则报道了以 *N-*亚磺酰基作为手性辅助基，通过 Pictet-Spengler 反应，以大于 98% ee 的立体选择性制备了光学纯的四氢-β-咔啉类化合物。他们发现在该反应中，催化效果最好的酸是 10-樟脑磺酸 (10-Camphorsulfonic acid, CSA) (式 57)[77]。

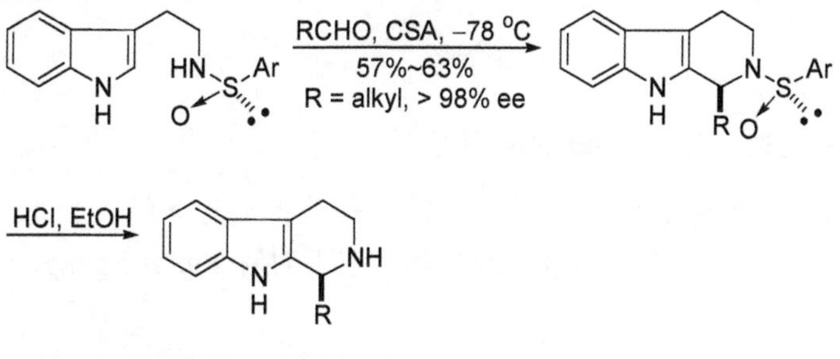

(57)

5.4.2.2 羰基组分上的手性辅助基

Kawai 等利用多巴胺与 (+)-丙酮酸薄荷醇酯作为原料，经 Pictet-Spengler 缩合反应和水解两步反应制备了手性的 (*R*)-(-)-去甲猪毛菜碱-1-甲酸

[(R)-(−)-Salsolinol-1-carboxylic acid, **29**]。该化合物是从人脑中检测到的一类神经元毒性化合物, 与帕金森症疾病有关。如式 58 所示[78]: 尽管缩合步骤的选择性不是很好 (dr = 56:44), 但经过 2~3 次重结晶就可以得到 > 99% de 的手性化合物 **28**。最后, 再经过皂化后以 82% 的产率得到了目标产物 **29**。

$$(58)$$

Czarnocki 等以莰烷-10,2-磺内酰胺的 N-乙醛酰衍生物作为手性醛组分与多巴胺反应, 生成产物 **30** 的非对映体选择性可以达到 89:11。最终以 91% 的分离产率得到 (S)-(+)-N-甲基荜卷豆碱 (**31**, (S)-(+)N-Methylcalycotomine) (式 59)[79]。

$$(59)$$

5.4.3 不对称催化的 Pictet-Spengler 反应

在不对称合成反应中, 使用不对称催化剂来获得高光学纯的目标分子, 由于手性转化的效率高, 一直是人们追求的目标, 在不对称 Pictet-Spengler 反应中也是如此。

5.4.3.1 手性磷酸催化剂

2006 年, List 等报道: 在手性磷酸催化剂存在下, 色胺衍生物和芳香或脂肪醛经 Pictet-Spengler 反应, 可制备一系列手性四氢-β-咔啉化合物[36]。如式 60

所示：该反应可以得到 58%~98% 的产率和 72%~94% ee。

$$\text{(60)}$$

5.4.3.2 手性硼催化剂

3-(2-硝基乙基)吲哚还原可得 N_b-羟基色胺，随后它与醛反应能够制备相应的硝酮 **32**。Nakagawa 等的研究表明：在手性 Lewis 酸催化剂 (+)-Ipc$_2$BCl (Diisopinocampheylchloroborane) 的存在下，硝酮 **32** 可以发生分子内环合生成立体选择性的羟胺衍生物（最高达到 90% ee）(式 61)[80]。带有推电子取代基的芳香醛的立体选择性最好，脂肪醛的选择性较差，而带有强吸电子取代基的芳香醛完全没有选择性。

$$\text{(61)}$$

除了光学活性的 Ipc$_2$BCl 外，研究者还尝试了质子酸辅助的 Lewis 酸 BLAs (Brønsted acid-assisted Lewis acids) (R)-**33**、(S)-**33** 及 (R)-**34** 来催化硝酮 **32** 的反应，立体选择性最高可达 91% ee (式 62)。特别值得一提的是，带有强吸电子取代基的对硝基苯甲醛的反应也可以达到 74% ee[80]。

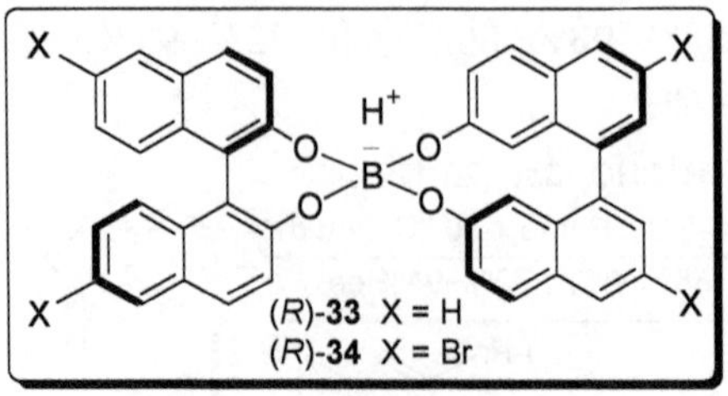

$$\text{(62)}$$

(R)-33 X = H
(R)-34 X = Br

5.4.3.3 手性硫脲催化剂

2004 年，Jacobsen 的小组报道了手性硫脲衍生物 **35**，能够不对称催化酰化 Pictet-Spengler 反应，以很好的对映选择性得到手性 N-乙酰基-β-咔啉 (式 63)[81]。

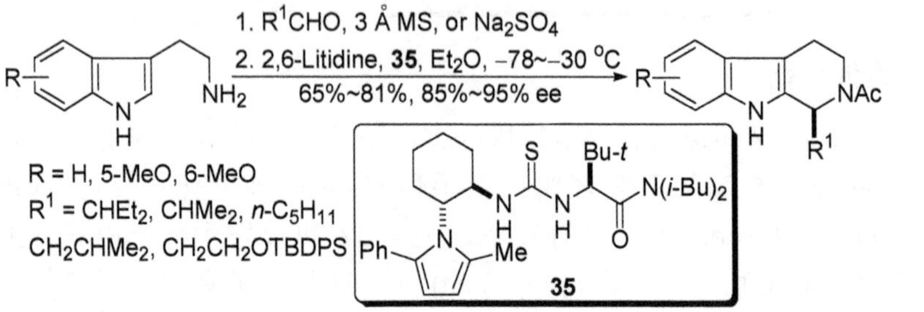

$$\text{(63)}$$

1. R^1CHO, 3 Å MS, or Na_2SO_4
2. 2,6-Litidine, **35**, Et_2O, −78~−30 $^{\circ}$C
65%~81%, 85%~95% ee

R = H, 5-MeO, 6-MeO
R^1 = CHEt$_2$, CHMe$_2$, n-C_5H_{11}
CH_2CHMe_2, CH_2CH_2OTBDPS

5.5 特殊底物的分子内 Pictet-Spengler 成环反应

Zhang 等研究发现：N-乙炔基苯乙胺在 Brønsted 酸的催化下，首先生成烯酮亚胺鎓离子中间体。接着，再发生分子内 Pictet-Spengler 成环反应，生成 1-亚甲基四氢异喹啉类化合物 (式 64)[82]。

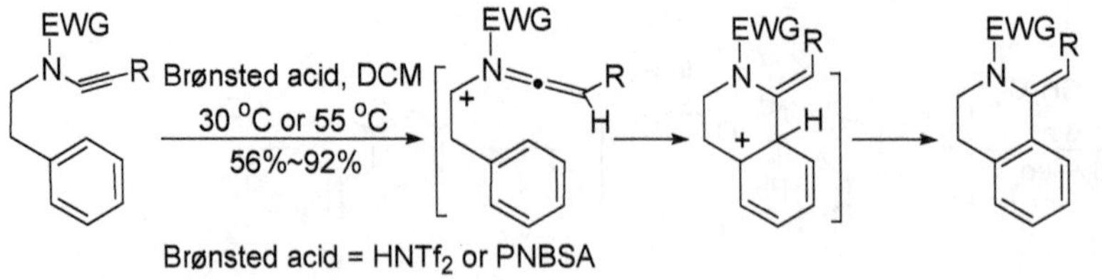

$$\text{(64)}$$

Brønsted acid, DCM
30 $^{\circ}$C or 55 $^{\circ}$C
56%~92%

Brønsted acid = HNTf$_2$ or PNBSA

最近，Rose 等报道了连接在呋喃环上的四氢吲哚满酮的分子内 Pictet-Spengler 反应[83]。他们认为：在质子酸的催化下，四氢吲哚满酮首先异构化为亚胺鎓离子，然后再发生分子内成环反应 (式 65)。

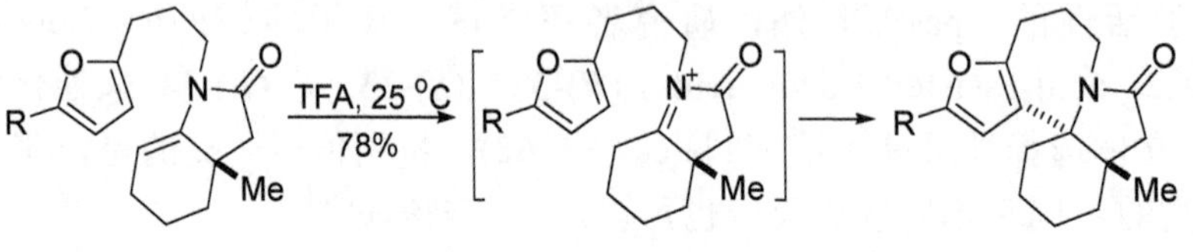

$$\text{(65)}$$

TFA, 25 $^{\circ}$C
78%

5.6 氧杂 Pictet-Spengler 反应

1992 年，Wünsch 和 Zott 提出了氧杂 Pictet-Spengler 反应这一概念[84]。氧杂 Pictet-Spengler 反应是指 β-芳基乙醇与醛酮或者醛酮的等价物反应，用来合成含有苯并吡喃环类化合物的反应。例如：使用 (S)-2-羟基苯丙酸，经氧杂 Pictet-Spengler 反应就可以得到 1-苯基苯并[c]吡喃-3-羧酸。目前这已成为合成异苯并二氢吡喃及其相关的含氧杂环化合物的重要方法 (式 66)[85]。

$$\text{(66)}$$

根据四氢异喹啉与异苯并二氢吡喃之间结构的相似性，也可以将 Pictet-Spengler 反应由合成四氢-β-咔啉推广到合成 1,3,4,9-四氢吡喃并[3,4-b]吲哚类化合物。如式 67 所示：该方法为将氧杂 Pictet-Spengler 反应用于合成更多杂环化合物提供了可能。

$$\text{(67)}$$

一般而言，活泼底物在温和条件下就能够反应，不加入酸催化剂或者仅仅加入像羧酸这样的弱酸催化剂就足以促使反应发生[86]。不过，文献报道的许多实例还是在更为剧烈的操作条件下实现的，需要 Lewis 酸或质子酸作为催化剂，还需要高温或者较长的时间才能使反应进行完全。如式 68 所示[87]：以 BF_3 作为催化剂，取代萘乙醇与甲醛缩二甲醇在乙醚中发生氧杂 Pictet-Spengler 反应，以 85% 的产率获得了相应的取代萘并吡喃衍生物。

$$\text{(68)}$$

近几年，Guiso 的小组通过氧杂 Pictet-Spengler 反应制备了多个 1-烷基和 1-苯基二氢异苯并吡喃衍生物[88]，如式 69 所示：其中包括 4-羟苯基乙醛与 3,4-二羟苯乙醇缩合的产物 6,7-去甲基氧杂衡州乌药碱 (6,7-Demethyloxacoclaurine)。

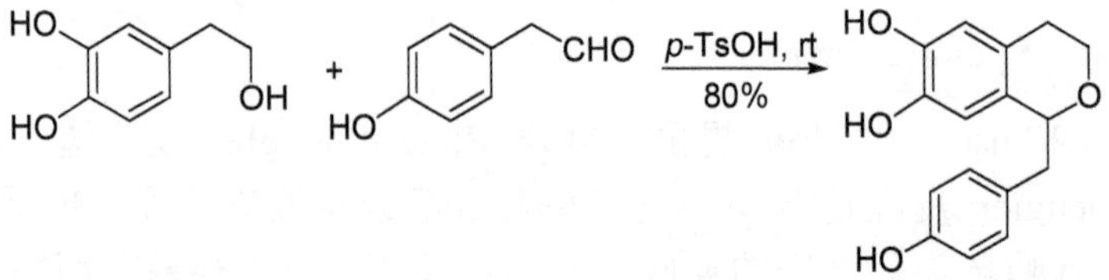

[反应式 (69)]

在三氟化硼或三氟乙酸的催化下，2-三甲基硅基 Trypyophols 可以与酮发生氧杂 Pictet-Spengler 反应，其反应的历程与三氟化硼催化的常规 Pictet-Spengler 反应类似 (式 70)[89]。

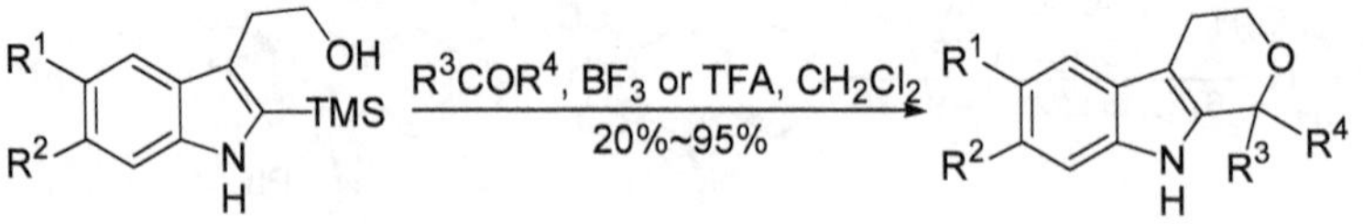

[反应式 (70)]

5.7 硫杂 Pictet-Spengler 反应

1987 年和 1990 年，Biscarini 等报道了苯乙硫醇与甲醛在盐酸和三氯化铝存在下生成苯并硫杂环己烷衍生物的反应。如式 71 所示[90,91]；该反应可以看作是硫杂 Pictet-Spengler 反应。但是，该反应的机理与经典的 Pictet-Spengler 反应有所不同。如式 72 所示：苯乙硫醇与甲醛在盐酸存在下首先生成氯甲基苯乙基硫醚；然后，在三氯化铝存在下再发生分子内 Friedel-Crafts 烷基化反应得到苯并硫杂环己烷衍生物。

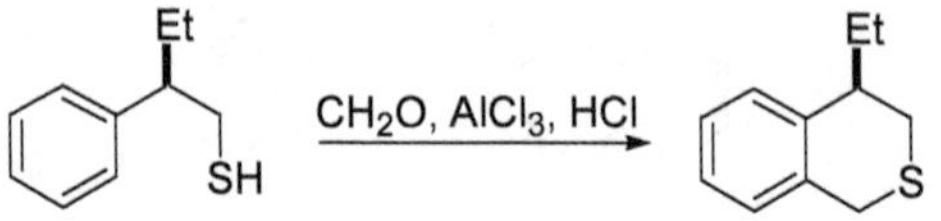

[反应式 (71)]

[反应式 (72)]

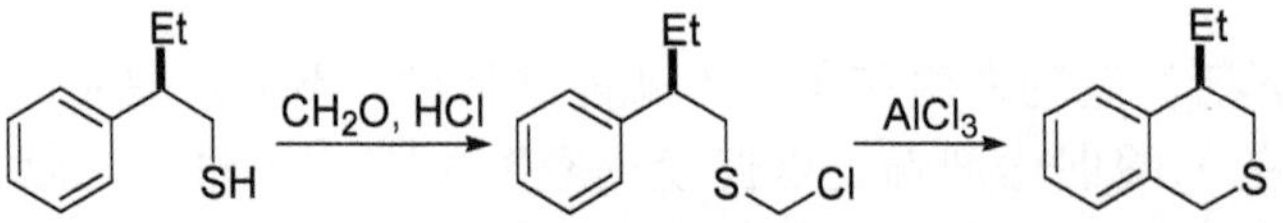

Hori 等研究了对甲氧基苯乙硫醇与 3-氧代丁酸甲酯在对甲苯磺酸和甲磺酸催化下发生的硫杂 Pictet-Spengler 反应，合成了苯并硫杂环己烷乙酸甲酯衍生物 (式 73)[92]。

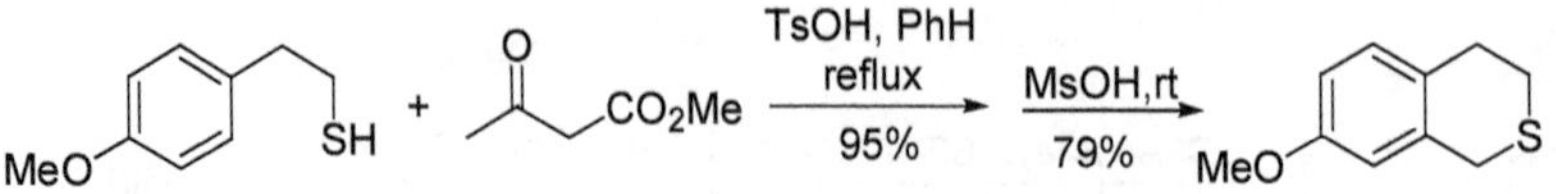

[反应式 (73)]

6 Pictet-Spengler 反应在天然产物合成中的应用

在过去的数十多年间，有机化学家们在合成光学活性的复杂天然产物方面取得了长足的进步。其中，分子间的不对称 Pictet-Spengler 反应在光学纯的四氢异喹啉与四氢-β-咔啉类天然产物的合成中发挥了重要作用，并有相关的综述文章发表[16,93,94]。

6.1 Lemonomycin 的全合成

四氢异喹啉家族中具有抗肿瘤与抗生素活性的成员较多，Lemonomycin (草地霉素) 也是其中一员。这种天然产物是从放线菌 *Streptomyces candidus* 的发酵液中分离得到的，生物活性实验表明具有抗金黄色酿脓葡萄球菌和抗枯草杆菌的活性，其结构在 2000 年得到了确定[95]。

Stoltz 等[44]经 15 步反应完成了 Lemonomycin 的全合成，其中关键的一步是使用从 D-苏氨酸衍生的醛 36 (式 74) 与 β-苯乙胺衍生物 37 (式 75) 之间的 Pictet-Spengler 缩合反应 (式 76)。最后，Pictet-Spengler 反应产物再经过后续处理即得到了天然产物 Lemonomycin。

6.2 Saframycin A 的全合成

Saframycins 是一系列具有抗增殖活性的天然化合物的总称，它们是含有氰基哌嗪核 (或其等价官能团) 的稠环生物碱，化学结构比较复杂[96]。这些生物碱由色氨酸转化而来，有望应用于实体瘤的临床治疗中[97]。

Myers 等[98]在合成 Saframycin A 时，把手性 Pictet-Splenger 反应作为构筑其中手性氮环的关键步骤。他们从同一种手性 1-氨基芳乙醛 38 开始得到

Pictet-Spengler 反应的醛组分 **39** 和氨基组分 **40** (式 77)。如式 78 所示：中间体 **39** 和 **40** 在非常温和的条件下高度立体选择性地完成了 Pictet-Spengler 反应。然后，再经过后续处理得到目标天然产物。

6.3 Manzamine A 的全合成

1986 年，人们从日本琉球海岸附近捕获的海绵中分离到了具有细胞毒性的生物碱 Manzamine A[99,100]。该化合物具有相当独特的五环二胺结构，而且 β-咔啉环连接于五环二胺核心位置。1998 年，Winkler 和 Axten 报道了通过一条 17 步的合成路线，完成对该化合物的全合成[101]。从 **41** 和 **42** 出发，经过大约 15 步制备出多环醛 Ircinal A (**43**) (式 79)[101,102]。如式 80 所示：在三氟乙酸的催化下，醛 **43** 与色胺经 Pictet-Spengler 反应顺利地得到了对映异构体混合物 Manzamine D (**44**)。最后，再经 DDQ 氧化芳构化得到了目标天然产物。

6.4 Strictosidine 及 Vincoside 的全合成

Strictosidine (异胡豆苷, **46a**) 和 Vincoside (喜果苷, **47b**) 是类萜吲哚生物碱及吐根生物碱两个大家族的母体化合物。Battersby 等早已证明：使用开链马钱子苷 (Secologanin, **45**) 与色胺和多巴胺反应可以分别生成这二个化合物[103]。近年来，人们对这些反应的区域和立体选择性又进行了细致深入的研究[104,105]。

单萜吲哚生物碱糖苷异胡豆苷 (**46a**) 最早是从植物 *Rhazya stricta* 中分离得到[106]，它是 2200 多种单萜吲哚及其相关生物碱的前体。在许多植物中，它可以在异胡豆苷合成酶的作用下，由开链马钱子苷与色胺经 Pictet-Spengler 反应生成，也能够在 pH = 4.5 的水相条件下仿生合成 (式 81)[107,110]。不过在酶促反应中，新生成的手性中心是立体专一的；而在缺少酶的溶液中得到的只是 1:1 的非对映异构体混合物。

在较长一段时期内，对于新产生的 C3 位手性中心的构型一直存在争议。后来，对 Strictosidine-Vincoside 系列化合物之间的立体化学与光学活性相关性研究显示，Strictosidine 中的 C3 是 *S*-构型的[108,109]，并且得到了 2D-NMR 分析结果的支持[110]。

喜果苷可以经开链马钱子苷与多巴胺之间的 Pictet-Spengler 缩合反应合成。

据文献报道：在 pH = 5 时，该反应生成大约 1:4 的 2-Deacetylisoipecoside (**47a**) 和 2-Deacetylipecoside (**47b**) 的混合物 (式 82)[111]。X 射线衍射分析确证：喜果苷分子中的 C1 为 R-构型，即 **47b**。

此外，由于在多巴胺中 C2′ 与 C6′ 是化学不等价的，因此推测偶联反应可能会产生"正"(在 C6′ 环化) 与"新"(在 C2′ 环化) 两种区域异构体。后来，Nagakura 和同事确实从植物 *Cephaelis ipecacuanha* 以及 *Alangium lamarckii Thw.* 中分离出了"新"类衍生物[112~114]，从而证实了这一推测。

Szabó 及其同事研究了多巴胺及 *N*-苄基多巴胺与四乙酰基开链马钱子苷 **45** 之间的缩合反应[115]，以及组胺与四乙酰基开链马钱子苷的反应[116]。他们发现：生成的产物确实包括 C1 位为 R- 和 S-构型两种立体异构体，而且"正"和"新"两种区域异构体也能够生成。但是，产物以 R-构型为主，"正"环化的产物 **48** 略多于"新"环化产物 **49**。当多巴胺为原料反应时，部分环化产物会进一步内酰胺

化为 **50** 和 **51**，其中 *R*-构型的产物内酰胺化的速度明显快于 *S*-构型的产物。当使用 *N*-苄基多巴胺为原料反应时，C1 位会发生差向异构化，最终使得平衡时产物 C1 构型中 *R:S* = 7:3，差向异构化时 C1-N2 键被打开，中间体为 **52** (式 83)。

6.5 (±)-Strychnofoline 的全合成

Strychnofoline 是从 *Strychnos usambarensis* 的叶子中分离出的一类天然产物，它能够高度抑制小鼠黑素瘤细胞和艾氏肿瘤细胞的有丝分裂[117,118]。这类生物碱的显著特点是存在螺[吡咯烷-3,3'-羟基吲哚]环。2002 年，Carreira 等人报道了 (±)-Strychnofoline 的非对映选择性全合成。如式 84 所示[119]：他们从内酰胺 **53** 出发，经多步反应首先制备了多取代的醛 **54**。然后，醛 **54** 再与 *N*-甲基色胺发生 Pictet-Spengler 缩合和还原得到目标天然产物分子 (式 85)。

7 Pictet-Spengler 反应实例

例 一

1-甲基-1,2,3,4-四氢-*β*-咔啉的合成[120]
(液相 Pictet-Spengler 反应)

向乙醛水溶液 (10%, 100 mL) 中加入含有色胺 (5 g, 3.1 mmol) 的水溶液 (100 mL) 和稀硫酸 (1 mol/L, 16 mL)。生成的混合溶液缓慢升温至 110 ℃ 反应 20 min, 冷却后用过量的 Na_2CO_3 溶液处理, 得到晶状的固体沉淀物。将固体溶于稀盐酸, 过滤后用 NaOH 处理, 并且用乙醚萃取沉淀。蒸除乙醚后得到结晶状产物 (5.0 g, 86%), mp 175~177 ℃ (50% EtOH 重结晶)。

例 二

(S)-3-甲基-2-[1-(R)-苯基-1,2,3,4-四氢-9H-吡啶并[3,4-b]吲哚-2-基]丁酸甲酯的合成[73] (仿生理条件的 Pictet-Spengler 反应)

$$\text{(87)}$$

将含有 N-(吲哚-3-乙基)-L-缬氨酸甲酯 (0.3 g, 1.1 mmol)、苯甲醛 (0.4 g, 3.8 mmol) 和乙酸 (2 g, 33.3 mmol) 的二氯甲烷 (50 mL) 溶液在室温下搅拌 9 天。经饱和 $NaHCO_3$ (100 mL) 溶液萃取后, 用 $MgSO_4$ 干燥有机相。真空下除去溶剂, 残余物溶解于乙醚, 用 $NaHSO_3$ 溶液洗涤以除掉残留的醛。继续用饱和的 $NaHCO_3$ 溶液洗涤有机相, $MgSO_4$ 干燥后减压除去溶剂。所得粗产物经过柱色谱纯化 [洗脱剂为石油醚-乙酸乙酯 (10:1, v/v)], 得到无色晶体产物 (0.3 g, 76%, 80% de), mp 123 ℃。

例 三

(1S,3R)-1-环己基-2-苄基-1,2,3,4-四氢-9H-吡啶并[3,4-b]吲哚-3-甲酸甲酯的合成[70] (无酸非质子溶剂条件的 Pictet-Spengler 反应)

$$\text{(88)}$$

向 (R)-N_b-苄基色氨酸甲酯 (3.0 g, 10 mmol) 的苯 (125 mL) 溶液中加入环己基甲醛 (1.7 g, 15 mmol)。生成的混合溶液回流 12 h 后, 减压除去溶剂。剩余的油状物用甲醇重结晶得产品 (3.5 g, 87%), mp 167~169 ℃。

例 四

(S)-4-苄氧羰基氨基-4-[1-(R)-1,2,3,4-四氢-β-咔啉-1-基]丁酸叔丁酯的合成[72]
(手性醛诱导的立体选择性 Pictet-Spengler 反应)

$$\text{(89)}$$

在 -40 ℃ 和氩气保护下,将色胺 (1.25 g, 7.8 mmol) 的二氯甲烷溶液 (20 mL) 加入到含有 4-苄氧羰基氨基-5-氧代戊酸叔丁酯 (1.67 g, 5.2 mmol) 的干燥二氯甲烷 (100 mL) 溶液中。然后,再滴加干燥的三氟乙酸 (0.79 mL, 10.4 mmol) 的二氯甲烷溶液 (10 mL)。在 -40 ℃ 下搅拌 4 h 后,用 NaHCO$_3$ 溶液 (5%) 中和反应液。水相用二氯甲烷萃取 (3 × 150 mL),合并的有机相用饱和食盐水洗涤和 Na$_2$SO$_4$ 干燥。浓缩所得到的粗产物经过快速柱色谱纯化 [洗脱剂为乙酸乙酯-庚烷 (1:1, v/v)],得到白色固体产物 (1.93 g, 80%)。

例 五

3-(9-甲基-2-苄基-8-甲氧基-3-丙酰氧基-2,3,4,9-四氢-1H-β-咔啉-1-基) 丙酸甲酯的合成[121] (手性胺诱导的不对称 Pictet-Spengler 反应)

$$\text{(90)}$$

在 0 ℃ 下,向装有光学活性 (R)-N_a-甲基-N_b-苄基-D-色氨酸乙酯 (7.6 g, 20.9 mmol) 的干燥二氯甲烷 (50 mL) 溶液中加入 4-氧代丁酸甲酯 (4.12 g, 35.49 mmol) 和乙酸 (1.25 g, 20.88 mmol)。所得的反应混合液在室温下搅拌过夜后,在 0 ℃ 下加入三氟乙酸 (11.86 g, 0.104 mol) 的二氯甲烷 (200 mL) 溶液。将反应混合液在室温搅拌 7 天,在冰水浴冷却下用 NH$_4$OH 水溶液 (28%) 调节至 pH = 8。分出水相，并用 CH_2Cl_2 (3×100 mL) 萃取。合并的有机相用盐水洗涤和碳酸钾干燥，减压浓缩后得到的粗产物经快速硅胶柱色谱纯化 [洗脱剂为乙酸乙酯-正己烷 (1:4, v/v)]，得到纯的 *trans*-产物 (8.9 g, 92%)。

8　参考文献

[1]　Pictet, A.; Spengler, T. *Ber. Dtsch. Chem. Ges.* **1911**, *44*, 2030.
[2]　Whaley, W. M.; Govindachari, T. R. *Organic Reactions* **1951**, *6*, 151.
[3]　Chhatwal, G. R.; Kumar, R.; Anand, S. C.; Arora, S. K.; Narang, K. Ed., *Encyclopaedia of World Great Scientists*, Anmol Publications, New Delhi, 1992, Vol. 4, p 554.
[4]　Cherbuliez, E. *Helv. Chim. Acta* **1937**, *20*, 828.
[5]　Tatsui, G. *J. Pharm. Soc. Jpn.* **1928**, *48*, 453.
[6]　Schöpf, C.; Bayerle, H. *Ann.* **1934**, *513*, 190.
[7]　Hahn, G.; Ludewig, H. *Ber. Dtsch. Chem .Ges.* **1934**, *67*, 2031.
[8]　Schöpf, C.; Salzer, W. *Ann.* **1940**, *544*, 1.
[9]　Facchini P. J. in *The Alkaloids. Chemistry and Biology*; Cordell, G. A. Ed.; Academic Press, Elsevier, London, 2006, Vol. 63, pp 5-9.
[10]　Rahman, A. U.; Basha, A. *Biosynthesis of Indole Alkaloids*; Clarendon Press: Oxford, 1983, pp 14-19, pp 53-56.
[11]　Kutney, J. P. *Nat. Prod. Rep.* **1990**, *7*, 85.
[12]　Battersby, A. R. In *A Specialist Periodical Report: The Alkaloids (A Riew of the Literature Published between January 1969 & June 1970)*; Saxton, J. E.; London: The Chemical Society, 1971, Vol. 1, pp 31-47.
[13]　Stöckigt, J.; Zenk, M. H. *J. Chem. Soc., Chem. Commun.* **1977**, 646.
[14]　Brown, R. T.; Row, L. R. *J. Chem. Soc., Chem. Commun.* **1967**, 453.
[15]　De Silva, K. T. D.; King, D.; Smith, G. N. *J. Chem. Soc.(D), Chem. Commun.* **1971**, 908.
[16]　Larghi, E. L.; Amongero, M.; Bracca, A. B. J.; Kaufman, T. S. *ARKIVOC* **2005**, *12*, 98.
[17]　Czerwinski, K. M.; Cook, J. M. *Adv. Hetero. Nat. Prod. Synth.* **1996**, *3*, 217.
[18]　Cox, E. D.; Cook, J. M. *Chem. Rev.* **1995**, *95*, 1797.
[19]　Bailey, P. D. *J. Chem. Res.* **1987**, 202.
[20]　Kowalski, P.; Bojarski, A. J.; Mokrosz, J. L. *Tetrahedron* **1995**, *51*, 2737.
[21]　Plate, R.; van Hout, R. H. M.; Behm, O.; Ottenheijm, H. C. J. *J. Org. Chem.* **1987**, *52*, 555.
[22]　Gremmen, C.; Wanner, M. J.; Koomen, G. *Tetrahedron Lett.* **2001**, *42*, 8885.
[23]　Barn, D. R.; Caulfield, W. L.; Cottney, J.; McGurk, K.; Morphy, J. R.; Rankovic, Z.; Roberts, B. *Bioorg. Med. Chem.* **2001**, *9*, 2609.
[24]　Tsuji, R.; Nakagawa, M.; Nishida, A. *Tetrahedron: Asymmetry* **2003**, *14*, 177.
[25]　Mésangeau, C.; Yous, S.; Pérès, B.; Lesieur, D.; Besson, T. *Tetrahedron Lett.* **2005**, *46*, 2465.
[26]　Maryanoff, B. E.; Zhang, H.; Cohen, J. H. Turchi, I. J.; Maryanoff, C. A. *Chem. Rev.* **2004**, *104*, 1431.
[27]　Piper, I. M.; MacLean, D. B. *Can. J. Chem.* **1983**, *61*, 2721.
[28]　Manini, P.; d'Ischia, M.; Prota, G. *J. Org. Chem.* **2001**, *66*, 5048.
[29]　Ma, D.; Wu, W.; Yang, G.; Li, J.; Li, J.; Ye, Q. *Bioorg. Med. Chem. Lett.* **2004**, *14*, 47.
[30]　Kuo, F.; Tseng, M.; Yen, Y.; Chu, Y. *Tetrahedron* **2004**, *60*, 12075.
[31]　Hegedüs, A.; Hell, Z. *Tetrahedron Lett.* **2004**, 45, 8553.
[32]　Bois-Choussy, M.; Cadet, S.; Paolis, M. D; Zhu, J. *Tetrahedron Lett.* **2001**, *42*, 4503.
[33]　Singh, K.; Deb, P. K. *Tetrahedron Lett.* **2000**, *41*, 4977.
[34]　Alezra, V.; Bonin, M.; Micouin, L.; Husson, H. *Tetrahedron Lett.* **2001**, *42*, 2111.
[35]　Bojarski, A. J.; Mokrosz, M. J.; Minol, S. C.; Kozioł, A.; Wesołowska, A.; Tatarczyńska, E.; Kłodzińska, A.;

Chojnacka-Wójcik, E. *Bioorg. Med. Chem.* **2002**, *10*, 87.
[36] Seayad, J.; Seayad, A. M.; List, B. *J. Am. Chem. Soc.* **2006**, *128*, 1086.
[37] Lee, J.; Lee, C.; Nakamura, H.; Ko, J.; Kang, S. O. *Tetrahedron Lett.* **2002**, *43*, 5483.
[38] Zhou, H.; Liao, X.; Cook, J. M. *Org. Lett.* **2004**, *6*, 249.
[39] Liu, X.; Deschamp, J. R.; Cook, J. M. *Org. Lett.* **2002**, *4*, 3339.
[40] Zhou, H.; Han, D.; Liao, X. Cook, J. M. *Tetrahedron Lett.* **2005**, *46*, 4219.
[41] Yu, P.; Wang, T.; Li, J.; Cook, J. M. *J. Org. Chem.* **2000**, *65*, 3173.
[42] Yu, J.; Wearing, X. Z.; Cook, J. M. *Tetrahedron Lett.* **2003**, *44*, 543.
[43] Singh, K.; Deb, P. K.; Venugopalan, P. *Tetrahedron* **2001**, *57*, 7939.
[44] Ashley, E. R.; Cruz, E. G.; Stoltz, B. M. *J. Am. Chem. Soc.* **2003**, *125*, 15000.
[45] Yokoyama, A.; Ohwada, T.; Shudo, K. *J. Org. Chem.* **1999**, *64*, 611.
[46] Nakamura, S.; Tanaka, M.; Taniguchi, T.; Uchiyama, M.; Ohwada, T. *Org. Lett.* **2003**, *5*, 2087.
[47] Kundu, B.; Sawant, D.; Partani, P.; Kesarwani, A. P. *J. Org. Chem.* **2005**, *70*, 4889.
[48] Srinivasan, N.; Ganesan, A. *Chem. Commun.* **2003**, *7*, 916.
[49] Manabe, K.; Nobutou, D.; Kobayashi, S. *Bioorg. Med. Chem.* **2005**, *13*, 5154.
[50] Youn, S. W. *J. Org. Chem.* **2006**, *71*, 2521.
[51] Soerens, D.; Sandrin, J; Ungemach, F.; Mokry, P.; Wu, G. S.; Yamanaka, E.; Hutchins, L.; DiPierro, M.; Cook, J. M. *J. Org. Chem.* **1979**, *44*, 535.
[52] Bailey, P. D.; Cochrane, P. J.; Förster, A. H.; Morgan, K. M.; Pearson, D. P. J. *Tetrahedron Lett.* **1999**, *40*, 4597.
[53] Seradj, H.; Cai, W.; Erasga, N. O.; Chenault, D. V.; Knuckles, K. A.; Ragains, J. R.; Behforouz, M. *Org. Lett.* **2004**, *6*, 473.
[54] Raiman, M. V.; Pukin, A. V.; Tyvorskii, V. I.; Kimpe, N. D.; Kulinkovich, O. G. *Tetrahedron* **2003**, *59*, 5265.
[55] Manini, P.; d'Ischia, M.; Lanzetta, R.; Parrili, M.; Prota, G. *Bioorg. Med. Chem.* **1999**, *7*, 2525.
[56] Diness, F.; Beyer, J.; Meldal, M. *Chem. Eur. J.* **2006**, *12*, 8056.
[57] Nielsen, T. E.; Meldal, M. *Org. Lett.* **2005**, *7*, 2695.
[58] Dondas, H. A.; Grigg, R.; MacLachlan, W. S.; MacPherson, D. T.; Markandu, J.; Sridharan, V.; Suganthan, S. *Tetrahedron Lett.* **2000**, *41*, 967.
[59] Wu, T. Y. H.; Schultz, P. G. *Org. Lett.* **2002**, *4*, 4033.
[60] Kane, T. R.; Ly, C. Q.; Kelly, D. E.; Dener, J. M. *J. Comb. Chem.* **2004**, *6*, 564.
[61] Nielsen, T. E.; Medal, M. *J. Org. Chem.* **2004**, *69*, 3765.
[62] Helfer, L. *Helv. Chim. Acta* **1924**, *7*, 945.
[63] Haworth, R. D.; Perkin, Wm. H.; Rankin, J. *J. Chem. Soc. Trans.* **1924**, *125*, 1686.
[64] Späth; E.; Kruta, E. *Monatsh. Chem.* **1928**, *50*, 341.
[65] Redemann, C. E.; Wisegarver, B. B.; Icke, R. N. *J. Org. Chem.* **1948**, *13*, 886.
[66] Bates, H. A. *J. Org. Chem.* **1981**, *46*, 4931.
[67] Bates H. A.; Bagheri, K.; Vertino, P. M. *J. Org. Chem.* **1986**, *51*, 3061.
[68] Miller, R. B.; Tsang, T. *Tetrahed Lett.* **1988**, *29*, 6715.
[69] Cutter P. S.; Miller R. B.; Schore, N. E. *Tetradedron* **2002**, *58*, 1471.
[70] Ungemach, F.; Dipierro, M.; Weber, R.; Cook, J. M. *J. Org. Chem.* **1981**, *46*, 164.
[71] Zhang, P.; Cook, J. M. *Tetrahedron Lett.* **1995**, *36*, 6999.
[72] Melnyk, P.; Ducrot, P.; Thal, C. *Tetrahedron*, **1993**, *49*, 8589.
[73] Waldmann, H.; Schmidt, G.; Jansen, M.; Geb, J. *Tetrahedron* **1994**, *50*, 11865.
[74] Yamada, S.; Akimoto, H. *Tetrahedron Lett.* **1969**, *10*, 3105.
[75] Soe, T; Kawate T; Fukui, N; Nakagawa M. *Tetrahedron Lett.* **1995**, *36*, 1857.
[76] Jiang, W.; Sui, Z.; Chen, X. *Tetrahedron Lett.* **2002**, *43*, 8941.
[77] Gremmen, C.; Willemse, B.; Wanner, M. J.; Koomen, G-J. *Org. Lett.* **2000**, *2*, 1955.
[78] Kawai, M.; Deng, Y.; Kimura, I.; Yamamura, H.; Araki, S.; Naoi, M. *Tetrahedron: Asymmetry* **1997**, *8*, 1487.
[79] Czarnocki, Z.; Mieczkowski, J. B.; Kiegiel, J.; Arażny, Z. *Tetrahedron: Asymmetry* **1995**, *6*, 2899.
[80] Yamada, H.; Kawate, T.; Matsumizu, M.; Nishida, K.; Yamaguchi, K.; Nakagawa, M. *J. Org. Chem.* **1998**, *63*, 6348.

[81] Taylor, M. S.; Jacobsen, E. N. *J. Am. Chem. Soc.* **2004**, *126*, 10558.
[82] Zhang, Y.; Hsung, R. P.; Zhang, X.; Huang, J.; Slafer, B. W.; Davis, A. *Org. Lett.* **2005**, *7*, 1047.
[83] Rose, M. D.; Cassidy, M. P.; Rashatasakhon, P.; Padwa, A. *J. Org. Chem.* **2007**, *72*, 538.
[84] Wünsch, B.; Zott, M. *Liebigs Ann. Chem.* **1992**, 39.
[85] Larghi, E. L.; Kaufman, T. S. *Synthesis* **2006**, 187.
[86] Wünsch, B.; Zott, M.; Höfner, G. *Arch. Pharm.* **1992**, *325*, 733.
[87] Xu, Y.; Kohlman, D. T.; Liang, S. X.; Erikkson, C. *Org. Lett.* **1999**, *1*, 1599.
[88] Guiso, M.; Bianco, A.; Marra, C.; Cavarischia, C. *Eur. J. Org. Chem.* **2003**, 3407.
[89] Zhang, X.; Li, X.; Lanter, J. C.; Sui, Z. *Org. Lett.* **2005**, *7*, 2043.
[90] Bavia, M.; Biscarini, P. *J. Chem. Res (S).* **1987**, 44.
[91] Biscarini, P.; Bongini, A.; Casarini, D. *J. Chem. Res (S).* **1990**, 76.
[92] Hori, M.; Ozeki, H.; Iwamura, T.; Shimizu, H.; Kataoka, T.; Iwata, N. *Heterocycles* **1990**, *31*, 23.
[93] Chrzanowska, M.; Rozwadowska, M. D. *Chem. Rev.* **2004**, *104*, 3341.
[94] Lewis, S. E. *Tetrahedron* **2006**, *62*, 8655.
[95] He, H.; Shen, B.; Carter, G. T. *Tetrahedron Lett.* **2000**, *41*, 2067.
[96] Arai, T.; Kubo, A. In *The Alkaloids: Chemistry and pharmacology*, Brossi, A., Ed.; Academic Press: New York, 1983; Vol. 21, Chapter 3, pp 55-100.
[97] Myers, A. G.; Plowright, A. T. *J. Am. Chem. Soc.* **2001**, *123*, 5114.
[98] Myers, A. G.; Kung, D. W. *J. Am. Chem. Soc.* **1999**, *121*, 10828.
[99] Sakai, R.; Higa, T.; Jefford, C. W.; Bernardinelli, G. *J. Am. Chem. Soc.* **1986**, *108*, 6404.
[100] Nakamura, H.; Deng, S.; Kobayashi, J.; Ohizumi, Y.; Tomotake, Y.; Matsuzaki, T.; Hirata, Y. *Tetrahedron Lett.* **1987**, *28*, 621.
[101] Winkler, J. D.; Axten, J. M. *J. Am. Chem. Soc.* **1998**, *120*, 6425.
[102] Kondo, K.; Shigemori, H.; Kikuchi, Y.; Ishibashi, M.; Sasaki, T.; Kobayashi, J. *J. Org. Chem.* **1992**, *57*, 2480.
[103] Battersby, A. R.; Burnett, A. R.; Parsons, P. G. *J. Chem. Soc.(C)* **1969**, 1187.
[104] Patthy-Lukáts, Á.; Kocsis, Á.; Szabó, L. F.; Podányi, B. *J. Nat. Prod.* **1999**, *62*, 1492.
[105] Patthy-Lukáts, Á.; Beke, G.; Szabó, L. F.; Podányi, B. *J. Nat. Prod.* **2001**, *64*, 1032.
[106] Smith, G. N. *J. Chem. Soc. Chem. Commun.* **1968**, 912.
[107] Battersby, A. R.; Burnett, A. R.; Parsons, P. G. *J. Chem. Soc.(C)* **1969**, 1193.
[108] De Silva, K. T. D.; Smith, G. N.; Warren K. E. H. *J. Chem. Soc.(D) Chem. Commun.* **1971**, 905.
[109] Blackstock, W. P.; Brown, R. T.; Lee, G. K. *J. Chem. Soc. (D) Chem. Commun.* **1971**, 910.
[110] Patthy-Lukáts, Á.; Károlyházy, L.; Szabó, L. F.; Podányi, B. *J. Nat. Prod.* **1997**, *60*, 69.
[111] Battersby, A. R. Kennard, O.; Robert, P. J.; Isaacs, N. W.; Allen, F. H.; Motherwell, W. D. S.; Gibson, K. H. *J. Chem. Soc. Chem. Commun.* **1971**, 899.
[112] Itoh. A.; Tanahashi, T.; Nagakura, N. *Chem. Pharm. Bull.* **1989**, *37*, 1137.
[113] Itoh. A.; Tanahashi, T.; Nagakura, N. *Phytochemistry* **1991**, *30*, 3117.
[114] Itoh. A.; Tanahashi, T.; Nagakura, N. *J. Nat. Prod.* **1995**, *58*, 1228.
[115] Beke, G.; Szabó, L. F.; Podányi, B. *J. Nat. Prod.* **2001**, *64*, 332.
[116] Beke, G.; Szabó, L. F.; Podányi, B. *J. Nat. Prod.* **2002**, *65*, 649.
[117] Angenot, L. *Plantes Med. Phytother.* **1978**, *12*, 123.
[118] Bassleer, R.; Depauw-Gillet, M.C.; Massart, B.; Marnette, J.M.; Wiliquet, P.; Caprasse, M.; Angenot, L. *Planta Medica* **1982**, *45*, 123.
[119] Lerchner, A.; Carreira, E. M. *J. Am. Chem. Soc.* **2002**, *124*, 14826.
[120] Akabori, S.; Saito, K. *Ber. Dtsch. Chem. Ges.* **1930**, *63*, 2245.
[121] Zhou, H.; Liao, X.; Yin, W.; Ma, J.; Cook, J. M. *J. Org. Chem.* **2006**, *71*, 251.

里 特 反 应

(Ritter Reaction)

王歆燕

1 Ritter 反应的历史背景及机理 ·· 210
  1.1 Ritter 反应的定义和历史背景 ·· 210
  1.2 Ritter 反应的机理 ··· 211
2 Ritter 反应的条件综述 ·· 212
  2.1 Ritter 反应的基本条件 ·· 212
  2.2 Ritter 反应中的碳正离子来源 ·· 213
  2.3 Ritter 反应中的腈化物 ·· 213
  2.4 Ritter 反应中碳正离子的引发剂 ······································ 215
  2.5 Ritter 反应的其它方法 ·· 218
3 分子间 Ritter 反应综述 ·· 221
  3.1 醇 ·· 221
  3.2 N-羟甲基酰胺和肟 ··· 224
  3.3 烯烃 ·· 224
  3.4 醛和酮 ·· 227
  3.5 羧酸和酯 ·· 228
  3.6 $α,β$-不饱和羰基化合物 ··· 229
  3.7 环氧化物 ·· 229
  3.8 卤代烷烃和烷烃 ·· 230
4 分子内 Ritter 反应综述 ·· 231
  4.1 分子内形成氮杂炔正离子 ·· 232
  4.2 氮杂炔正离子的分子内环化 ·· 233
5 Ritter 反应在天然产物合成中的应用 ·· 239
  5.1 (+)-Odorinol 和 Siastatin B 的全合成 ································· 239
  5.2 Bestatin 的全合成 ·· 240
  5.3 2-Isocyanoallopupukeanane 的全合成 ·································· 241
6 Ritter 反应实例 ·· 241
7 参考文献 ·· 243

1 Ritter 反应的历史背景及机理

1.1 Ritter 反应的定义和历史背景

Ritter 反应[1]是有机合成中常用的碳-氮键生成反应之一。传统的 Ritter 反应是指强酸诱导的氰基化合物对碳正离子的亲核加成,接着水解生成 N-取代酰胺的化学转变过程 (式 1)。

$$\diagup\!\!=\!\!\diagdown \quad \text{or} \quad \diagup\!\!\!\!\diagdown\!\!-\!\!\text{OH} \xrightarrow{H_2SO_4} \diagup\!\!\!\!\diagdown^{+} \xrightarrow[2.\ H_2O]{1.\ RCN} R\!\!-\!\!\underset{H}{\overset{O}{\diagup\!\!\!\!\diagdown}}\!\!-\!\!t\text{-Bu} \quad (1)$$

但是,随着 Ritter 反应的发展,反应底物和催化剂的类型都得到了扩展。因此,现在人们把氰基化合物对由任何方式产生的稳定碳正离子的亲核加成以及水解生成 N-取代酰胺的化学转变过程统称为 Ritter 反应 (式 2)。

$$\text{RCN} + R^1\!\!-\!\!\overset{R^2}{\underset{R^3}{\overset{+}{C}}} \xrightarrow{H_2O} R\!\!-\!\!\overset{O}{\underset{H}{\overset{\|}{C}}}\!\!-\!\!N\!\!-\!\!\overset{R^1}{\underset{R^3}{\overset{R^2}{C}}} \quad (2)$$

酰胺结构广泛存在于蛋白质和缩氨酸等天然产物以及合成材料的分子结构中,是合成化学中的重要砌块[2]。因此,对其合成方法的研究已经成为有机化学中关注的重要内容。常用的酰胺合成方法是将羧酸和胺在缩合试剂的作用下缩合而成,然而这些方法具有明显的反应底物和产物的局限性[3]。

1948 年,美国化学家 John Joseph Ritter (1895-1975) 发现:在浓硫酸的存在下,烯烃或者醇与腈化物反应可以生成 N-取代酰胺[4](式 3),这就是最早的 Ritter 反应。其后的研究发现:其它在酸性条件下能形成碳正离子的化合物 (例如:醛、酯、羧酸和卤代烷烃等) 也可以与腈化物反应生成相应的酰胺化合物。如果选择适当的底物,可以通过分子内 Ritter 反应合成多种杂环化合物。

$$\text{Me}\!-\!\text{C}\!\equiv\!\text{N} + \diagup\!\!=\!\!\diagdown \xrightarrow[\text{2. aq. NaCO}_3]{1.\ H_2SO_4,\ 20\ ^\circ C,\ 12\ h} \underset{85\%}{\longrightarrow} \underset{H}{\overset{O}{\diagup\!\!\!\!\diagdown}}\!\!-\!\!N\!\!-\!\!t\text{-Bu} \quad (3)$$

几十年来,人们对 Ritter 反应进行了不断地改进,将路易斯酸、金属配合物以及固体催化剂等试剂引入到该反应体系。现在,Ritter 反应的条件变得更加温和,底物的适用范围和反应产率也得到不断地扩大和提高。

与其它任何酰胺合成方法相比,Ritter 反应具有一个难以替代的重要特点:使用叔碳正离子与腈化物反应可以生成大位阻叔胺的酰胺衍生物,这是真正有效的合成叔胺酰胺衍生物的方法之一。如果使用 HCN 提供氰基时,所得 N-取代甲酰胺可以方便地经水解生成相应的叔胺 (式 4)。

$$\underset{R^3}{\overset{R^2\ R^1}{>}}\!\!\!\underset{H}{\overset{}{N}}\!\!\!-\!\!\!\overset{O}{\underset{}{C}}\!\!\!-\!\!\!H \xrightarrow{H_2O} \underset{R^3}{\overset{R^2\ R^1}{>}}\!\!\!NH_2 \qquad (4)$$

1.2 Ritter 反应的机理
1.2.1 机理的提出及证实

以叔丁醇与腈化物的反应为例，Ritter 反应的机理主要包括三个步骤。如式 5 所示：首先，叔丁醇在酸的作用下脱去羟基形成稳定的碳正离子 **1**；接着，腈基氮原子上的孤对电子对碳正离子进行亲核进攻，生成共振稳定的氮杂炔正离子 **2**，并随即在 HSO_4^- 作用下转化成相应的亚胺磺酸酯 **3**；最后，亚胺磺酸酯 **3** 经水解生成 N-取代酰胺产物。

$$(5)$$

事实上，Ritter 在最初的报道中就已经对反应机理提出了假设，他认为该反应是通过碳正离子中间体进行的。随后，Jacquier 和 Christol 通过一系列的实验充分证明了这一假设的正确性[5]。如式 6 所示：他们使用各种不同类型的醇与 KCN 在硫酸作用下与氢氰酸反应得到了相同的产物 **4**。该结果充分说明：这些反应都是通过生成相同的碳正离子中间体 **5** 进行的。

$$(6)$$

在很长一段时间内，人们一直没有分离得到亚胺磺酸酯 **3**，因此不能得到直接的证据。直到 1966 年，Glikmans 使用丙烯腈和异丁烯在无水硫酸和无水醋酸的混合溶液中反应才分离出亚胺磺酸酯中间体 **6**，并对其结构进行了鉴定[6]。**6** 在醋酸的存在下即可水解生成相应的酰胺化合物 (式 7)。

$$\text{异丁烯} + \text{CH}_2=\text{CHCN} \xrightarrow{\text{AcOH, 100\% H}_2\text{SO}_4} \underset{\textbf{6}}{\text{中间体 6 (OSO}_3\text{H)}}$$

$$\xrightarrow{\text{AcOH}} \text{酰胺} + \text{Ac}_2\text{O} + \text{H}_2\text{SO}_4 \qquad (7)$$

1.2.2 影响反应产物的因素

基于热力学控制的结果，只有更稳定的碳正离子中间体才能进一步与腈化物反应生成酰胺。因此，在反应中首先生成的不稳定中间体可能会发生重排，形成更稳定的新中间体后再接着完成后续的过程。当反应中各种可能形式的碳正离子中间体的能量接近时 (例如：不饱和脂肪酸或酯的反应[7])，Ritter 反应将得到混合产物。

但是，动力学因素有时也会影响产物的构成。如式 8 所示：仲醇 **7** 经 Ritter 反应可以分别生成产物 **8** 或 **9**[8]，两者的区别仅仅在于反应过程中物料加入顺序的不同[9]。如果将 **7** 首先与腈化物和醋酸混合后再加入硫酸，将生成动力学控制的碳正离子中间体 **10**，它迅速与腈化物反应生成酰胺 **8**。如果将 **7** 与硫酸混合后再加入腈化物，首先生成的碳正离子中间体 **10** 将重排生成热力学稳定的中间体 **11**，进而继续反应得到酰胺 **9**。

$$\underset{\textbf{7}}{\text{PhCH(OH)CH(CH}_3)_2} \xrightarrow[2.\ \text{H}_2\text{O}]{1.\ \text{H}_2\text{SO}_4,\ \text{AcOH, RCN}} \underset{\textbf{10}}{\text{Ph-}\overset{+}{\text{C}}\text{H-CH(CH}_3)_2} \longrightarrow \underset{\textbf{8}}{\text{PhCH(NHCOR)CH(CH}_3)_2}$$

$$\downarrow$$

$$\underset{\textbf{11}}{\text{PhCH}_2\text{-}\overset{+}{\text{C}}(\text{CH}_3)_2} \longrightarrow \underset{\textbf{9}}{\text{PhCH}_2\text{C(CH}_3)_2\text{NHCOR}} \qquad (8)$$

2 Ritter 反应的条件综述

2.1 Ritter 反应的基本条件

在通常情况下，Ritter 反应的条件较为温和，反应的操作也比较简便。该反应的温度一般在 0~50 ℃ 之间，如果使用氢氰酸作为底物，反应可以在 0~10 ℃ 或者更低温度下进行。

由于大多数情况下在 Ritter 反应中使用的是液体反应底物，所以只需简单地将底物与酸混合在一起即可发生反应[10]。有时为了降低反应的剧烈程度或者增加反应底物的溶解度，可以在体系中加入适量的稀释溶剂。稀释溶剂必须是极性溶剂，因为强极性溶剂能够使氰基极化而提高其亲核性。其中最常用的是冰醋酸，但是冰醋酸会引起酯化等副反应[11]，有些情况下甚至干扰了 Ritter 反应的正常进行[12]。其它一些极性溶剂也常常用于该目的，例如：乙酸酐、二丁醚、氯仿、硝基苯和二氧六环等。需要注意的是，甲醇和乙醇不能用作该反应的溶剂[6]。非极性溶剂的溶剂效应不明显，而且会降低反应的产率[10]，因此也不能使用。

2.2 Ritter 反应中的碳正离子来源

对传统的 Ritter 反应而言，任何在酸性条件下能够生成碳正离子的化合物都是合适的反应底物，例如：醇、醛、烷烃、烯烃、烷基卤化物、羧酸、二烯、环氧化物、酯、醚、乙二醇、酮、N-羟甲基酰胺和肟等。由于醇和烯烃容易获得，它们又非常容易在酸性条件下生成比较稳定的碳正离子，因此是最常用的 Ritter 反应底物。随着路易斯酸等碳正离子引发剂以及新实验手段的引入，能够生成 Ritter 反应中碳正离子的底物来源范围不断得到扩大。

2.3 Ritter 反应中的腈化物

大多数含氰基的化合物 (例如：氢氰酸、脂肪腈和芳香腈等) 都能与碳正离子发生 Ritter 反应。在温和的反应条件下，Ritter 反应具有一定的官能团兼容性。如式 9 所示[13]：四环腈化物 12 与异丁烯反应生成酰胺衍生物 13，腈化物中其它的官能团以及环状结构都被完整地保留到产物中。

常见的共轭不饱和腈都可以有效地用于 Ritter 反应，例如：丙烯腈[14]、富马二腈[15]、丙二烯腈[16]和炔基腈[17]等 (式 10~式 12)。其中，丙烯腈是非常重要的一种腈化物来源，它与碳正离子反应后所得产物丙烯酰胺衍生物是有机合成中一类重要的合成中间体。

$$\text{PhCH(OH)CH}_3 + \text{CH}_2=\text{CHCN} \xrightarrow[80\ ^\circ\text{C, 5.5 h}]{\text{PMA-SiO}_2\ (0.5\ \text{mol\%})} \text{CH}_2=\text{CHC(O)NHCH(CH}_3)\text{Ph} \quad 86\% \tag{10}$$

$$t\text{-BuOH} + \text{NC-CH=CH-CN} \xrightarrow[2.\ \text{H}_2\text{O}]{1.\ \text{H}_2\text{SO}_4,\ \text{AcOH, 45}\ ^\circ\text{C}} t\text{-BuHN-C(O)-CH=CH-C(O)-NHBu-}t \quad 88\% \tag{11}$$

$$\underset{R^2}{\overset{R^1}{>}}\!\!\!=\!\!\!=\!\!\!\text{CH-CN} + t\text{-BuOH} \xrightarrow[2.\ \text{H}_2\text{O}]{1.\ \text{H}_2\text{SO}_4,\ \text{AcOH}} \underset{R^2}{\overset{R^1}{>}}\!\!\!=\!\!\!=\!\!\!\text{CH-C(O)-NHBu-}t \quad 55\%{\sim}61\% \tag{12}$$

氰化氢是 Ritter 反应中另一类重要的腈化物来源，它与叔碳正离子反应后生成的 N-叔烷基甲酰胺可以在温和的酸性或碱性条件下水解生成 N-叔烷基胺，为制备该类化合物提供了一种有效的方法。氰化氢可以直接加入到反应体系中，或者是在反应过程中由氰化钠或者氰化钾原位产生。

在相转移催化剂催化下，Ritter 反应的产物 N-单烷基甲酰胺可以与卤代烃发生 N-烷基化反应生成 N,N-二烷基甲酰胺。然后，经水解得到 N,N-二烷基胺[18] (式 13)，这是制备二烷基取代胺的一种有效方法。

$$R^1\text{NH-CHO} \xrightarrow[2.\ R^2X]{\substack{1.\ \text{NaOH, K}_2\text{CO}_3,\ \text{PhH}\\ \text{Bu}_4\text{N}^+\text{HSO}_4^-}} R^1\text{N}(R^2)\text{-CHO} \xrightarrow[2.\ \text{NaOH}]{1.\ \text{H}_2\text{SO}_4,\ \text{H}_2\text{O}} R^1\text{NH}R^2 \tag{13}$$
$$70\%{\sim}98\% \qquad 44\%{\sim}85\%$$

Goel 首次将 Me$_3$SiCN 作为腈化物引入 Ritter 反应[19]。如式 14 所示：甲酰胺化合物 15 是速激肽 NK$_3$ 拮抗剂全合成的关键中间体。当使用 N-苄基哌啶衍生物 14 按照生成甲酰胺的常规条件与 NaCN 在硫酸中进行反应时，得到的主要是脱水后生成的双键产物 16，而 Ritter 反应产物 15 仅占 17%。然而，当使用 Me$_3$SiCN 在硫酸中反应时，却以 70% 的产率得到了预期的化合物 15。

$$\underset{\mathbf{14}}{\text{1-Bn-4-Ph-4-OH-piperidine}} \xrightarrow[\text{Me}_3\text{SiCN, H}_2\text{SO}_4,\ \text{rt, 18 h}]{\text{NaCN, H}_2\text{SO}_4,\ \text{HOAc}} \underset{\mathbf{15}\ (17\%)}{\text{1-Bn-4-Ph-4-NHCHO-piperidine}} + \underset{\mathbf{16}\ (80\%)}{\text{1-Bn-4-Ph-1,2,3,6-tetrahydropyridine}}$$
$$\mathbf{15}\ (70\%) \tag{14}$$

随后的研究证明：该方法主要适用于叔醇的 Ritter 反应，仲醇给出较低的反应产率，伯醇在该条件下不能发生反应。当底物分子中同时存在叔羟基和仲羟基时，反应可以高度选择性地发生在叔羟基上 (式 15)。

$$\underset{\underset{Ph}{|}}{\overset{OH}{\underset{|}{C}}}\overset{OH}{\underset{}{}} \xrightarrow[81\%]{Me_3SiCN,\ H_2SO_4,\ rt,\ 18\ h} \underset{\underset{Ph}{|}}{\overset{OH}{\underset{|}{C}}}\overset{NHCHO}{\underset{}{}} \quad (15)$$

2.4 Ritter 反应中碳正离子的引发剂

2.4.1 Brønsted 酸试剂

用于 Ritter 反应的 Brønsted 酸主要包括硫酸、高氯酸、磷酸、多聚磷酸、甲酸、氢氟酸和取代磺酸等，其中最常用的是 85%~90% 的浓硫酸。实验表明：使用浓硫酸的反应产率通常要高于使用其它酸的反应，这可能是因为硫酸氢根离子参与了腈基对碳正离子的亲核进攻过程[6,20,21]。

Ritter 反应中一般需要使用化学计量或者过量的强酸，这给该反应的应用造成了一定的限制。后来，Sanz 等人尝试在苄基仲醇的反应中使用催化计量的 Brønsted 酸[22]。如式 16 所示：使用 10 mol% 的 2,4-二硝基苯磺酸 (DNBSA) 即可使反应顺利进行。该反应一般可以获得中等以上的产率，二苄基仲醇比一苄基仲醇的反应产率高。但是，该方法却不能用于苄基叔醇的 Ritter 反应。因为苄基叔醇很容易发生消去反应，生成相应的烯烃产物。

$$\underset{R^1}{\overset{OH}{\underset{|}{C}}}R^2 \xrightarrow{MeCN,\ DNBSA\ (10\ mol\%),\ 80\ ^oC} \underset{R^1}{\overset{NHAc}{\underset{|}{C}}}R^2 \quad (16)$$

R^1 = Ph, R^2 = Me, 15 h, 82%
R^1 = Ph, R^2 = i-Pr, 15 h, 89%
R^1 = Ph, R^2 = t-Bu, 30 h, 66%
R^1 = 4-Br-Ph, R^2 = Me, 30 h, 74%
R^1 = Ph, R^2 = Ph, 15 h, 86%
R^1 = Ph, R^2 = 4-Br-Ph, 24 h, 91%

2.4.2 Lewis 酸试剂

由于强酸体系的反应条件过于强烈，不适用于一些对酸较敏感的底物。所以，人们转而使用 $SnCl_4$[21]、$BF_3\cdot HOAc$[23] 和 $BF_3\cdot Et_2O$[24] 等路易斯酸代替强酸，并且取得了很好的结果。路易斯酸的引入不仅能有效促进反应的进行，有时还能显著提高酸敏性底物生成 Ritter 反应的比例。

Meerwein 研究了各种类型的腈化物与烷基或酰基卤化物的反应。如式 17 所示：腈化物与路易斯酸形成的配合物 **17** 与氯乙烷反应生成氮杂炔正离子 **18**，然后水解制得相应的酰胺[25]。该方法的优点在于除了可以合成 N-叔烷基衍生物外，也可以高产率地合成其它 N-烷基衍生物。

$$PhCN + SbCl_5 \longrightarrow \underset{\mathbf{17}}{Ph-C\equiv N\!:\!\rightarrow SbCl_5} \xrightarrow[75\%]{EtCl}$$

$$\underset{\mathbf{18}}{Ph-C\equiv \overset{+}{N}-Et\ SbCl_6^-} \xrightarrow[91\%]{NaOH} \underset{}{Ph\overset{O}{\underset{\|}{C}}NHEt} \quad (17)$$

如式 18 所示：Yamamoto 使用硼酸酯 **19** 作为 Ritter 反应中的路易斯酸试剂，顺利地将苄醇和腈化物转化成为相应的酰胺产物[26]。

$$R^1OH \xrightarrow{\textbf{19 (5~10 mol\%), R}^2\text{CN, reflux}} R^2CONHR^1 \quad (18)$$

R^1 = Ph$_2$CH, R^2 = Me, 11 h, 93%
R^1 = Ph$_2$CH, R^2 = Et, 4 h, 92%
R^1 = Ph$_2$CH, R^2 = Ph, 3 h, 94%
R^1 = PhCH$_2$, R^2 = Ph, 5 h, 80%
R^1 = (p-FC$_6$H$_4$)$_2$CH, R^2 = Et, 3 h, 96%

2.4.3 金属试剂

2.4.3.1 银化合物

除了酸性试剂外，金属试剂也可以用作碳正离子的引发剂。Cast 等人最早将银离子与烷基卤化物形成的配合物用于 Ritter 反应，只得到中等的产率[27]。但是，Kobayashi 等人将该方法应用到正十二面体烷 (DDH-H) 的 Ritter 反应中却取得了令人满意的结果[28]。如式 19 所示：他们首先将底物溴化，然后在 AgOTf 的催化下与乙腈反应生成相应的酰胺产物，两步反应都给出定量的产率。又如式 20 所示[29]：Taniguchi 使用 AgBF$_4$ 引发三(对甲氧基苄基)乙烯基溴 (**20**) 首先生成乙烯基碳正离子，然后再与乙腈发生 Ritter 反应，以 62% 的总产率得到酰胺产物 **21**。

$$DDH-H \xrightarrow[100\%]{Br_2, \text{ rt}} DDH-Br \xrightarrow[100\%]{1.\ AgOTf,\ MeCN\quad 2.\ H_2O} DDH-NHAc \quad (19)$$

2.4.3.2 汞化合物

如式 21 所示：硝酸汞催化环己烯与乙腈在硝酸中进行反应，首先得到金属衍生物 **22**。接着使用钠汞齐完成去汞化反应，生成 N-环己基乙酰胺[30]。在随后的研究中人们发现：使用更为简便的反应条件同样可以出色地完成该类反应。如式 22 所示[31]：使用无水硝酸汞催化烯烃 23 与乙腈反应，只需采用硼氢化钠即可将中间体转化成酰胺产物 24，总产率高达 90%。

Heathcock 等人已经将该方法用于天然产物 (−)-Alloaristoteline、(−)-Serratoline 和 (+)-Aristotelone 的全合成。如式 23 所示[32]：(1S)-(−)-β-蒎烯和 3-吲哚乙腈在硝酸汞催化下反应，所得化合物被硼氢化钠还原生成全合成的关键中间体 25。

2.4.3.3 钯化合物

Hegedus 使用钯配合物 26 催化烯烃的 Ritter 反应。如式 24 所示[33]：化合物 27 在钯配合物 26 的作用下首先生成碳正离子；接着，腈化物发生亲核加成反应得到稳定螯合的 σ-烷基钯(II) 配合物 28；然后，使用硼氢化钠将其立体选择性地还原成产物 29。Drake 也曾报道：使用简单的 $PdCl_2$ 在高温高压下也可以催化 Ritter 反应[34]。

2.4.3.4 铋化合物

Barrett 将 $Bi(OTf)_3$ 催化叔丁醇与腈化物的 Ritter 反应。如式 25 所示[35]：

烷基腈和芳基腈均可以用于该反应，所得 N-叔丁酰胺的产率一般在 85%~96%。

$$t\text{-BuOH} + \text{RCN} \xrightarrow[\text{2. KOH, H}_2\text{O}]{\text{1. Bi(OTf)}_3\ (20\ \text{mol\%}),\ \text{H}_2\text{O},\ 100\ ^\circ\text{C}} \underset{\text{H}}{R-\text{C}(=O)-\text{N}}-\text{Bu-}t \quad (25)$$

R = Me, 85%
R = t-Bu, 87%
R = n-Bu, 95%
R = Ph, 92%
R = 4-CF$_3$-Ph, 95%

2.5 Ritter 反应的其它方法

2.5.1 固相催化方法

Kumar 使用固体路易斯酸催化剂蒙脱土 KSF (Montorillonite KSF) 在微波条件下催化醇的 Ritter 反应。如式 26 所示[36]：除伯醇外，该方法可以将其它所有类型的醇有效地转化成相应的酰胺产物。

$$\underset{R^3}{\overset{R^2}{\underset{|}{\text{C}}}}\underset{\text{OH}}{\overset{R^1}{|}} \xrightarrow[\text{MW (650 W)}]{R^4\text{CN, Montorillonite KSF}} \underset{R^3}{\overset{R^2}{\underset{|}{\text{C}}}}\underset{\text{N}-\text{C}(=O)-R^4}{\overset{R^1}{|}} \quad (26)$$

R^1	R^2	R^3	R^4	时间/min	产率/%
H	Me	Ph	EtOCH$_2$CH$_2$	3	93
H	H	4-MeOC$_6$H$_4$	Ph	4	91
H	Ph	Ph	Cl(CH$_2$)$_2$CH$_2$	4	90
Me	Ph	Ph	ClCH$_2$	4	88

固体杂多酸是常用的非均相酸性催化剂之一，其酸性比常见的无机酸还要强，接近超强酸的范围。研究表明：在有机介质中，单位摩尔量杂多酸的催化活性通常是硫酸的 100~1000 倍。因此，反应可以在更低的用量和更低的温度下进行[37]。如式 27~式 29 所示[15]：Yadav 报道了使用硅胶负载的磷钼酸 (PMA-SiO$_2$) 催化醇的 Ritter 反应。仲醇和叔醇都可以通过该方法以高产率被转化成相应的酰胺。由于该方法对苄醇和烯丙基仲醇具有高度的选择性，因此可以应用于那些路易斯酸不能有效催化的缺电子苄醇和叔醇底物。在反应完成后，催化剂只需通过简单的过滤即可回收，甚至循环使用数次后反应活性也没有明显的下降。

$$t\text{-BuOH} + \text{PhCN} \xrightarrow[95\%]{\text{PMA-SiO}_2\ (0.5\ \text{mol\%})\ \ 80\ ^\circ\text{C},\ 6\ \text{h}} \text{PhC}(=O)\text{NH-Bu-}t \quad (27)$$

$$\text{cyclohexyl-OH} + \text{PhCN} \xrightarrow[93\%]{\text{PMA-SiO}_2\ (0.5\ \text{mol\%})\ \ 80\ ^\circ\text{C},\ 6\ \text{h}} \text{PhC}(=O)\text{NH-cyclohexyl} \quad (28)$$

$$\text{(式 29)}$$

除杂多酸外，全氟磺酸树脂 (Nafion) 也可以用来催化 Ritter 反应。1987 年，Olah 将 Nafion-H 用作 Ritter 反应的催化剂[38]。Varma 等在 2008 年报道：商品化的 Nafion NR50 可以在无溶剂和微波条件下催化芳基腈与苄醇的 Ritter 反应。如式 30 所示：该反应的产率一般高于 85%，其中苄仲醇的产率略低于苄伯醇的产率[39]。

$$\text{(式 30)}$$

R^1 = H, R^2 = H, R^3 = H, 92% R^1 = Cl, R^2 = H, R^3 = H, 88%
R^1 = H, R^2 = H, R^3 = Ph, 72% R^1 = Cl, R^2 = H, R^3 = Ph, 70%
R^1 = H, R^2 = Me, R^3 = H, 88% R^1 = MeO, R^2 = Me, R^3 = H, 85%
R^1 = H, R^2 = Cl, R^3 = H, 86%

2.5.2 光化学方法

Kochi 等人在对二苄基二甲基氯化铵 (30) 进行光解反应研究时发现：生成的产物中包含有少量的乙酰基苄胺 (31)。这是由于化合物 30 首先被光解成苄基正离子和乙腈，然后继续发生 Ritter 反应的结果[40](式 31)。Cristol 等人对环状卤化物 32 进行光解，在体系中加入 5% 的乙腈水溶液后，也得到了酰胺产物 33 和 34[41](式 32)。但是，光化学条件下的 Ritter 反应只能得到混合物，而且预期产物的含量相对较少。从合成的观点来看，该方法基本不具有应用价值。

$$\text{(式 31)}$$

$$\text{(式 32)}$$

有趣的是：Taniguchi 将光化学方法与 AgOTf 催化方法结合使用却能明显提高反应的产率和选择性。如式 33 所示[42]：使用 AgOTf 催化芳基苯乙烯基溴与乙腈的反应，3 h 后再改用光照反应，所得产率要高于分别使用上述两种方法进行的反应。

$$\text{(33)}$$

条件: 1. AgOTf, 150 °C, 3 h, 84%
2. $h\nu$ (100 W), 5 °C, 3 h, 37%
3. AgOTf, 150 °C, 3 h, then $h\nu$ (400 W), rt, 3 h, 96%

2.5.3 电化学方法

电解 Ritter 反应是通过腈化物对氢进行阳极取代，然后水解氮杂炔正离子中间体生成酰胺产物 (式 34)。该方法的底物适用范围比较宽，烷烃、卤代烷、酯和酮等均可通过该方法生成相应的乙酰胺衍生物。

$$RH \xrightarrow{-2e^-, -H^+} R^+ \xrightarrow{MeCN} R-\overset{+}{N}\equiv Me \xrightarrow{H_2O} R-\underset{O}{\underset{\|}{N}}\overset{H}{-}Me \quad (34)$$

在电化学条件下，芳环化合物可以直接在环上进行乙酰胺化反应。例如：苯乙酮与乙腈的反应，生成 o- 或 p-乙酰胺衍生物[43](式 35)。蒽与乙腈在 TFAA 存在下反应，以 82% 的产率生成产物 35[44](式 36)。

$$\text{(35)}$$

$$\text{(36)}$$

对于 α-碳原子上带有支链的非环酮底物，在电解的条件下通常首先发生 α-裂解，接着再进行乙酰胺化反应[45](式 37)。而对于直链非环酮或在更远位置带有支链的非环酮来说，一般是在 γ-、δ- 或 ε-碳原子上发生乙酰胺化反应[46]。但是，该方法由于缺乏选择性而只能得到混合产物。如式 38 所示：甲基己基酮与乙腈反应生成三种在不同位置发生乙酰胺化反应的混合产物。然而，非环羧酸酯的反应却比非环酮具有更高的反应选择性，主要生成在 ω-1 位取代的产物。例如：丁酸乙酯与乙腈反应生成 70% 的单一产物[47] (式 39)。

$$\text{(37)}$$

$$\text{(38)}$$

$$\text{\textasciitilde}CO_2Et \xrightarrow[70\%]{\text{Pt anode, MeCN, H}_2\text{O}} \text{\textasciitilde}\underset{NHAc}{|}CO_2Et \quad (39)$$

在治疗 II 型糖尿病药物 Acarbose 的全合成中，电解 Ritter 反应被用作合成碳环核心结构 Valienamine 的关键步骤[48]。如式 40 所示：化合物 36 在三氟磺酸作用下与乙腈反应，生成的主要产物不是所需的中间体 37 而是化合物 38。显然，这是因为强酸试剂引起环氧的断裂并芳构化的结果。但是，在电化学条件下却能以 56% 的产率得到化合物 37，并且主要生成所需的顺式构型产物。这是因为在该反应过程中发生了分子内的 Ritter 反应，生成具有顺式稠环结构的甲基噁唑啉中间体 39，从而对后续产物起到了构型控制的作用[49]。

(40)

3 分子间 Ritter 反应综述

3.1 醇

由于存在碳正离子形成的难易程度和稳定性的原因，脂肪族伯醇即使在剧烈条件下仍然不能与腈化物发生 Ritter 反应[12]。但是，苄基伯醇却是 Ritter 反应最主要的反应底物。如式 41 所示[11]：苄基伯醇 40 与乙腈在硫酸作用下可以生成 N-苄基乙酰胺化合物 41。

Top 等人发现: 在同样的条件下, 使用苄醇的羰基铬配合物 **42** 进行 Ritter 反应的产率高达 99%[50]。如式 42 所示: 可能的原因是由于金属铬与碳正离子形成的特殊配合物使中间体获得了临时的稳定性。

一般而言, 脂肪族仲醇并不是合适的 Ritter 反应底物。但是, 那些在 Ritter 反应条件下能够发生重排反应生成稳定碳正离子中间体的仲醇却能够顺利发生 Ritter 反应。如式 43 所示: 螺环仲醇化合物 **43** 在酸性条件下首先发生重排, 然后再与乙腈发生 Ritter 反应生成稠环酰胺产物 **44**[10]。而式 44 中的二苯基甲醇在酸性条件下可以形成稳定的碳正离子中间体, 因此可以直接与腈化物发生 Ritter 反应[51]。

在传统的 Ritter 反应条件下, 叔醇非常容易生成稳定的碳正离子中间体。例如: 叔醇化合物 **45** 与腈化物 **46** 反应, 以 86% 的产率得到酰胺产物 **47**[52] (式 45)。氨基醇化合物 **48** 在硫酸作用下, 与腈化物反应得到酰胺 **49** 后, 经碱性水解生成杂环产物 **50**[53] (式 46)。

在有些情况下，醇的 Ritter 反应具有一定的立体选择性。如式 47 所示：单独或混合使用异构体化合物 51 和 52 进行反应，在产物构成中化合物 54 总是占绝对优势。该现象说明：氰基主要从轴向位置对碳正离子进行亲核进攻[54]。而在葡萄糖 55 与乙腈的反应中，由于存在 C2 位羟基的位阻作用，氰基主要从环平面的上方进攻形成优势产物 56[55](式 48)。

$$\text{51} + \text{52} \xrightarrow[\text{3. NaOH}]{\substack{\text{1. KCN, H}_2\text{SO}_4\text{, Bu}_2\text{O} \\ \text{2. HCl, H}_2\text{O}}} \text{53} + \text{54} \quad (47)$$

80%, 53:54 = 1:9

$$\text{55} \xrightarrow[\text{2. Et}_3\text{N}]{\substack{\text{1. TMSOTf, MeCN} \\ \text{AgClO}_4, \text{rt, 3 h}}} \text{56} \quad (48)$$

86%

Martinez 等人在 1989 年报道：三氟甲磺酸酐在 Ritter 反应中具有特殊的作用，它可以将有些不易发生反应的伯醇和仲醇高产率地转化成酰胺产物[56](式 49)。相反，在常规反应条件下最容易发生 Ritter 反应的叔醇却只得到相对较低的产率，可能的原因是由于中间体 57 在该条件下容易发生竞争性消去反应。

$$\underset{R^3}{\overset{R^2\ R^1}{|}}\text{OH} \xrightarrow{\text{Tf}_2\text{O, CH}_2\text{Cl}_2} \left[\underset{R^3}{\overset{R^2\ R^1}{|}}\text{OTf} \right] \xrightarrow{\text{MeCN}}$$

57

$$\underset{\text{TfO}^-}{\overset{R^2\ R^1}{\underset{R^3}{|}}\overset{+}{\text{N}}\equiv\text{Me}} \xrightarrow{\text{NaHCO}_3, \text{H}_2\text{O}} \underset{R^3}{\overset{R^2\ R^1}{|}}\underset{\text{H}}{\overset{\ \ \ \text{O}}{\underset{|}{\text{N}}}}\text{Me} \quad (49)$$

R^1	R^2	R^3	温度	时间/h	产率/%
1-adamantyl	H	H	rt	2	98
H	H	n-Bu	rt	5	90
H	-C_6H_{12}-		−20 °C	2	75
Me	Me	Me	−20 °C	2	50

由于醇的高反应活性，多官能团化合物的 Ritter 反应具有较好的官能团兼容性。如式 50 所示：羟基酯化合物 58 可以高度化学选择性地发生 Ritter 反

应[57]。Iqbal 等人使用化合物 **59** 与腈化物反应，合成了一系列 γ-N-酰胺基-β-酮酸酯 **60**[58](式 51)。化合物 **61** 与丙腈的反应，同样选择性生成酰胺产物 **62**[59] (式 52)。

$$\underset{\textbf{58}}{\text{Me}_2\text{C(OH)C(Me)}_2\text{CO}_2\text{Et}} + \text{Ph}-\text{C}\equiv\text{N} \xrightarrow[80\%]{\begin{array}{c}1.\ \text{H}_2\text{SO}_4\\ 2.\ \text{H}_2\text{O}\\ 3.\ \text{KOH, EtOH}\end{array}} \text{PhC(O)NH-C(Me)}_2\text{C(Me)}_2\text{CO}_2\text{H} \quad (50)$$

$$\underset{\textbf{59}}{\text{Ar-C(OH)-C}\equiv\text{C-CO}_2\text{Et}} + \text{RCN} \xrightarrow{\begin{array}{c}1.\ \text{H}_2\text{SO}_4,\ \text{rt},\ 6\sim10\ \text{h}\\ 2.\ \text{aq. NaHCO}_3\end{array}} \underset{\textbf{60}}{\text{Ar-CH(NHC(O)R)-CH}_2\text{-C(O)-CO}_2\text{Et}} \quad (51)$$

Ar = Ph, R = Pr, 66%
Ar = 4-F-Ph, R = n-Pr, 60%
Ar = 4-F-Ph, R = Me, 67%
Ar = 4-Me-Ph, R = n-Pr, 63%
Ar = 4-(t-Bu)-Ph, R = Me, 70%
Ar = 4-(t-Bu)-Ph, R = n-Pr, 78%

$$\underset{\textbf{61}}{\text{EtO}_2\text{C-C}_6\text{H}_{10}\text{-(Me)(OH)}} \xrightarrow[72\%]{\text{EtCN, H}_2\text{SO}_4,\ 0\ ^\circ\text{C, 4 h}} \underset{\textbf{62}}{\text{EtO}_2\text{C-C}_6\text{H}_{10}\text{-(Me)(NHC(O)Et)}} \quad (52)$$

3.2 N-羟甲基酰胺和肟

以 N-羟甲基酰胺为底物的 Ritter 反应与以醇为底物的 Ritter 反应类似。如式 53 所示[60]：化合物 **63** 与甲基丙烯腈在酸催化下反应，以 89% 的产率生成酰胺产物 **64**。

$$\underset{\textbf{63}}{\text{Phth-N-CH}_2\text{OH}} + \text{CH}_2=\text{C(Me)-CN} \xrightarrow[89\%]{\begin{array}{c}1.\ \text{H}_2\text{SO}_4,\ \text{AcOH}\\ 2.\ \text{H}_2\text{O}\end{array}} \underset{\textbf{64}}{\text{Phth-N-CH}_2\text{-NH-C(O)-C(Me)=CH}_2} \quad (53)$$

Hill 和 Conley 在研究 Beckmann 重排反应中基团的迁移过程时发现：α-三取代和 α,α'-四取代肟在酸性条件下可以发生裂解反应，形成碳正离子和腈化物中间体。然后，这两部分再通过 Ritter 反应生成酰胺化合物[61]。如式 54 所示：化合物 **65** 在多聚磷酸催化下生成酰胺化合物 **66**。

$$\underset{\textbf{65}}{t\text{-Bu-C(=NOH)-Me}} \xrightarrow{\text{PPA}} \left[\text{MeCN} + t\text{-Bu}^{\oplus} \right] \longrightarrow \underset{\textbf{66}}{t\text{-Bu-NH-C(O)-Me}} \quad (54)$$

3.3 烯烃

3.3.1 传统方法

在强酸的存在下，烯烃非常容易形成稳定的碳正离子。所以，烯烃不仅是一类非常重要的 Ritter 反应的底物, 而且生成产物的产率通常都比较高[6,62](式 55 和式 56)。

$$\text{环己烯} + \text{CH}_2=\text{CHCN} \xrightarrow[\text{2. H}_2\text{O}]{\text{1. H}_2\text{SO}_4} \text{N-环己基丙烯酰胺} \quad 81\% \tag{55}$$

$$\text{螺[4.5]癸烯-Me} + \text{KCN} \xrightarrow[\text{2. H}_2\text{O}]{\text{1. H}_2\text{SO}_4, \text{Bu}_2\text{O}} \text{甲酰胺衍生物} \quad 100\% \tag{56}$$

但是, 当底物分子中双键与一个或多个苯环共轭时 (式 57), 由于所形成的碳正离子过于稳定反而不能与腈化物发生 Ritter 反应[63]。

$$\text{Ph}_2\text{C}=\text{CHMe}, \quad p\text{-ClPh-CH}=\text{CHPh}, \quad p\text{-ClPh(PhCl-}p\text{)C}=\text{CCl}_2 \tag{57}$$

部分二烯烃化合物可以通过 Ritter 反应生成二烷基酰胺衍生物。Magat 使用二叔烷基二烯烃与二腈化物反应, 制得一系列直链聚酰胺化合物[64]。如式 58 所示: 2,11-二甲基-1,11-十二碳二烯与己二腈发生 Ritter 反应生成聚酰胺化合物 **67**。

$$n(\text{NC}(\text{CH}_2)_2\text{CN}) + n(\text{CH}_2=\text{C(CH}_3)(\text{CH}_2)_8\text{C(CH}_3)=\text{CH}_2) \longrightarrow \left[\text{NH-C(CH}_3)_2(\text{CH}_2)_8\text{C(CH}_3)_2\text{NH-CO-(CH}_2)_4\text{-CO}\right]_n \tag{58}$$

67

但是, 有些共轭二烯烃化合物却不适合进行 Ritter 反应。例如: 戊二烯和 2,5-二甲基-1,5-己二烯由于自身容易聚合, 其 Ritter 反应的产率很低。丁二烯在 Ritter 反应条件下的反应过于剧烈, 以至于会发生爆炸[65]。

3.3.2 生成𬭩离子中间体的方法

烯烃也可以在不使用强酸的条件下产生多种适合进行 Ritter 反应的碳正离子, 将烯烃转变成𬭩离子就是其中常用的一种策略。由烯烃生成的𬭩离子在开环过程中不仅可以产生碳正离子, 而且开环过程具有高度的区域选择性和立体选择性。

Cairns 等人使用 Cl_2 来引发烯烃与腈化物的 Ritter 反应。如式 59 所示[66]: 首先, Cl_2 与烯烃反应生成氯𬭩离子; 然后, 腈化物对氯𬭩离子进攻生成中间体 **68**; 最后, **68** 经水解得到酰胺衍生物 **69**。

但是，使用 Br_2 进行的相同反应却仅仅给出 26% 的酰胺衍生物。后来 Hassner 报道：在反应中加入银离子来俘获溶液中的溴负离子，从而可以避免邻二溴化物副产物的生成。如式 60 所示[67]：使用该方法可以将所得酰胺衍生物的产率提高到 70%。

Booker-Milburn 使用 N-氯代苯甲酰亚胺 (NCSacc) 代替卤素参与烯烃的 Ritter 反应。如式 61 所示[68]：首先，NCSacc 作为氯源与烯烃形成氯鎓离子中间体 **70**，接着被乙腈进攻得到氮杂炔正离子 **71**。然后，NCSacc 放出氯离子后生成的苯甲酰亚胺负离子作为亲核试剂进攻 **71** 生成产物 **72**。最后，在强碱作用下转化成咪唑啉产物 **73**。

除卤化物外，硒化物也可以引发烯烃形成碳正离子。如式 62 所示：苯基氯化硒与环己烯和乙腈反应，以极高的产率得到 β-酰胺基苯基硒化物 **74**，经氧化消去后生成酰胺衍生物 **75**[69]。由于在反应中形成 epi-硒鎓离子中间体，所以在随后乙腈的亲核进攻过程中，可以立体选择性和区域选择性地生成反式酰胺基硒化物。然而，使用那些分子中不具有对称结构的烯烃为底物时，Ritter 反应只能获得一般的区域选择性 (式 63)。

$$\text{(62)}$$

$$\text{(63)}$$

如式 64 所示：1,5-己二烯在二苯基二硒化物与 I_2 的共同作用下，其中的一个烯烃首先生成硒鎓离子中间体 **76**。接着，另一个烯烃对鎓离子进行分子内进攻，形成带有碳正离子的环己烷中间体 **77**。然后，乙腈与碳正离子发生 Ritter 反应，以 75% 的总产率得到酰胺衍生物[70]。

$$\text{(64)}$$

3.4 醛和酮

以甲醛为底物的 Ritter 反应的产率通常高于 90%，乙醛、丁醛和三氯乙醛等也可以发生该反应[21]。但是当甲醛与二腈化物反应时，所得产物为聚酰胺化合物 **80**[71](式 65)。

$$n(NC-R-CN) + n\,HCHO \xrightarrow[2.\,H_2O]{1.\,H_2SO_4} \text{（聚酰胺 80）} \quad \text{(65)}$$

将苯甲醛衍生物转化成单氟甲基取代或苯磺酰基二氟甲基取代的仲醇后，可以与乙腈以高产率生成相应的酰胺产物[72](式 66 和式 67)。

$$\text{(66)}$$

$$\text{(67)}$$

酮与腈化物的反应为制备难以合成的 β-酰胺基酮化合物提供了一种有效方法。在酸催化下，α,β-不饱和酮或容易形成缩酮的酮化合物可以与腈化物较好地发生 Ritter 反应。但是，随着底物酮中烷基的增大，反应的产率迅速下降[73]。例如：丙酮与苯甲腈反应的产率为 62%；而甲基乙基酮的反应产率只有 16%；苯丙酮和 4-庚酮则不易发生 Ritter 反应。除环己酮外，其它环酮均不能发生 Ritter 反应。

Olah 使用 CF_3SiMe_3 将酮转化成硅醚后再与乙腈反应，可以制得相应的三氟甲基甲酰胺[74](式 68)。使用类似的方法，将酮转化成二氟甲基取代的叔醇后，也可顺利进行 Ritter 反应[72](式 69)。

$$\begin{array}{c} F_3C\overset{+}{N}\!\!\equiv\!\!-Me \\ R^1\!\!\!\nearrow\!\!\!\searrow\!\! R^2 \end{array} \xrightarrow{H_3O^+} \begin{array}{c} F_3C\ \ NHAc \\ R^1\!\!\!\nearrow\!\!\!\searrow\!\! R^2 \end{array} \quad (68)$$

R^1 = 4-Me-Ph, R^2 = Ph, 81% overall
R^1 = 4-MeO-Ph, R^2 = Ph, 66% overall
R^1 = Ph, R^2 = Ph, 68% overall
R^1 = Ph, R^2 = Me, 54% overall
R^1 = n-Bu, R^2 = n-Bu, 32% overall

$$\begin{array}{c} O \\ R^1\!\!\!\nearrow\!\!\!\searrow\!\! R^2 \end{array} \longrightarrow \begin{array}{c} HF_2C\ \ OH \\ R^1\!\!\!\nearrow\!\!\!\searrow\!\! R^2 \end{array} \xrightarrow{H_2SO_4,\ MeCN,\ 70\ ^\circ C} \begin{array}{c} HF_2C\ \ NHAc \\ R^1\!\!\!\nearrow\!\!\!\searrow\!\! R^2 \end{array} \quad (69)$$

R^1 = H, R^2 = 4-MeO-Ph, 97%
R^1 = H, R^2 = 4-Me$_2$N-Ph, 93%
R^1 = Me, R^2 = Ph, 82%
R^1 = H, R^2 = Ph, 55%

3.5 羧酸和酯

α-叔碳酸以及 α-叔碳酸酯在浓硫酸作用下容易发生脱羧反应生成叔碳正离子，因此较易发生 Ritter 反应。如式 70 所示：在无水硫酸的存在下，叔丁基戊酸 (**81**) 与 NaCN 发生 Ritter 反应生成 68% 的叔丁胺[75]。在 98% 的硫酸存在下，三苯甲醇甲酸酯 (**82**) 与乙腈反应定量地生成 N-(三苯甲基)乙酰胺[76](式 71)。

$$t\text{-BuCO}_2\text{H} + \text{NaCN} \xrightarrow[68\%]{100\%\ H_2SO_4} t\text{-BuNH}_2 \quad (70)$$
81

$$\text{Ph}_3\text{COCHO} + \text{MeCN} \xrightarrow[\text{quant.}]{98\%\ H_2SO_4} \text{Ph}_3\text{CNHCOCH}_3 \quad (71)$$
82

酯的反应活性相对较弱，当与醇或酮等其它活泼官能团共存时，通常不发生 Ritter 反应。但是，Reddy 在甲酸叔丁酯和芳基腈的反应中使用催化量的硫酸，却顺利地将酯转化成相应的 N-叔丁酰胺衍生物[77](式 72)。

$$\text{Ar}-\!\!\equiv\!\!\text{N} + \underset{\text{Me}}{\text{MeC(O)O-Bu-}t} \xrightarrow[\text{2. KHCO}_3, \text{H}_2\text{O}]{\text{1. Cat. H}_2\text{SO}_4, 42\,^\circ\text{C}} \text{ArC(O)NH-Bu-}t \quad (72)$$

Ar = 4-MeO-Ph, 2 h, 95%
Ar = 4-Me-Ph, 2 h, 93%
Ar = 4-CF$_3$O-Ph, 2 h, 95%
Ar = 3-OH-Ph, 1.5 h, 93%
Ar = 3-pyridyl, 5 h, 95%
Ar = 2-thiophenyl, 1 h, 92%

在 Ritter 反应中,一些低级碳酸酯和磷酸酯的反应活性高于相应的低级伯醇[78]。例如:甲醇在硫酸作用下与腈化物 **83** 反应,几乎得不到酰胺产物。但是,使用 (MeO)$_2$CO 或 (MeO)$_3$PO 为底物时可以得到大于 90% 产率的 Ritter 反应产物 **84** (式 73 和式 74)。

$$\underset{\textbf{83}}{\text{Me(CN)C(}i\text{-Pr)}_2} + (\text{MeO})_2\text{CO} \xrightarrow[95\%]{\text{PPA (3 eq), 140}\,^\circ\text{C, 10 h}} \underset{\textbf{84}}{\text{Me C(O)NHMe}\atop(i\text{-Pr)}_2\text{C}} \quad (73)$$
(1.0 eq)

$$\underset{\textbf{83}}{\text{Me(CN)C(}i\text{-Pr)}_2} + (\text{MeO})_3\text{PO} \xrightarrow[91\%]{\text{MeSO}_3\text{H (5 eq), 140}\,^\circ\text{C, 5 h}} \underset{\textbf{84}}{\text{Me C(O)NHMe}\atop(i\text{-Pr)}_2\text{C}} \quad (74)$$
(2.0 eq)

3.6 α,β-不饱和羰基化合物

如式 75 所示:在 β-碳原子上带有两个取代基的 α,β-不饱和酮、酸、酯以及酰胺化合物发生 Ritter 反应的活性都很高。但是,在 β-碳原子上不带取代基或者单取代的 α,β-不饱和羰基化合物通常不能进行相应的反应,或者反应的产率很低[57]。

$$R^1R^2C\!=\!CHC(O)R^3 + \text{PhCN} \xrightarrow[\text{3. KOH, EtOH}]{\substack{\text{1. H}_2\text{SO}_4 \\ \text{2. H}_2\text{O}}} \text{PhC(O)NH-C}R^1R^2\text{-CH}_2\text{COOH} \quad (75)$$

R^1 = H, R^2 = H, R^3 = OMe, No reaction
R^1 = Me, R^2 = H, R^3 = OMe, No reaction
R^1 = Me, R^2 = Me, R^3 = OEt, 62%
R^1 = Ph, R^2 = H, R^3 = OEt, 26%

3.7 环氧化物

环氧化物也是 Ritter 反应中一种有效的碳正离子来源,以其为底物进行的反应通常具有一定的立体专一性。如式 76 和式 77 所示:胆甾烷醇的环氧化合物 **85** 与乙腈在路易斯酸作用下进行反应,立体专一性地生成 α-氨基醇衍生物 **86**[79]。高氯酸催化反式-2-环氧硬脂酸甲酯 (**87**) 与乙腈的反应,立体选择性地生成单一的赤式构型产物 **88**[80]。

230 碳-氮键的生成反应

$$(76)$$

$$(77)$$

Concellón 在合成 HIV-1 蛋白酶抑制剂的活性部分 1,3-二胺基烷基-2-醇时，分别使用手性胺基环氧化物 **89** 和 **90** 与相应的腈化物在 $BF_3 \cdot Et_2O$ 催化下进行反应，以单一的区域选择性和立体选择性地生成了预期的产物[81]（式 78 和式 79）。

$$(78)$$

$$(79)$$

3.8 卤代烷烃和烷烃

叔卤代烷烃也可以用作 Ritter 反应的底物，但反应效果不如相应的醇和烯烃底物[82]。然而，对于多环底物的反应而言，该方法却发挥了独特的作用。由于多环化合物的桥头卤代衍生物容易通过简单的方法获得，以其为底物可以方便地获得多环酰胺衍生物。例如：金刚烷胺 (**92**) 具有减轻帕金森症的症状以及抗击流行性感冒病毒 A 的活性，如式 80 所示[83]：1-溴-金刚烷与乙腈在传统的 Ritter 反应条件下反应，以 90% 的产率得到酰胺化合物 **91**，接着经水解即可得到目标化合物。

$$(80)$$

能够形成叔碳正离子的饱和烷烃可以直接进行 Ritter 反应[84]。如式 81 所示：金刚烷与腈化物在 $NO^+PF_6^-$ 的促进下能够直接生成酰胺衍生物[85]。Inamoto

报道：多环烷烃桥头碳原子的溴化和 Ritter 反应可以在一步反应内同时进行。如式 82 所示：化合物 93 与乙腈和溴的混合体系在硫酸作用下于室温反应 24 h 后，水解即可生成酰胺衍生物 94[86]。

$$\text{金刚烷} + \text{RCN} \xrightarrow[\text{70\%~98\%}]{\begin{array}{c}1.\ NO^+PF_6^-\\ 2.\ H_2O\end{array}} \text{金刚烷-NHCOR} \quad (81)$$

$$93 \xrightarrow[\text{90\%}]{\begin{array}{c}1.\ H_2SO_4,\ MeCN,\ Br_2,\ rt,\ 24\ h\\ 2.\ H_2O\end{array}} 94\text{-NHAc} \quad (82)$$

上述方法的适用范围一般局限在多环烷烃底物，因为多环烷烃生成稳定碳正离子的区域选择性很高。Ishii 等人使用 N-邻苯二甲酰亚胺 (NHPI) 和硝酸铈铵 (CAN) 来催化烷烃的 Ritter 反应，在苄基取代的烷烃底物上获得了令人满意的结果。如式 83 和式 84 所示[87]：这些反应发生在苄基位置上的选择性达到 70%~90% 以上，转化率在 60%~90% 以上。但是，使用非苄基取代的异丁烷，选择性只有 28%。

$$\text{Ph-CHMe-Me} \xrightarrow[\text{63\% conv., 93\% selec.}]{\begin{array}{c}\text{EtCN, under Ar, 80 °C}\\ \text{CAN (1.5 eq), NHPI (0.1 eq), 6 h}\end{array}} \text{Ph-CH(NHC(O)Et)-CHMe}_2 \quad (83)$$

$$\text{indane} \xrightarrow[\text{93\% conv., 74\% selec.}]{\begin{array}{c}\text{EtCN, under Ar, rt}\\ \text{CAN (1.5 eq), NHPI (0.1 eq), 6 h}\end{array}} \text{1-NHC(O)Et-indane} \quad (84)$$

4 分子内 Ritter 反应综述

分子内 Ritter 反应主要包括两种类型：(1) 当底物分子中同时含有腈基官能团和能够产生稳定碳正离子的官能团时，它们可以发生分子内 Ritter 反应首先生成环状氮杂炔正离子 95。然后，再与亲核试剂发生分子间亲核加成反应生成杂环产物 96 (式 85)。如果亲核试剂是磺酸根的话，就得到环状酰胺产物。(2) 当腈化物与一个同时含有能够产生稳定碳正离子的官能团和亲核基团反应时，它们首先发生分子间 Ritter 反应形成氮杂炔正离子中间体 97。然后，亲核基团再发生分子内亲核加成反应得到杂环产物 98 (式 86)。值得注意的是：由于氮杂炔正离子中间体结构的限制以及一些制约分子内反应因素的影响，只有特殊大小的环状化合物可以通过上述方法合成。

$$\text{(85)}$$

$$\text{(86)}$$

R¹ = 亲电进攻基团, R² = 亲核进攻基团

4.1 分子内形成氮杂炔正离子

使用同时包含氰基和可以生成碳正离子官能团的底物分子，可以通过分子内反应生成环状的氮杂炔正离子。然后，再与另外的亲核试剂发生分子间的反应生成杂环产物。烯烃、羟基、肟、酮或者在仲碳上的氰基都可以作为产生碳正离子的底物。根据该反应的机理推测，可以获得的最小环状产物是六员环化合物。如式 87 所示[88]：3-氰基-4-(苯乙烯基)吡啶在酸性条件下可以生成环状氮杂炔正离子中间体 99，水解后得到产物 100。

$$\text{(87)}$$

Compernolle 将该方法用于合成潜在的多巴胺受体的配体化合物[89]。如式 88 所示：化合物 101 在甲磺酸作用下，以 76% 的产率得到酰胺中间体 102。

$$\text{(88)}$$

分子内 Ritter 反应也可以和其它反应串联运用生成多环产物。如式 89 所示[90]：庚二腈衍生物 103 在酸催化下，通过串联的 Ritter 反应和 Hoesch 反应，以 69% 的总产率得到双环产物 104。

$$\text{(89)}$$

4.2 氮杂炔正离子的分子内环化
4.2.1 含氮杂环的合成

早在 1952 年，Ritter 等人就已经使用甲基丁子香酚与藜芦腈通过分子内 Ritter 反应合成了二氢异喹啉衍生物[91](式 90)。如式 91 所示[92]：该类化合物也可以通过环氧化物与酚形成的碳正离子与腈化物的反应来制备。

由芳基氮杂炔正离子或氯代亚胺化合物与苯甲腈反应可以生成碳正离子 **105**，经傅-克反应后即可制得喹唑啉衍生物[93](式 92)。如式 93 所示：化合物 **106** 在路易斯酸催化下，与卤素形成卤鎓离子中间体 **107**。然后，再与腈化物反应生成氮杂炔正离子 **108**，同样经傅-克反应生成异喹啉衍生物 **109**[94]。该方法也可用于合成其它非苯基的芳香体系，但是产率不高[95](式 94)。

$$\text{(thiophene-CH}_2\text{CH}_2\text{Cl)} + \text{RCN} \longrightarrow \text{SnCl}_4 \xrightarrow{8\%\sim17\%} \text{product} \quad (94)$$

如果使用烯烃作为分子内的亲核进攻基团，则生成含有 5,6-二氢吡啶[96]或者 1-吡咯啉[96a]结构的产物 (式 95 和式 96)。

$$\text{(diol)} \xrightarrow{\text{RCN, H}_2\text{SO}_4} \text{(iminium intermediate)} \xrightarrow{20\%\sim23\%} \text{(dihydropyridine)} \quad (95)$$

$$\text{(diol)} \xrightarrow{\text{RCN, H}_2\text{SO}_4} \text{(iminium intermediate)} \xrightarrow{55\%\sim80\%} \text{(pyrroline)} \quad (96)$$

胺基化合物也可以与氮杂炔正离子反应生成杂环化合物。其中，反应的底物大多是三员环胺化合物。如式 97 所示[97]：化合物 **110** 与腈化物反应首先生成碳正离子中间体 **111**。然后，胺基进行分子内亲核进攻生成了咪唑啉化合物 **112**。又如式 98 所示[98]：化合物 **113** 在 BF$_3$·Et$_2$O 的催化下与异丁腈反应，得到咪唑啉化合物 **114**。除三员环胺化合物外，其它一些含氮化合物也可以发生类似的反应。如式 99 所示：化合物 **115** 与腈化物在 SnCl$_4$ 的催化下可以方便地生成 3,4-二氢喹唑啉化合物 **116**，进一步处理还可制得相应的芳香衍生物 **117**[99]。

$$\underset{\mathbf{110}}{\text{aziridinium BF}_4^-} \xrightarrow{\text{RCN, 100 °C, 1~2 d}} \underset{\mathbf{111}}{\text{intermediate}} \xrightarrow[\text{overall}]{43\%\sim53\%} \underset{\mathbf{112}}{\text{imidazoline BF}_4^-} \quad (97)$$

$$\underset{\mathbf{113}}{\text{Bn-aziridine-NBn}_2} \xrightarrow[61\%]{i\text{-PrCN, BF}_3\cdot\text{Et}_2\text{O, 80 °C, 6 h}} \underset{\mathbf{114}}{\text{imidazoline}} \quad (98)$$

$$\underset{\mathbf{115}}{\text{ArNH}_3^+\text{CH}_2\text{Cl}} \xrightarrow[40\%\sim100\%]{\text{RCN, SnCl}_4} \underset{\mathbf{116}}{\text{dihydroquinazoline}} \xrightarrow{\text{Fe(CN)}_6^{3-}, \text{KOH}} \underset{\mathbf{117}}{\text{quinazoline}} \quad (99)$$

1978 年，Pancrazi 等人首次将分子内 Ritter 反应用于桥环含氮化合物的合成，但产率只有 9%[24a]。此后，人们又陆续报道了一些同类型的反应，产率也有了大幅的提高。在这类反应中，要求底物分子同时含有一个能够生成碳正离子的官能团和一个烯烃 (例如：二烯烃或者烯醇化合物等)。如式 100 所示[100]：

在硫酸作用下,环外二烯烃化合物 118 首先异构化成为环内二烯烃化合物 119;然后,其中的一个双键被转化成为碳正离子,并与乙腈发生 Ritter 反应生成氮杂炔正离子中间体 120;接着,分子中另一个双键作为亲核基团进攻氮杂炔正离子,形成含氮桥环中间体 121;该中间体中新生成的碳正离子与乙腈可以发生第二个 Ritter 反应,水解后生成最终产物 122。

$$\tag{100}$$

根据同样的反应机理,分子中同时含有羟基和烯烃的化合物与腈化物之间的 Ritter 反应也可以得到含氮桥环化合物。如式 101 所示[101]:由于底物分子 123 中叔醇的反应活性高于烯烃,所以在酸性条件下羟基优先被转化成稳定的碳正离子中间体 124,随后的反应完全按照式 100 的方式进行得到产物 125。

$$\tag{101}$$

4.2.2 氮氧杂环的合成

除烯烃外,羟基是另一种常用的分子内亲核基团,这种类型的反应通常可以用于 1,3-噁嗪或噁唑啉衍生物的制备。如式 102 所示:Ritter 等人使用 1,3-二醇 126 和腈化物反应没有得到预期的二酰胺产物,而是得到了含有二氢-1,3-噁嗪结构的杂环化合物 127[102]。这是因为在 Ritter 反应条件下,化合物 126 中只有叔醇发生去羟基反应生成了碳正离子。而仲醇得以保留,并随后对碳正离子进行亲核进攻生成噁嗪衍生物。Meyers 在简单的条件下将 127 中的碳氮双键还原后再水解,整个过程相当于将氰基转化为醛基[103]。此后,他又使用该方法陆续合成了非环醛[104]、α,β-不饱和醛[105]、酯环族醛[106]、γ-羟基醛[107]和 γ-羰基醛[108]等,发展出一种合成醛的简便方法[108]。

使用氧杂环丁烷衍生物作为底物,也可以制备含有二氢-1,3-噁嗪结构的杂环化合物。如式 103 所示[109]:甾体化合物 **128** 与腈化物的反应,以高产率得到二氢-1,3-噁嗪衍生物 **129**。

氯代酮[110]、丙二酰氯[111]等也可以发生类似的反应,由其中的羰基或羟基作为分子内亲核进攻基团,生成 1,3-噁嗪衍生物 (式 104~式 106)。

由 Ritter 反应制备噁唑衍生物可以追溯到 1893 年。如式 107 所示[112]:Japp 和 Murray 报道安息香和腈化物在硫酸作用下,生成噁唑化合物 **130**。Leipprand 等人对上述反应进行了改进,使用氯代酮与腈化物的 $SnCl_4$ 配合物反应,获得了更高的产率[110](式 108)。

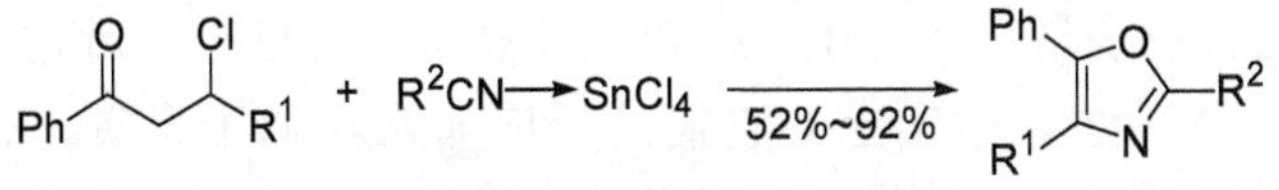

(108)

α- 或者 β-羟基羧酸以及环烯丙基羧酸衍生物可以用来合成噁唑或噁嗪衍生物。如式 109~式 111 所示[113]：反应首先在酸催化下脱去羟基生成碳正离子；然后，再与腈化物反应生成氮杂炔正离子中间体；最后，经羧酸根进攻成环。

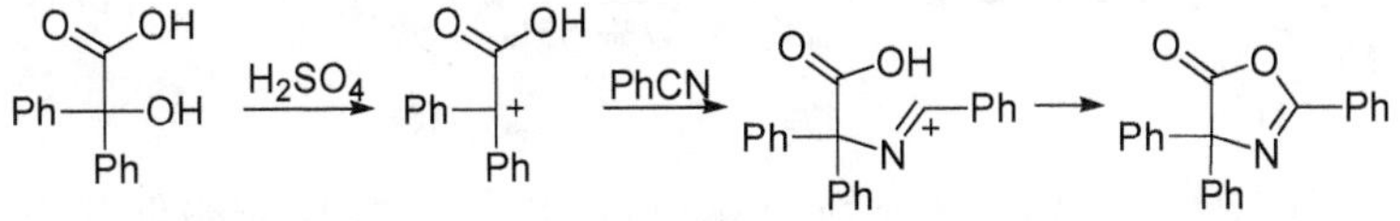

(109)

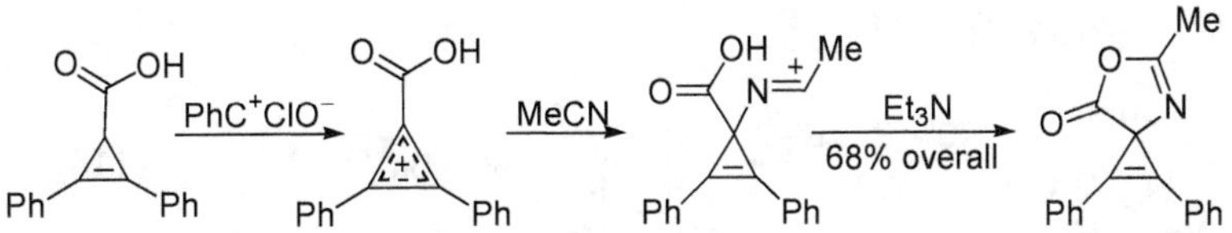

(110)

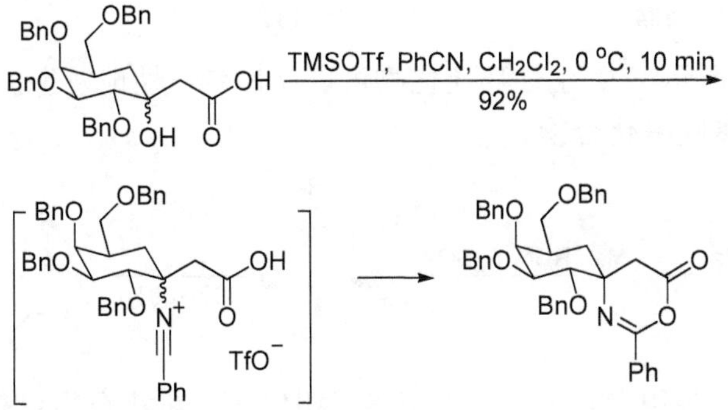

(111)

以环氧化物为底物进行的分子内 Ritter 反应的产率通常较低，并且总是得到各种异构体的混合产物[114](式 112)。Leonard 等人将底物改为环氧醚后，可以得到 75% 的单一产物[97c](式 113)。

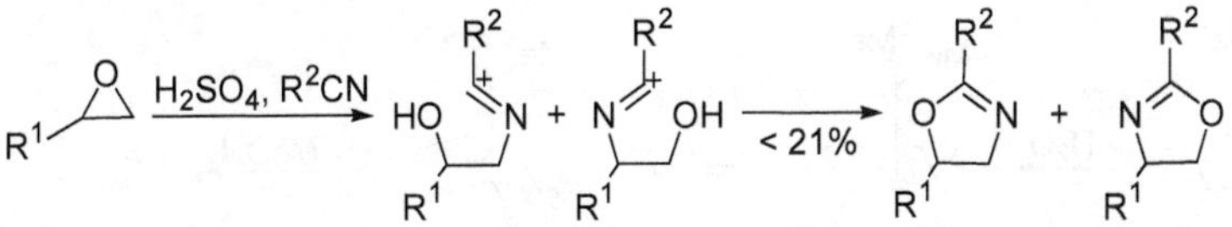

(112)

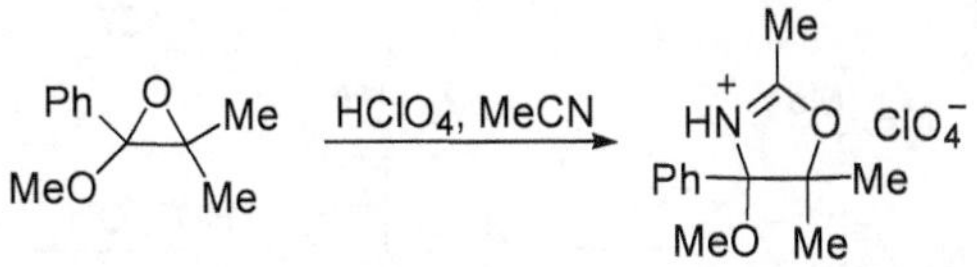

(113)

4.2.3 氮硫杂环的合成

以含硫化合物为底物的分子内 Ritter 反应可以用来制备噻唑啉和噻嗪化合

物。由于这些化合物表现出抗 HIV 或者抗肿瘤等生物活性，对它们的合成研究引起了人们的广泛关注。事实上，它们的反应非常类似于含氧化合物的分子内 Ritter 反应。如式 114 所示[115]：硫醇化合物 **131** 在硫酸的作用下首先生成叔碳正离子；然后，与腈化物反应形成中间体 **132**；接着，巯基对碳正离子进行亲核进攻生成噻唑啉化合物 **133**。

$$\text{(114)}$$

又如式 115 所示[116]：硫醚化合物 **134** 与腈化物在路易斯酸催化下，以 75% 的产率生成噻嗪化合物 **135**。

$$\text{(115)}$$

如式 116 所示[117]：手性环硫化物可以立体专一性地发生扩环反应，生成构型翻转的手性噻唑啉化合物。

$$\text{(116)}$$

García 等人使用 Tf₂O 作为碳正离子引发剂，将化合物 **136** 首先转化成碳正离子中间体 **137**；然后，再与乙腈反应后生成中间体 **138**。硫原子上的孤对电子对碳正离子进行亲核进攻生成 **139** 后，经水解可得到噻唑啉化合物 **140**[118] (式 117)。

$$\text{(117)}$$

5 Ritter 反应在天然产物合成中的应用

5.1 (+)-Odorinol 和 Siastatin B 的全合成

2-酰胺基吡咯烷和 2-酰胺基哌啶结构广泛存在于许多生物活性天然产物和合成化合物的分子结构中。例如：Odorine、(+)-Odorinol 和 (−)-Odorinol 是从米仔兰 *Aglaia odorata* 中分离得到的一些天然生物碱。其中，(+)-Odorinol 对 P-388 白血病细胞的增殖表现出突出的抑制活性。Siastatin B 是从链霉菌中分离得到的一种天然生物碱，它是神经氨酸苷酶和 β-葡萄糖酸苷酶的抑制剂（式 118）。

2008 年，Pyne 等人报道了一条有关 2-酰胺基吡咯烷和 2-酰胺基哌啶中间体的合成路线[119]，其中 C2 位的酰胺官能团就是运用 Ritter 反应引入的。如式 119 所示：化合物 **141** 与腈化物在 $BF_3 \cdot Et_2O$ 催化下反应生成中间体 **142**。然后，在酸性条件下水解得到手性 2-酰胺基化合物 **143**。最后，再经过数步官能团转化即可生成 Odorine 和 (+)-Odorinol。

化合物 **144** 与乙腈在相同条件下反应，以几乎定量的产率得到中间体 **145**。但是，水解产物 **146** 却没有任何手性（式 120）。该结果说明：化合物 **144** 在进行 Ritter 反应之前首先发生了开环，并且在路易斯酸催化下发生烯醇化得到中间体 **147**。由于再关环得到的是消旋的化合物 **144** （式 121），因此 Ritter 反应只能生成没有手性的产物 **146**。

5.2 Bestatin 的全合成

Bestatin 对氨基肽酶 B 具有显著的抑制作用,目前在日本被用作抗肿瘤和抗细菌感染的口服药物。该药物可以引起 T-细胞增生,从而提高免疫响应,通常与其它同类药物配合使用以提高治疗效果。Bestatin 分子的核心结构为 syn-α-羟基-β-氨基酸部分,这一特征结构也出现在其它一些活性分子中(例如:Taxol、phebestin 和 probestin 等)。由于 Bestatin 具有显著的生物活性和特殊的化学结构,因而引起了有机化学家的合成兴趣。

在 Stewart 报道的全合成路线中[120],Ritter 反应被用作构筑手性氨基酸结构的关键步骤。如式 122 所示:首先,β-酮酸酯 148 经生物催化转变成为手性环氧化物中间体 149;然后,在 BF$_3$·Et$_2$O 的催化下,环氧中间体 149 与苯乙腈发生立体专一性 Ritter 反应生成二氢噁唑中间体 150;接着,150 经盐酸水解生成 (2S,3R)-α-羟基-β-氨基酸 151;最后,再经过适当的官能团修饰,完成了 Bestatin 的全合成。

5.3 2-Isocyanoallopupukeanane 的全合成

2-Isocyanoallopupukeanane 是从海洋生物海绵中分离出的一种具有生物活性的天然产物,其分子中含有异腈官能团取代的三环结构,在合成上具有一定的难度。如式 123 所示:在 Ho 等人报道的全合成路线中[121],使用化合物 **152** 为起始原料,经数步反应构筑出带有三取代烯烃的三环骨架结构中间体 **153**;然后,使用传统的 Ritter 反应条件,中间体 **153** 与 NaCN 在硫酸作用下生成甲酰胺化合物 **154**;最后,将甲酰胺在对甲苯磺酰氯和吡啶中脱水生成异腈官能团,以 90% 的产率得到了目标产物。

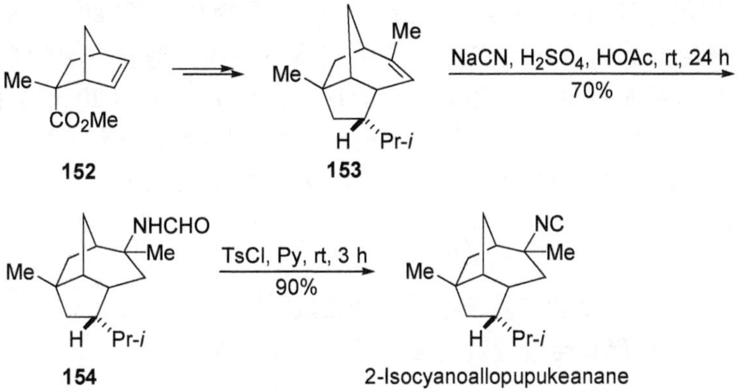

6 Ritter 反应实例

例 一

N-苄基丙烯酰胺的合成[122]

(硫酸促进的分子间 Ritter 反应)

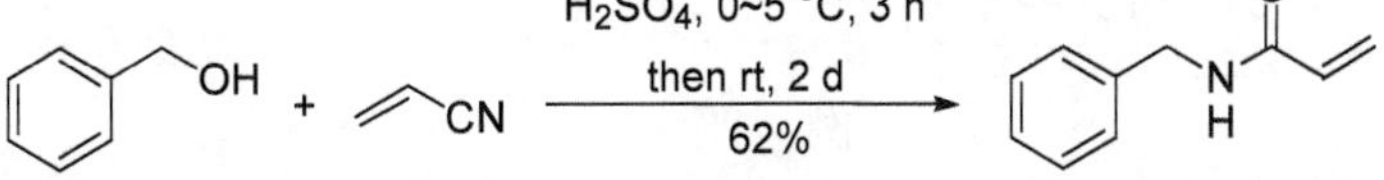

在 0~5 °C 搅拌下,依次将浓硫酸 (7.5 mL) 和苯甲醇 (10.8 g, 0.1 mol) 缓慢滴加到丙烯腈 (20 g, 0.378 mol) 中。3 h 后将混合体系升至室温,并继续搅拌 2 天。将混合物倒入冰水中,加入 EtOAc (2 × 100 mL) 提取,合并的提取液依次用饱和 Na_2CO_3 水溶液 (2 × 50 mL)、饱和 NaCl 水溶液洗涤和无水 Na_2SO_4 干燥。蒸去溶剂后的粗产物经减压蒸馏及水蒸气蒸馏后,在冰箱中冷冻结晶得到固体产物 *N*-苄基丙烯酰胺 (9.99 g, 62%), mp 66~68 °C。

例 二

(2S,3S)-N-(3-二苄氨基-2-羟基-4-苯基丁基)苯甲酰胺的合成[81]
(路易斯酸促进的区域选择性和立体选择性 Ritter 反应)

$$\underset{\mathbf{155}}{\text{Bn}\overset{}{\underset{\text{NBn}_2}{\bigtriangleup}}\text{O}} + \text{PhCN} \xrightarrow[79\%, 100\% \text{ de}]{\text{BF}_3\cdot\text{Et}_2\text{O}, 80\ ^\circ\text{C}, 12\ \text{h}} \underset{\mathbf{156}}{\text{Bn}\underset{\text{NBn}_2}{\overset{\text{OH}}{\bigtriangleup}}\underset{\text{O}}{\overset{\text{H}}{\text{N}}}\text{Ph}} \quad (125)$$

在室温和搅拌下，将 BF$_3$·Et$_2$O (0.25 mL, 2.0 mmol) 加入到化合物 **155** (0.69 g, 2.0 mmol) 和苯甲腈 (10 mL) 的混合溶液中。将混合物加热至 80 $^\circ$C 后，搅拌 12 h。然后将混合体系冷却到室温，向反应体系中加入饱和 Na$_2$CO$_3$ 水溶液 (30 mL)。混合体系在室温继续搅拌 5 min 后，加入 Et$_2$O (3 × 20 mL) 提取，合并的提取液用无水 Na$_2$SO$_4$ 干燥。蒸去溶剂后的粗产物经柱色谱分离和纯化，得到无色油状物 **156** (0.73 g, 79%)，$[\alpha]_D^{25} = -19.9^\circ$ (c 1.86, CHCl$_3$)。

例 三

N-叔丁基苯甲酰胺的合成[35]
(金属化合物促进的分子间 Ritter 反应)

$$t\text{-BuOH} + \text{PhCN} \xrightarrow[92\%]{\begin{array}{c}1.\ \text{Bi(OTf)}_3\ (20\ \text{mol}\%),\ \text{H}_2\text{O},\ 100\ ^\circ\text{C},\ 17\ \text{h}\\ 2.\ \text{KOH},\ \text{H}_2\text{O}\end{array}} \text{Ph}\overset{\text{O}}{\underset{\text{H}}{\text{C-N}}}\text{Bu-}t \quad (126)$$

在搅拌下，将叔丁醇 (0.77 mL, 8.0 mmol) 加入到苯甲腈 (4.0 mL, 38.9 mmol) 和 Bi(OTf)$_3$ (1.05 g, 1.6 mmol) 的水溶液中 (1 mL)。生成的混合物在 100 $^\circ$C 搅拌 17 h 后，冷却至 0 $^\circ$C。然后，加入到 KOH 水溶液中 (20% w/v, 50 mL) 沉淀出催化剂。母液用 CH$_2$Cl$_2$ (2 × 25 mL) 萃取，合并的萃取液用无水 Na$_2$SO$_4$ 干燥。蒸去溶剂后的粗产物经柱色谱分离和纯化，得到白色固体产物 N-叔丁基苯甲酰胺 (1.31 g, 92%)，mp 123~124 $^\circ$C。

例 四

N-(1-苯基乙基)苯甲酰胺的合成[14]
(固相催化的分子间 Ritter 反应)

$$\text{Ph}\overset{\text{OH}}{\underset{\text{Me}}{\text{CH}}} + \text{PhCN} \xrightarrow[85\%]{\text{PMA-SiO}_2\ (0.5\ \text{mol}\%),\ 80\ ^\circ\text{C},\ 7\ \text{h}} \text{Ph}\overset{\text{O}}{\text{C}}\text{-N}\overset{\text{Me}}{\underset{\text{H}}{\text{CH}}}\text{Ph} \quad (127)$$

在室温下，将环己醇 (35.4 mg, 0.29 mmol)、苯甲腈 (30 mg, 0.26 mmol) 和

PMA-SiO$_2$ (290 mg, 0.5 mmol%) 混合。该混合物在 80 °C 反应 7 h 后, 冷却至室温。过滤除去催化剂, 在滤液中加入 EtOAc (10 mL) 和水 (10 mL)。分出有机层, 水层用乙醚 (3 × 10 mL) 萃取。合并的有机相依次经饱和 NaCl 水溶液洗涤和无水 Na$_2$SO$_4$ 干燥。蒸去溶剂, 残留物经柱色谱分离和纯化, 得到浅棕色固体产物 N-(1-苯基乙基)苯甲酰胺 (49.8 mg, 85%), mp 114~116 °C。

例 五

cis-(4aR,9bR)-2-羰基-9b-苯基-1,2,3,4,5,9b-六氢-4aH-茚并[1,2-b]吡啶-4a-碳酸甲酯的合成[123]

(甲磺酸促进的分子内 Ritter 反应)

在 0 °C 和搅拌下, 将化合物 157 (0.2 g, 0.62 mmol) 加入到甲磺酸 (5 mL)中。生成的混合体系在室温下搅拌 8 h 后, 加入冰水 (2 mL)。然后用 CH$_2$Cl$_2$ (3 × 10 mL) 萃取, 合并的有机相用无水 Na$_2$SO$_4$ 干燥。蒸去溶剂, 残留物经柱色谱分离和纯化得到白色晶体产物 158 (0.18 g, 92%), mp 204~205 °C (EtOH)。

7 参考文献

[1] Ritter 反应的综述见: (a) Krimen, L. I.; Cota, D. J. *Organic Reactions*, Wiley: New York, **1969**, Vol. 17, p 213. (b) Bishop, R. *Comprehensive Organic Synthesis*, Pergamon Press: New York, **1991**, Vol. 6, p 261.
[2] (a) Albericio, F. *Curr. Opin. Chem. Biol.* **2004**, *8*, 211. (b) Singh, G. S. *Tetrahedron* **2003**, *59*, 7631.
[3] Gelens, E.; Smeets, L.; Sliedregt, L. A. J. M.; van Steen, B. J.; Kruse, C. G.; Leursa, R.; Orru, R. V. A. *Tetrahedron Lett.* **2005**, *46*, 3751.
[4] (a) Ritter, J. J.; Minieri, P. P. *J. Am. Chem. Soc.* **1948**, *70*, 4045. (b) Ritter, J. J.; Kalish, J. *J. Am. Chem. Soc.* **1948**, *70*, 4048.
[5] Jacquier, R.; Christol, H. *Bull. Soc. Chim. Fr.* **1957**, 600.
[6] Glikmans, G.; Torck, B.; Hellin, M.; Coussemant, F. *Bull. Soc. Chim. Fr.* **1966**, 1376.
[7] (a) Blum, S.; Gertler, S.; Sarel, S.; Sinnreich, D. *J. Org. Chem.* **1972**, *37*, 3114. (b) Blum, S.; Sarel, S. *J. Org. Chem.* **1972**, *37*, 3121.
[8] (a) Christol, H.; Laurent, A.; Mousseron, M. *Bull. Chim. Fr.* **1961**, 2313. (b) Boltze, K. H.; Mühlenbein, H. Ger. pat. 1,144,713, **1963** (CA: **1963**, *59*, 5074g).
[9] Edwards, S.; Marqurdt, F.-H. *J. Org. Chem.* **1974**, *39*, 1963.
[10] Christol, H.; Solladié, G. *Bull. Soc. Chim. Fr.* **1966**, 1299.
[11] Parris, C. L.; Christenson, R. M. *J. Org. Chem.* **1960**, *25*, 331.
[12] Benson, F. R.; Ritter, J. J. *J. Am. Chem. Soc.* **1949**, *71*, 4128.

[13] Stephens, C. R.; Beereboom, J. J.; Rennhard, H. H.; Gordon, P. N.; Murai, K.; Blackwood, R. K.; Schach von Wittenau, M. *J. Am. Chem. Soc.* **1963**, *85*, 2643.
[14] Yadav, J. S.; Reddy, B. V. S.; Pandurangam, T.; Reddy, Y. J.; Gupta, M. K. *Catal. Commun.* **2008**, *9*, 1297.
[15] Plaut, H.; Ritter, J. J. *J. Am. Chem. Soc.* **1951**, *73*, 4076.
[16] Greaves, P. M.; Landor, P. D.; Landor, S. R.; Odyek, O. *Tetrahedron Lett.* **1973**, *14*, 209.
[17] Sasaki, T.; Eguchi, S.; Shoji, K. *J. Chem. Soc. C* **1969**, 406.
[18] Gajda, T.; Koziara, A.; Zawadzki, S.; Zwierzak, A. *Synthesis* **1979**, 549.
[19] Chen, H. G.; Goel, O. P.; Knobelsdorf, K. J. *Tetrahedron Lett.* **1996**, *37*, 8129.
[20] Roe, E. T.; Swern, D. *J. Am. Chem. Soc.* **1953**, *75*, 5479.
[21] Magat, E. E.; Faris, B. F.; Reith, J. E.; Salisbury, L. F. *J. Am. Chem. Soc.* **1951**, *73*, 1028.
[22] Sanz, R.; Martínez, A.; Guilarte, V.; Álvarez-Gutiérrez, J. M.; Rodríguez, F. *Eur. J. Org. Chem.* **2007**, 4642.
[23] Ritter, J. J. U. S. pat. 2,573,673, **1951** (CA: **1952**, *46*, 9584h).
[24] (a) Kaboré, I.; Khuong-Huu, Q.; Pancrazi, A. *Tetrahedron* **1978**, *34*, 2815. (b) Firouzabadi, H.; Sardarian, A. R.; Badparva, H. *Synth. Commun.* **1997**, *27*, 2403.
[25] Meerwein, H.; Laasch, P.; Mersch, R.; Spille, J. *Chem. Ber.* **1956**, *89*, 209.
[26] Maki, T.; Ishihara, K.; Yamamoto, H. *Org. Lett.* **2006**, *8*, 1431.
[27] Cast, J.; Stevens, T. S. *J. Chem. Soc.* **1953**, 4180.
[28] Paquette, L. A.; Weber, J. C.; Kobayashi, T. *J. Am. Chem. Soc.* **1988**, *110*, 1303.
[29] Kitamura, T.; Kobayashi, S.; Taniguchi, H.; Rappoport, Z. *J. Org. Chem.* **1982**, *47*, 5003.
[30] Chow, D.; Robson, J. H.; Wright, G. F. *Can. J. Chem.* **1965**, *43*, 312.
[31] Brown, H. C.; Kurek, J. T. *J. Am. Chem. Soc.* **1969**, *91*, 5647.
[32] Stoermer, D.; Heathcock, C. H. *J. Org. Chem.* **1993**, *58*, 564.
[33] Hegedus, L. S.; Mulhern, T. A.; Asada, H. *J. Am. Chem. Soc.* **1986**, *108*, 6224.
[34] Drake, C. A. U. S. pat. 3,948,989, **1976** (CA: **1976**, *85*, 5215p).
[35] Callens, E.; Burton, A. J.; Barrett, G. M. *Tetrahedron Lett.* **2006**, *47*, 8699.
[36] Kumar, H. M. S.; Reddy, B. V. S.; Anjaneyulu, S.; Reddy, E. J.; Yadav, J. S. *New J. Chem.* **1999**, 955.
[37] (a) Kozhevnikov, I. V. *Russ. Chem. Rev.* **1987**, *56*, 811. (b) Okuhara, T.; Mizuno, N.; Misono, M. *Adv. Catal.* **1996**, *41*, 113.
[38] Olah, G. A.; Yamato, T.; Iyer, P. S.; Trivedi, N. J.; Singh, B. P.; Surya Prakash, G. K. *Mater. Chem. Phys.* **1987**, *17*, 21.
[39] Polshettiwar, V.; Varma, R. S. *Tetrahedron Lett.* **2008**, *49*, 2661.
[40] Ratcliff, Jr., M. A.; Kochi, J. K. *J. Org. Chem.* **1971**, *36*, 3112.
[41] Cristol. S. J.; Stull, P. D.; Daussin, R. D. *J. Am. Chem. Soc.* **1978**, *100*, 6674.
[42] Kitamura, T.; Kobayashi, S.; Taniguchi, H. *Chem. Lett.* **1984**, 1351.
[43] So, Y.-H.; Becker, J. Y.; Miller, L. L. *J. Chem. Soc., Chem. Commun.* **1975**, 262.
[44] Hammerich, O.; Parker, V. D. *J. Chem. Soc., Chem. Commun.* **1974**, 245.
[45] Berker, J. Y.; Miller, L. L.; Siegel, T. M. *J. Am. Chem. Soc.* **1975**, *97*, 849.
[46] Berker, J. Y.; Byrd, L. R.; Miller, L. L.; So, Y.-H. *J. Am. Chem. Soc.* **1975**, *97*, 853.
[47] Miller, L. L.; Ramachandran, V. *J. Org. Chem.* **1974**, *39*, 369.
[48] Goanvic, D. L.; Lallemand, M.-C.; Tillequin, F.; Martens, T. *Tetrahedron Lett.* **2001**, *42*, 5175.
[49] Senanayake, C. H.; Roberts, F. E.; DiMichele, L. M.; Ryan, K. M.; Liu, J.; Fredenburgh, L. E.; Foster, B. S.; Douglas, A. W.; Larsen, R. D.; Verhoeven, T. R.; Reider, P. *Tetrahedron Lett.* **1995**, *36*, 3993.
[50] (a) Top. S.; Jaouen, G. *J. Chem. Soc., Chem. Commun.* **1979**, 224. (b) Top. S.; Jaouen, G. *J. Org. Chem.* **1981**, *46*, 78.
[51] Gullickson, G. C.; Lewis, D. E. *Synthesis*, **2003**, 681.
[52] Maugé, R.; Malen, C.; Boissier, J. R. *Bull. Soc. Chim. Fr.* **1956**, 926.
[53] Brough, P.; Chiarelli, R.; Pécaut, J.; Rassat, A.; Rey, P. *Chem. Commun.* **2003**, 2722.
[54] Richer, J.-C.; Bisson, R. *Can. J. Chem.* **1969**, *47*, 2488.
[55] Wang, Z. D.; Sheikh, S. O.; Cox, S.; Zhang, Y.; Massey, K. *Eur. J. Org. Chem.* **2007**, 2243.

[56] Martinez, A. G.; Martinez Alvarez, R.; Teso Vilar, E.; Garcia Fraile, A.; Hanack, M.; Subramanian, L. R. *Tetrahedron Lett.* **1989**, *30*, 581.
[57] Hartzel, L. W.; Ritter, J. J. *J. Am. Chem. Soc.* **1949**, *71*, 4130.
[58] Rao, K. S.; Reddy, D. S.; Pal, M.; Mukkanti, K.; Iqbal, J. *Tetrahedron Lett.* **2006**, *47*, 4385.
[59] Mićović, I. V.; Ivanović, M. D.; Vuckovic, S. M.; Prostran, M. Š.; Došen-Mićović, L.; Kiricojević, V. D. *Bioorg. Med. Chem. Lett.* **2000**, *10*, 2011.
[60] Mowry, D. T. U. S. pat. 2,529,455, 1950 (CA: **1951**, *45*, 2980f).
[61] (a) Hill, R. K.; Chortyk, O. T. *J. Am. Chem. Soc.* **1962**, *84*, 1064. (b) Conley, R. T. *J. Org. Chem.* **1963**, *28*, 278.
[62] Christol, H.; Hacquier, R.; Mousseron, M. *Bull. Soc. Chim. Fr.* **1957**, 1027.
[63] (a) Christol, H.; Laurent, A.; Solladié, G. *Bull. Soc. Chim. Fr.* **1963**, 877. (b) Kluszyńki, A.; Blum, S.; Bergmann, E. D. *J. Org. Chem.* **1963**, *28*, 3588.
[64] Magat, E. E. U. S. pat. 2,628,219, 1953 (CA: **1953**, *47*, 5130c).
[65] Clarke, T.; Devine, J.; Dicker, D. W. *J. Am. Oil Chem. Soc.* **1964**, *41*, 78.
[66] Cairns, T. L.; Graham, P. J.; Barrick, P. L.; Schreiber, R. S. *J. Org. Chem.* **1952**, *17*, 751.
[67] Hassner, A.; Levy, L. A.; Gault, R. *Tetrahedron Lett.* **1966**, *7*, 3119.
[68] Booker-Milburn, K, I.; Guly, D. J.; Cox, B.; Procopiou, P. A. *Org. Lett.* **2003**, *5*, 3313.
[69] (a) Toshimitsu, A.; Aoai, T.; Uemura, S.; Okano, M. *J. Chem. Soc., Chem. Commun.* **1980**, 1041. (b) Toshimitsu, A.; Aoai, T.; Owada, H.; Uemura, S.; Okano, M. *J. Org. Chem.* **1981**, *46*, 4727.
[70] Toshimitsu, A.; Uemura, S.; Okano, M. *J. Chem. Soc., Chem. Commun.* **1982**, 87.
[71] (a) Mowry, D. T.; Ringwald, E. L. *J. Am. Chem. Soc.* **1950**, *72*, 4439. (b) Magat, E. E.; Chandler, L. B.; Faris, B. F.; Reith, J. E.; Salisbury, L. F. *J. Am. Chem. Soc.* **1951**, *73*, 1031.
[72] Liu, J. L.; Ni, C.; Li, Y.; Zhang, L.; Wang, G.; Hu, J. *Tetrahedron Lett.* **2006**, *47*, 6753.
[73] Khorlin, A. Ya.; Chizhov, O. S.; Kochetkov, N. K. *Zh. Obshch. Khim.* **1959**, *29*, 3411 (CA: **1960**, *54*, 16418h).
[74] Tongco, E.; Surya Prakash, G. K.; Olah, G. A. *Synlett* **1997**, 1193.
[75] Haaf, W. *Chem. Ber.* **1963**, *96*, 3359.
[76] Bacon, R. G. R.; Köchling, J. *J. Chem. Soc.* **1964**, 5609.
[77] Reddy, K. L. *Tetrahedron Lett.* **2003**, *44*, 1453.
[78] Lebedev, M. Y.; Erman, M. B. *Tetrahedron Lett.* **2002**, *43*, 1397.
[79] Bourgery, G.; Frankel, J. J.; Juliá, S.; Ryan, R. J. *Tetrahedron* **1972**, *28*, 1377.
[80] Zvonkova, E. N.; Evstigneeva, R. P. *Zh. Org. Khim.* **1974**, *10*, 878 [*J. Org. Chem. USSR (Engl. Transl.)*, **1974**, *10*, 883].
[81] Concellón, J. M.; Suárez, J. R.; del Solar, V. *J. Org. Chem.* **2005**, *70*, 7447.
[82] Magat, E. E. U. S. pat. 2,628,217, 1953 (CA: **1953**, *47*, 5129g).
[83] Stetter, H.; Mayer, J.; Schwarz. M.; Wulff, K. *Chem. Ber.* **1960**, *93*, 226.
[84] Haaf, W. *Angew. Chem.* **1961**, *73*, 144.
[85] Olah, G. A.; Balaram Gupta, B. G.; *J. Org. Chem.* **1980**, *45*, 3532.
[86] Ohsugi, M.; Inamoto, Y.; Takaishi, N.; Fujikura, Y.; Aigami, K. *Synthesis* **1977**, 632.
[87] Sakaguchi, S.; Hirabayashi, T.; Ishii, Y. *Chem. Commun.* **2002**, 516.
[88] Bobbitt, J. M.; Doolittle, R. E. *J. Org. Chem.* **1964**, *295*, 2298.
[89] (a) Wit, T. D.; Emelen, K. V.; Maertens, F.; Hoornaert, G. J.; Compernolle, F. *Tetrahedron Lett.* **2001**, *42*, 4919. (b) Emelen, K. V.; Wit, T. D.; Hoornaert, G. J.; Compernolle, F. *Org. Lett.* **2000**, *2*, 3080. (c) Maertens, F.; Van den Bogaert, A.; Compernolle, F.; Hoomaert, G. J. *Eur. J. Org. Chem.* **2004**, 4656.
[90] Koelsch, C. F.; Walker, H. M. *J. Am. Chem. Soc.* **1950**, *72*, 346.
[91] Ritter, J. J.; Murphy, F. X. *J. Am. Chem. Soc.* **1952**, *74*, 763.
[92] Glushkov, V. A.; Shurov, S. N.; Maiorova, O. A.; Postanogova, G. A.; Feshina, E. V.; Shklyaev, Y. V. *Chem. Heterocycl. Compd.* **2001**, *37*, 444.
[93] Meerwein, H.; Laasch, P.; Mersch, R.; Nentwig, J. *Chem. Ber.* **1956**, *89*, 224.
[94] Hassner, A.; Amold, R. A.; Gault, R.; Terada, A. *Tetrahedron Lett.* **1968**, *9*, 1241.

[95] Lora-Tamayo, M.; Madroñero, R.; Perez, M. G. *Chem. Ber.* **1962**, *95*, 2188.
[96] (a) Meyers, A. I.; Ritter, J. J. *J. Org. Chem.* **1958**, *23*, 1918. (b) Meyers, A. I.; Schneller, J.; Ralhan, N. K. *J. Org. Chem.* **1963**, *28*, 2944. (c) Meyers, A. I.; Ralhan, N. K. *J. Org. Chem.* **1963**, *28*, 2950.
[97] (a) Leonard, N. J.; Brady, L. E. *J. Org. Chem.* **1965**, *30*, 817. (b) Pfeil, E.; Harder, U. *Angew. Chem., Int. Ed.* **1965**, *4*, 518. (c) Leonard, N. J.; Zwanenburg, B. L. *J. Am. Chem. Soc.* **1967**, *89*, 4456.
[98] Concellón, J. M.; Riego, E.; Suárez, J. R.; García-Granda, S.; Díaz, M. R. *Org. Lett.* **2004**, *6*, 4499.
[99] Lora-Tamayo, M.; Madroñero, R.; Garcia Muñoz, G. *Chem. Ber.* **1961**, *94*, 208.
[100] (a) Bishop, R.; Hawkins, S. C.; Ibana, I. C. *J. Org. Chem.* **1988**, *53*, 427. (b) Lin, Q.; Ball, G. E.; Bishop, R. *Tetrahedron* **1997**, *53*, 10899.
[101] Reamer, R. A.; Brenner, D. G.; Shepard, K. L. *J. Hererocycl. Chem.* **1986**, *23*, 961.
[102] (a) Tillmanns, E.-J.; Ritter, J. J. *J. Org. Chem.* **1957**, *22*, 839. (b) Lynn, J. W. *J. Org. Chem.* **1959**, *24*, 711.
[103] Meyers, A. I.; Nabeya, A. *Chem. Commun.* **1967**, 1163.
[104] Meyers, A. I.; Nabeya, A.; Adickes, H. W.; Politzer, I. R. *J. Am. Chem. Soc.* **1969**, *91*, 763.
[105] Meyers, A. I.; Nabeya, A.; Adickes, H. W.; Fitzpatrick, J. M.; Malone, G. R.; Politzer, I. R. *J. Am. Chem. Soc.* **1969**, *91*, 764.
[106] Meyers, A. I.; Adickes, H. W.; Politzer, I. R.; Beverung, W. N. *J. Am. Chem. Soc.* **1969**, *91*, 765.
[107] Adickes, H. W.; Politzer, I. R.; Meyers, A. I. *J. Am. Chem. Soc.* **1969**, *91*, 2155.
[108] Meyers, A. I.; Nabeya, A.; Adickes, H. W.; Politzer, I. R.; Malone, G. R.; Kovelesky, A. C.; Nolen, R. L.; Portnoy, R. C. *J. Org. Chem.* **1973**, *38*, 36.
[109] Schneider, G.; Hackler, L.; Sohár, P. *Tetrahedron* **1985**, *41*, 3377.
[110] Lora-Tamayo, M.; Madroñero, R.; Garcia Muñoz, G.; Leipprand, H. *Chem. Ber.* **1964**, *97*, 2234.
[111] (a) Davis, S. J.; Elvidge, J. A. *J. Chem. Soc.* **1962**, 3553. (b) Davis, S. J.; Elvidge, J. A.; Foster, A. B. *J. Chem. Soc.* **1962**, 3638.
[112] Japp, F. R.; Murray, T. S. *J. Chem. Soc.* **1893**, 469.
[113] (a) Japp, F. R.; Findlay, A. *J. Chem. Soc.* **1899**, 1027. (b) Bird, C. W. *J. Org. Chem.* **1962**, *27*, 4091. (c) McGregor, S. D.; Jones, W. M. *J. Am. Chem. Soc.* **1968**, *90*, 123. (d) Schweizer, F.; Lohse, A.; Otter, A.; Hindsgaul, O. *Synlett* **2001**, 1434. (e) Lohse, A.; Schweizer, F.; Hindsgaul, O. *Comb. Chem. High Throughput Screening* **2002**, *5*, 389.
[114] Oda, R.; Okano, M.; Tokiura, S.; Misumi, F. *Bull. Chem. Soc. Jpn.* **1962**, *35*, 1219.
[115] Meyers, A. I. *J. Org. Chem.* **1960**, *25*, 1147.
[116] Tarbell, D. S.; Buckley, D. A.; Brownlee, P. P.; Thomas, R.; Todd, J. S. *J. Org. Chem.* **1964**, *29*, 3314.
[117] (a) Lowell, Jr., J. R.; Helmkamp, G. K. *J. Am. Chem. Soc.* **1966**, *88*, 768. (b) Helmkamp, G. K.; Pettitt, D. J.; Lowell, Jr., J. R.; Mabey, W. R.; Wolcott, R. G. *J. Am. Chem. Soc.* **1966**, *88*, 1030.
[118] Martínez, A. G.; Vilar, E. T.; Moreno-Jiménez, F.; García, A. M. A. *Tetrahedron: Asymmetry* **2006**, *17*, 2970.
[119] Morgan, I. R.; Yazici, A.; Pyne, S. G.; Skelton, B. W. *J. Org. Chem.* **2008**, *73*, 2943.
[120] Feske, B. D.; Stewart, J. D. *Tetrahedron: Asymmetry* **2005**, *16*, 3124.
[121] Ho, T.-L.; Kung, L.-R.; Chein, R.-J. *J. Org. Chem.* **2000**, *65*, 5774.
[122] Parris, C. L. *Org. Synth.* **1962**, *42*, 16.
[123] Van Emelen, K.; De Wit, T.; Hoomaert, G. J.; Compernolle, F. *Tetrahedron* **2002**, *58*, 4225.

施密特反应

(Schmidt Reaction)

钟 民

1 历史背景简述 ·· 248
2 Schmidt 反应的定义及特点 ·· 249
3 Schmidt 反应中的叠氮化合物 ·· 250
   3.1 叠氮化合物的基本物理化学性质 ·· 250
   3.2 叠氮化合物的基本合成方法 ·· 252
4 不同底物的 Schmidt 反应及机理 ··· 253
   4.1 羧酸的 Schmidt 反应 ·· 253
   4.2 醛的 Schmidt 反应 ··· 256
   4.3 酮的 Schmidt 反应 ··· 260
   4.4 缩醛、半缩醛、烯醇醚及其类似物的 Schmidt 反应 ························· 269
   4.5 醇的 Schmidt 反应 ··· 271
   4.6 烯烃的 Schmidt 反应 ·· 273
   4.7 炔烃的 Schmidt 反应 ·· 275
   4.8 环氧化合物的 Schmidt 反应 ··· 276
   4.9 硼烷化合物的 Schmidt 反应 ··· 277
5 Schmidt 反应在天然产物合成中的应用 ··· 279
   5.1 (+)-Aspidospermidine 的全合成 ··· 280
   5.2 (+)-Sparteine 的全合成 ·· 280
   5.3 (±)-Stenine 的全合成 ··· 281
   5.4 (±)-Gephyrotoxin 的全合成 ··· 282
   5.5 (±)-Stemonamine 的全合成 ··· 283
6 Schmidt 反应实例 ·· 284
7 参考文献 ·· 286

1 历史背景简述

Schmidt 反应，又称 Schmidt 重排反应[1,2]，是有机合成中将碳-碳键转换成碳-氮键的重要反应之一。该反应由德国化学家 Karl-Friedrich Schmidt 于 1924 年首次报道[1]并由此得名。

Schmidt (1887-1971) 出生在德国海德堡。1912 年，他在慕尼黑大学著名有机化学家 Theodor Curtius 的指导下获得博士学位。之后，Schmidt 在慕尼黑大学取得了高等院校任教资格，并于 1920 年被该校聘为教员。在其任此职期间，Schmidt 还在 Curtius 的研究小组内担任研究助理，继续从事有机化学研究。1921 年秋季，他加入芬兰图尔库的瑞典大学，并在此期间发现了 Schmidt 反应。三年以后，他辞去了在瑞典大学的教职回到了故乡海德堡。在随后的几年里，Schmidt 在德国路德维希港的 Chemische Fabrik Knoll 制药公司担任理事。1936 年以后，Schmidt 开始从事独立的化学研究和开发工作。

早在 19 世纪中叶，化学家们就已经开始了对叠氮化合物的物理和化学性质的研究。1864 年，德国有机化学家 Peter Grieβ 首次报道了苯基叠氮 (PhN$_3$, **1**) 的合成[3]，引起了化学家们对于有机叠氮化合物的广泛兴趣。1890 年，Curtius 报道了叠氮酸 (HN$_3$, **2**) 的合成以及由酰基叠氮 **3** 重排为异氰酸酯 **4** 的反应[4]。现在，人们称该反应为 Curtius 反应[5] (式 1)。

$$\text{RCON}_3 \xrightarrow{\Delta,\, -N_2} \text{R-N=C=O} \qquad (1)$$
$$\quad\; \textbf{3} \qquad\qquad\qquad\quad \textbf{4}$$

1923 年，Schmidt 在研究叠氮酸在硫酸中的分解反应时发现：苯 (**5**) 能够加速叠氮酸 (**2**) 的分解，反应的产物随着反应温度的变化而改变[6]。例如：当反应在室温下进行时，主要产物是硫酸肼。当反应温度升至 60~70 °C 时，主要产物却是苯胺硫酸盐 (**6**) (式 2)。

$$\text{PhH} + \text{HN}_3 \xrightarrow{\text{H}_2\text{SO}_4,\, 60\sim70\ ^\circ\text{C}} \text{PhNH}_2\cdot\text{H}_2\text{SO}_4 \qquad (2)$$
$$\;\textbf{5} \quad\;\; \textbf{2} \qquad\qquad\qquad\qquad\qquad\quad \textbf{6}$$

这个实验结果使 Schmidt 对该反应的机理产生了极大的兴趣。Schmidt 认为：叠氮酸在加热的条件下分解释放出一分子氮气，并形成一个活泼的亚胺游离基 HN· 和发生进一步的反应。为了证明这一假设，Schmidt 在原来的反应条件下添加了二苯甲酮 (**7**)。有趣的是，如式 3 所示，该反应以定量的收率形成了 *N*-苯基苯甲酰胺 (**8**)[1]。这就是最原始的 Schmidt 反应。

$$\text{PhCOPh} \xrightarrow[100\%]{\text{HN}_3,\, \text{H}_2\text{SO}_4,\, 60\sim70\ ^\circ\text{C}} \text{PhCONHPh} \qquad (3)$$
$$\quad\;\textbf{7} \qquad\qquad\qquad\qquad\qquad\qquad \textbf{8}$$

在随后的几十年中,关于 Schmidt 反应的文献报道主要集中在叠氮酸和不同羰基化合物反应的活性和机理研究上。由于传统的 Schmidt 反应所使用的叠氮酸具有高毒性和易爆炸性,并且该反应需要在强酸 (硫酸) 的催化下进行。因此,Schmidt 反应的应用在当时受到了一定的限制。

在 20 世纪 40 年代,化学家们曾尝试使用烷基叠氮与羰基化合物进行 Schmidt 反应。有文献报道[7]:甲基叠氮和简单的酮类化合物在硫酸介质中反应没有生成所期待的酰胺产物。1955 年,Boyer 等人[8]发现苯甲醛 (9) 可以和苯乙基叠氮 (10) 在硫酸介质中以 10% 的产率形成酰胺 11 (式 4)。

$$\text{PhCHO} + \text{Ph} \diagup \text{N}_3 \xrightarrow[10\%]{\text{H}_2\text{SO}_4,\ 75\ ^\circ\text{C}} \text{Ph-C(O)-NH-CH}_2\text{CH}_2\text{Ph} \quad (4)$$

在经过漫长的研究和探索后,20 世纪 90 年代烷基叠氮与酮类化合物的 Schmidt 反应取得了突破性的进展[9]。1991 年,Aubé 等人[9a]成功地报道了烷基叠氮与酮之间的分子内 Schmidt 反应 (式 5)。

$$\textbf{12} \xrightarrow[\substack{\text{CF}_3\text{CO}_2\text{H, 16 h} \\ \text{or TiCl}_4,\ \text{DCM, 20 min} \\ 66\%\ \text{or}\ 70\%}]{} \textbf{13} \quad (5)$$

该分子内反应可以在质子强酸或者 Lewis 酸的催化下完成,并从此开创了分子内 Schmidt 反应在合成复杂天然产物和具有生物活性分子中应用的新局面。

2 Schmidt 反应的定义及特点

经典的 Schmidt 反应[1,2a]通常是指羧酸 (14)、醛 (16) 或者酮 (19) 等羰基化合物在质子强酸催化下与叠氮酸发生的重排反应 (式 6~式 8),该反应过程中有碳-碳键的断裂和碳-氮键的形成。

$$\text{R-COOH} \xrightarrow{\text{HN}_3,\ \text{H}_2\text{SO}_4} \text{R-NH}_2 \quad (6)$$
$$\textbf{14} \qquad \qquad \textbf{15}$$

$$\text{R-CHO} \xrightarrow{\text{HN}_3,\ \text{H}_2\text{SO}_4} \text{R-C}\equiv\text{N} + \text{R-NH-CHO} \quad (7)$$
$$\textbf{16} \qquad \qquad \textbf{17} \qquad \textbf{18}$$

$$\text{R}^1\text{-CO-R}^2 \xrightarrow{\text{HN}_3,\ \text{H}_2\text{SO}_4} \text{R}^1\text{-C(O)-NH-R}^2 + \text{R}^1\text{-NH-C(O)-R}^2 \quad (8)$$
$$\textbf{19} \qquad \qquad \textbf{20} \qquad \qquad \textbf{21}$$

不同羰基化合物发生 Schmidt 反应的产物也不同。如式 6~式 8 所示：羧酸类化合物的 Schmidt 反应产物是伯胺 (**15**)；醛类化合物的 Schmidt 反应产物通常是腈 (**17**) 和甲酰胺 (**18**) 的混合物，混合物的比例因反应条件而异；对称酮的 Schmidt 反应产物生成单一的酰胺 (**20** 或 **21**)，不对称酮的 Schmidt 反应产物是混合酰胺 (**20** 和 **21**)，混合物的比例受到底物性质和反应条件的影响。

近几十年以来，化学家们对于 Schmidt 反应及其相关反应进行了不断的研究和探索。尤其是烷基叠氮化合物在分子内的 Schmidt 反应中的成功应用，使得许多复杂天然产物的环状骨架结构能够巧妙地被合成出来[2d]。Schmidt 反应也随之有了更广泛的定义：以叠氮基团为亲核试剂，在反应过程中发生碳-碳键的断裂和碳-氮键的形成，并释放出一分子氮气的反应[2c,d]。因此，现在人们所指的 Schmidt 反应不再仅仅是叠氮酸与羰基化合物在质子强酸催化下的反应，而是扩展到叠氮酸或烷基叠氮化合物与缩醛、半缩醛、烯醇醚、叔醇、烯烃、炔烃、环氧化合物和硼烷化合物等底物间的反应。

经典的 Schmidt 反应所使用的质子强酸通常是硫酸、多聚磷酸、三氟乙酸、三氟甲磺酸等。然而，分子内 Schmidt 反应则可以由质子强酸或者 Lewis 酸催化来完成。该反应所使用的溶剂通常为氯代烷烃 (例如：二氯甲烷、氯仿和 1,2-二氯乙烷等)、乙二醇二甲醚或者苯等。由于 Schmidt 反应中所使用的叠氮酸本身具有高毒性和热不稳定性，并且反应过程中产生氮气。因此，Schmidt 反应的操作应该在通风柜中进行。特别是对于大型反应，操作时需要格外注意搅拌、控制温度和调节气压以防止潜在的爆炸性危险发生。另外，Schmidt 反应通常需要在酸性条件下进行，含有酸敏基团的有机底物会受到一定的限制。

3 Schmidt 反应中的叠氮化合物

3.1 叠氮化合物的基本物理化学性质

19 世纪末叶和 20 世纪初期，Curtius[4]和 Hantzsch[10]等人先后报道了叠氮基团的可能结构。如式 9 所示：他们均认为苯基叠氮 (**1**) 中的叠氮基团可能是一个由三个氮原子组成的三员环。

$$\text{Ph-N}_3 = \text{Ph-N}\begin{smallmatrix}\text{N}\\\|\\\text{N}\end{smallmatrix} \qquad (9)$$
1

随着人们对于叠氮化合物反应性的进一步理解和研究，叠氮基团的结构很快被确认为线性结构，并可以用几种不同的共振结构 **22a~22d** 来表述[11] (式 10)。

$$R-N_3 = \left[R-\underset{1\ 2\ 3}{N}-\overset{..}{N}=N \longleftrightarrow R-\overset{\oplus}{N}=N=\overset{\ominus}{N} \longleftrightarrow R-\overset{\ominus}{N}-\overset{\oplus}{N}\equiv N \longleftrightarrow R-\overset{\ominus}{N}-N=\overset{\oplus}{N} \right] \quad (10)$$
22　**22a**　　　　　　　**22b**　　　　　　**22c**　　　　　　**22d**

按照 Pauling 等人[12]所提出的叠氮共振结构 **22c** 和 **22d**，可以很好地解释为什么叠氮化合物通常容易发生热分解和可以作为 1,3-偶极子参与加成反应。另外，结构 **22d** 还可以很好地解释叠氮化合物与亲核试剂或亲电试剂反应时的选择性。当叠氮化合物作为亲核试剂时，反应发生在 N^1 上；而当叠氮化合物作为亲电试剂时，反应则发生在 N^3 上。

人们对于叠氮化合物中氮原子之间的键长和键角也进行了研究。例如：在甲基叠氮 (CH_3N_3, **23**) 分子中的键长和键角分别为：$C-N^1 = 1.472$ Å、$N^1-N^2 = 1.244$ Å、$N^2-N^3 = 1.162$ Å；$\angle C-N^1-N^2 = 115.2°$、$\angle N^1-N^2-N^3 = 172.5°$。这些数据说明，叠氮基团中氮原子间的键长类似于炔烃的键长 (约为 1.20 Å)，其结构非常接近于线性状态。受共轭结构的影响，芳基叠氮化合物中 N^2-N^3 的键长比相应的烷基叠氮化合物短[13]。

由于大多数的叠氮化合物具有高毒性和热不稳定性。所以，在操作有叠氮化合物参与或者生成的反应过程中，以及处理叠氮化合物时需要非常小心。在该反应中最常用的叠氮化钠的大鼠口服半致死量 (rat oral LD_{50}) 是 27 mg/kg，而且还能够通过皮肤被机体吸收。叠氮化钠在通常条件下比较稳定，但在高温时 (> 275 ^{o}C) 会发生剧烈爆炸。另外，叠氮化钠还可以和二硫化碳、溴、硝酸、硫酸二甲酯及一系列的重金属 (例如：铜和铅等) 发生剧烈反应。叠氮化钠既可以和质子酸反应生成具有高毒性和爆炸性的叠氮酸，也可以和二氯甲烷或者氯仿等有机卤代试剂反应产生具有高爆炸性的二叠氮甲烷或者三叠氮甲烷[14a]。重金属叠氮酸盐在高压或者晃动的情况下会发生剧烈分解，并释放出氮气。但是，有机叠氮化合物的热稳定性可以方便地通过式 11[14b,c]来判断。其中，N_C 代表有机叠氮化合物中碳原子的总数，N_O 代表有机叠氮化合物中氧原子的总数，N_N 则代表有机叠氮化合物中氮原子的总数。通常，热稳定的有机叠氮化合物中的碳原子和氧原子的总数与氮原子的总数的比例应大于或者等于 3。

$$\frac{N_C + N_O}{N_N} \geq 3 \quad (11)$$

许多含氮原子较多的有机叠氮化合物具有很强的爆炸性，例如：叠氮甲烷 ($N_C/N_N = 1/3$) (**23**)、二叠氮甲烷[15] ($N_C/N_N = 1/6$) (**24**)、叠氮四氮唑[16] ($N_C/N_N = 1/7$) (**25**)、三叠氮基三硝基苯[17] [$(N_C+N_O)/N_N = 1/1$] (**26**) 和六叠氮甲基苯[18] ($N_C/N_N = 2/3$) (**27**) 等 (式 12)。

$$\underset{\textbf{23}}{H_3C-N_3} \quad \underset{\textbf{24}}{H_2C(N_3)_2\text{-like: }CH_2-N_3} \quad \underset{\textbf{25}}{\text{tetrazole-N}_3} \quad \underset{\textbf{26}}{\text{picryl azides}} \quad \underset{\textbf{27}}{\text{hexakis(azidomethyl)benzene}} \tag{12}$$

实际上，有些稳定的有机叠氮化合物中氮原子含量并不完全符合式 11。所以，在合成新的有机叠氮化合物时，建议先合成小量样品 (约 0.5~1.0 g) 来观察其稳定性，并遵守以下的实验操作规则[19]：

(1) 对于 $(N_C + N_O)/N_N \geq 3$ 的有机叠氮化合物来说，它们可以被纯化并以单一化合物的形式在低于室温和避光的条件下储存。

(2) 对于 $1 \leq (N_C + N_O)/N_N \leq 3$ 的有机叠氮化合物来说，它们可以被合成和分离，但尽量不要储存其纯化合物以避免发生可能的爆炸。其溶液可以在低于室温和避光的条件下储存，但尽量控制其浓度低于 1 mol/L 和质量低于 5 g。

(3) 对于 $(N_C + N_O)/N_N \leq 1$ 的有机叠氮化合物来说，它们很难从有机反应中被分离出来。但是，它们能够以反应中间体的形式存在并与其它反应底物反应转化成为更稳定的化合物。

(4) 禁止使用蒸馏和升华的方式来纯化有机叠氮化合物，但可以采用萃取或者沉淀的方式。另外，柱色谱可以用来纯化稳定的有机叠氮化合物〔$(N_C + N_O)/N_N \geq 3$〕。

(5) 有机叠氮化合物参与的反应废物应单独储存。特别是要避免和质子酸或者重金属的接触。

3.2 叠氮化合物的基本合成方法

对于有无机叠氮化合物参与的经典 Schmidt 反应而言，叠氮化钠是常用的叠氮试剂。在质子强酸的条件下，叠氮化钠可以在反应介质中原位生成相应的叠氮酸。

文献中有许多有机叠氮化合物的合成方法[2c]。对于 Schmidt 反应中所使用的烷基叠氮化合物而言，它们通常是以叠氮化钠为亲核试剂的取代反应来制备[20] (式 13)。

$$\underset{\textbf{28}}{R-LG} \xrightarrow{NaN_3,\ solvent,\ \triangle} \underset{\textbf{29}}{R-N_3} \tag{13}$$

LG = -OMs, -OTs, -OTf, -Cl, -Br or -I, etc.

例如：溴代正丁烷 (**30**) 和叠氮化钠反应生成正丁基叠氮 (**31**) 产物[8] (式 14)。

$$\text{30} \xrightarrow[\text{90\%}]{\text{NaN}_3,\ \text{H}_2\text{O},\ 100\ ^\circ\text{C}} \text{31} \quad (14)$$

以叠氮酸[21] (式 15) 或二苯氧基磷酰叠氮 (diphenylphosphoryl azide, DPPA)[22] (式 16) 为亲核试剂，使用 Mitsunobu 反应[23]可以简捷地将伯醇或仲醇转化成相应的叠氮化合物。

$$\text{trans-}\ \mathbf{32} \xrightarrow[\text{81\%}]{\text{DEAD, PPh}_3,\ \text{HN}_3,\text{THF, rt}} \text{cis-}\ \mathbf{33} \quad (15)$$

$$\mathbf{34} \xrightarrow[\text{88\%}]{\text{DEAD, PPh}_3,\ \text{DPPA, THF, rt, 4 h}} \mathbf{35} \quad (16)$$

伯胺可以在二价铜离子的催化下与三氟甲磺酰叠氮 (TfN$_3$)[24]反应，高收率地转化成相应的有机叠氮化合物 (式 17)。

$$\mathbf{36} \xrightarrow[\text{84\%}]{\substack{\text{1. Tf}_2\text{O, NaN}_3 \\ \text{2. CuSO}_4,\ \text{K}_2\text{CO}_3}} \mathbf{37} \quad (17)$$

4 不同底物的 Schmidt 反应及机理

4.1 羧酸的 Schmidt 反应

在 Schmidt 反应的早期文献中，主要是有关羧酸的 Schmidt 反应。羧酸化合物经过 Schmidt 反应，降解生成相应的少一个碳原子的伯胺。该反应的机理如式 18 所示：在强质子酸的存在下，羧酸化合物 **14** 首先被质子化并脱去一分子水形成酰基正离子 **39**。然后，叠氮酸进攻羰基正离子 **39** 形成活泼的酰基叠氮中间体 **40**。在中间体 **40** 释放出一分子氮气后，与羰基接连的基团迁移到氮原子上形成质子化的异氰酸酯 **41**。接着，反应中生成的水分子进攻质子化的异氰酸酯 **41** 形成质子化的氨酰胺 **42**。最后，**42** 脱去一个质子和一分子二氧化碳生成少一个碳原子的伯胺 **15**。在该反应过程中，氮气和二氧化碳分子的形成和不可逆离去是 Schmidt 反应的动力。

$$\text{（反应机理图式 18）}\tag{18}$$

与经典 Schmidt 反应相类似,在反应过程中发生烷基由 C-C 键到 C-N 键的迁移并形成活泼的异氰酸酯中间体的重排反应还包括 Curtius 反应[5] (式 19)、Hofmann 重排[25] (式 20) 和 Lossen 重排[26] (式 21)。但是,这些重排反应均能够在非酸性条件下进行。

$$\text{（Curtius 反应图式）}\tag{19}$$

$$\text{（Hofmann 重排图式）}\tag{20}$$

$$\text{（Lossen 重排图式）}\tag{21}$$

不同类型的有机羧酸均可以用作经典 Schmidt 反应的底物,简单的链状或环状烷基羧酸可以高收率地得到伯胺产物。如式 22 所示[27]:从正十二碳酸 (**49**) 生成正十一碳胺 (**50**) 的产率可以达到 90%。

$$\text{CH}_3(\text{CH}_2)_7\text{CH}_2\text{COOH} \xrightarrow[\text{CHCl}_3, 40\,^\circ\text{C},\ 1\ \text{h}]{\text{HN}_3,\ \text{H}_2\text{SO}_4}\ \text{CH}_3(\text{CH}_2)_7\text{CH}_2\text{NH}_2 \quad (90\%)\tag{22}$$

即使是位阻大的烷基羧酸也能够顺利地完成经典 Schmidt 反应转化成相应的伯胺[28] (式 23)。

$$\underset{51}{\text{[structure with CO}_2\text{H]}} \xrightarrow[\text{CHCl}_3, 40\ ^\circ\text{C, 1 h}]{\text{HN}_3, \text{H}_2\text{SO}_4} \underset{52}{\text{[structure with NH}_2\text{]}} \quad (23)$$

由于硫酸能够与芳香基团发生亲电取代反应，芳基取代的烷基羧酸在经典 Schmidt 反应中通常得到比较复杂的产物。例如：苯乙酸 (**53a**) 或苯丙酸 (**53b**) 在硫酸催化下与叠氮酸反应，以 70%~90% 的收率转化成苯甲胺 (**54a**) 或苯乙胺 (**54b**)，该反应并没有产生内酰胺产物 **55a**~**55b**。然而，在相同的反应条件下，苯丁酸 (**53c**) 则主要形成内酰胺 **55c** (50%) 和一个苯基对位被磺酸基取代的伯胺 **54c**′ (40%)。由于环张力的原因，苯戊酸 (**53d**) 以 80% 的收率形成磺酸加成产物 **54d**′[29]。当用多聚磷酸 (PPA) 代替硫酸时，苯丁酸 (**53c**) 与叠氮化钠在 80~85 ℃ 反应 2 h，可以形成苯丙胺 (**54c**) (40%) 和内酰胺 **55c** (24%) 的混合物[29] (式 24)。

$$\underset{\textbf{53a\~d}}{\text{Ph-(CH}_2)_n\text{COOH}} \xrightarrow[\text{CHCl}_3, 40\ ^\circ\text{C, 1 h}]{\text{NaN}_3, \text{H}_2\text{SO}_4} \underset{\textbf{54a\~d } R = -H}{\underset{\textbf{54a'\~d' } R = -\text{SO}_3\text{H}}{\text{R-C}_6\text{H}_4\text{-(CH}_2)_n\text{NH}_2}} + \underset{\textbf{55a\~d}}{\text{[lactam]}} \quad (24)$$

53~55a $n = 1$
53~55b $n = 2$
53~55c $n = 3$
53~55d $n = 4$

α-氨基酸[30]和多肽化合物[31]在经典 Schmidt 反应条件下通常不能够发生反应。利用这一反应特性，α-氨基-1,6-己二酸 (**56**) 可以在 Schmidt 反应条件下选择性地转化成为赖氨酸[32] (**57**) (式 25)。

$$\underset{56}{\text{HOOC-CH}_2\text{CH}_2\text{CH}_2\text{CH(NH}_2)\text{COOH}} \xrightarrow[66\%]{\text{HN}_3, \text{H}_2\text{SO}_4, \text{CHCl}_3, 42\ ^\circ\text{C}} \underset{57}{\text{H}_2\text{N-CH}_2\text{CH}_2\text{CH}_2\text{CH(NH}_2)\text{COOH}} \quad (25)$$

在过量叠氮化试剂的存在下，烷基二羧酸可以被降解成相应的烷基二伯胺。如式 26 所示[33]：樟脑酸 (**58**) 与叠氮化钠在硫酸中反应，以 91% 的收率生成伯胺化合物 **59**。

$$\underset{58}{\text{[structure with 2 CO}_2\text{H]}} \xrightarrow[91\%]{\text{NaN}_3, \text{H}_2\text{SO}_4} \underset{59}{\text{[structure with 2 NH}_2\text{]}} \quad (26)$$

在经典 Schmidt 反应条件下，芳基羧酸化合物可以被降解生成相应的芳胺类化合物。对于芳基单羧酸而言，反应产物通常是相应的伯胺。芳环上取代基的电子效应和与羧基的相对位置会影响反应的收率[34] (式 27)。

$$R\underset{60}{-C_6H_4-CO_2H} \xrightarrow[CHCl_3, 40\sim45\ ^\circ C]{HN_3, H_2SO_4} R\underset{61}{-C_6H_4-NH_2} \quad (27)$$

R = H　R = Me　R = OMe　R = NO$_2$
o-　69%　46%　80%　68%
m-　　　70%　77%　63%
p-　　　24%　78%　41%

芳基二羧酸在 Schmidt 反应中生成的产物较为复杂，例如：苯二甲酸 (**62**) 的主要产物是氨基苯甲酸[34b,35] (**63**)。反应的收率会受到两个羧基相对位置的影响，邻位和对位比间位的收率高（式 28）。

$$\underset{62}{HO_2C-C_6H_4-CO_2H} \xrightarrow[CHCl_3, 50\sim45\ ^\circ C]{HN_3, conc. H_2SO_4} \underset{63}{HO_2C-C_6H_4-NH_2} \quad (28)$$

o-　79%
m-　57%
p-　79%

在联苯二甲酸 (**64**) 的反应中，生成的产物及其产率受到硫酸浓度的影响较大[36]。使用 95%~98% 的硫酸时，二胺 **65** 与酰胺 **66** 的比例是 43/6。然而，当硫酸的浓度为 90% 时，二者的比例则为 5/56（式 29）。

$$\underset{64}{\text{(biphenyl-2,2'-dicarboxylic acid)}} \xrightarrow{NaN_3, H_2SO_4, DCE} \underset{65}{\text{(2,2'-diaminobiphenyl)}} + \underset{66}{\text{(phenanthridinone)}} \quad (29)$$

95%~98% H$_2$SO$_4$, **65**:**66** = 43%:6%
90% H$_2$SO$_4$, **65**:**66** = 5%:56%

一些杂环羧酸在经典的 Schmidt 反应条件下不发生反应，例如：2-吡啶甲酸 (**67**)、2,3-吡啶二甲酸 (**68**)、6-喹啉甲酸 (**69**) 和 8-喹啉甲酸 (**70**) 等[36]（式 30）。

$$\underset{67}{\text{2-pyridinecarboxylic acid}} \quad \underset{68}{\text{2,3-pyridinedicarboxylic acid}} \quad \underset{69}{\text{6-quinolinecarboxylic acid}} \quad \underset{70}{\text{8-quinolinecarboxylic acid}} \quad (30)$$

4.2　醛的 Schmidt 反应

在经典 Schmidt 反应条件下，底物醛的结构和反应条件都对生成的产物有较大的影响。反应产物有可能是腈类化合物，也有可能是甲酰胺产物。如式 31 所示[37]：在硫酸的催化下，乙醛 (**71**) 与叠氮酸反应生成乙腈 (**72**)。

$$\underset{71}{CH_3CHO} \xrightarrow[64\%]{HN_3, H_2SO_4} \underset{72}{CH_3CN} \quad (31)$$

取代苯甲醛 **73** 在经典 Schmidt 反应中生成取代苯基乙腈 **74** 和甲酰胺 **75** 的混合物，产物的比例主要受到底物上的取代基和反应中硫酸用量的影响[37,38] (式 32)。当浓硫酸与醛的当量比例是 0.72 时，苯乙腈 (**74a**) 和甲酰基苯胺 (**75a**) 的比例是 32/14。然而，当比例升高到 5.4 时，二者的比例则变为 10/59。另外，当使用对甲氧基苯甲醛 (**73b**) 作为底物时，浓硫酸与醛的当量比例无论是 0.72 还是 5.4，该反应均生成单一的对甲氧基苯乙腈 (**74b**)。

$$R\text{-}C_6H_4\text{-}CHO \xrightarrow{\text{NaN}_3, \text{H}_2\text{SO}_4}_{\text{PhH, 10~15 °C}} R\text{-}C_6H_4\text{-}CN + R\text{-}C_6H_4\text{-}NHCHO \quad (32)$$

序号	R	H_2SO_4/73	74 /%	75 /%
a	H	0.72	32	14
		5.4	10	59
b	p-OMe	0.72	86	0
		5.4	64	0
c	p-Cl	0.72	55	12
		5.4	15	48

在 Lewis 酸催化条件下，Schmidt 反应可以将醛基选择性地转化成氰基。例如：5-取代呋喃甲醛 (**76**) 在高氯酸镁的催化下与叠氮酸反应生成 5-取代呋喃甲腈 (**77**)[39] (式 33)。

$$\text{R-furan-CHO} \xrightarrow[\text{CHCl}_3, \text{reflux, 2.5 h}]{\text{HN}_3, \text{Mg(ClO}_4)_2 \cdot 2.5\text{H}_2\text{O}} \text{R-furan-CN} \quad (33)$$

R = H, 84%
R = Me, 91%
R = Ph, 90%
R = Br, 88%
R = NO_2, 96%
R = SO_2Ph, 98%

醛类化合物的经典 Schmidt 反应机理如式 34 所示：首先，醛 **16** 被强酸质子化形成碳正离子 **78b**，并受叠氮酸的进攻产生叠氮醇 **79**。随后，叠氮醇 **79** 中的羟基被进一步质子化形成中间体 **80**，并且释放出一分子的水和一个质子产生中间体 **81**。在接下来的反应中，中间体 **81** 可能通过两种不同的途径来进行反应。在途径 a 中，**81** 释放出一分子的氮气和一个质子，形成氰基化合物 **17**。在途径 b 中，**81** 释放出一分子的氮气并发生 R 基团从碳原子到氮原子的迁移，从而产生质子化的亚胺 **82**。最后，反应过程中释放出的水分子进攻此亚胺 **82** 并释放出一个质子而形成甲酰胺 **18**。

$$\text{(34)}$$

1955 年，Boyer 等人[8]发现（式 35）：在硫酸催化下，苯甲醛 (**9**) 与 β-羟基乙基叠氮 (**83a**) 反应，以 77% 的收率形成 2-苯基噁唑啉 (**84a**)。如果与 γ-羟基丙基叠氮 (**83b**) 反应，则主要生成相应的噁嗪衍生物 **84b**。苯甲醛上取代基团的电子效应对反应的收率产生明显的影响[8a,40]，拉电子取代基有利于得到较高的反应收率。现在，人们将 β- 或 γ-羟基烷基叠氮与醛类化合物生成噁唑啉或者噁嗪的反应也称之为 Boyer 反应。

$$\text{Ph-CHO} + \text{HO}\!\!\sim\!\!\text{N}_3 \xrightarrow[\text{77\% } (n=1)]{\text{H}_2\text{SO}_4, \text{PhH, reflux}} \text{Ph}\!\!-\!\!\text{oxazoline} \quad \text{(35)}$$

9　　**83a** $n=1$　　72% ($n=2$)　　**84a** $n=1$
　　　　83b $n=2$　　　　　　　　　　**84b** $n=2$

Boyer 反应的机理[8a]可以用式 36 来解释：首先，醛 **16** 被强酸质子化形成碳正离子 **78b**，并受 β- 或 γ-羟基烷基叠氮的进攻产生叠氮醇 **85**。然后，叠氮醇 **85** 失去一个质子和一分子的氮气形成酰胺 **86**，并进一步被质子化产生活泼中间体 **87**。接着，该中间体中的羟基分子内进攻亚胺，并失去一分子的水产生质子化的噁唑啉或者噁嗪前体 **88**。最后，该中间体失去一个质子，形成噁唑啉或者噁嗪衍生合物 **89**。

$$\text{(36)}$$

1996 年，Aubé 等人[41]发现：Boyer 反应也能够在 Lewis 酸的催化下进行，芳香醛和烷基醛底物均可得到很好的反应收率（式 37）。

$$\text{RCHO} + \text{HO-CR'H-(CH}_2)_n\text{-N}_3 \xrightarrow{\text{BF}_3\cdot\text{OEt}_2,\ \text{DCM},\ 0\ ^\circ\text{C}} \text{91} \quad (37)$$

R	R'	n	产率 /%
Ph	H	1	78
	H	2	86
	Ph	1	96
pentyl	H	1	67
	H	2	100
	Ph	1	79

如式 38 所示：Schneider 等人[42]将此反应运用于雌激素类化合物的研究。

$$\text{92} \xrightarrow[\text{DCM},\ 0\ ^\circ\text{C}]{\text{PhCHO},\ \text{BF}_3\cdot\text{OEt}_2,\ 85\%} \text{93} \quad (38)$$

但是，Aubé 等人[41]认为 Boyer 反应[43]可能是由式 39 所示的途径来完成的：首先，醛 16 与 β- 或 γ-羟基烷基叠氮 83 形成半缩醛 94，并接着脱去一分子的水产生氧正离子 95。然后，叠氮基团分子内进攻氧正离子形成活泼环状中间体 96。最后，环状中间体 96 失去一个质子和一分子的氮气产生噁唑啉或者噁嗪衍生物 89。

$$\text{16} + \text{83a-b} \ (n=1\sim2) \rightleftharpoons \text{94} \rightleftharpoons \text{95} \rightleftharpoons \text{96} \xrightarrow{-\text{H}^+,\ -\text{N}_2} \text{89} \quad (39)$$

这两种可能的反应机理都能够解释 Boyer 反应的结果。但是，Boyer 等人在研究 3-硝基苯甲醛 (97) 与 β-羟基乙基叠氮 (83a) 的反应过程中发现：当反应温度在 80~100 ℃ 时，生成的产物是酰胺 98。然而，当温度升至 110 ℃ 以上时，产物则是噁唑啉 99 (式 40)。这一实验现象更能够支持式 36 的合理性。

$$\text{m-NO}_2\text{PhCHO (97)} + \text{HO-CH}_2\text{CH}_2\text{-N}_3\ (\text{83a}) \xrightarrow{\text{H}_2\text{SO}_4} \begin{cases} 80\sim100\ ^\circ\text{C},\ 63\%\ \to\ \text{98} \\ >110\ ^\circ\text{C},\ 73\%\ \to\ \text{99} \end{cases} \quad (40)$$

虽然烷基叠氮与醛发生的分子间 Schmidt 反应的收率通常都很低[8a,44]，但是分子内 Schmidt 反应的收率则较高。如式 41 所示：Horton 等人[45]利用分子内 Schmidt 反应高效而方便地从糖的叠氮衍生物 **100** 得到了多个手性羟基取代的哌啶酮 **101**。

$$\text{(41)}$$

如式 42 所示：Hirai 等人[46]运用类似的反应合成了手性羟基取代的吡咯烷酮 **105**。

$$\text{(42)}$$

4.3 酮的 Schmidt 反应

酮化合物在 Schmidt 反应中生成的产物是酰胺化合物[47]。在早期的文献中，不同类型的酮在质子强酸催化下与叠氮酸反应所生成产物的选择性是研究的主要内容。

如果使用对称的酮作为底物，其反应生成单一的酰胺产物。例如：从二苯甲酮 (**7**) 和环己酮 (**106**) 分别得到苯甲酰苯胺[1,7b] (**8**) (式 3) 和环己内酰胺 (**107**)[7b] (式 43)。

$$\text{(43)}$$

不对称酮类的反应产物通常是两种酰胺的混合物，其比例主要受到羰基两侧取代基的立体效应和反应中酸浓度的影响。1950 年，Smith 等人[48a]在研究苯基烷基酮 (**108**) 在三氯乙酸催化下的经典 Schmidt 反应时发现：随着烷基体积的增大，产物中苯甲酰胺 (**110**) 的比例逐渐增加 (式 44)。

$$\text{PhCOR} \xrightarrow[\text{108}]{\text{NaN}_3,\ \text{Cl}_3\text{CCO}_2\text{H},\ 50\sim60\ ^\circ\text{C}} \text{PhNHCOR} + \text{PhCONHR} \quad \text{(44)}$$
$$\qquad\qquad\qquad\qquad\qquad\qquad\quad\text{109}\qquad\text{110}$$

R	Me	Et	i-Pr	t-Bu
产率 /%	81	80	57	11
109:**110**	95:5	85:15	51:49	0:100

这一结果表明：羰基两侧体积较大的取代基团较容易在 Schmidt 重排反应中发生迁移。在苯基烷基酮中，烷基迁移的次序大概为：甲基 < 乙基 < 异丙基 < 叔丁基。Smith 等人[48a]还发现：在取代二苯基甲酮 **111** 的反应中，产物比例受到取代基电子效应的影响较小 (式 45)。

$$p\text{-R-PhCOPh} \xrightarrow[\text{H}_2\text{SO}_4,\ 50{\sim}60\ ^\circ\text{C}]{\text{NaN}_3,\ \text{Cl}_3\text{CCO}_2\text{H}} p\text{-R-PhNHCOPh} + p\text{-R-PhCONHPh} \quad (45)$$

111   **112**   **113**

R	Cl	NO$_2$	Me	OMe	Ph
112:113	59:41	51:49	54:46	61:39	52:48

有趣的是，Shechter 等人[49]在研究环丙基烷基酮 (**114**) 的经典 Schmidt 反应时发现：环丙基的迁移能力随着硫酸浓度的降低而降低。在烷基环丙基酮中，烷基迁移的次序大概为：甲基 > 乙基 > 异丙基 (式 46)。

$$\triangle\text{-COR} \xrightarrow[88\%{\sim}97\%]{\text{NaN}_3,\ \text{acid},\ (23\pm3)\ ^\circ\text{C}} \triangle\text{-NHCOR} + \triangle\text{-CONHR} \quad (46)$$

114   **115**   **116**

酸	115:116		
	R = Me	R = Et	R = *i*-Pr
89% H$_2$SO$_4$	73:27		
83% H$_2$SO$_4$	74:26	82:18	92:8
69% H$_2$SO$_4$	44:56	82:18	96:4
50% H$_2$SO$_4$	10:90	26:74	82:18

Shechter 等[49]还研究了苯基烷基酮 (**108**) 在不同浓度硫酸催化下的经典 Schmidt 反应。他们发现：在 69%~93% 硫酸催化下，反应产物 **109** 和 **110** 之间的比例变化不大 (式 47)。其中，烷基的迁移次序大概为：甲基 < 异丙基 < 叔丁基，这一结果与 Smith 等人[48a]的实验数据 (式 44) 基本一致。

$$\text{PhCOR} \xrightarrow{\text{NaN}_3,\ 69\%{\sim}93\%\ \text{H}_2\text{SO}_4,\ 23\ ^\circ\text{C}} \text{PhNHCOR} + \text{PhCONHR} \quad (47)$$

108   **109**   **110**

R	Me	*i*-Pr	*t*-Bu
109:110	85:15	35:65	7:97

在多环羰基化合物的反应中，底物的电子效应和立体效应对反应产物的影响较大。例如：桥环酮 **117** 在反应中主要生成亚甲基迁移的产物 **118**[50] (式 48)。当 **117** 桥头上的叔碳原子被氮原子取代时，则是生成体积大的烷基迁移的产物 **120**[51] (式 49)。

$$\mathbf{117} \xrightarrow[n=1,\ 35\%;\ n=2,\ 56\%]{\text{NaN}_3,\ \text{H}_2\text{SO}_4} \mathbf{118} \quad (48)$$

$$\mathbf{119} \xrightarrow[50\%]{\text{NaN}_3,\ \text{H}_2\text{SO}_4} \mathbf{120} \quad (49)$$

但是，当用氮原子代替酮 117 桥链上的一个碳原子时，生成的产物则随着环大小的改变而改变[52]。如式 50 所示：当 $n=0$ 时，酰胺 122 是反应的唯一产物；当 $n=1,2$ 时，则生成酰胺 122 为主要产物的和 123 的混合物。

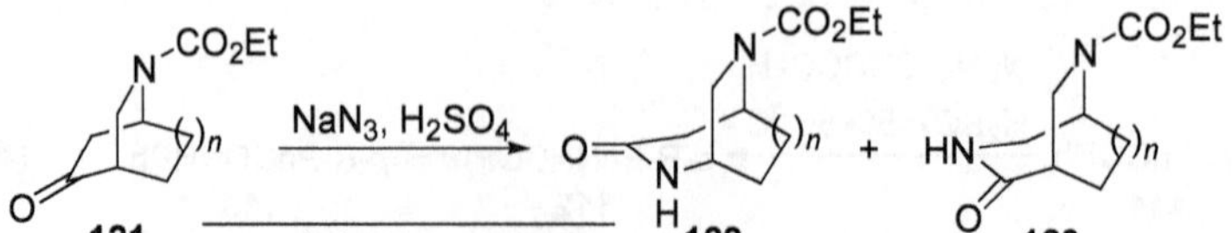

n	产率/%	122:123
0	38	100:0
1	62	73:27
2	82	67:33

(50)

酮类化合物的经典 Schmidt 反应机理[7a,48b,53]如式 51 所示：首先，酮 19 被质子化形成碳正离子 124a 或者 124b，并受叠氮酸的进攻产生叠氮醇 125。随后，叠氮醇 125 中的羟基被进一步质子化形成中间体 126，并释放出一个质子和一分子的水产生中间体 127a 或者 127b。中间体 127a 释放出一分子的氮气，并发生 R^1 基团的迁移产生亚胺 128a。随后，水分子进攻此活泼亚胺并释放出一个质子以形成酰胺 21。中间体 127b 经过类似的路径生成酰胺 20。由此可见，中间体 127a 和 127b 的比例决定了酰胺 20 和 21 的选择性。当 $R^1=R^2$ 时，127a 和 127b 给出同一种酰胺产物。当 $R^1 \neq R^2$，主要生成体积大的基团发生迁移的产物，这可能是因为立体位阻使得叠氮基团偏向羰基两侧取代基中较小一方。

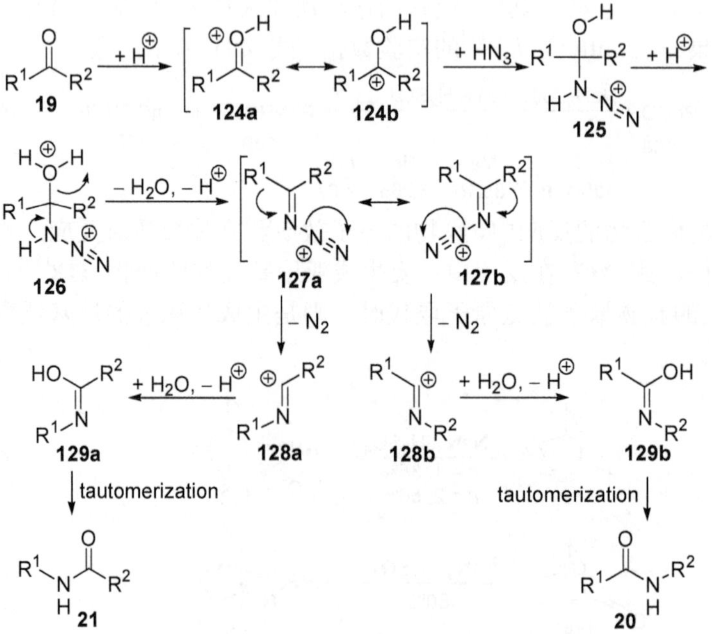

(51)

另外，叠氮醇 **125** 的稳定性也会影响反应的结果[53]。活泼的叠氮醇可能直接发生 R^1 或者 R^2 的迁移并释放出一分子的氮气，从而生成碳正离子中间体 **130a** 或者 **130b**。随后，该中间体脱去一个质子形成酰胺 **20** 或者 **21** (式 52)。由于电子效应的影响，体积大的基团比体积小的基团更能够稳定碳正离子中间体 **130a** 或者 **130b**。因此，在这种情况下，体积小的基团具有较高的迁移性。

$$\tag{52}$$

Tanaka 等人[54]利用经典 Schmidt 反应为关键步骤成功地合成了一系列的手性 α,α-二取代氨基酸衍生物，反应中手性中心没有发生外消旋化 (式 53)。

$$\tag{53}$$

R^1	R^2	产率 /%	R^1	R^2	产率 /%
Me	Bn	95	Et	Bn	52
Me	n-Pr	99	Et	n-Pr	48
Me	i-Pr	50	Et	i-Pr	21

1991 年，Aubé 等人[9a]首次成功地报道了烷基叠氮与酮类化合物在质子酸或者 Lewis 酸催化下的分子内 Schmidt 反应 (式 54)。

$$\tag{54}$$

m	n	反应条件	**134**
1	1	TFA, rt, 40 min	83%
2	1	TFA, rt, 10 min	90%
2	2	TFA, rt, 24 h	0%
2	2	TiCl$_4$, DCM, rt, 16 h	91%

当反应在质子性强酸的催化下进行时，该反应的机理可以用式 55 来解释：首先，化合物 **133** 中的羰基被质子化形成正离子 **135a** 或者 **135b**，并受分子内的叠氮基团进攻产生质子化的叠氮醇 **136**。随后，**136** 发生分子内烷基迁移

并释放出一分子的氮气形成质子化内酰胺 137。最后，137 脱去一个质子转化成酰胺 134。

$$\tag{55}$$

当反应在 Lewis 酸的催化下进行时，化合物 133 中的羰基首先与 Lewis 酸 (LA) 配位而被活化。随后，叠氮基团分子内进攻此羰基而生成叠氮醇 139。接着，139 释放出一分子的氮气，并且发生分子内重排形成中间体 140。最后，Lewis 酸从 140 中离去生成酰胺 134 (式 56)。

$$\tag{56}$$

由于 Aubé 等人这一开拓性的研究成果，许多结构复杂的多环内酰胺能够被简捷地合成出来[55]。例如：在 Lewis 酸催化下，化合物 141 和 1,3-二烯 142 依次发生 Diels-Alder 反应和分子内 Schmidt 反应，"一锅法"实现了内酰胺 144[55b] 的合成 (式 57)。

$$\tag{57}$$

如式 58 所示：化合物 145 在 Lewis 酸催化下，"一锅法"反应生成了多环内酰胺 146 和 147[55d] 的混合物，其比例随着 R^1 和 R^2 的体积大小而改变。

Schmidt Reaction

$$
\begin{array}{c}
\text{145} \xrightarrow{\text{MeAlCl}_2} \text{146} + \text{147} \quad (58)
\end{array}
$$

	146	147
$R^1 = -(CH_2)_2OBn, R^2 = H$	43%	24%
$R^1 = H, R^2 = i\text{-Pr}$	43%	28%
$R^1 = H, R^2 = Ph$	85%	0

该反应的过程如式 59 所示：首先，化合物 **145** 在 Lewis 酸 (如 MeAlCl$_2$) 催化下发生分子内 Diels-Alder 反应生成化合物 **148**。随后，叠氮基团在 Lewis 酸的活化下进攻该分子中的羰基，经分子内 Schmidt 反应生成内酰胺 **146** 或者 **147**。

$$
\text{145} \rightarrow \text{148} \rightarrow \text{149a} \leftrightarrow \text{149b} \rightarrow \text{146}, \text{147} \quad (59)
$$

需要指出的是，Lewis 酸催化剂的性质对分子内 Schmidt 反应的区域选择性有很大的影响。例如：在 MeAlCl$_2$ 催化下，化合物 **150** 以 57:17 的比例生成内酰胺 **151** 和 **152**。然而，当使用 TiCl$_4$ 作为催化剂时，内酰胺 **151** 则是该反应的唯一产物[55d] (式 60)。

$$
\text{150} \xrightarrow{\text{Lewis acid, DCM}} \text{151} + \text{152} \quad (60)
$$

	151	152
MeAlCl$_2$	57%	17%
TiCl$_4$	92%	0

1992 年，Aubé 等人[56]报道了环酮 **153** 在 TiCl$_4$ 催化下与正己基叠氮 (**154**) 或者苄基叠氮 (**155**) 的 Schmidt 反应[56a]。如式 61 所示：底物 **153** 中环的大小对产物的收率有显著的影响。当以环戊酮为底物时，重排产物 **156** 的收率小于 5%。然而，环己酮则以 80% 的收率得到相应的内酰胺。

266 碳-氮键的生成反应

$$(61)$$

序号	n	R^1	R^2	156
1	0	H	n-Hex	<5%
2	1	H	n-Hex	80%
3	1	H	Bn	88%
4	1	t-Bu	n-Hex	63%
5	1	t-Bu	Bn	65%
6	1	Ph	n-Hex	48%
7	1	Ph	Bn	70%

有趣的观察到：更小的环酮 3-环丁酮 (**157**) 在相同的条件下却能够以 51% 的收率得到相应的重排产物 **158** (式 62)。

$$(62)$$

Aubé 等人[56b]在研究环己酮 (**106**) 与苄基叠氮 (**155**) 的 Schmidt 反应时，还测试了不同的 Lewis 酸对该反应的影响，并且观察到有 Mannich 反应[57]产物 **160** 的形成 (式 63)。

$$(63)$$

序号	酸	酸用量 /eq	159	160	155的回收率
1	TFA	excess	0	0	100%
2	TfOH	1.1	0	79%	—
3	$TiCl_4$	1.1	45%	39%	16%
4	$TiCl_4$	2.5	85%	15%	0
5	$SnCl_4$	1.1	0	11%	89%
6	$SnCl_4$	2.5	0	—	90%
7	$BF_3 \cdot OEt_2$	1.1	0	11%	89%
8	$BF_3 \cdot OEt_2$	2.5	0	8%	92%
9	$AlCl_3$	1.1	0	0	100%
10	$AlCl_3$	2.5	0	0	100%

使用不同的 Lewis 酸，上述反应中 Schmidt 反应产物 **159** 和 Mannich 反应产物 **160** 的比例有所改变。例如：当使用 $TiCl_4$ 来催化该反应时，得到以 **159** 为主和 **160** 的混合物。然而，当使用 TfOH 来催化该反应时，化合物 **160** 则是唯一的产物 (式 63)。这可能是由于苄基叠氮 (**155**) 在酸性条件下能够释放出一分子的氮气，并发生迁移而产生质子化的活泼亚胺中间体 **162**。因此，**162** 进一步与环己酮 (**106**) 发生 Mannich 加成反应就形成了产物 **160** (式 64)。

与环酮相比较，非环酮与苄基叠氮 (**155**) 反应时似乎更趋向于形成相应的 Mannich 产物。如式 65 所示：不论是在 TiCl$_4$ 还是在 TfOH 的存在下，3-戊酮 (**164**) 均生成单一的 Mannich 反应产物 **165**。

序号	酸	酸用量 /eq	165	166	155的回收率
1	TfOH	1.1	84%	0	0
2	TiCl$_4$	1.1	62%	0	38%
3	TiCl$_4$	2.5	62%	0	38%
4	SnCl$_4$	1.1	0	0	100%
5	SnCl$_4$	2.5	0	0	100%
6	BF$_3$·OEt$_2$	1.1	30%	0	70%
7	BF$_3$·OEt$_2$	2.5	10%	0	90%

Aubé 等人[58]还发现：羟基取代的烷基叠氮在不同的质子酸或者 Lewis 酸催化下，均能与酮发生分子间的 Schmidt 反应。例如：在 BF$_3$·OEt$_2$ 催化下，环己酮 (**106**) 与 β-羟基乙基叠氮 (**83a**) 或者 γ-羟基丙基叠氮 (**83b**) 反应生成重排中间体 **167**。如式 66 所示：在不同的亲核试剂存在下，**167** 经开环后形成相应的酰胺化合物 **168**。

序号	n	亲核试剂	X	168
1	1	NaOH	-OH	98%
2	2	NaOH	-OH	90%
3	1	NaCN	-CN	82%
4	1	NaCH(CO$_2$Me)$_2$	-OCOCH$_2$COOMe	34%
5	1	NaCH(SO$_2$Ph)$_2$	-CH(SO$_2$Ph)$_2$	54%
6	1	NaN$_3$	-N$_3$	85%
7	2	NH$_2$NMe$_2$	-NHNMe$_2$	88%
8	1	NaOPh	-OPh	74%
9	1	NaSPh	-SPh	95%
10	1	(n-Bu)$_4$NPh$_3$SiF$_2$	-F	64%
11	1	(n-Bu)$_4$NI	-I	55%

该反应的机理[58]如式 67 所示：首先，酮 19 在酸催化下与 β-或 γ-羟基烷基叠氮 83a 或 83b 形成半缩醛 169，并脱去一分子的水产生氧正离子 170。接着，该分子中的叠氮基进攻氧正离子形成环状中间体 171。随后，该中间体脱去一分子的氮气并发生 R^2 的迁移形成中间体 172。最后，亲核试剂进攻中间体 172 并经过渡态 173 转化成酰胺 174。

在用碱性水溶液处理含有 172 结构的化合物时，反应的产物随着 R^1 和 R^2 的结构以及碱性水溶液的 pH 值的改变而变化[58a,d]。例如：不论是用 KOH (pH ≈ 14) 还是 NaHCO$_3$ (pH ≈ 9) 水溶液来处理由环己酮 (106) 生成的中间体 167 (n = 1, 2) 时，酰胺 168 (n = 1, 2) 都是唯一的产物（式 66）。如式 68 所示：由 5-壬酮 (175) 生成的中间体 176 (n = 1, 2) 却给出不同的结果。当 n = 1 时，176 经 KOH 水溶液处理主要得到酰胺 177；而经 NaHCO$_3$ 水溶液处理主要得到酯 178。当 n = 2 时，176 经 KOH 或 NaHCO$_3$ 水溶液处理均给出 178 为主要产物。

序号	n	碱	177	178
1	1	KOH	55%	28%
2	1	NaHCO$_3$	6%	92%
3	2	KOH	18%	64%
4	2	NaHCO$_3$	0%	75%

这可能是在碱性水解的条件下，该反应也能够通过式 69 所示的途径来完成。

显然，如果用手性的 β-羟基乙基叠氮或者 γ-羟基丙基叠氮与前手性酮类化合物进行 Schmidt 反应，则会生成非对映选择性的产物[59]。例如：Aubé 等人[59a]报道化合物 **181** 在 $BF_3 \cdot OEt_2$ 催化下与手性 γ-羟基丙基叠氮 **182** 反应，并经 KOH 水溶液水解得到高度非对映选择性的产物 **183a** 和 **183b** (式 70)。

$$\text{(70)}$$

如式 71 所示：当中间体 **185** 经 KOH (pH ≈ 14) 处理时，OH⁻ 经途径 a 而不是途径 b 进攻该分子，从而使羟基的手性保持不变。

$$\text{(71)}$$

4.4 缩醛、半缩醛、烯醇醚及其类似物的 Schmidt 反应

缩醛、半缩醛、烯醇醚及其类似物等羰基衍生物在一定的条件下被活化而具有亲电性，因此能够与亲核性的叠氮基发生 Schmidt 反应[60~62]。

1980 年，Trost 等人[60]报道了硫代缩醛 **186** 作为羰基的等价物与由 ICl 和 NaN_3 产生的 IN_3 发生反应，生成相应的叠氮硫醚 **187**。如式 72 所示：该化合物在酸性条件下发生 Schmidt 反应生成内酰胺 **107**。

$$\text{(72)}$$

该反应的机理如式 73 所示：首先，ICl 和 NaN_3 反应产生 IN_3。然后，碘正

离子进攻硫代缩醛 186 形成锍盐 188，并且释放出一分子的 MeSI 形成中间体 189。接着，叠氮基团进攻中间体 189 形成叠氮硫醚 187，并发生分子内重排生成化合物 190。最后，190 在酸性条件下经中间体 191 和 192 水解成酰胺 107。

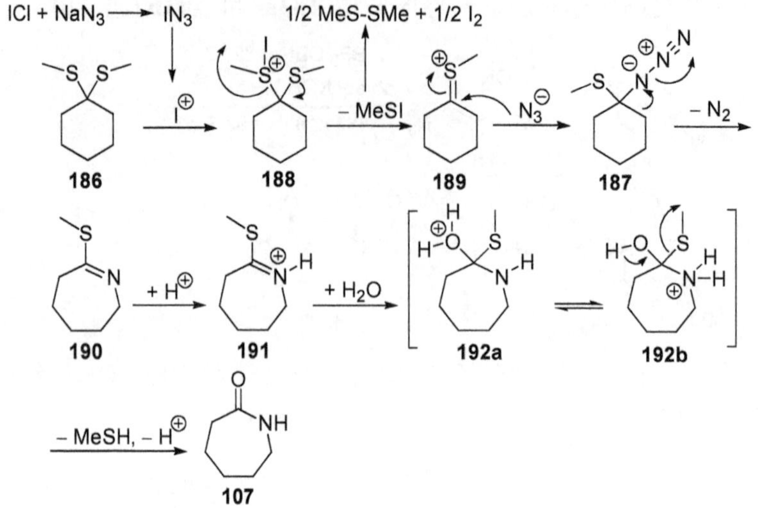

(73)

1995 年，Evans 等人[61]发现：烯醇硅基醚 193 能在对甲基苯磺酸吡啶盐 (PPTS) 的催化下与 TMSN$_3$ 反应生成叠氮硅基醚 194，并在光激发的条件下进一步发生重排生成酰胺 195 (式 74)。

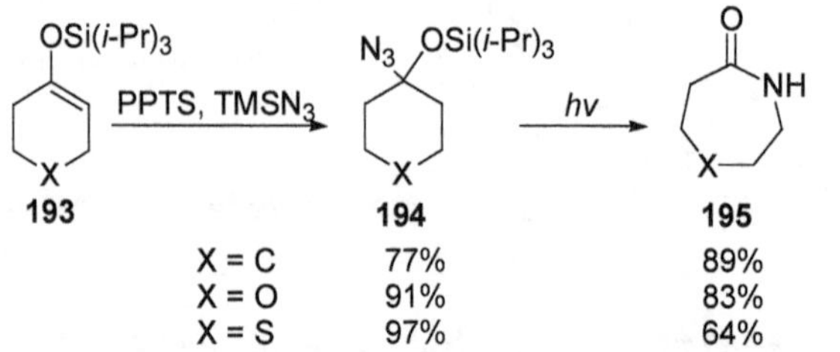

	194	195
X = C	77%	89%
X = O	91%	83%
X = S	97%	64%

(74)

在研究烷基叠氮与酮的分子内 Schmidt 反应过程中，Aubé 等人[62]发现：在酸催化和 NaI 存在的条件下，缩醛 196 和烯醇甲基醚 198 可以分别发生重排反应，生成具有桥氮结构的内酰胺 197 (式 75) 和内酰胺 199 (式 76)。

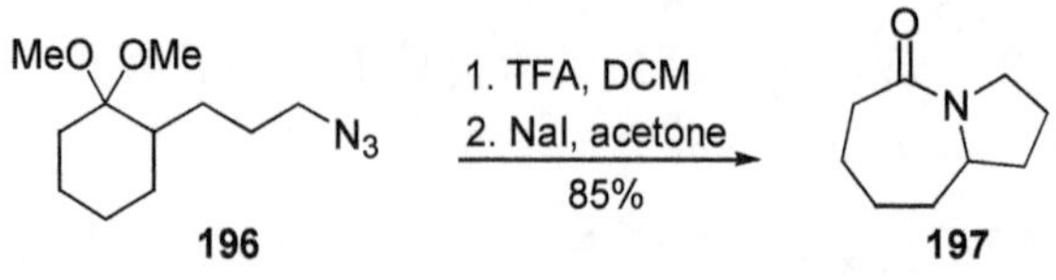

(75)

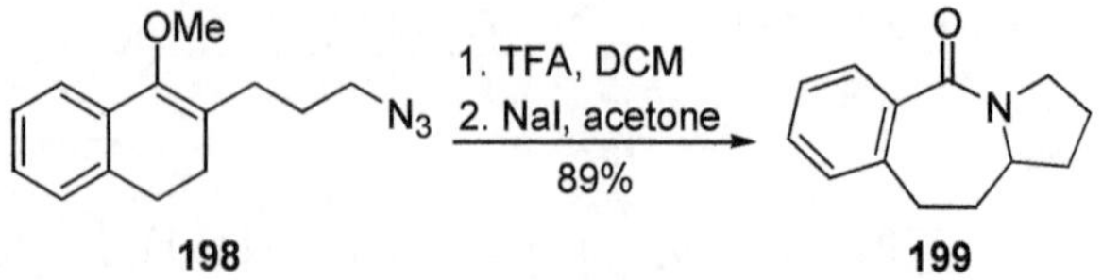

(76)

上述反应的机理如式 77 所示：首先，缩醛 **196** 或者烯醇甲基醚 **200** 在酸性条件下转化成正离子 **201**。接着，叠氮基团进攻甲基化的羰基而形成质子化的叠氮醚 **202**。随后，叠氮醚 **202** 释放出一分子的氮气并且发生烷基的迁移生成化合物 **203**。最后，在碘负离子的进攻下，中间体 **203** 被转化成内酰胺 **197**。

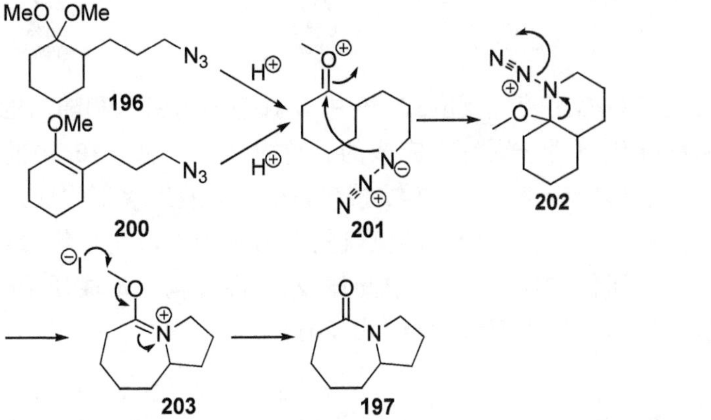

(77)

实际上，在式 66 中环己酮 (**106**) 与 β-羟基乙基叠氮 (**83a**) 或者 γ-羟基丙基叠氮 (**83b**) 的 Schmidt 反应是以半缩醛为底物参与反应的。如该反应的机理所示：β-羟基乙基叠氮 (**83a**) 或者 γ-羟基丙基叠氮 (**83b**) 中的羟基在 Lewis 酸的活化下首先进攻羰基形成半缩醛，从而使得整个重排反应得以顺利完成 (式 67)。

4.5 醇的 Schmidt 反应

叔醇在质子酸或者 Lewis 酸的活化下脱去一分子水形成碳正离子后，便能够进一步与叠氮基团发生分子间或者分子内的 Schmidt 反应[63, 64]。

1980 年，Andrieux 等人[63a]首次报道了叔醇 **204** 在 BF$_3$ 活化下与叠氮酸反应生成叠氮化合物 **205**。如式 78 所示：该化合物在硫酸的催化下发生 Schmidt 反应形成吲哚产物 **206**。

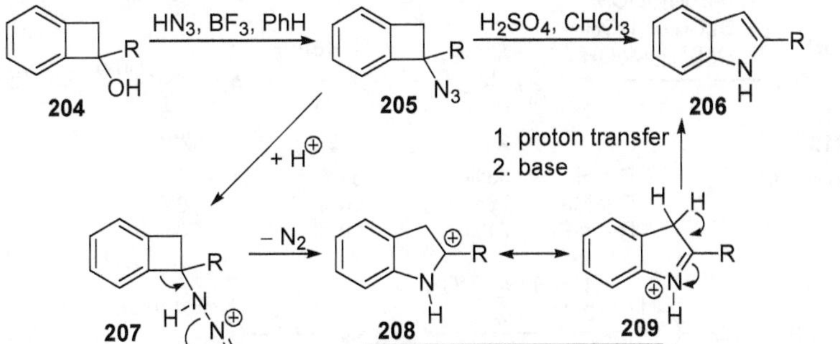

(78)

R	205	206
-Me	90%	90%
-Allyl	85%	95%
-Bn	98%	85%
-Ph	98%	95%

随后，Andrieux 等人[63b]还利用该反应合成了烟碱衍生物 **212** (式 79)。

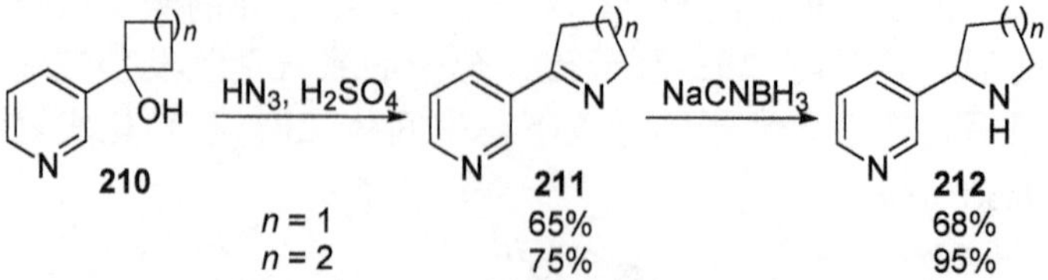

$$\text{图式} \quad (79)$$

n = 1　65%　68%
n = 2　75%　95%

与反应式 78 相比较，反应式 79 中叠氮基团的引入和随后的 Schmidt 重排反应是在硫酸催化下"一锅法"完成的。首先，化合物 **210** 中的羟基被质子化后脱去一分子水形成碳正离子 **214**。接着，在叠氮酸进攻下生成质子化的叠氮化合物 **215**。然后，在脱去一分子的氮气的动力推动下，化合物 **215** 发生分子内烷基迁移形成中间体 **216**。最后，中间体 **216** 经异构化形成质子化的亚胺 **217**，并进一步被碱处理转化成亚胺 **211** (式 80)。

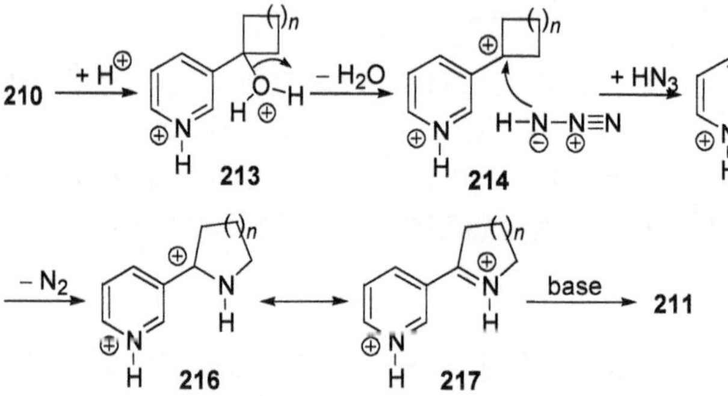

$$\text{图式} \quad (80)$$

1995 年，Pearson 等人[64]发现：烷基叠氮化合物在 Lewis 酸催化下可以与醇发生分子间和分子内的 Schmidt 反应。除叔醇外，其它活泼的苄基伯醇、苄基仲醇 (式 81) 和炔基仲醇 (式 82) 也能够参与该反应[64a]。

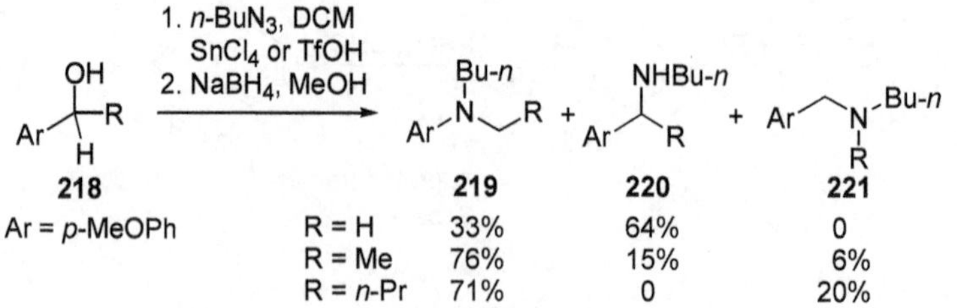

$$\text{图式} \quad (81)$$

Ar = p-MeOPh

R	**219**	**220**	**221**
R = H	33%	64%	0
R = Me	76%	15%	6%
R = n-Pr	71%	0	20%

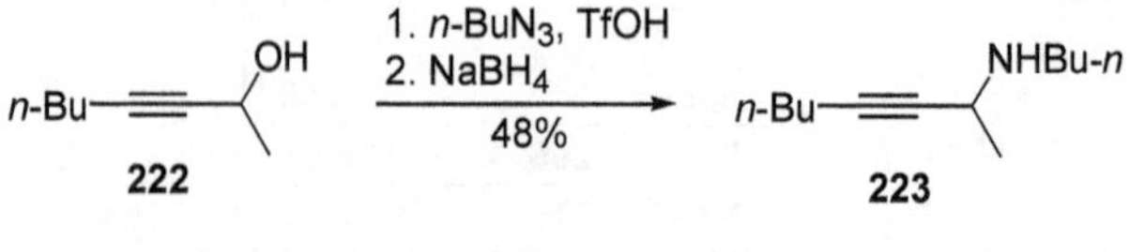

$$\text{图式} \quad (82)$$

48%

反应式 81 的机理如式 83 所示：首先，醇 **218** 在质子酸的活化下脱去一分子水生成碳正离子 **224**，并受烷基叠氮 **225** 的进攻形成质子化的叠氮化合物

226。然后,在释放一分子氮气的动力推动下,分子 **226** 中的 Ar、H 或者 R 可以分别发生迁移产生相应的碳正离子 **227a**、**228a** 或者 **229a**,从而进一步异构化成相应的亚胺 **227b**、**228b** 或者 **229b**。最后,这些亚胺化合物被还原成相应的胺 **219**、**220** 或者 **221**。

$$(83)$$

随后,Pearson 等人[64b]运用该反应合成了多巴胺衍生物 **231** (式 84)。

$$(84)$$

4.6 烯烃的 Schmidt 反应

在质子性强酸的作用下,烯烃可以形成碳正离子并与叠氮化合物发生 Schmidt 反应[65~67]。

1992 年,Pearson 等人[65a]首次报道了化合物 **235** 在 TfOH 催化下的分子内 Schmidt 反应。如式 85 所示:该反应生成了具有桥氮结构的产物 **236**,反应的机理与醇类似。

1995 年，Molina 等人[66]运用该反应来制备吡咯啉衍生物 243 (式 86)。

Pearson 等人[67]还发现：此类反应也能在 Hg(II) 的催化下进行。如式 87 所示：化合物 247 经 Hg(OTf)$_2$ 催化和 NaBH$_4$ 还原生成化合物 248。

在该反应的过程中，Hg(II) 首先与烯键加成形成三员环中间体 249。然后，叠氮基团进攻三员环生成过渡态分子 250，并释放出一分子的氮气，重排生成化合物 251。最后，化合物 251 被还原成叔胺 248。

4.7 炔烃的 Schmidt 反应

与叔醇和烯烃相比较，反应活性较弱的炔烃在质子酸或者 Lewis 酸的作用下不容易形成碳正离子。因此，它们与叠氮化合物进行的 Schmidt 反应也比较困难。然而，Au(I) 和 Pd(0) 等过渡金属却能催化炔烃的 Schmidt 反应[68, 69]。

2005 年，Toste 等人[68]报道化合物 **252** 在 Au(I) 配合物的催化下发生分子内 Schmidt 反应，形成取代的吡咯衍生物 **253** (式 88)。

该反应的机理可以用式 88 来解释[68]：首先，化合物 **252** 上的炔基在 Au(I) 配合物 (LAu) 的活化下被叠氮基进攻形成中间体 **254**。接着，Au(I) 提供一个电子使得中间体 **254** 进行分子内的电子转移，并释放一分子的氮气而产生活泼正离子 **256**。随后，正离子 **256** 发生分子内的 1,2-质子迁移而产生 $2H$-吡咯 **257**。最后，该分子经异构化转化成 2,5-二取代吡咯 **253**。

2007 年，Pal 等人[69]利用 Sonogashira 反应[70]和 Pd(II) 催化的分子内 Schmidt 反应，"一锅法"将化合物 **258** 转化成异喹啉酮 **260** (式 89)。

该反应的机理[69]如式 90 所示：首先，化合物 **258** 经 Sonogashira 反应与化合物 **259** 生成化合物 **261**。接着，叠氮基团进攻被 Pd(II) 活化的炔基而形成中间体 **263**。随后，Pd(II) 提供一个电子使得中间体 **263** 进行分子内的电子转移并释放一分子的氮气而产生活泼正离子 **264**。然后，碘负离子进攻 Pd(II) 并发生质子迁移形成中间体 **265**。最后，中间体 **265** 在碘负离子的作用下释放出 Pd(0) 并经分子内电子转移形成化合物 **260**。

4.8 环氧化合物的 Schmidt 反应

在通常的情况下，具有强亲电子性的环氧化合物与叠氮试剂（NaN$_3$[71]、DPPA[72] 和 TMSN$_3$[73]等）发生亲核反应生成 α-羟基叠氮化合物（式 91 和式 92）。

然而，在 Lewis 酸的活化下，环氧化合物能够与烷基叠氮发生分子内的 Schmidt 反应。2003 年，Baskaran 等人[74]报道了环氧化合物 **272** 在 EtAlCl$_2$ 的催化下发生分子内 Schmidt 反应。如式 93 所示：生成的环状产物进一步被 NaBH$_4$ 还原可以得到中氮茚及其类似物 **273**。

在该反应中，化合物 **272** 的环氧基团在 Lewis 酸的活化下首先被叠氮基团进攻形成活泼中间体 **275**。随后，在释放一分子氮气的动力推动下，**275** 发生分子内的烷基迁移产生碳正离子 **276a**。最后，该分子经异构化成为较稳定的亚铵盐 **276b**，并进一步被 NaBH$_4$ 还原成产物 **273**。

Baskaran 等人[74a]还将该反应扩展到有烯烃参与的串联反应中。例如：化合物 **277** 在 EtAlCl$_2$ 的催化下，经分子内成环和重排反应后被 NaBH$_4$ 还原生成化合物 **278** (式 94)。

$$\text{277} \xrightarrow[\text{2. NaBH}_4\text{, aq. NaOH, 1 h}]{\text{1. EtAlCl}_2\text{, DCM, }-78\ ^\circ\text{C, 45 min}} \text{278} \quad 36\% \tag{94}$$

该反应的过程如式 95 所示：在 Lewis 酸的活化下，化合物 **277** 上的烯键首先进攻环氧而成环形成中间体 **280**。接着，叠氮基团进攻该中间体上的碳正离子生成化合物 **281**，并释放出一分子氮气而发生分子重排产生碳正离子 **282a**。该正离子经异构化转化成较稳定的亚铵盐 **282b** 后，再被 NaBH$_4$ 还原成产物 **278**。

$$\text{277} \xrightarrow{\text{EtAlCl}_2} \text{279} \longrightarrow \text{280} \longrightarrow \text{281}$$

$$\longrightarrow \text{282a} \longleftrightarrow \text{282b} \xrightarrow{[\text{H}]} \text{278} \tag{95}$$

4.9 硼烷化合物的 Schmidt 反应

早期的文献表明，有机硼烷化合物可以直接与有机叠氮化合物发生重排反应。1971 年，Brown 等人[75a]报道三乙基硼 (**283**) 与烷基叠氮化合物 **29** 在加热的条件下反应生成仲胺 **284** (式 96)。

$$\text{Et}_3\text{B} + \text{R-N}_3 \xrightarrow[\text{2. solvolysis}]{\text{1. PhMe, reflux}} \text{REtNH} \tag{96}$$

R	n-Bu	i-Bu	s-Bu	c-Pent	c-Hex	Ph
时间 /h	6	6	24	15	24	9
284 /%	72	78	80	77	73	78

该反应的过程如式 97 所示：首先，三乙基硼 (**283**) 与烷基叠氮化合物 **29** 形成化合物 **285**。接着，在加热的条件下，化合物 **285** 释放出一分子氮气。然后，乙基从硼原子上迁移到氮原子形成化合物 **286**。最后，化合物 **286** 经质子性溶剂（例如：MeOH、H_2O 和 HCl 等）处理转化成仲胺 **284**。

$$283 + R-\overset{\ominus}{N}-\overset{\oplus}{N}\equiv N \longrightarrow \underset{285}{Et-\overset{Et}{\underset{Et}{B}}-\overset{R}{\underset{\overset{\oplus}{N}_2}{N}}} \xrightarrow{-N_2} \underset{286}{Et-\overset{Et}{\underset{Et}{B}}-\overset{R}{\underset{}{N}}} \xrightarrow{\text{solvolysis}} 284 \quad (97)$$
$$\qquad\qquad\qquad 29$$

Brown 等人还发现：二烷基氯代硼 (**287**)[75b] (式 98) 或者二氯代烷基硼 (**288**)[75c] (式 99) 均可以和烷基叠氮化合物 **29** 反应生成仲胺 **289**。

$$\underset{29}{RN_3} + \underset{287}{R^1_2BCl} \xrightarrow[\text{2. solvolysis}]{1.\text{PhMe, 100 °C}} \underset{289}{RR^1NH} \quad (98)$$

R^1	n-Bu	c-Hex	Ph	c-Hex	c-Hex
R^1	n-Bu	n-Bu	n-Bu	i-Bu	s-Bu
时间 /h	1	1	1	4	5
289 /%	71	72	72	73	51

$$\underset{29}{R-N_3} + \underset{288}{R^1BCl_2} \xrightarrow[\text{2. solvolysis}]{1.\text{ PhH, 80 °C, 45 min}} \underset{289}{RR^1NH} \quad (99)$$

R	n-Bu	c-Hex	Ph	n-Bu	n-Bu
R^1	n-Bu	n-Bu	n-Bu	Ph	cycolhexyl
289 /%	84	92	89	96	95

如式 100 和式 101 所示：式 98 和式 99 与式 97 的反应机理类似，底物的活性排列次序大概为：$R^1BCl_2 > R^1_2BCl > R^1_3B$。

$$287 + R-\overset{\ominus}{N}-\overset{\oplus}{N}\equiv N \longrightarrow \underset{290}{R^1-\overset{Cl}{\underset{R^1}{B}}-\overset{R}{\underset{\overset{\oplus}{N}_2}{N}}} \xrightarrow{-N_2} \underset{291}{R^1-\overset{Cl}{\underset{R^1}{B}}-\overset{R}{N}} \xrightarrow{\text{solvolysis}} 289 \quad (100)$$
$$\qquad\qquad\qquad 29$$

$$288 + R-\overset{\ominus}{N}-\overset{\oplus}{N}\equiv N \longrightarrow \underset{292}{Cl-\overset{Cl}{\underset{R^1}{B}}-\overset{R}{\underset{\overset{\oplus}{N}_2}{N}}} \xrightarrow{-N_2} \underset{293}{Cl-\overset{Cl}{\underset{R^1}{B}}-\overset{R}{N}} \xrightarrow{\text{solvolysis}} 289 \quad (101)$$
$$\qquad\qquad\qquad 29$$

有机硼烷化合物与有机叠氮化合物的重排反应也可以在分子内进行。所得的产物是结构复杂的多取代吡咯烷衍生物[76~79]。例如：Evans 等人[76]利用该反应合成了天然产物 Echinocandin D 的重要片段 **296** (式 102)。

在反应过程中，化合物 **294** 首先与二环己基硼烷 (**295**) 形成加成产物 **297**，并发生分子内成环生成中间体 **298**。然后，**298** 释放出一分子的氮气并发生分子内烷基迁移生成化合物 **299**。最后，化合物 **299** 经质子性溶剂处理转化成化合物 **296**。

如式 103 所示：Sabol 等人[77]利用该反应合成了脯氨酸衍生物 **301**。

再如：Lebreton 等人[79]用该反应制备了烟碱衍生物 **303** (式 104)。

5 Schmidt 反应在天然产物合成中的应用

在近十几年来，有关烷基叠氮化合物在 Lewis 酸参与的分子间或者分子内 Schmidt 反应的研究已经有了长足的进步，这使得许多结构复杂的生物碱类天然产物的骨架能够被巧妙地构建起来[80, 81]。另外，在 Lewis 酸的条件下，那些对于在经典的 Schmidt 反应条件下敏感的有机官能团或者保护基团也能够在反应过程中稳定地存在，从而扩大了 Schmidt 反应的适用范围。

5.1 (+)-Aspidospermidine 的全合成

Aspidospermidine (**309**) 是一个含有五个稠环结构的复杂吲哚类生物碱。由于其特殊的分子结构和潜在的生理活性，该化合物及其类似物的全合成在有机化学界引起了广泛的兴趣[82~90]。1963 年，Stock 等人[82]首次报道了类似物 (±)-Aspidospermine (**310**) 的全合成。2000 年，Aubé 等人[90]等用分子内的 Schmidt 反应为关键步骤来构建 (+)-Aspidospermidine (**309**) 的基本骨架。如式 105 所示，化合物 **304** 经九步反应转化成叠氮酮 **305**。有趣的是，虽然 **305** 中六员环上的酮羰基经缩醛保护了，但 TiCl$_4$ 催化下的 Schmidt 反应仍然不能在五员环的酮羰基上进行。然而，将 **305** 中的缩醛去保护后，生成的二酮 **306** 却能够选择性地在五员环的酮羰基上发生 Schmidt 反应。最后，该分子再经六步反应得到目标产物 (+)-Aspidospermidine (**309**)。

如式 106 所示：**305** 在 TiCl$_4$ 催化下的 Schmidt 反应生成了缩醛 **313**，反应中可能经历了缩醛的开环和再成环过程。

5.2 (+)-Sparteine 的全合成

Sparteine 是 Lupidine 生物碱家族的成员之一，可以从 *Cytisus scoparius* 等蝶形植物中分离得到。由于手性 Sparteine 分子独特的刚性结构，它们在有机不对称合成中得到了广泛的应用[91]。另外，具有生理活性的 (-)-Sparteine (**314**) 还是治疗心脏疾病的药物[92]。1948 年，Leonard 等人[93]首次报道了 (±)-Sparteine

的全合成。随后，许多研究小组分别发表了有关该化合物全合成的报道[94~100]。

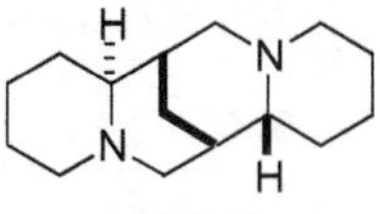

(−)-314 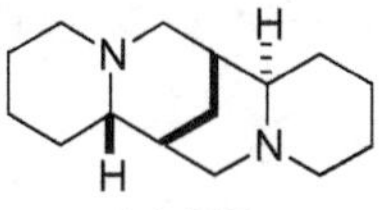   (+)-315

2002 年，Aubé 等人[101]首次报道了 (+)-Sparteine (**315**) 的全合成，其中分子内 Schmidt 反应是构建该分子稠环结构的关键步骤。如式 107 所示：化合物 **316** 经九步反应转化成叠氮酮 **317**，然后经 Schmidt 反应生成内酰胺 **318**。在起始的逆向合成分析中，Aubé 等人期望将化合物 **319** 转化成其相应的叠氮酮后再进行一次 Schmidt 反应来形成内酰胺 **322**。然而，该设想在许多实验条件下均不能实现。最后，Aubé 等人利用光催化条件下的 Beckmann 重排，经化合物 **320** 获得关键前体 **322**。最后，经 LiAlH₄ 将内酰胺 **322** 还原得到了目标产物 (+)-Sparteine (**315**)。

(107)

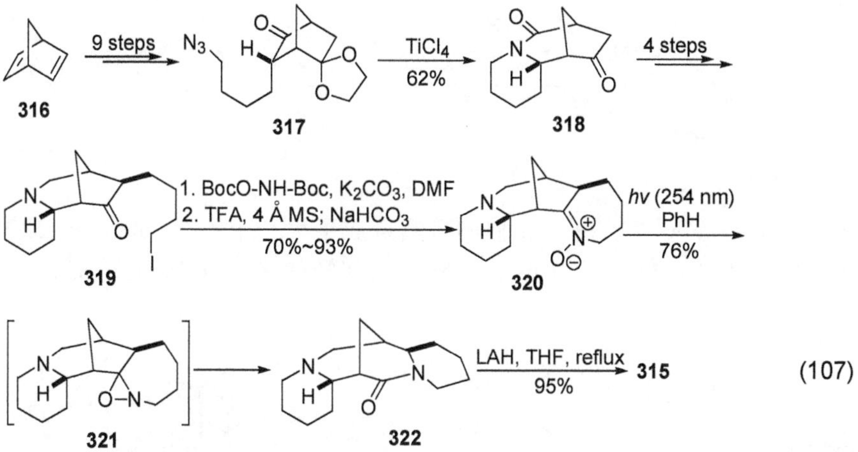

5.3 (±)-Stenine 的全合成

Stenine 是 *Stemona* 生物碱家族的成员之一，这类生物碱是治疗呼吸道疾病的传统中药。另外，这类植物提取物还被用作杀虫剂、肠道驱虫剂、镇咳剂和神经系统药物里[102]。由于它们具有广泛的生理活性和特殊的化学结构，人们对它们的全合成产生了浓厚的兴趣[103~107]。

1990 年，Hart 等人[103a]首次报道了 (±)-Stenine (**329**) 的全合成。2002 年，Aubé 等人[107a,c]利用串联的 Diels-Alder 反应和 Schmidt 反应来构建该分子的关键骨架，一步建立了该分子结构中的四个手性中心。如式 108 所示：首先，从烯醛 **323** 和化合物 **324** 经 Wittg 反应生成了共轭二烯 **325**。然后，该分子经六步反应转化成 Diels-Alder 反应的前体 **326**。在 MeAlCl₂ 催化下，化合物 **326**

依次经过 Diels-Alder 反应和分子内 Schmidt 反应，生成了所需的关键中间体 **327**。最后，化合物 **327** 经多步反应后得到目标产物 (±)-Stenine (**329**)。

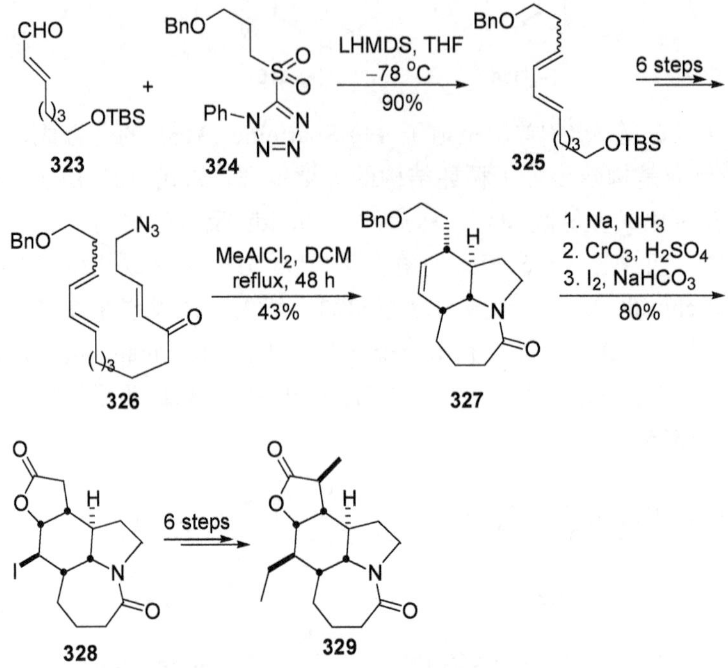

(108)

随后，Aubé 等人[107b,c]利用相似的策略合成了另一个含有 Stenine (**329**) 基本骨架的关键中间体 **333** (式 109)，并随后将其转化成 (±)-Stenine (**329**)。

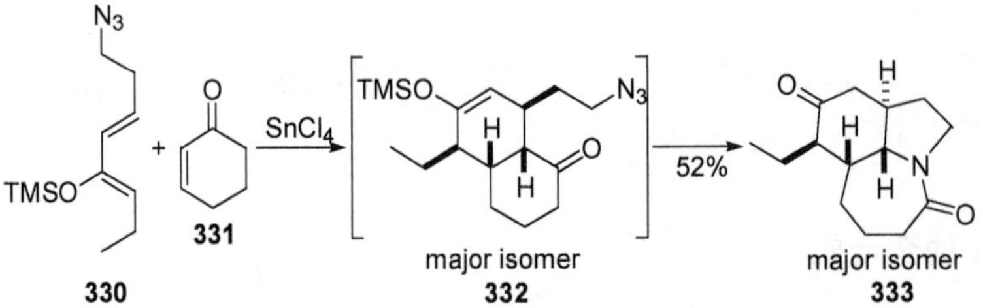

(109)

5.4 (±)-Gephyrotoxin 的全合成

Gephyrotoxin (**342**) 是从热带蛙 *Dendrobates histrionicus*[108a]的皮肤中分离得到的一种生物碱，其绝对构型已经被 X 射线晶体结构分析确定[108b]。该化合物本身基本没有毒性[109a]，但具有刺激神经系统的活性[109b]。由于其结构独特且自然来源稀少，许多研究小组对其全合成进行了研究和报道[110~115]。

1980 年，Kishi 等人[110]首次完成了 (±)-Gephyrotoxin (**342**) 的全合成。2000 年，Pearson 等人[115b]利用化合物 **335** 的分子内 Schmidt 反应来合成关键中间体 **338**。在还原亚胺正离子 **336** 和 **337** 时，产物 **338**、**339** 和 **340** 的比例明显地

受到还原剂的影响。当使用 NaBH$_4$ 时，分离得到的三种产物 **338:339:340** 的比例是 23:23:13。然而，使用 L-Selectride^{TM} 时只得到两种产物 **338** 和 **340**，其比例是 45:10。最后，使用 Ito 等人[113]和 Kishi 等人[110]分别报道的已知方法，将化合物 **338** 转化成目标产物 (±)-Gephyrotoxin (**342**) (式 110)。

(110)

5.5 (±)-Stemonamine 的全合成

Stemonamine (**343**) 是 *Stemona* 生物碱家族的成员之一，该类生物碱作为传统中药被用来治疗肺结核、支气管炎、咳嗽等呼吸道疾病。与其它 *Stemona* 生物碱相比较，Stemonamine (**343**) 及其类似物 (**344~346**) 具有独特的螺环结构。因此，此类天然产物的全合成具有较强的挑战性[116]。

343 Stemonamine (R^1 = R^2 = H)
344 Stemonamide (R^1, R^2 = O)
345 Isostemonamine (R^1 = R^2 = H)
346 Isostemonamide (R^1, R^2 = O)

2001 年，Kende 等人[117]首次报道了(±)-Stemonamide (**344**) 和 (±)-Isostemonamide (**346**) 的全合成[118]。最近，Tu 等人[119]利用环氧化合物的分子内的 Schmidt 反应来构建 (±)-Stemonamine (**343**) 的基本骨架，并首次完成了该分子的全合成 (式 111)。

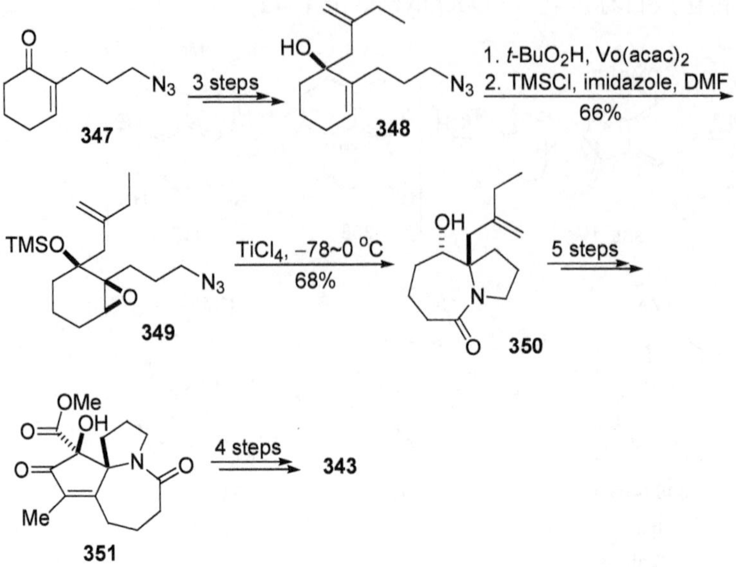

(111)

6 Schmidt 反应实例

例 一

4-氨基-3,5-二甲基苯甲酸的合成[35b]

(羧酸为底物的经典 Schmidt 反应)

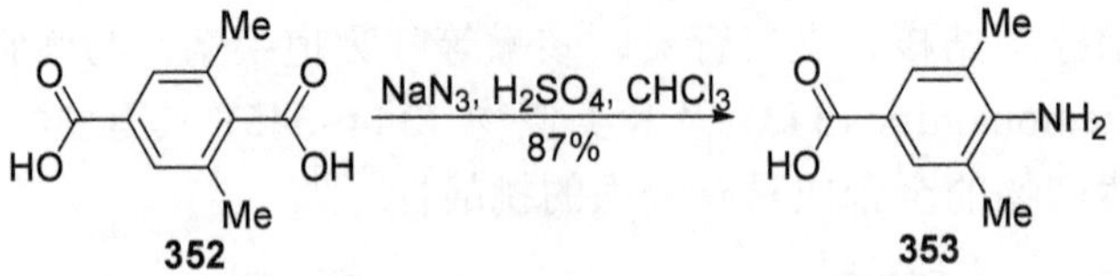

(112)

在室温下，将叠氮化钠 (16 mmol) 在 2.5 h 内逐渐加入到由化合物 **352** (24 mmol)、浓硫酸 (2 mmol) 和氯仿 (15 mmol) 组成的溶液中。生成的反应混合物在室温下搅拌 15 min 后，倒入冰块中并用氢氧化钠中和。用氯仿萃取两次，合并的萃取液经无水 Na_2SO_4 干燥后减压浓缩。在浓缩液中加入盐酸的乙醚溶液 (2.0 mol/L)，粗产物作为固体沉淀出来 (87%)。最后，粗产物经乙醇重结晶得到纯产品 **353**。

例 二
2-乙酰氨基-2-甲基-3-苯基丙酸乙酯的合成[54]
(酮为底物的经典 Schmidt 反应)

$$\text{354} \xrightarrow[95\%]{\text{NaN}_3, \text{MeSO}_3\text{H}} \text{355} \tag{113}$$

在冰浴和搅拌的条件下，依次将三氟甲磺酸 (10 mmol) 和叠氮化钠 (5 mmol) 加入到化合物 **354** (1 mmol) 的氯仿 (5 mL) 溶液中。生成的反应混合物回流 6 h 后冷却至室温，并分别用水稀释和氨水中和。然后，用乙醚多次萃取，合并的萃取液用 MgSO$_4$ 干燥。减压蒸去溶剂，剩余物用硅胶柱色谱分离得到产物 **355** (95%)。

例 三
1,2,3,6,11,11a-六氢苯并[d]吡咯并[1,2-a]-5-氮杂 酮的合成[120]
(烷基叠氮与酮的分子内 Schmidt 反应)

$$\text{356} \xrightarrow[82\%]{\text{TFA}} \text{357} \tag{114}$$

在冰浴和搅拌的条件下，将三氟甲酸 (20 mmol) 在 15 min 内小心滴入到装有化合物 **356** (17 mmol) 的干燥反应瓶中。生成的反应混合物在 0 ℃ 搅拌 30 min 后升至室温，并继续搅拌 30 min。然后，用水 (50 mL) 稀释反应溶液，并用氯仿进行多次萃取。合并的萃取液经 MgSO$_4$ 干燥后减压浓缩，所获得的剩余物经硅胶柱色谱分离得到产物 **357** (82%)。

例 四
2-氮杂 酮的合成[61]
(烷基叠氮与烯醇醚的分子内 Schmidt 反应)

$$\text{358} \xrightarrow[89\%]{h\nu} \text{107} \tag{115}$$

在光化学反应器中加入化合物 **358** (80 mmol) 的环己烷 (400 mL) 的溶液，

并用氮气除去溶液中的氧气。将该反应器在 0 ℃ 和 ≥ 200 nm 波长的条件下照射 3.5 h 后，减压浓缩反应液，生成的残留物用硅胶柱色谱分离得到产物 **107** (89%)。

例　五

5-(4-甲氧基苯基)-3,4-二氢-2H-吡咯的合成[66]
(烷基叠氮与烯烃的分子内 Schmidt 反应)

$$\text{MeO-C}_6\text{H}_4\text{-C(N}_3\text{)=CH-CH}_2\text{-CH}_2 \quad \xrightarrow[72\%]{\begin{array}{c}1.\ \text{TfOH, DCM, 0 °C}\\2.\ \text{Et}_3\text{N, 0 °C}\sim\text{rt}\end{array}} \quad \text{MeO-C}_6\text{H}_4\text{-}\underset{360}{\text{(2H-pyrrolyl)}} \quad (116)$$

359 → **360**

在冰浴、搅拌和氮气保护的条件下，将三氟甲磺酸 (5 mmol) 加入化合物 **359** (2.5 mmol) 的 CH$_2$Cl$_2$ (20 mL) 溶液中。生成的反应混合物搅拌 30 min 以后，加入三乙胺 (5 mL) 的 CH$_2$Cl$_2$ (10 mL) 溶液。继续搅拌 15 min 后，在减压下除去大部分反应溶剂，生成的残留物用硅胶柱色谱分离得到产物 **360** (72%)。

7　参考文献

[1]　Schmidt, K. F. *Ber.* **1924**, *57B*, 704.
[2]　(a) Wolff, H. *Org. React.* **1946**, *3*, 307. (b) Shioiri, T. In *Comp. Org. Syn.*; Trost, B. M.; Fleming, I., Ed.; Pergamon Press, Oxford, **1991**, Vol. *6*, 817-820. (c) Lang, S.; Murphy, J. A. *Chem. Soc. Rev.* **2006**, *35*, 146; (d) Nyfeler, E.; Renaud, P. *Chimia* **2006**, *60*, 276.
[3]　(a) Grieβ, P. *Philos. Trans. R. Soc. London* **1864**, *13*, 377. (b) Grieβ, P. *Justus Liebigs Ann. Chem.* **1865**, *135*, 131.
[4]　(a) Curtius, T. *Ber. Dtsch. Chem. Ges.* **1890**, *23*, 3023. (b) Curtius, T. *J. Prakt. Chem.* **1894**, *50*, 275.
[5]　(a) Smith, P. A. S. *Org. React.* **1946**, *3*, 337. (b) Scriven, E. F; Turnbull, K. *Chem. Rev.* **1988**, *88*, 297.
[6]　Schmidt, K. F. *Z. Angew. Chem.* **1923**, *36*, 511.
[7]　(a) Briggs, L. H.; De Ath, G. C.; Ellis, S. R. *J. Chem. Soc.* **1942**, 61. (b) Smith, P. A. S. *J. Am. Chem. Soc.* **1948**, *70*, 320.
[8]　(a) Boyer, J. H.; Hamer, J. *J. Am. Chem. Soc.* **1955**, *77*, 951. (b) Boyer, J. H.; Morgan, L. R. Jr. *J. Org. Chem.* **1959**, *24*, 561.
[9]　(a) Aubé, J.; Milligan, G. L. *J. Am. Chem. Soc.* **1991**, *113*, 8965. (b) Milligan, G. L.; Mossman, C. J.; Aubé, J. *J. Org. Chem.* **1995**, *117*, 10449.
[10]　Hantzsch, A. *Ber. Dtsch. Chem. Ges.* **1933**, *66*, 1349.
[11]　(a) L'Abbé, G. *Chem. Rev.* **1969**, *69*, 345. (b) Scriven, E. F. V.; Turnbull, K. *Chem. Rev.* **1988**, *88*, 297. (c) Bräse, S.; Gil, C.; Knepper, K.; Zimmermann, V. *Angew. Chem., Int. Ed. Engl.* **2005**, *44*, 5188.
[12]　(a) Brockway, L. O.; Pauling, L. *Proc. Natl. Acad. Sci. USA* **1933**, *19*, 860. (b) Pauling, L.; Brockway, L. O. *J. Am. Chem. Soc.* **1937**, *59*, 13.
[13]　Nguyen, M. T.; Sengupta, D.; Ha, T.-K. *J. Phys. Chem.* **1996**, *100*, 6499.
[14]　(a) Hassner, A.; Stern, M.; Gottlieb, H. E.; Frolow, F. *J. Org. Chem.* **1990**, *55*, 2304. (b) Boyer, J. H.; Moriarty, R.; de Darwnet, B.; Smith, P. A. S. *Chem. Eng. News* **1964**, *42*, 6. (c) Smith, P. A. S. In *Open-Chain Nitrogen*

Compounds; Benjamin: New York; **1966**, Vol. 2, pp 211-256.
[15] Hassner, A.; Stern, M.; Gottlieb, H. E.; Frolow, F. *J. Org. Chem.* **1990**, *5*, 2304.
[16] Hammerl, A.; Klapötke, T. M.; Nöth, H.; Warchhold, M.; Holl, G. *Propellants Explos. Pyrotech.* **2003**, *28*, 165.
[17] Adam, D.; Karaghiosoff, K.; Klapötke, T. M.; Holl, G.; Kaiser, M. *Propellants Explos. Pyrotech.* **2002**, *27*, 7.
[18] Adam, D. *Ph. D. Thesis*, Ludwigs-Maximillians-Universität München (Germany), **2001**.
[19] Laboratory Safety Fact Sheet Number 26 published by Environmental Health and Safety, University of California, Santa Barbara.
[20] (a) Righi, G.; D'Achille, C.; Pescatore, G.; Bonini, C. *Tetrahedron Lett.* **2003**, *44*, 6999. (b) Tanaka, H.; Sawayama, A. M.; Wandless, T. J. *J. Am. Chem. Soc.* **2003**, *125*, 6864. (c) Bara, P. S.; Zografos, A. L.; O'Malley, D. *J. Am. Chem. Soc.* **2004**, *126*, 3716. (d) Ju, Y.; Kumar, D.; Varma, R. S. *J. Org. Chem.* **2006**, *71*, 6697.
[21] (a) Loibner, H.; Zbral, E. *Helv. Chim. Acta* **1976**, *59*, 2100. (b) Hughes, D. L. *Org. React.* **1992**, *42*, 335. (c) Lee, S.-H.; Yoon, S.-H.; Chung, Y.-S. Lee, Y.-S. *Tetrahedron* **2001**, *57*, 2139.
[22] (a) Simon, C.; Hosztafi, S.; Makleit, S. *Tetrahedron Lett.* **1993**, *24*, 6475. (b) Yoshimura, Y.; Kitano, K.; Yamada, K.; Satoh, H.; Watanabe, M.; Miura, S.; Sakata, S.; Sasaki, T.; Matsuda, A. *J. Org. Chem.* **1997**, *62*, 3140. (c) Maier, M. E.; Hermann, C. *Tetrahedron* **2000**, *56*, 557. (d) Watanabe, T.; Tanaka, Y.; Shoda, R. Sakamoto, R.; Kamikawa, K.; Uemura, M. *J. Org. Chem.* **2004**, *69*, 4152.
[23] (a) Mitsunobu, O.; Yamada, Y. *Bull. Chem. Soc. Jpn.* **1967**, *40*, 2380. (b) Mitsunobu, O. *Synthesis* **1982**, 1. (c) Castro, B. R. *Org. React.* **1983**, *29*, 1. (d) Huges, D. L. *Org. Prep. Procd. Int.* **1996**, *28*, 127.
[24] (a) Alper, P. B.; Hung, S.-C.; Wong, C.-H. *Tetrahedron Lett.* **1996**, *37*, 6029. (b) Lundquist, J. T.; Pelletier, J. C. *Org. Lett.* **2001**, *3*, 781. (c) Horne, W. S.; Stout, C. S.; Ghadiri, M. R. *J. Am. Chem. Soc.* **2003**, *125*, 9372.
[25] (a) Hofmann, A. W. *Ber.* **1881**, *14*, 2725. (b) Wallis, E. S.; Lane, J. F. *Org. React.* **1946**, *3*, 267. (c) Shioiri, T. In *Comp. Org. Syn.*; Trost, B. M.; Fleming, I., Ed.; Pergamon Press: Oxford, **1991**; Vol. *6*, 800-806.
[26] (a) Lossen, W. *Ann.* **1872**, *161*, 347. (b) Lossen, W. *Ann.* **1874**, *175*, 271. (c) Bauer, L.; Exner, O. *Angew. Chem., Int. Ed. Engl.* **1974**, *13*, 376. (d) Shioiri, T. In *Comp. Org. Syn.* ; Trost, B. M.; Fleming, I., Ed.; Pergamon Press: Oxford, **1991**; Vol. *6*, 821-825.
[27] Adamson, D. W.; Kenner, J. *J. Chem. Soc.* **1934**, 838.
[28] von Braun, J. *Ann.* **1931**, *490*, 100.
[29] Datta, S. K.; Grundmann, C.; Bhattacharyya, N. K. *J. Chem. Soc. (C)* **1970**, 2058.
[30] von Braun, J.; Kurtz, P. *Ber.* **1934**, *67*, 225.
[31] Nelles, J. *Ber.* **1932**, *65*, 1345.
[32] Adamson, D. W. *J. Chem. Soc.* **1939**, 1564.
[33] He, K.; Zhou, Z.; Wang, L.; Li, K.; Zhao, G.; Zhou, Q.; Tang, Q. *Tetrahedron* **2004**, *60*, 10505.
[34] (a) Briggs, L. H.; De Ath, G. C.; Ellis, S. R. *J. Chem. Soc.* **1942**, 61. (b) Briggs, L. H.; Lyttleton, J. W. *J. Chem. Soc.* **1943**, 421.
[35] (a) Oesterlin, M. *Angew. Chem.* **1932**, *45*, 536. (b) Newman, M. S.; Gildenhorn, H. L. *J. Am. Chem. Soc.* **1948**, *70*, 317.
[36] (a) Caronna, G. *Gazz. Chim. Ital.* **1941**, *71*, 465. (b) Ruediger, E. H.; Gandhi, S. S.; Gibson, M. S.; Fărcasiu, D.; Uncuta, C. *Can. J. Chem.* **1986**, *64*, 577.
[37] Schmidt, K.-F. German Patent 427,858.
[38] McEwen, W. E.; Conrad, W. E.; VanderWerf, C. A. *J. Am. Chem. Soc.* **1952**, *74*, 1168.
[39] Pavlov, P. A. *Chem. Heterocycl. Compd.* **2002**, *38*, 524.
[40] Boyer, J. H.; Canter, F. C.; Hamer, J.; Putney, R. K. *J. Am. Chem. Soc.* **1956**, *78*, 325.
[41] Badiang, J. G.; Aubé, J. *J. Org. Chem.* **1996**, *61*, 2484.
[42] Hajnal, A.; Wölfling, J.; Schneider, G. *Synlett* **2002**, 1077.
[43] Chakraborty, R.; Franz, V.; Bez, G.; Vasadia, D.; Popuri, C.; Zhao, C.-G. *Org. Lett.* **2005**, *7*, 4145.
[44] Lee, H.-L.; Aubé, J. *Tetrahedron* **2007**, *63*, 9007.
[45] Norris, P.; Horton, D.; Levine, B. R. *Tetrahedron Lett.* **1995**, *36*, 7811.

[46] Kobayashi, S.; Kobayashi, K.; Hirai, K. *Synlett* **1999**, *S1*, 909.
[47] (a) Mérour, J. Y.; Coadou, J. Y. *Tetrahedron Lett.* **1991**, *32*, 2469. (b) Gálvez, N.; Moreno-Manas, M.; SebastiáR. M.; Vallribera, A. *Tetrahedron* **1996**, *52*, 1609. (c) Tapia, R. A.; Centella, C. *Synth. Commun.* **2004**, *34*, 2757. (d) Eshghi, H.; Hassankhani, A. *Synth. Commun.* **2006**, *36*, 2211.
[48] (a) Smith P. A. S.; Horwitz, J. P. *J. Am. Chem. Soc.* **1950**, *72*, 3718. (b) Smith, P. A. A. in *Molecular Rearrangements*; de Mayo, P. Ed.; Jone Wiley and Sons: New York, **1963**; Vol. 1, pp 457-591.
[49] (a) Fikes, L. E.; Shechter, H. *Tetrahedron Lett.* **1976**, *29*, 2525. (b) Fikes, L. E.; Shechter, H. *J. Org. Chem.* **1979**, *44*, 741.
[50] (a) Elderfield, R. C.; Losin, E. T. *J. Org. Chem.* **1961**, *26*, 1703. (b) Reinesch, G.; Bara, H.; Klave, H. *Chem. Ber.* **1966**, *99*, 856. (c) Potti, B. D.; Nobles, W. L. *J. Pharm. Sci.* **1968**, *57*, 1785. (d) Krow, G. R.; Cheung, O. H.; Hu, Z.; Lee, Y. B. *J. Org. Chem.* **1996**, *61*, 5574.
[51] Mikhlina, E. E.; Vorebleva, V. Y.; Shedchenko, V. I.; Rubtsov, M. V. *Zh. Org. Khim.* **1965**, *1*, 1336.
[52] Krow, G. R.; Szczepanski, S. W.; Kim, J. Y.; Liu, N.; Sheikh, A.; Xiao, Y.; Yuan, J. *J. Org. Chem.* **1999**, *64*, 1254.
[53] Bach, R. D.; Wolber, G. J. *J. Org. Chem.* **1982**, *47*, 239.
[54] Tanaka, M.; Oba, M.; Tamai, K.; Suemune, H. *J. Org. Chem.* **2001**, *66*, 2667.
[55] (a) Wendt, J. A.; Aubé, J. *Tetrahedron Lett.* **1996**, *37*, 1531; (b) Zeng, Y.; Reddy, S.; Hirt, E.; Aubé, J. *Org. Lett.* **2004**, *6*, 4993. (c) Tani, K.; Stoltz, B. M. *Nature* **2006**, *441*, 731. (d) Yao, L.; Aubé, J. *J. Am. Chem. Soc.* **2007**, *129*, 2766.
[56] (a) Aubé, J.; Milligan, G. L.; Mossman, C. J. *J. Org. Chem.* **1992**, *57*, 1635. (b) Desai, P.; Schildknegt, K.; Agrios, K. A.; Mossman, C.; Milligan, G. L.; Aubé, J. *J. Am. Chem. Soc.* **2000**, *122*, 7226.
[57] (a) Mannich, C.; Krosche, W. *Archiv der Pharmazie* **1912**, *250*, 647. (b) Tramontoni, M.; Angiolini, L. *Tetrahedron* **1990**, *46*, 1791. (c) Hayashi, Y.; Tsuboi, W.; Ashimine, I.; Urushima, T.; Shoji, M.; Sakai, K. *Angew. Chem., Int. Ed.* **2003**, *42*, 3677. (d). Verkade, J. M. M.; van Hemert, L. J. C.; Quaedflieg, P. J. L. M.; Rutjes, P. J. T. *Chem. Soc. Rev.* **2008**, *37*, 29.
[58] (a) Gracias, V.; Milligan, G. L.; Aubé, J. *J. Org. Chem.* **1996**, *61*, 10. (b) Gracias, V.; Frank, K. E.; Milligan, G. L.; Aubé, J. *Tetrahedron* **1997**, *53*, 16241. (c) Forsee, J. E.; Aubé, J. *J. Org. Chem.* **1999**, *64*, 4381. (d) Smith, B. T.; Gracias, V.; Aubé, J. *J. Org. Chem.* **2000**, *65*, 3771.
[59] (a) Furness, K.; Aubé, J. *Org. Lett.* **1999**, *1*, 495. (b) Sahasrabudhe, K.; Fracias, V.; Furness, K.; Smith, B. T.; Katz, C. E.; Reddy, D. S.; Aubé, J. *J. Am. Chem. Soc.* **2003**, *125*, 7914. (c) Katz, C. E.; Aubé, J. *J. Am. Chem. Soc.* **2003**, *125*, 13948. (d) Katz, C. E.; Ribelin, T.; Withrow, D.; Basseri, Y.; Manukyan, A. K.; Bermudez, A.; Nuera, C. G.; Day, V. W.; Powell, D. R.; Poutsma, J. L.; Aubé, J. *J. Org. Chem.* **2008**, *73*, 3318.
[60] Trost, B. M.; Vaultier, M.; Santiago, M. L. *J. Am. Chem. Soc.* **1980**, *102*, 7932.
[61] (a) Evans, P. A.; Modi, D. P. *J. Org. Chem.* **1995**, *60*, 6662. (b) Nelson, J. D.; Modi, D. P.; Evans, P. A. *Org. Synth.* **2002**, *79*, 165.
[62] Mossman, C. J.; Aubé, J. *Tetrahedron* **1996**, *52*, 3403.
[63] (a) Adam, G.; Andrieux, J.; Plat. M. M. *Tetrahedron Lett.* **1981**, *22*, 3181. (b) Alberici, G. F.; Andrieux, J.; Adam, G.; Plat, M. M. *Tetrahedron Lett.* **1983**, *24*, 1937. (c) Adam, G.; Andrieux, J.; Plat, M. M. *Tetrahedron Lett.* **1983**, *24*, 3609.
[64] (a) Pearson, W. H.; Fang, W.-K. *J. Org. Chem.* **1995**, *60*, 4960. (b) Pearson, W. H.; Gallagher, B. M. *Tetrahedron* **1996**, *52*, 12039.
[65] (a) Pearson, W. H.; Schkeryantz, J. M. *Tetrahedron Lett.* **1992**, *33*, 5291. (b) Pearson, W. H.; Walavalkar, R.; Schkeryantz, J. M.; Dang, W. K.; Bilickensdorf, J. D. *J. Am. Chem. Soc.* **1993**, *115*, 10183.
[66] Molina, P.; Alcántara, J.; López-Leonardo, C. *Synlett* **1995**, 363.
[67] Pearson, W. H.; Hutta, D. A.; Fang, W.-K. *J. Org. Chem.* **2000**, *65*, 8326.
[68] Gorin, D. J.; Davis, N. R.; Toste, F. D. *J. Am. Chem. Soc.* **2005**, *127*, 11260.
[69] Batchu, V. R.; Barange, D. K.; Kumar, D.; Sreekanth, B. R.; Vyas, K.; Reddy, E. A.; Pal, M. *Chem. Commun.* **2007**, 1966.
[70] (a) Sonogashira, K.; Tohda, Y.; Hagihara, N. *Tetrahedron Lett.* **1975**, *16*, 4467. (b) Chinchilla, R.; Nájera, C.

Chem. Rev. **2007**, *107*, 874.
[71] (a) Sabitha, G.; Babu, S. R.; Reddy, M. S. K.; Yadav. J. S. *Synthesis* **2002**, 2254-2258. (b) Sabitha, G.; Babu, R. S.; Rajkumar, M.; Vadav, J. S. *Org. Lett.* **2002**, *4*, 343.
[72] Mizuno, M.; Takayuki Shioiri, T. *Tetrahedron Lett.* **1999**, *40*, 7105.
[73] (a) Meguro, M.; Asao, N.; Yamamoto, Y. *J. Chem. Soc., Chem. Commun.* **1995**, 1021. (b) Jacobsen, E. N. *Acc. Chem. Res.* **2000**, *33*, 421.
[74] (a) Reddy, P. G.; Varghese, B.; Baskaran, S. *Org. Lett.* **2003**, *5*, 583. (b) Reddy, P. G.; Baskaran, S. *J. Org. Chem.* **2004**, *69*, 3093.
[75] (a) Suzuki, A.; Sono, S.; Itoh, M.; Brown, H. C.; Midland, M. M. *J. Am. Chem. Soc.* **1971**, *93*, 4329. (b) Brown, H. C.; Midland, M. M.; Levy, A. B. *J. Am. Chem. Soc.* **1972**, *94*, 2114. (c) Brown, H. C.; Midland, M. M.; Levy, A. B. *J. Am. Chem. Soc.* **1973**, *95*, 2394.
[76] Evans, D. A.; Weber, A. E. *J. Am. Chem. Soc.* **1987**, *109*, 7151.
[77] Waid, P. P.; Flynn, G. A.; Huber, E. W.; Sabol, J. S. *Tetrahedron Lett.* **1996**, *7*, 4091.
[78] Salmon, A.; Carboni, B. *J. Organomet. Chem.* **1998**, *567*, 31.
[79] Felpin, F.-X.; Girard, S.; Vo-Thanh, G.; Robins, R. J.; Villiéras, J.; Lebreton, J. *J. Org. Chem.* **2001**, *66*, 6305.
[80] (a) Le Dréau, M.-A.; Desmaële, D.; Dumas, F.; d'Angelo, J. *J. Org. Chem.* **1993**, *58*, 2933. (b) Vidari, G.; Tripolini, M.; Novella, P.; Allegrucci, P.; Garlaschelli, L. *Tetrahedron: Asymm.* **1997**, *8*, 2893. (c) Gu, P.; Zhao, Y.-M.; Tu, Y. Q.; Ma, Y.; Zhang, F. *Org. Lett.* **2006**, *8*, 5271.
[81] (a) Wrobleski, A.; Sahasrabudhe, K.; Aubé, J. *J. Am. Chem. Soc.* **2002**, *124*, 9974. (b) Gracias, V.; Zeng, Y.; Desai, P.; Aubé, J. *Org. Lett.* **2003**, *5*, 4999. (c) Wrobleski, A.; Sahasrabudhe, K.; Aubé, J. *J. Am. Chem. Soc.* **2004**, *126*, 5475.
[82] Stock, G.; Dolfini, J. E. *J. Am. Chem. Soc.* **1963**, *85*, 2872.
[83] Laronze, J. Y.; Laronze-Fontaine, J.; Levy, J.; Le Men, J. *Tetrahedron Lett.* **1974**, 491.
[84] Ban, Y.; Yoshida, K.; Goto, J.; Oishi, T. *J. Am. Chem. Soc.* **1981**, *103*, 6990.
[85] Gallagher, T.; Magnus, P.; Huffman, J. *J. Am. Chem. Soc.* **1982**, *104*, 1140.
[86] Mandal, S. B.; Giri, V. S.; Sabeena, M. S.; Pakrashi, S. C. *J. Org. Chem.* **1988**, *53*, 4236.
[87] Forns, P.; Diez, A.; Rubiralta, M. *J. Org. Chem.* **1996**, *61*, 7882.
[88] Callaghan, O.; Lampard, C.; Kennedy, A. R.; Murphy, J. A. *J. Chem. Soc., Perkin Trans. 1* **1999**, 995.
[89] (a) Le Menez, P.; Kunesch, N.; Liu, S.; Wenkert, E. *J. Org. Chem.* **1991**, *56*, 2915. (b) Wenkert, E.; Liu, S. *J. Org. Chem.* **1994**, *59*, 7677.
[90] Lyengar, R.; Schildknegt, K.; Aubé, J. *Org. Lett.* **2000**, *2*, 1625.
[91] (a) Beak, P.; Basu, A.; Gallagher, D. J.; Park, Y. S.; Thayumanavan, S. *Acc. Chem. Res.* **1996**, *29*, 552. (b) Hoppe, D.; Hense, T. *Angew. Chem. Int. Ed. Engl.* **1997**, *36*, 2282.
[92] Seeger, R.; Neumann, H. G. *Inst. Pharmakol. Toxikol.* **1992**, *132*, 1577.
[93] Leonard, N. J.; Beyler, R. E. *J. Am. Chem. Soc.* **1948**, *70*, 2298.
[94] (a) Anet, E. L. F. J.; Hughes, G. K.; Ritchie, E. *Aust. J. Sci. Res.* **1950**, *3A*, 635. (b) Anet, E.; Hughes, G. K.; Ritchie, E. *Nature* **1950**, *165*, 35.
[95] (a) van Tamelen, E. E.; Foltz, R. L. *J. Am. Chem. Soc.* **1960**, *82*, 2400. (b) van Tamelen, E. E.; Foltz, R. L. *J. Am. Chem. Soc.* **1969**, *91*, 7372.
[96] Bohlmann, F.; Müller, H. J.; Schumann, D. *Chem. Ber.* **1973**, *106*, 3026.
[97] Binning, F. *Arzneim. Forsch.* **1974**, *24*, 752.
[98] Oinuma, H.; Dan, S.; Kakisawa, H. *J. Chem. Soc., Chem. Commun.* **1983**, 654.
[99] Takatsu, N.; Noguchi, M.; Ohmiya, S.; Otomasu, H. *Chem. Pharm. Bull.* **1987**, *35*, 4990.
[100] Wanner, M. J.; Koomen, G. J. *J. Indian Chem. Soc.* **1997**, *74*, 891.
[101] Smith, B. T.; Wendt, J. A.; Aubé, J. *Org. Lett.* **2002**, *4*, 2577.
[102] (a) Götz, M.; Edwards, O. E. In *The Alkaloids*; Manske, R. H. F., Ed.; Academic Press: New York, 1967; Vol. 9, pp 545-551. (b) Götz, M.; Strunz, G. M. In *Alkaloids*; Wiesner, K., Ed.; Butterworth: London, 1973; Vol. 9, pp 143-160.
[103] (a) Chen, C.-Y.; Hart, D. *J. Org. Chem.* **1990**, *55*, 6236. (b) Chen, C.-Y.; Hart, D. *J. Org. Chem.* **1993**, *58*,

3840.

[104] (a) Morimoto, Y.; Iwahashi, M.; Nishida, K.; Hayashi, Y.; Shirahama, H. *Angew. Chem., Int. Ed. Engl.* **1996**, *35*, 904. (b) Morimoto, Y.; Iwahashi, M.; Nishida, K.; Hayashi, Y.; Shirahama, H. *Angew. Chem., Int. Ed. Engl.* **1996**, *35*, 904. (c) Morimoto, Y.; Iwahashi, M.; Kinoshita, T.; Nishida, K. *Chem. Eur. J.* **2001**, *7*, 4107.
[105] Wipf, P.; Kim, Y.; Goldstein, D. M. *J. Am. Chem. Soc.* **1995**, *117*, 11106.
[106] (a) Ginn, J. D.; Padwa, A. *Org. Lett.* **2002**, *4*, 1515. (b) Padwa, A.; Ginn, J. D. *J. Org. Chem.* **2005**, *70*, 5197.
[107] (a) Golden, J. E.; Aubé, J. *Angew. Chem., Int. Ed.* **2002**, *41*, 4316. (b) Zeng, Y.; Aubé, J. *J. Am. Chem. Soc.* **2005**, *127*, 15712. (c) Frankowski, K. J.; Golden, J. E.; Zeng, Y.; Lei, Y.; Aubé, J. *J. Am. Chem. Soc.* **2008**, *130*, 6018.
[108] (a) Tokuyama, T.; Uenoyama, K.; Brown, G.; Daly, J. W.; Witkop, B. *Helv. Chim. Acta* **1974**, *57*, 2597. (b) Daly, J. W.; Witcop, B.; Tokuyama, T.; Nishikawa, T.; Karle, I. L. *Helv. Chim. Acta* **1977**, *60*, 1128.
[109] (a) Mensah-Dwumah, M.; Daly, J. W. *Toxicon* **1978**, *16*, 189. (b) Souccar, C.; Varanda, W. A.; Aronstam, R. S.; Daly, J. W.; Albuquerque, E. X. *Mol. Pharmacol.* **1984**, *25*, 384.
[110] (a) Fujimoto, R.; Kishi, Y.; Bount, J. F. *J. Am. Chem. Soc.* **1980**, *102*, 7154. (b) Fujimoto, R.; Kishi, Y. *Tetrahedron Lett.* **1981**, *22*, 4197.
[111] Hart, D. J.; Kanai, K. *J. Am. Chem. Soc.* **1983**, *105*, 1255.
[112] Overman, L. E.; Lesuisse, D.; Hashimoto, M. *J. Am. Chem. Soc.* **1983**, *105*, 5373.
[113] Ito, Y.; Nakajo, M.; Nakatsuka, M.; Saegusa, T. *Tetrahedron Lett.* **1983**, *24*, 2881.
[114] Ibuka, T.; Chu, G.-N.; Yoneda, F. *J. Chem. Soc., Chem. Commun.* **1984**, 597.
[115] (a) Pearson, W. H.; Poon, Y. F. *Tetrahedron Lett.* **1989**, *30*, 6661. (b) Pearson, W. H.; Fang, W.-K. *J. Org. Chem.* **2000**, *65*, 7158.
[116] (a) Pilli, R. A.; Ferreira de Oliveira, M. C. *Nat. Prod. Rep.* **2000**, *17*, 177. (b) Pilli, R. A.; Rosso, G. B.; de Oliveira, M. C. F. In *The Alkaloids*; Cordell, G. A., Ed.; Elsevier: New York, **2005**; Vol. 62, pp 77-173. (c) Greger, H. *Planta Med.* **2006**, *72*, 99.
[117] (a) Kende, A. S.; Martin Hernando, J. I.; Milbank, J. B. *J. Org. Lett.* **2001**, *3*, 2505. (b) Kende, A. S.; Martin Hernando, J. I.; Milbank, J. B. *J. Tetrahedron* **2002**, *58*, 61.
[118] Taniguchi, T.; Tanabe, G.; Muraoka, O.; Ishibashi, H. *Org. Lett.* **2008**, *10*, 197.
[119] Zhao, Y.-M.; Gu, P.; Tu, Y.-Q.; Fan, C.-A.; Zhang, Q. *Org. Lett.* **2008**, *10*, 1763.
[120] Grecian, S.; Aubé, J. *Org. Synth.* **2007**, *84*, 347.

史特莱克反应

(Strecker Reaction)

成昌梅

1 历史背景简述 …………………………………………………………………… 292
2 Strecker 反应的定义和机理 …………………………………………………… 293
 2.1 Strecker 反应的定义 ……………………………………………………… 293
 2.2 Strecker 反应的机理 ……………………………………………………… 293
3 Strecker 反应的延伸和发展 …………………………………………………… 297
 3.1 氰基供体的改进 …………………………………………………………… 297
 3.2 Strecker 反应的发展 ……………………………………………………… 298
4 Strecker 反应的催化剂 ………………………………………………………… 300
 4.1 无催化剂 …………………………………………………………………… 300
 4.2 路易斯酸类的催化剂 ……………………………………………………… 301
 4.3 固体催化剂 ………………………………………………………………… 303
 4.4 有机催化剂 ………………………………………………………………… 305
5 不对称 Strecker 反应 ………………………………………………………… 307
 5.1 手性底物诱导的不对称 Strecker 反应 ………………………………… 307
 5.2 催化不对称 Strecker 反应 ……………………………………………… 309
6 Strecker 反应在有机合成中的应用 …………………………………………… 316
 6.1 氨基酸的起源 ……………………………………………………………… 316
 6.2 非天然氨基酸衍生物的合成 ……………………………………………… 316
 6.3 杂环化合物的合成 ………………………………………………………… 319
7 Strecker 反应实例 ……………………………………………………………… 320
8 参考文献 ………………………………………………………………………… 323

1 历史背景简述

Strecker 氨基酸合成反应是一个非常古老的反应,也是仍然充满活力的化学反应[1~11]。1850 年,Adolph Stecker 试图将乙醛 **1** 用氨水处理后加入 HCN,并在酸性条件下水解生成的中间体来合成乳酸。但是,他没有分离得到预期的乳酸,而是得到了丙氨酸 **3**。这是人类第一个在实验室制备氨基酸的实验[12],该反应也开创了一步完成多组分多步骤反应的先河 (式 1)。

$$\underset{\mathbf{1}}{\overset{O}{\diagdown}} + NH_3 + HCN \longrightarrow \underset{\mathbf{2}}{\overset{NH_2}{\diagdown}CN} \xrightarrow{H_3O^+} \underset{\mathbf{3}}{\overset{NH_2}{\diagdown}CO_2H} \quad (1)$$

Strecker 出生在德国的达姆施塔特 (Darmstadt)。1842 年,他在 Gießen 大学著名化学家 Justus Liebig 教授的指导下获得博士学位。毕业后经过四年的中学教师生涯,Strecker 再次回到 Gießen 大学成为 Liebig 的私人助手。在此期间,Strecker 对无机和有机化学问题进行了广泛的研究,其中包括银和碳的分子量测定、乳酸及马尿酸的反应性能研究、镍和钴的分离等。其中,最有名的工作是在 1850 年完成了以他的名字命名的氨基酸合成反应。1851 年,Strecker 被聘为挪威 Christiania 大学的教授。1860 年,他回到德国的 Tubingen 大学接替由于 Gemlin 去世而留下的教授职位。在 Tubingen 大学,他从事鸟嘌呤、黄嘌呤、咖啡因和可可碱的研究。不幸的是,他在从事剧毒的氧化铊研究时严重地损害了健康。1870 年,他转入 Würzburg 大学,并在一年后去世。

1828 年,Friedrich 用氰化钾和氯化铵溶液合成尿素对"生命学说"[13~15]提出了质疑,而 Strecker 等人的研究工作进一步动摇了"生命化合物"的特殊地位。1875 年,Erlenmeyer 发现 Strecker 反应中间产物的结构是氨基氰化物,并将这个反应推广成为合成氨基酸的通用反应。1880 年,Tiemann 通过改变反应物加入顺序发现:腈醇可以与氨反应产生同样的中间产物,而且改变程序后的反应程序可以提高 Strecker 反应的产率。Zelinskii 和 Stadnikov 对该反应进行了进一步改善,用氰化钾或氰化钠和铵盐替换了不稳定的氰化氢和氨气。后来,Knoevenagel 和 Bucherer 又发现使用醛的亚硫酸加合物来替换醛可以提高反应的活性。

现在,人们已经充分地认识到 Strecker 反应在天然和非天然氨基酸的合成中的重要性。同时,该反应也是氨基酸起源中放电反应的基础[16]。Strecker 反应的研究经历了一锅法反应、分步反应到不对称反应的发展[17]，使该反应不断地焕发出新的活力。

2 Strecker 反应的定义和机理

2.1 Strecker 反应的定义

Strecker 反应定义为羰基化合物与氨基供体和氰基供体反应生成氨基腈中间体 **4**，并进一步水解成氨基酸 **5** 的反应。如式 2 所示：经典的 Strecker 反应使用醛为羰基化合物、胺为氨基供体和氰盐为氰基供体。

$$\underset{R}{\overset{O}{\underset{R^1}{\|}}} + R_3NH_2 + MCN \longrightarrow \underset{\underset{4}{R^1}}{\overset{NHR^2}{\underset{CN}{|}}} \xrightarrow{H_3O^+} \underset{\underset{5}{R^1}}{\overset{NHR^2}{\underset{CO_2H}{|}}} \quad (2)$$

Strecker 反应是一个三组分的"一锅法"偶联反应，醛和酮都是合适的底物。氨、伯胺和仲胺均可用作氨基供体，碱金属的氰酸盐 (例如：NaCN 和 KCN) 是常用的氰基供体。Strecker 反应通常在缓冲溶液中进行，原位生成的 HCN 也可以与预先形成的醛亚胺、酮亚胺 (甚至亚铵盐)、磺酰亚胺、肟和腙等反应首先得到 N-取代的 α-氨基腈中间体。该中间体经水解得到 α-氨基酸，用金属氢化物还原 α-氨基腈中间体则可以得到 1,2-二胺。如果该中间体用强碱处理，可以在其 α-位发生去质子化得到 α-碳负离子并与不同的亲电试剂反应。在重金属盐 (例如：AgNO$_3$)、质子酸或路易斯酸的存在下，该中间体可以失去 CN$^-$ 而生成亚铵正离子并与不同的亲核试剂反应 (如果用有机金属试剂作为亲核试剂，该反应称为 Bruylants 反应)。

2.2 Strecker 反应的机理

根据 Strecker 反应产物中羰基供体的来源，大体可分为以下三种类型：(1) 氰盐作为 Strecker 反应产物中羰基的供体；(2) 氯仿作为 Strecker 反应产物中羰基的供体；(3) 三甲基腈硅烷 (TMSCN) 作为 Strecker 反应产物中羰基的供体。

2.2.1 氰盐作为 Strecker 反应产物中羰基的供体[18~22]

在该类反应中，醛酮与铵盐和氰盐反应首先生成 α-氨基腈。然后，再水解生成 α-氨基酸[23~34]。普遍接受的第一步反应顺序为氨 (胺) 亲核加成到羰基碳上，得到相应的亚胺 **6** (式 3)。

但是，亚胺 **6** 与氰基负离子的加成反应却比表面上要复杂得多。事实上，亚胺并非直接被氰基负离子获取而生成所需的 α-氨基腈化物。例如：当氰化物首先加入或者与氨一同加入时，就会发生氰根负离子对羰基碳的竞争反应，主要生成动力学控制产物腈醇。但是，腈醇的不稳定性使其通过逆反应再次回到羰基化合物。因此，最后完全得到热力学稳定的产物 α-氨基腈化物。如式 4 所示：α-氨基腈化物生成后再经水解得到 α-氨基酸 **5**。

2.2.2 氯仿作为 Strecker 反应产物中羧基的供体

1979 年，Landini[35]等首先报道：在相转移催化剂的作用下，芳醛与氯仿、氢氧化钾、氯化锂和氨作用，一步反应直接得到 α-氨基酸。在该反应中，氯仿作为 Strecker 反应产物中羧基的供体[36~38]。该方法有两个优点：(1) 避免使用有毒的氰化物作为原料，减少了环境污染；(2) 反应步骤简单和反应条件比较温和，易于控制。但是，该反应的不足之处是产率比较低 (式 5)。

该类型反应的机理如式 6 所示：

在该类反应中，氯仿在氢氧化钾作用下生成 Cl_3C^- 和 Cl_2C: 为整个反应的速度控制步骤 (式 7)。

$$CHCl_3 + KOH \rightleftharpoons CCl_3C^-K^+ + H_2O \qquad (7)$$
$$\downarrow$$
$$KCl + Cl_2C:$$

2.2.3 三甲基氰硅烷 (TMSCN) 作为 Strecker 反应产物中羧基的供体

近年来，由于对提高产率的要求及不对称反应的发展，TMSCN 取代氰盐与亚胺生成氨基腈的反应备受关注 (式 8 和式 9)[39~41]。

<chemical reaction (8): PhC(O)CH_3 + morpholine (HN) + Me_3SiCN → (MeCN, 25 °C, 78%) → PhC(CN)(CH_3)-N(morpholine)>

<chemical reaction (9): 2-chloroacetophenone + pyrrolidine (HN) + Me_3SiCN → (MeCN, 25 °C, 90%) → (2-ClC_6H_4)C(CN)(CH_3)-N(pyrrolidine)>

如果在该反应中加入醇或者酚，它们可以与 TMSCN 反应快速原位生成 HCN。然后，HCN 再与亚胺反应生成 α-氨基腈化物。这样，反应机理与使用氰盐大体相同。

如果 TMSCN 经过活化形成一个活性中间体作为亲核试剂与亚胺反应，则遵循不同的反应机理。Ramón 和 Yus[42]等人对 TMSCN 与亚胺的反应机理进行了研究，他们认为 TMSCN 的亲核性很弱以至于不能与亚胺反应。因此，TMSCN 需要首先与氢氧根离子反应，通过形成五配位的硅负离子 **7** 来提高其亲核性。然后，硅负离子进攻亚胺的羰基碳形成一个过渡的两性离子中间态 **8**，最后生成 α-氨基腈化物 **9** (式 10~式 12)。

$$RCHO + R^1NH_2 \rightleftharpoons RCH=N^+H_2R^1 + {}^-OH \qquad (10)$$

$$Me_3SiCN + {}^-OH \rightleftharpoons \left[\begin{array}{c}CN\\|\\Si\\|\\OH\end{array}\right]^- \qquad (11)$$

$$\text{(式 12: 亚胺} + \mathbf{7} \rightleftharpoons \mathbf{8} \rightarrow \mathbf{9} + Me_3SiOH) \qquad (12)$$

Kantam 等[43]用能够产生 O_2^-/O^- 的 NAP-MgO 催化剂来活化 TMSCN，形成一个活性中间体后再与亚胺反应。该反应在数分钟到数十分钟内完成，产率在 87%~97% 之间 (式 13 和式 14)。

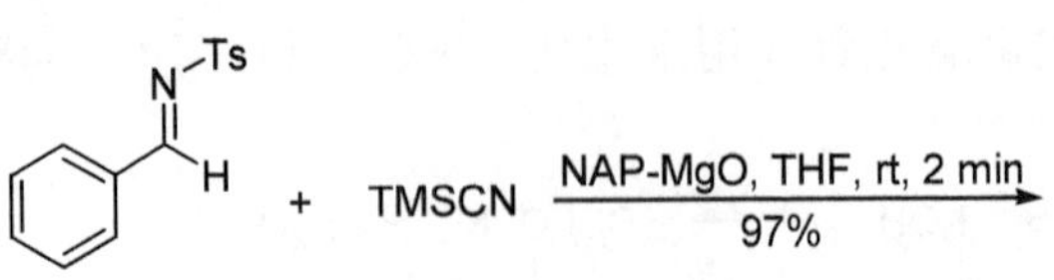

$$\text{PhCH=NTs} + \text{TMSCN} \xrightarrow[\text{97\%}]{\text{NAP-MgO, THF, rt, 2 min}} \text{PhCH(NHTs)CN} \quad (13)$$

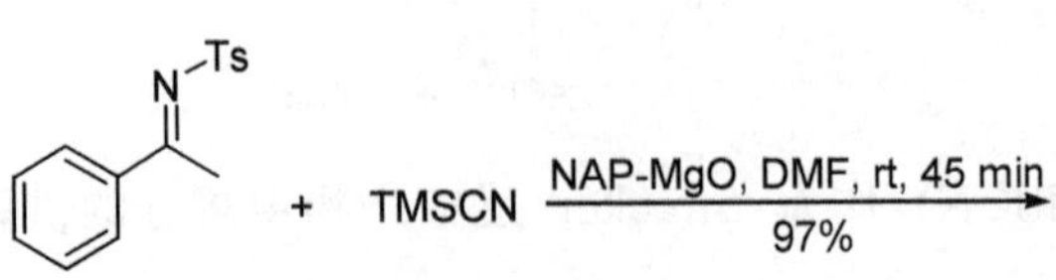

$$\text{PhC(Me)=NTs} + \text{TMSCN} \xrightarrow[\text{97\%}]{\text{NAP-MgO, DMF, rt, 45 min}} \text{PhC(Me)(NHTs)CN} \quad (14)$$

该反应的活化机理如式 15 所示:

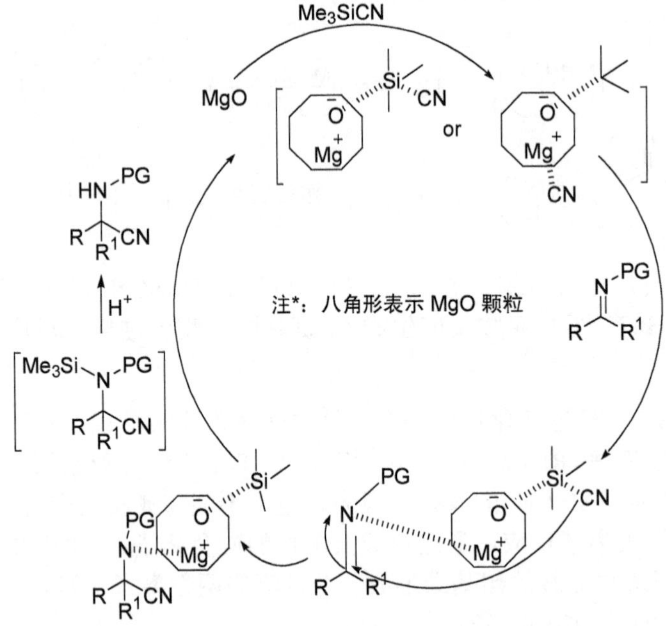

(15) 注*: 八角形表示 MgO 颗粒

Feng 等人[44]通过计算研究了非催化的 Strecker 反应, 提出了亚胺与 H_3SiCN 反应的两条路径。如式 16 所示: 在路径 a 中, H_3SiCN 首先自身经

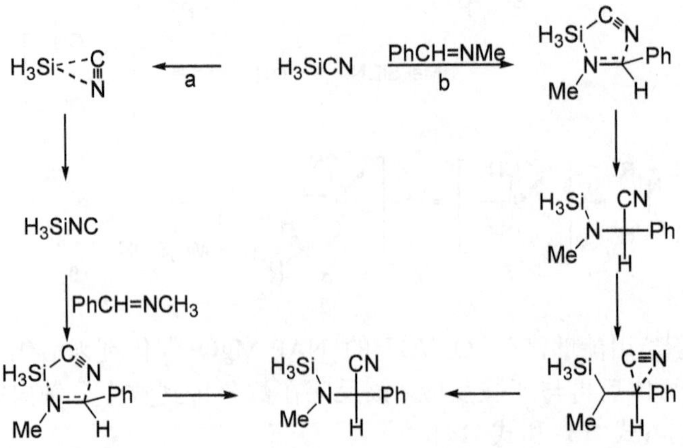

(16)

过异构化形成较高反应活性的 H₃SiNC，然后再与亚胺反应。在路径 b 中，H₃SiCN 首先与亚胺作用，然后再发生异构化生成较高反应活性的氨基异腈。

3 Strecker 反应的延伸和发展

3.1 氰基供体的改进

传统的 Strecker 反应是利用碱性的氰化物和铵盐在溶液中反应，这些条件对于制备 α-氨基酸来说非常有利。然而，反应物和溶液性质限制了这个反应的应用[45]。例如：随着羰基化合物的复杂程度增高，它的水溶性将显著降低。因此，降低了 Strecker 反应的普遍性和产物的多样性。

一种解决这种限制的方法是寻找溶于有机溶剂的氰基化合物。例如：有人使用氰基磷酸二乙酯 (DEPC, **11**)[46]将底物 **10** 转化为 α-氨基腈化物 **12** (式 17)。事实上，该化学转变采用传统的 Strecker 反应条件是无法完成的。

后来发现：在路易斯酸的存在下，使用 TMSCN 发生的 Strecker 反应具有更高的应用价值[47, 48]。如式 18 所示：在非水溶液条件下，许多羰基化合物都能够转化成为相应的 α-氨基腈化物。在该类型的反应中，羰基化合物中含有给电子基团会有更高的反应活性，醛比酮有更高的反应活性 (分别是 77%~99% 和 5%~50%)。

人们对路易斯酸催化剂进行了系统的研究发现，路易斯酸 InCl₃、BiCl₃、Pr(OTf)₃ 和 RuCl₃ 在芳香醛和非芳香醛的反应中特别有效[49~52]。如式 19[49]和式 20[50]所示：该反应在室温下几个小时内即可得到很好的反应产率。

最近，有人报道[53]使用 Sc(OTf)$_3$ 催化氰化三丁基锡进行的 Strecker 反应。由于 Sc(OTf)$_3$ 是少有的在水溶液中稳定的路易斯酸，所以该反应可以同时在水溶液和有机溶液中进行。如式 21 和式 22 所示：在以醛为底物的 Strecker 反应中，不仅可以得到很好产率的 α-氨基腈化物，而且反应后的钪试剂可以回收和循环使用。

$$\text{RCHO} + \text{Ph}_2\text{CHNH}_2 \xrightarrow[79\%\sim94\%]{\text{Sc(OTf)}_3, \text{BuSnCN, H}_2\text{O, rt}} \text{R}\underset{\text{NHCHPh}_2}{\overset{\text{CN}}{\text{CH}}} \quad (21)$$

$$\text{RCHO} + \text{Ph}_2\text{CHNH}_2 \xrightarrow[83\%\sim94\%]{\text{Sc(OTf)}_3, \text{BuSnCN, MeCN, PhMe, rt}} \text{R}\underset{\text{NHCHPh}_2}{\overset{\text{CN}}{\text{CH}}} \quad (22)$$

3.2 Strecker 反应的发展

Strecker 反应可以认为是一个典型的多组分反应[54, 55]，三种反应物在一个反应容器里反应生成 α-氨基腈化物。该反应的引申反应包括 Bucherer-Bergs 反应、Petasis 反应、Ugi 反应和酰胺羰基化反应。

Bucherer-Bergs 反应[56~58]具有与 Strecker 反应相似的反应物，显著的不同是加入的"二氧化碳"供体。因此，Bucherer-Bergs 反应的最终产物是乙内酰脲 **13**。但是，它可以进一步水解成为 Strecker 产物。从反应机理上看，该反应首先通过 Strecker 反应生成 α-氨基腈化物。然后，α-氨基腈化物再与二氧化碳反应生成乙内酰脲 (式 23)。

$$\underset{\text{R}}{\overset{\text{R}^1}{\text{C=O}}} \xrightarrow{\text{KCN, (NH}_4)_2\text{CO}_3} \left[\underset{\text{R}}{\overset{\text{R}^1}{\text{C}}}\underset{\text{NH}_2}{\overset{\text{CN}}{}}\right] \longrightarrow \underset{\textbf{13}}{\text{R}^1\text{R-乙内酰脲}} \quad (23)$$

Bucherer-Bergs 已经应用于治疗糖尿病的醛糖还原酶抑制剂的制备[59]。如式 24 所示：从 8-氮杂二氢苯并吡喃酮 (**14**) 生成了外消旋体螺乙内酰胺 **15** 和 **16**。

$$\textbf{14} \xrightarrow[50\%]{\text{NaHSO}_4, \text{KCN, (NH}_4)_2\text{CO}_3, \text{HCONH}_2, 50\,^\circ\text{C, 3 d}} \textbf{15} + \textbf{16} \quad (24)$$

使用羰基化合物、烷基硼酸和胺来制备二级胺 **17** 被称之为硼酸 Mannich 反应或者 Petasis 反应[60~66]。如果使用 α-酮酸作为羰基化合物，则生成 α-氨基酸 **18** (式 25)。

$$R^2-B(OH)_2 + R^3\underset{H}{N}R^4 \xrightarrow{\text{RCOR}^1} \underset{\mathbf{17}}{R^3-N(R^4)-C(R)(R^1)(R^2)}$$

$$\xrightarrow{R^5COCO_2H} \underset{\mathbf{18}}{R^3-N(R^4)-C(R^2)(R^5)(CO_2H)} \quad (25)$$

如式 26 所示：该反应的关键步骤是硼酸酯 **19** 中间产物中的分子内烷基迁移过程。

$$\underset{R^1}{\overset{O}{R}} + R^3\underset{H}{N}R^4 \longrightarrow R^3-N(R^4)-C(R)(R^1)(OH) \xrightarrow{R^2-B(OH)_2}$$

$$[\mathbf{19}] \longrightarrow \underset{\mathbf{17}}{R^3-N(R^4)-C(R)(R^1)(R^2)} + B(OH)_3 \quad (26)$$

Ugi 反应[67~70]是一个由羰基化合物、胺、羧酸衍生物和异腈发生四组分缩合生成 α-氨基酰胺的反应，进一步水解可以得到 α-氨基酸。如式 27 所示[71]：通过 Ugi 反应可以方便地合成具有药用价值的噻唑 **21**。

$$R^1COR^2 + R^3-NH_2 + R^4COSH + NC-CH(OMe)_2 \xrightarrow{\text{ROH, rt, 15 h}}_{31\%\sim 92\%}$$

$$\underset{\mathbf{20}}{R^4C(O)-N(R^3)-C(R^1)(R^2)-C(S)-NH-CH(OMe)_2} \xrightarrow{\text{TMSCN, NaI, MW}}_{66\%\sim 91\%} \underset{\mathbf{21}}{R^4C(O)-C(R^1)(R^2)(R^3)-\text{thiazole}} \quad (27)$$

酰胺羰基化反应是另一种制备 α-氨基酸的方法[72,73]，Wakamatsu[74] 和 Ojima[75]等人的工作显示了该反应的实用性。如式 28 所示：在钴催化剂的作用下，由苯乙醛 (由苯基环氧乙烷在路易斯酸催化下异构而来)、乙酰胺和一氧化碳合成一步反应即可得到 N-乙酰基苯丙氨酸 **22**[75] (苯丙氨酸是合成阿斯巴甜的主要原料)。

$$\text{PhCHCH}_2\text{O (epoxide)} + \text{AcNH}_2 \xrightarrow[\text{92\%}]{[Co_2(CO)_8]\,(3.3\,\text{mol\%}),\,[Ti(OPr-i)_4]\,(3.3\,\text{mol\%})}_{\text{CO/H}_2\,(4:1,\,100\,\text{bar}),\,110\,^\circ\text{C},\,16\,\text{h}} \underset{\mathbf{22}}{\text{PhCH}_2\text{CH(NHAc)CO}_2\text{H}} \quad (28)$$

钯催化剂进一步扩展了酰胺羰基化反应[76~80]。如式 29 所示：通过该方法可以方便地从苯甲醛和酰胺来制备芳基甘氨酸 **23**，它是具有抗艾滋病毒活性的氯代多肽化合物 **24** (式 30) 的主要结构单元。

$$\text{(芳香醛)} + \text{AcNH}_2 \xrightarrow[90\%]{\text{PdBr}_2,\ \text{P(Ph)}_3,\ \text{LiBr}\atop\text{H}_2\text{SO}_4,\ \text{CO, NMP}} \textbf{23} \quad (29)$$

(化合物 **24** 结构式) (30)

4 Strecker 反应的催化剂

在 Strecker 反应中，所用的氰化试剂主要包括：HCN、KCN、TMSCN、$(EtO)_2P(O)CN$、Et_2AlCN 和 Bu_3SnCN 等等。由于这些氰化试剂通常亲核性并不一致，因此有时需要选择适当的催化剂来活化亚胺，从而使反应能够在较温和的条件下进行。

4.1 无催化剂

2005 年，Yus 等[81]报道了一种无任何催化剂情况下三组分合成 α-氨基腈化合物的新方法。如式 31 和式 32 所示：在室温下，将醛、伯胺和 TMSCM 在乙腈中混合即可发生 Strecker 反应生成 α-氨基腈化合物。其中，R 为苯环时比为烷基时的产率高，但对位上有取代基时会引起反应产率的降低。

$$\text{RCHO} + R^1\text{NH}_2 + \text{Me}_3\text{SiCN} \xrightarrow{\text{MeCN, 25 °C, 17.5 h}} \underset{\text{H}}{\text{R}-\underset{\text{CN}}{\overset{}{\text{CH}}}-\text{N}-R^1} \quad (31)$$

$$\text{PhCHO} + \text{PhNH}_2 + \text{Me}_3\text{SiCN} \xrightarrow[92\%]{\text{MeCN, 25 °C, 17.5 h}} \underset{\text{H}}{\text{Ph}-\underset{\text{CN}}{\overset{}{\text{CH}}}-\text{N}-\text{Ph}} \quad (32)$$

此外，Matsumoto 和 Jenner 小组分别报道了高压下的 Strecker 反应。虽然高压条件下反应产率较低，但立体选择性却有所提高[82~84]。但是，在超声条件下可以改进 Strecker 反应的产率[85]。如式 33 所示：在传统的 Strecker 反应条件下，酮转化成为产物 **25** 需要在醋酸溶液中搅拌 12~13 天才能完成。但是，使用超声条件不仅提高了反应产率，而且使反应加速了 12 倍。

$$\text{底物} \xrightarrow{RNH_2, KCN, AcOH} \text{产物 } 25 \quad (33)$$

	加热	超声
R = H	62%	100%
R = Bu	60%	88%
R = Ph	73%	99%
R = Bn	79%	99%

4.2 路易斯酸类的催化剂

路易斯酸由于金属原子空的 d-轨道可以接受亚胺的孤对电子，因而使亚胺碳原子上的正电性增加。这使得亚胺被活化，使它们的 Strecker 反应更容易进行。

2002 年，Ranu 等用三氯化铟为催化剂在四氢呋喃中实现了 α-氨基腈的三组分合成[86] (式 34)。此方法的优点在于操作简单，所选用的试剂价格较低且易于获得。如果使用酮类底物，该反应不仅时间较长，而且产率普遍低于 70%。但是，使用芳醛底物可以得到非常优秀的产率 (式 35)。

$$R\text{-}C(O)R^1 + R^2NH_2 + KCN \xrightarrow{InCl_3, THF, rt} R^1\underset{NC}{\overset{R}{C}}\text{-}NHR^2 \quad (34)$$

$$\text{3-MeO-C}_6H_4\text{CHO} + PhCH_2NH_2 + KCN \xrightarrow[93\%]{InCl_3, THF, rt} \text{产物} \quad (35)$$

三氯化铋价格便宜，能耐受微量的水。2004 年，Surya 等人[87]报道了使用三氯化铋催化合成氨基腈类化合物的反应 (式 36)。如式 37 所示：选用 TMSCN 为氰化试剂，苯甲醛在室温下即可得到满意的 Strecker 反应产物。该反应条件也适合于某些酸敏底物，糠醛与苄胺反应的产率高达 85%。使用醛作为底物时，芳香胺、脂肪胺及 N-杂环化合物都能参与该反应。

$$R\text{-}CHO + R^1NH_2 + TMSCN \xrightarrow{BiCl_3, CH_3CN, rt} R\underset{CN}{\overset{NHR^1}{C}}H \quad (36)$$

$$PhCHO + PhNH_2 + TMSCN \xrightarrow[85\%]{BiCl_3, CH_3CN, rt, 10\ h} Ph\underset{CN}{\overset{NHPh}{C}}H \quad (37)$$

2005 年，Surya 等人[88]又报道了二氯化镍催化的"一锅法"合成 α-氨基腈类化合物的反应。如式 38 所示：在 5 mol% 的二氯化镍的催化下，等量的醛与胺在乙腈中室温反应以 92% 的产率生成相应的 α-氨基腈。

$$\text{PhCHO} + \text{BnNH}_2 + \text{TMSCN} \xrightarrow[92\%]{\text{NiCl}_2\ (5\ \text{mol}\%),\ \text{MeCN, rt, 12 h}} \text{Ph-CH(NHBn)(CN)} \qquad (38)$$

此法的优点在于所有的反应物可以一次性加入，是真正意义上的"一锅法"反应。用无毒和价廉的二氯化镍为催化剂降低了反应的成本，有利于实现工业化生产。但是，此方法仍然没有报道使用酮作为反应的底物例子。

2006 年，Sudalai 等人[89]报道了使用 Cu(OTf)$_2$ 催化的 Strecker 反应。实验结果显示：没有催化剂时，苯甲醛、对甲氧基苯胺和 TMSCN 在乙腈溶剂中没有反应发生。但是，当加入 1 mol% 的 Cu(OTf)$_2$ 时，该反应可以得到 95% 的 Strecker 反应产物 (式 39)。虽然该反应也可以在二氯甲烷或者四氢呋喃等溶剂中进行，但产率相对较低。

$$\text{PhCHO} + 4\text{-MeO-C}_6\text{H}_4\text{-NH}_2 \xrightarrow[95\%]{\text{Cu(OTf)}_2,\ \text{TMSCN, MeCN}} \text{Ph-CH(NH-(4-MeO-C}_6\text{H}_4))(\text{CN}) \qquad (39)$$

此催化体系只适用于芳香醛、芳香胺和 TMSCN 之间的反应，芳香醛与脂肪胺反应的产率很低。其中，醛芳香环上取代基的电子效应及空间效应都会影响反应的产率，拉电子基团和大位阻基团都会使反应的产率降低。此法的优点在于催化剂用量少，所选用铜系的催化剂价格低廉且容易大量获得。

2007 年，Venkateswarlu 等人[90]报道了 La(NO$_3$)$_3$·6H$_2$O 和 GdCl$_3$·6H$_2$O 催化的"一锅法"合成 α-氨基腈类化合物的反应。该方法选用的两种催化剂都是水合物，因而反应对无水的要求不高。如式 40 和式 41 所示：在温和的反应条件下，只需将所有的反应底物和试剂在一起混合后即可完成反应。

$$\text{PhCHO} + \text{PhNH}_2 + \text{TMSCN} \xrightarrow[96\%]{\text{La(NO}_3)_3\cdot 6\text{H}_2\text{O, MeCN, rt, 1 h}} \text{Ph-CH(CN)(NHPh)} \qquad (40)$$

$$\text{PhCHO} + \text{PhNH}_2 + \text{TMSCN} \xrightarrow[94\%]{\text{GdCl}_3\cdot 6\text{H}_2\text{O, MeCN, rt, 1 h}} \text{Ph-CH(CN)(NHPh)} \qquad (41)$$

芳香醛和脂肪醛以及芳香胺和脂肪胺都适应于此反应体系，具有反应时间短和产率高的优点。特别重要的是，芳香环上取代基较多和空间位阻较大的芳香醛也可以得到较高的产率。但是，在该条件下，酮仍然不能被用作 Strecker 反应的底物。

2007 年，Olah 等人报道了 Ga(OTf)$_3$ 催化的酮或者氟代酮的 Strecker 反应[91]。如式 42~式 44 所示：在 5 mol% 的 Ga(OTf)$_3$ 的作用下，醛或酮与胺和 TMSCN 在二氯甲烷中室温下反应即可生成 α-氨基腈类化合物。但是，必须使用过量的氟代酮 (1.5 eq) 才能得到较好的结果。到目前为止，该催化体系对底物的适用范围最广，在合成氟代氨基酸化合物上具有重要的意义。

$$\text{ArCHO} + R^1\text{-NH}_2 + \text{TMSCN} \xrightarrow{\text{Ga(OTf)}_3,\ \text{CH}_2\text{Cl}_2,\ \text{rt}} \text{产物} \quad (42)$$

$$\text{RCOR}^1 + \text{Ar-NH}_2 + \text{TMSCN} \xrightarrow[\substack{R = \text{aryl, alkyl}\\ R^1 = \text{alkyl}}]{\text{Ga(OTf)}_3,\ \text{CH}_2\text{Cl}_2,\ \text{rt}} \text{产物} \quad (43)$$

$$\text{CH}_3\text{COCF}_3 + \text{Ar-NH}_2 + \text{TMSCN} \xrightarrow[85\%]{\text{Ga(OTf)}_3,\ \text{CH}_2\text{Cl}_2,\ \text{rt, 6 h}} \text{产物} \quad (44)$$

有报道表明：碘也可以作为 Strecker 反应中温和的路易斯酸催化剂[92]。如式 45 所示：在催化形成 α-氨基腈化合物 **26** 的过程中，碘比其它路易斯酸具有更高的催化活性，具有催化剂用量少、反应时间短和产物产率高的优点。

$$\text{RCHO} + R^1\text{-NH}_2 \xrightarrow[72\%\sim94\%]{\text{TMSCN, I}_2,\ 1\sim8\ \text{h}} \underset{\mathbf{26}}{\text{产物}} \quad (45)$$

溴化溴代二甲基锍[93]也可以用于 Strecker 反应的催化剂，具有催化效率高和用量少的优点 (式 46)。

$$\text{RCHO} + R^1\text{-NH}_2 \xrightarrow[77\%\sim92\%]{\text{TMSCN, Me}_2\text{S}^{\oplus}\text{BrBr}^{\ominus},\ 1\sim2\ \text{h}} \text{产物} \quad (46)$$

4.3 固体催化剂

2004 年，Yadav 等人[94]报道了用蒙脱土 KSF 为催化剂"一锅法"合成 α-氨基腈类化合物的反应。如式 47 所示：在蒙脱土 KSF 的催化下，使用等量的醛和胺与 1.2 倍量的 TMSCN 在二氯甲烷中室温反应即可生成相应的 α-氨基腈化合物。

$$\text{PhCHO} + \text{PhNH}_2 \xrightarrow[90\%]{\text{TMSCN, KSF-CH}_2\text{Cl}_2,\ 3.5\ \text{h}} \text{产物} \quad (47)$$

此法催化剂用量较大，需要的溶剂较多，在工业化应用方面具有一定的局限性。但是，该法的优点在于所用的催化剂易于获得，且易于再生和回收，是一种环境友好的合成方法。

2006 年，Verkade 等人[95]报道了使用固载 [HP(HNCH$_2$CH$_2$)$_3$N]NO$_3$ (**27**) 催化的 Strecker 反应。如式 48 所示：在乙腈溶液中使用 TMSCN 为氰化试剂，该固载催化剂不仅以可以催化醛与胺的 Strecker 反应，也可以催化烷基酮与胺的 Strecker 反应。但是，在同样条件下，芳基酮与胺的 Strecker 反应却不能进行。

$$\text{PhCHO} + \text{PhNH}_2 \xrightarrow[94\%]{\text{TMSCN, 27, MeCN, rt, 15 h}} \text{PhCH(NHPh)CN} \qquad (48)$$

催化剂 **27** 可以按式 49 所示的方法来制备。虽然将 [HP(HNCH$_2$CH$_2$)$_3$N] 固载在 Merrifield 树脂上形成的固载催化剂的催化效果与均相催化效果接近，但却显著地改善了催化剂的分离和回收。

$$\text{N(CH}_2\text{CH}_2\text{NH}_2)_3 + \text{P(NMe}_2)_3 \xrightarrow[92\%]{\text{MeCN, conc. HNO}_3\text{, rt, 15 h}} \mathbf{27} \cdot \text{NO}_3^- \qquad (49)$$

2006 年，Rafiee 等人[96]报道了用二氧化硅负载的杂多酸催化 α-氨基腈类化合物的新方法。如式 50 所示：该反应的催化效率非常高，苯甲醛、苯胺和 TMSCN 在乙腈中仅反应 5 min 就可达到 97% 的产率。

$$\text{PhCHO} + \text{PhNH}_2 \xrightarrow[97\%]{\substack{40\% \text{ PW/SiO}_2 \text{ (12 \%), TMSCN} \\ \text{MeCN, rt, 5 min}}} \text{PhCH(NHPh)CN} \qquad (50)$$

2007 年，Olah 等人[97]报道了固体 PVP (聚乙烯基吡啶)-SO$_2$ 复合物催化的 Strecker 反应。通过使用不同的醛和胺对催化剂的活性进行评价发现，该反应的产率较理想，但反应温度较高且反应时间很长 (式 51 和式 52)。

$$\text{PhCH=CHCHO} + \text{PhNH}_2 + \text{TMSCN} \xrightarrow[86\%]{\substack{\text{PVP-SO}_2\text{, CH}_2\text{Cl}_2 \\ 50\ ^\circ\text{C, 6 h}}} \text{PhCH=CHCH(NHPh)CN} \qquad (51)$$

$$\text{4-ClC}_6\text{H}_4\text{CHO} + i\text{-PrNH}_2 + \text{TMSCN} \xrightarrow[91\%]{\substack{\text{PVP-SO}_2\text{, CH}_2\text{Cl}_2 \\ 50\ ^\circ\text{C, 6 h}}} \text{4-ClC}_6\text{H}_4\text{CH(NHPr-}i\text{)CN} \qquad (52)$$

固体催化剂催化的 Strecker 反应具有三个独特的优点：(1) 固体催化剂可以

回收再利用,从而降低了反应的成本;(2) 固体催化剂可以通过简单的过滤便可与产物分离,简化了操作程序;(3) 固体催化剂可以回收利用,从而不会造成环境污染,是环境友好的工艺。尽管固体催化剂有很多优点,但是固体催化剂无论在催化剂用量、使用范围、反应产率以及反应时间上都没有路易斯酸催化剂的效果好。

4.4 有机催化剂

除路易斯酸类催化剂和固体催化剂外,还有一些有机化合物被用作 Strecker 反应的催化剂。

2007 年,Das 等人[98]报道用 2,4,6-三氯-1,3,5-三嗪 (**28**, TCT) 催化"一锅法"合成 α-氨基腈化合物。如式 53 所示:在 TCT (**28**) 催化下,等量的醛与胺和 1.2 倍量的 TMSC 在乙腈中反应生成 α-氨基腈化合物。

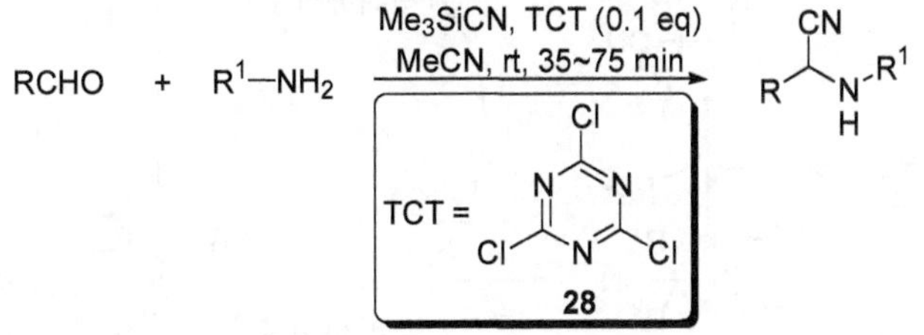

$$RCHO + R^1-NH_2 \xrightarrow[\text{MeCN, rt, 35~75 min}]{\text{Me}_3\text{SiCN, TCT (0.1 eq)}} \begin{array}{c} CN \\ | \\ R \end{array} \hspace{-1mm} \begin{array}{c} \\ N-R^1 \\ H \end{array} \quad (53)$$

在该反应过程中,TCT 首先与三分子水反应生成 2,4,6-三羟基-1,3,5-三嗪 **29** 和三分子的氯化氢 (式 54)。然后,**29** 再催化 TMSCN 对亚胺进行亲核加成生成 α-(N-三甲基硅基)氨基腈化合物 **30**。最后,在氯化氢的作用下将三甲基硅基除去,生成 α-氨基腈化合物 **31** (式 55)。

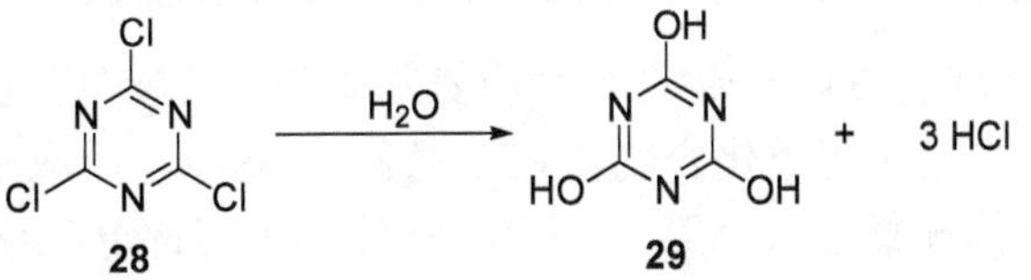

(54)

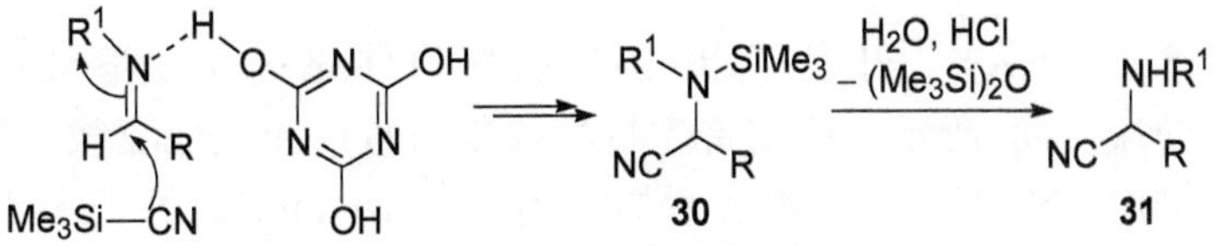

(55)

2007 年,Heydari 等人[99]报道了使用盐酸胍催化合成 α-氨基腈化合物的反应。反应选用甲醇为反应溶剂,盐酸胍的用量仅为 3 mol% 即可。伯胺、仲胺和几乎所有类型的醛都适应于此催化体系,产物的产率普遍在 85% 以上。

2008 年,Khan 等人[100]报道了使用二茂铁盐催化的无溶剂"一锅法"合成 α-氨基腈化合物的反应。该反应不仅时间短,而且产物的产率普遍在 90% 以上 (式 56)。

$$\text{PhC(O)CH}_3 + \text{PhNH}_2 + \text{TMSCN} \xrightarrow[\text{rt, neat, 20 min}]{\text{Fe(Cp)}_2\text{PF}_6\ (5\ \text{mol\%})} \text{PhC(CN)(CH}_3\text{)NHPh} \quad 94\% \qquad (56)$$

如式 57 所示：在该反应过程中，醛或酮与胺首先反应生成亚胺和一分子的水。然后，催化剂中的铁离子与生成的亚胺的氮原子发生配位作用，使亲核加成反应更容易进行。接着，TMSCN 中的氰基部分对亚胺亲核加成，生成 N-三甲基硅基-α-氨基腈类化合物。最后，该化合物经水解得到目标产物 α-氨基腈和三甲基硅醇。

$$(57)$$

尽管近年来用于"一锅法"合成氨基腈化合物的催化剂不断有新的类型出现，并且有些具有较广泛的适用范围或是较好的环境友好性。但是，目前文献中仍然没有关于立体选择性"一锅法"合成 α-氨基腈化合物的报道。因此，在催化"一锅法"合成 α-氨基腈类化合物方面仍有较多的工作要做。

除了上面所叙述的"一锅法"合成氨基腈类化合物外，也有许多化学家采用分步的方式合成氨基腈类化合物。在不对称 Strecker 反应中，分步合成法可以提高反应的立体选择性（见第 5 节）。此外，也有部分化学家朝着环境友好的 Strecker 反应方向努力。

2005 年，Rao 等人[101]开发了以 β-环糊精为催化剂在水溶液中进行的 Strecker 反应。如式 58 所示：他们首先将醛或酮与胺反应生成亚胺。然后，将等量的亚胺和 TMSCN 溶于少量甲醇后加入到含有 10 mol% 的 β-环糊精的水溶液中。该反应在室温下进行，反应产物可用乙酸乙酯或二氯甲烷等有机溶剂萃取得到。

$$\text{PhCH=NPh} + \text{TMSCN} \xrightarrow[98\%]{\beta\text{-环糊精, H}_2\text{O, 1 h}} \text{PhCH(NHPh)(CN)} \qquad (58)$$

该反应对各种亚胺氰化的产率都在 90% 以上。在反应过程中，亚胺上的

N-原子作为氢键受体与环糊精中的羟基形成氢键从而使得亲核加成更加容易进行。

2006 年，Reddy[102] 和 Jung[103] 分别报道了聚乙二醇和多糖催化的水相 Strecker 反应。但是，与环糊精催化的反应比较，此两种方法无论在反应的适用范围、产率以及反应时间等方面都没有显著的优点。

5 不对称 Strecker 反应

近年来，Strecker 反应由于被用作制备不对称 α-氨基酸的主要方法而得到复兴和发展。如式 59 所示：从亚胺 32 经不对称氰基加成反应生成手性 α-氨基酸 33 尤其得到关注。

$$\underset{32}{\overset{N^{R^2}}{\underset{R^1}{\|}}} \xrightarrow{\ominus CN} \underset{33}{\overset{NHR^2}{\underset{R^1}{\overset{*}{C}}}CN} \quad (59)$$

α-氨基腈化物 33 中手性碳原子的生成有两个可能的方法：(1) 利用亚胺分子中带有的手性基团来诱导产生新的手性碳原子；(2) 利用手性金属催化剂或手性有机催化剂来诱导产生新的手性碳原子。

5.1 手性底物诱导的不对称 Strecker 反应

1963 年，Harada[104, 105]报道了第一例底物控制的不对称 Strecker 反应。如式 60 所示：醛 34 首先与 D-(–)-α-甲基苯甲胺 (35) 发生 Strecker 反应，生成的产物经 α-氨基腈化物水解和氢解脱去苄基生成 α-氨基酸 36。

$$\text{RCHO} + \text{PhCH(CH}_3\text{)NH}_2 \xrightarrow[9\%\sim58\%,\ 22\%\sim58\%\ ee]{\text{NaCN, HCl, Pd(OH)}_2,\ H_2} \underset{36}{\overset{R}{\underset{H_2N}{\overset{}{\diagup}}}CO_2H} \quad (60)$$

3435$$36

后来，Ojima 重复了这项工作[106]，并使用 TMSCN 和路易斯酸催化剂改进了反应条件。他发现使用 $ZnCl_2$ 作为催化剂可以得到最好的结果，对映体过量可以达到 55%~70% ee。

在这些反应中，碳水化合物[107~111]也经常被用作手性辅助基团。如式 61 所示：使用四羧酸酯-β-半乳糖胺衍生物 37 进行 Strecker 反应，可以在新形成的碳原子上诱导产生较高的立体选择性。

$$\text{MeCHO} + \underset{37}{\text{PivO-sugar-NH}_2} \xrightarrow[\text{dr} > 10:1]{\text{TMSCN, ZnCl}_2 \atop 75\%\sim90\%} \text{PivO-sugar-NH-CH(Me)-CN} \quad (61)$$

手性亚磺酰亚胺 (**38**, 硫肟-*S*-氧化物) 也可以用来促进不对称 Strecker 反应[112~115]。Davis 发现：典型的氰基给体 (例如：氰化钾和 TMSCN) 并没有足够的活性可以加成到亚磺酰亚胺上，需要使用具有更高路易斯酸性的 Et$_2$AlCN 来反应 (式 62)。因为 Al^{3+} 配位到亚磺酰亚胺的氧上活化了亚胺的亲核加成，配合物还方便了氰基的转移 (见化合物 **39**)。

$$\underset{38}{\text{Ar-S(O)-N=CR}^1\text{R}} \xrightarrow{\text{Et}_2\text{AlCN}} \underset{39}{[\text{cyclic TS}]^{\ddagger}} \xrightarrow[\text{de} = 40\%\sim66\%]{10\%\sim78\%} \text{Ar-S(O)-NH-C(R}^1\text{)(R)-CN} \quad (62)$$

因为许多氨基酸可以方便地获得，所以氨基酸衍生物在底物控制的 Strecker 反应中也经常被使用。例如[116~120]：光学活性的苯基甘氨醇和苯基甘氨酰胺 **40** 同羰基化合物反应首先生成光活性的亚胺 **41**，然后经过氰基加成生成手性的 α-氨基腈化物 **42** (式 63)。

$$\underset{40}{\text{H}_2\text{N-CH(Ph)-Xc}} + \text{RCOR}^1 \longrightarrow \underset{41}{\text{N=CR R}^1} \xrightarrow{\text{TMSCN}} \underset{42}{\text{R}^1\text{-C(CN)(R}^2\text{)-NH-CH(Ph)-Xc}} \quad (63)$$

Xc = -CONH$_2$, 51%~93%, dr = 99:1
    -CH$_2$OH, 85%~91%, dr = (2:1)~(25:1)

Taillades 等人[121]报道了利用辅助手性胺的一个有趣的改进方法。他们首先将光活性的单萜 **43** 转变为氨基型手性辅助物 **44**，然后 **44** 与酮反应生成手性产物 **45** (式 64)。

$$\underset{43}{\text{terpene ketone}} \longrightarrow \underset{44}{\text{NC-cyclohexyl-NH}_2} \xrightarrow[\text{dr} = (62:38)\sim(79:21)]{\text{RCOR}^1, \text{KCN} \atop 42\%\sim67\%} \underset{45}{\text{NC-cyclohexyl-NH-C(R)(R}^1\text{)-CN}} \quad (64)$$

Enders 的手性肼也可以用于诱导不对称 Strecker 反应。如式 65 所示[122]：手性肼 (*S*)-1-氨基-2-甲氧基甲基吡咯烷 (SAMP) 首先与醛缩合生成手性腙 **46**，然后在 TiCl$_4$ 的催化下与 TMSCN 发生非对映加成生成手性 α-氨基腈化物 **47**。

$$\underset{46}{\overset{R}{\underset{N}{\bigvee}}\text{N}\text{-}\underset{\text{MeO}}{\bigvee}} \xrightarrow[75\%\sim93\%]{\text{TMSCN, TiCl}_4}_{\text{dr} = 88\%\sim91\%} \underset{47}{\overset{R}{\underset{\text{CN}}{\bigvee}}\text{HN}\text{-}\underset{\text{MeO}}{\bigvee}} \quad (65)$$

5.2 催化不对称 Strecker 反应

到目前为止，不对称催化的 Strecker 反应主要是指预先生成的亚胺与 HCN 或 TMSCN 加成的反应 (式 66)，直接使用经典的三组分反应进行的不对称催化反应仍然不理想。

$$\underset{R}{\overset{N^{-R^2}}{\bigvee}R^1} \xrightarrow{\text{手性催化剂, TMSCN}} \underset{R}{\overset{HN^{-R^2}}{\underset{\text{CN}}{\bigvee}}R^1} \quad (66)$$

5.2.1 手性哌嗪二酮

1996 年，Lipton 等人开发了手性二酮哌嗪类催化剂在 Strecker 反应中的应用[123]。此类催化剂是第一个，也是目前为止最有效的不对称 Strecker 反应催化剂。如式 67 所示：在该催化条件下，反应产物 *N*-二苯甲基氨基腈 **49** 可以达到 97% 的产率和 >99% ee。

对该催化反应的研究表明：该反应主要适用于芳醛亚胺底物，而脂肪醛亚胺底物的对映体选择性很差 (<17% ee)。亚胺结构中芳醛部分带有推电子基时有利于增加反应的对映选择性，而拉电子基或杂芳醛的底物会导致对映选择性急剧下降。此外，*N*-上氢原子用 Boc 取代时，其对映体过量下至 75%，而直接用三组分的反应 (苯甲醛、氨、氰氢酸) 则得到外消旋体。

由于 N-二苯甲基取代的氨基腈可以在酸性条件下高产率地水解成氨基酸而不发生外消旋化 (式 68)，因此 Lipton 开发的反应是一个不对称合成氨基酸的好方法。

$$\underset{>99\%\ ee}{\text{PhCH(NHCHPh}_2)\text{CN}} \xrightarrow[\text{从醛开始三步总产率}]{\text{HCl (6 mol/L), 60 °C, 6 h}} \underset{92\%,\ >99\%\ ee}{\text{PhCH(NH}_2)\text{CO}_2\text{H}} \quad (68)$$

5.2.2 手性脒

1999 年，Corey 小组开发了手性脒催化剂 **50** 在 Strecker 反应中的应用[124]。实验结果显示：该催化剂的用量比二酮哌嗪高 (10 mol%)，而且对映选择性一般 < 90% (式 69)。但是，手性脒可由苯甘氨酸合成得到，价格比较便宜。当反应完成后，80%~90% 的手性脒可以用草酸萃取回收。

$$\text{PhCH=NCHPh}_2 \xrightarrow[96\%,\ 86\%\ ee]{\textbf{50}\ (10\ \text{mol\%}),\ \text{HCN, MeOH, }-40\ \text{°C, 20 h}} \underset{R\text{-型}}{\text{PhCH(NHCHPh}_2)\text{CN}} \quad (69)$$

催化剂 **50**: (Ph)手性咪唑啉-2-基-Ph

- 4-MeO-C₆H₄-CH(NHCHPh₂)CN, 99%, 84% ee
- 4-Me-C₆H₄-CH(NHCHPh₂)CN, 96%, 80% ee
- 4-Cl-C₆H₄-CH(NHCHPh₂)CN, 88%, 81% ee
- 4-F-C₆H₄-CH(NHCHPh₂)CN, 97%, 86% ee
- t-Bu-CH(NHCHPh₂)CN, 95%, 84% ee
- n-Hex-CH(NHCHPh₂)CN, 95%, 63% ee
- c-Hex-CH(NHCHPh₂)CN, 95%, 76% ee

与二酮哌嗪一样，底物 N-取代基变化后其对映选择性下降。与哌嗪二酮大不一样的是，芳醛部分取代基性质的影响没那么明显。同时，该催化剂对脂肪醛亚胺底物的选择性大大提高。有趣地观察到：使用芳醛生成的亚胺底物得到的是 R-型的氨基腈，而脂肪醛生成的亚胺底物则得到 S-型的氨基腈。

5.2.3 手性 (硫) 脲

1998 年开始，Jacobsen 小组以组合化学和高通量筛选的方法开发了一系列含脲的手性试剂[125~127]。他们将结构优化后获得的催化剂用于 Strecker 反应中，得到了很好的手性催化效果。如式 70 所示：在 2 mol% 的手性脲 **51** 存在下，脂肪族、脂环族和芳香族醛生成的亚胺均可以获得高度的立体选择性。

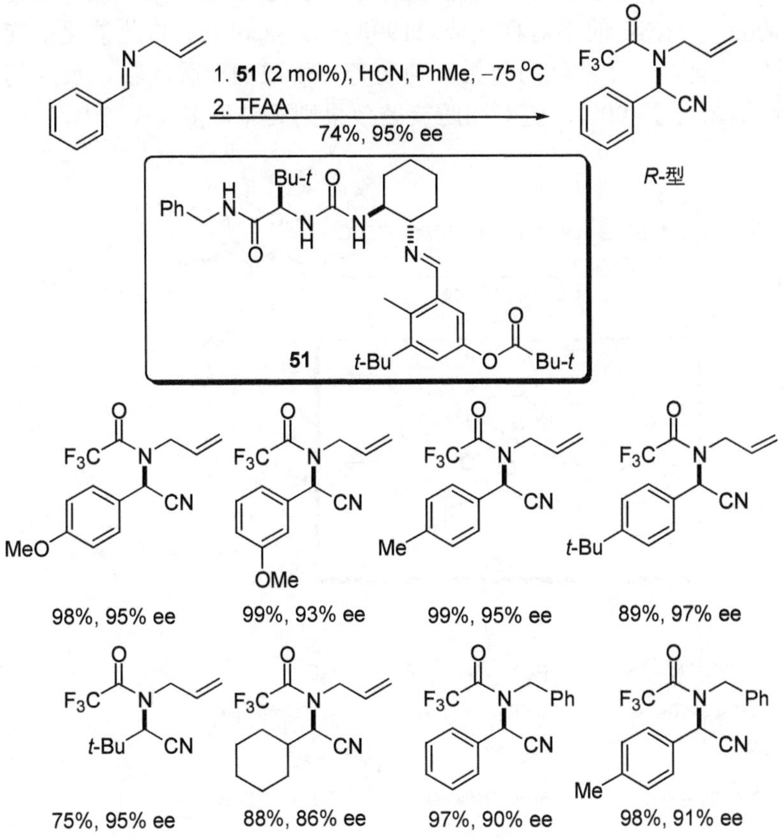

$$\text{(70)}$$

1. **51** (2 mol%), HCN, PhMe, –75 ℃
2. TFAA
74%, 95% ee

R-型

98%, 95% ee　　99%, 93% ee　　99%, 95% ee　　89%, 97% ee

75%, 95% ee　　88%, 86% ee　　97%, 90% ee　　98%, 91% ee

5.2.4　手性双 *N*-氧化物

Feng 等人[128]开发了一类双 *N*-氧化物手性催化剂。如式 71 所示：使用膦酰取代的亚胺作为底物，立体选择性最高达到了 92% ee。

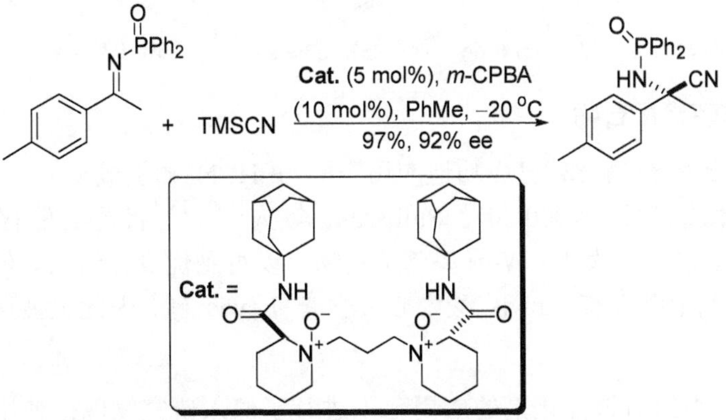

$$\text{(71)}$$

Cat. (5 mol%), *m*-CPBA (10 mol%), PhMe, –20 ℃
97%, 92% ee

+ TMSCN

5.2.5 Salen 型手性铝配合物

Jacobsen 小组曾经开发过著名的手性 Salen 型催化剂 **52**[129]，该类催化剂也广泛用于包括醛与 HCN 的不对称加成。1998 年，Jacobsen 将此催化剂应用于 Strecker 反应，取得了非常好的效果。使用芳醛生成的亚胺底物，反应的产率和对映选择性均超过了 90%，但对脂肪族的效果则要差得多 (式 72)。

(72)

93%, 91% ee   99%, 94% ee   93%, 79% ee

69%, 37% ee   77%, 57% ee   95%, 93% ee   93%, 93% ee

5.2.6 联萘酚型铝配合物

联萘酚的铝配合物 **53** 已成功地应用于醛与 HCN 的加成反应，并得到高的收率和对映体选择性。2000 年，Shibasaki 等人[130, 131]将此类催化剂扩展到 Strecker 反应。经优化发现：N-芴基亚胺底物可以得到优良的结果。值得一提的是，此类催化剂中既含有 Lewis 酸中心又含有 Lewis 碱，因此也被称为双官能团催化剂。

Shibasaki 小组对该催化剂的应用范围进行了深入研究发现：使用芳醛、杂

芳醛和 α,β-不饱和醛生成的亚胺底物均可得到优秀的产率和高度的立体选择性 (式 73)。

$$\text{PhCH=N-Flu} \xrightarrow[\text{92\%, 95\% ee}]{\substack{\textbf{53}\ (9\ \text{mol\%}) \\ \text{TMSCN, PhOH, } -40\ ^\circ\text{C}}} \text{Ph-CH(NHFlu)-CN} \quad R\text{-型} \qquad (73)$$

Flu = 9-芴基

催化剂 **53**：(Ph₂P(O))₂-BINOL-AlCl

产物示例：
- 4-MeO-C₆H₄-CH(NHFlu)-CN: 93%, 93% ee
- 4-Cl-C₆H₄-CH(NHFlu)-CN: 92%, 95% ee
- 1-萘基-CH(NHFlu)-CN: 95%, 89% ee
- t-Bu-CH(NHFlu)-CN: 97%, 78% ee
- PhCH=CH-CH(NHFlu)-CN: 80%, 96% ee
- 3-呋喃基-CH(NHFlu)-CN: 92%, 90% ee
- n-Hex-CH(NHFlu)-CN: 80%, 80% ee

5.2.7 手性钛配合物

1999 年，Hoveyda 报道了一类三肽配体化合物[132, 133]。经过一系列的筛选，他们发现三肽配体与钛生成的配合物是最好的 Strecker 反应催化剂 **54** (式 74)。该催化剂最显著的特点是可以在较温和的条件下进行反应，这在工业上意义重大。在研究的初期，该催化剂催化的反应的对映选择性很高，但产率却只有 30% 左右。后来作者发现：添加 1.5 mol 的异丙醇可以将反应产率大幅度提高到 99%，而对映选择性仍然保持在 97% ee。异丙醇在该反应中起到两种作用：一是切断了配合物中的 Ti-N 键，增加了催化剂的活性；二是可以与 TMSCN 发生反应，释放出反应物 HCN。在该催化条件下，芳醛和脂肪醛生成的亚胺底物均能够得到较好的对映选择性。如果将催化剂的用量减到 5 mol%，其收率和对映选择性都没有明显的降低。

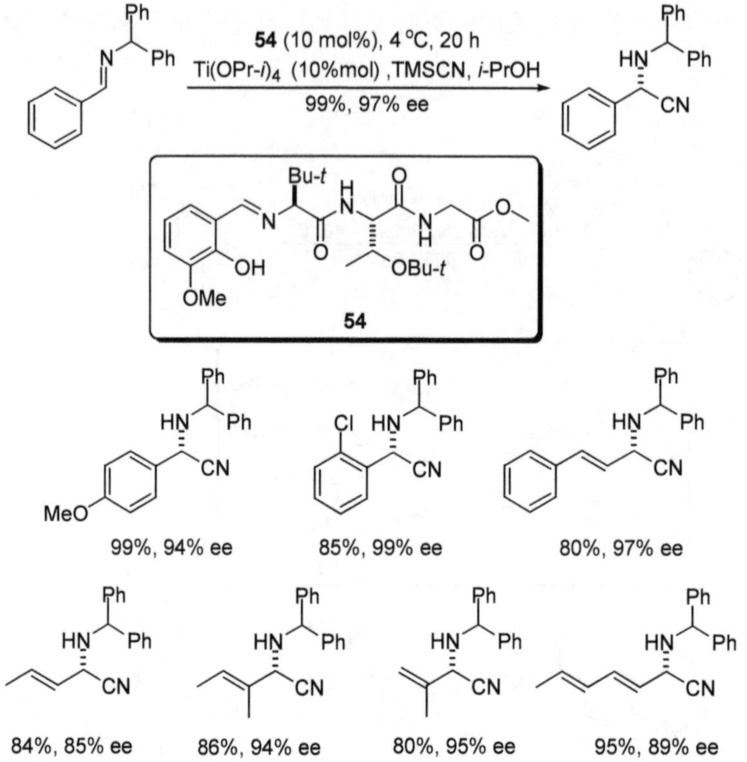

$$\text{PhCH=NCHPh}_2 \xrightarrow[\text{99\%, 97\% ee}]{\substack{\textbf{54} \ (10 \text{ mol\%}), \ 4\ ^\circ\text{C}, \ 20\ \text{h} \\ \text{Ti(OPr-}i)_4 \ (10\%\text{mol}), \ \text{TMSCN}, \ i\text{-PrOH}}} \text{PhCH(NHCHPh}_2)\text{CN} \tag{74}$$

54: 配体结构（含 OMe、OH、Bu-t、OBu-t 等基团的 Schiff 碱多肽酯）

产物系列及对映选择性：
- 对甲氧基苯基衍生物：99%, 94% ee
- 邻氯苯基衍生物：85%, 99% ee
- 肉桂基衍生物：80%, 97% ee
- 丙烯基衍生物：84%, 85% ee
- 3-甲基-2-丁烯基衍生物：86%, 94% ee
- 异丙烯基衍生物：80%, 95% ee
- 二烯基衍生物：95%, 89% ee

5.2.8 手性锆配合物

1998 年，Kobayashi 报道了一种联萘型的手性锆催化剂 **55**[134, 135]，它实际上是一个双核配合物。在该催化条件下，芳醛和脂肪醛生成的亚胺底物均能够得到较好的对映选择性（式 75）。但是，该反应中使用了价格昂贵的 Bu_3SnCN 试剂，因此限制了它的应用。

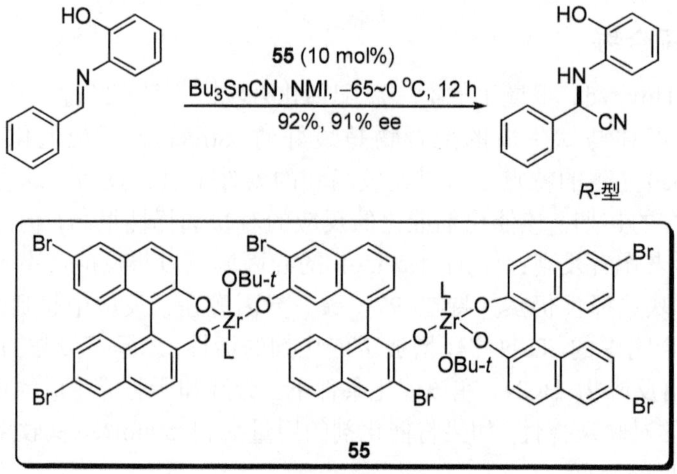

$$\xrightarrow[\text{92\%, 91\% ee}]{\substack{\textbf{55} \ (10 \text{ mol\%}) \\ \text{Bu}_3\text{SnCN}, \ \text{NMI}, \ -65\sim 0\ ^\circ\text{C}, \ 12\ \text{h}}} \quad R\text{-型} \tag{75}$$

55: 含 Br 取代的联萘双核 Zr 配合物，配体含 OBu-t 和 L。

97%, 76% ee   90%, 88% ee   98%, 91% ee

89%, 92% ee   79%, 83% ee   72%, 74% ee   55%, 83% ee

非常有意义的是：该催化剂可以原位生成，并且催化三组分的 Strecker 反应 (式 76 和式 77)。而且在其催化的三组分 Strecker 反应中，既不需要使用预先生成的亚胺，也不需要使用 Bu_3SnCN 试剂。同时，该催化剂催化的三组分 Strecker 反应也非常适用于脂肪族醛底物。

$$C_8H_{17}CHO + HO\text{-}C_6H_3(CH_3)\text{-}NH_2 + HCN \xrightarrow[99\%, 94\% ee]{\textbf{55} (5\ mol\%),\ NMI,\ CH_2Cl_2,\ -45\ ^\circ C} \text{S-型产物} \quad (76)$$

$$PhCHO + HO\text{-}C_6H_4\text{-}NH_2 + HCN \xrightarrow[80\%, 86\% ee]{\textbf{55} (5\ mol\%),\ NMI,\ CH_2Cl_2,\ -45\ ^\circ C} \text{S-型产物} \quad (77)$$

5.2.9 手性钆催化剂

2003 年，Shibasaki 小组又报道了一个非常有效的手性钆催化剂 **56**[136]，糖衍生物被用作手性配体。如式 78 所示：使用膦酰胺与芳醛和脂肪醛生成的亚胺

$$\text{PhC(CH}_3\text{)=N-P(O)Ph}_2 \xrightarrow[94\%, 95\% ee]{Ga(OPr\text{-}i)_3,\ \textbf{56}\ (2.5\ mol\%),\ TMSCN,\ EtCN,\ -40\ ^\circ C,\ 24\ h} \text{S-型产物} \quad (78)$$

56

84%, 89% ee   93%, 98% ee   67%, 94% ee

87%, 89% ee   73%, 72% ee

底物均可得到满意的结果。

6 Strecker 反应在有机合成中的应用

6.1 氨基酸的起源

在假设地球的原始大气是还原性的前提下，Miller 在 1953 年将甲烷、氨、水和氢混合，在放电的情况下进行了著名的氨基酸起源反应[137]。气体混合物用来模拟最初的地球条件，而放电用来模拟当时存在的闪电。一周后对产物进行分析证明，该反应生成了氨基乙酸、α-丙氨酸、β-丙氨酸、天门冬氨酸和 α-酪氨酸。这个研究开启了生命起源研究的新时代[138]，这些产物通过 Strecker 反应都得到合理解释 (式 79)。

$$CH_4 + NH_3 + H_2 + H_2O \xrightarrow{\text{Primodial Earth Atmosphere}} H_2N\text{-}CO_2H +$$

$$H_2N\text{-}CO_2H + H_2N\text{-}CO_2H + H_2N\text{-}CO_2H\text{(}CO_2H\text{)} + H_2N\text{-}CO_2H \quad (79)$$

6.2 非天然氨基酸衍生物的合成

乳胞素 60 可抑制细胞增殖并导致神经突起过分增长，它可以通过 α,α-二取代的 α-氨基酸发生非对称 Strecker 反应[139, 140]来制备。如式 80 所示：α-羟基酮首先与 Boc-L-Phe 发生简单的酯化反应生成带有 N-Boc 和酮羰基的化合物 57。然后，在合适的条件下除去 Boc-保护基团，形成了可以发生 Strecker 反应的中间体。接着，在 NaCN 的存在下发生分子内的 Strecker 反应，得到环状

加成产物 **58**。经臭氧分解和浓盐酸处理生成预期的氨基酸 **59**。再通过若干步骤的反应，最后得到乳胞素 **60**。

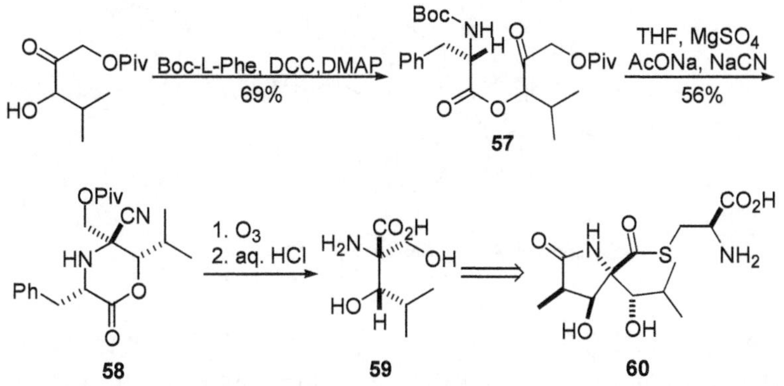

(80)

据报道，许多环丁基氨基酸衍生物（例如：**65** 和 **66**) 能够和神经激肽-1 受体结合使其失去活性[141]。但是，用经典 Strecker 反应得到的中间体 α-氨基腈化物 **62** 不能够水解成为相应的氨基酸 **65** 和 **66**。如式 81 所示：有人选用 Bucherer-Bergs 反应条件，首先将酮 **61** 转化成为相应的乙内酰脲 **63** 和 **64**。然后，再经水解得到相应的 α-氨基酸 **65** 和 **66**。

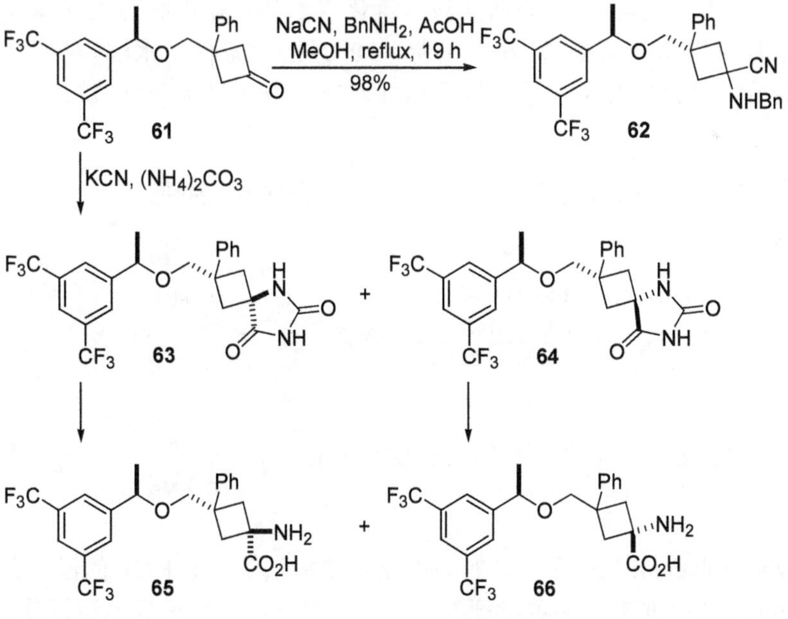

(81)

Cyclomarin A 是 Fenical 等人从圣地亚哥附近收集河口放射菌 (estuarine actinomycete) 中提取的一种结构新颖的环肽。它可以有效地抑制癌细胞 (IC_{50} = 2.6 μm)，体内体外实验都有比较好的抗癌作用。通过多种分析手段，Willian 小组确定了 Cyclomarin A 的结构。

Cyclomarin A 分子中具有多种非天然的氨基酸，因而对它的全合成最首要的任务就是要构建其中的非天然氨基酸结构单元。其中 (2S,4R)-4-甲基-2-氨基-4-羟基戊酸由于含有两个手性中心和三种官能团 (氨基、羟基和羧基)，从而给化学合成带来了复杂性。2005 年，Joullie 等人[142]采用 Strecker 反应成功实现了该化合物的合成，从而向 Cyclomarin A 的全合成迈出了具有重要意义的一步。如式 82 所示：以化合物 67 为起始原料，经五步反应转化为 (3R)-3-甲基-4-苄氧基丁醛 (68)。然后，68 与 (S)-(+)-对甲苯亚磺酰胺反应生成亚胺 69。由于所得亚胺是由两个手性片段组成的，因而亚胺与氰化二乙基铝作用时可以立体选择性地得到 α-氰基对甲苯亚磺酰胺 70。接着，70 经酸性条件下水解，得到 α-氨基腈 71。最后，再经酸性条件下醇解和碱性水解，得到目标产物 72。

7-Methoxybenzolactam-V8 是一种有效的蛋白质激活酶 C(PKC) 的激活剂，它是 Indolactam V 的类似物。生物学研究表明：它对 PKC 有很好的激活作用。该化合物分子中有两个手性碳原子和一个环内酰胺。如式 83 所示：在 Me₃SiCN 的存在下，苯乙醛 73 与手性甘氨醇发生 Strecker 反应，立体选择性地得到所需构型的 α-胺基腈 74。然后，经过若干步的化学转化，即可得手性的羟甲基结构片段 75[143]。

6.3 杂环化合物的合成

Strecker 反应生成的 α-氨基腈化物中间体在有机合成中具有许多应用，在杂环合成中的应用是其中的重要部分[144]。如式 84 所示：在酸性条件下，让包含氨基结构和二甲氧基乙醛酸作为潜在的羰基结构的化合物 **76** 氰基反应，发生分子内 Strecker 反应生成中间体 α-胺基腈化物 **77**。然后，再通过若干步骤的反应，最后得到生物碱 **78**。

核苷类似物因与天然的核苷碱基具有一定的相似性，能与天然的碱基配对。因此，它们常常被用作生物探针进行基因诊断或阻断病毒 DNA 或 RNA 的产生。所以，合成新型的核苷类似物对寻找新药和核酸探针具有重要的意义（例如：**79**)（式 85)，Strecker 反应在核苷类似物的合成方面具有极大的应用空间。

如式 86 所示：将 2-甲酰基苯甲酸 (**80**) 与芳香胺和氰化钾在乙酸中一起回流，即可一步得到预期的苯并内酯二胺杂环产物。事实上，产物 **81** 的生成经历了三步反应。首先，苯甲醛与芳香胺和氰化钾发生 Strecker 反应生成了胺基腈类化合物 **81**。然后，分子内的羧酸离子进攻氰基，生成环状亚胺 **82**。最后，**82**

再经过质子转移形成具有芳香性的杂环化合物 **83**。其中，R 可以为氢原子或者甲基，但 R 为甲基时会降低反应的产率。Ar 可以为苯基或取代苯基，取代基的位置及电子效应对反应的影响均不大。但是，当苯环上有较多的取代基时会降低反应的产率[145]。

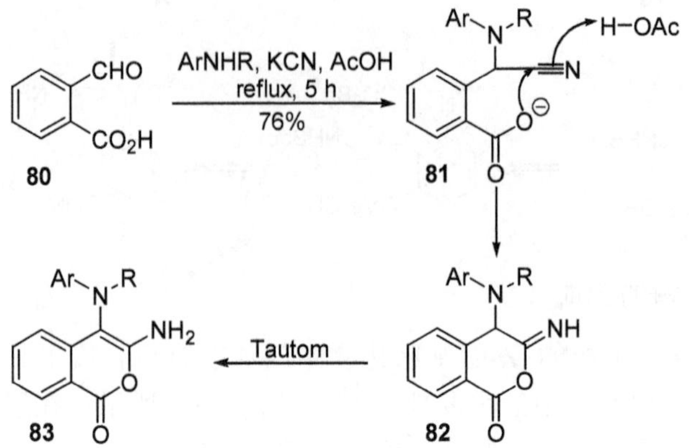

(86)

7　Strecker 反应实例

例　一

高苯丙氨酸的合成[146]
(路易斯酸催化的 Strecker 反应)

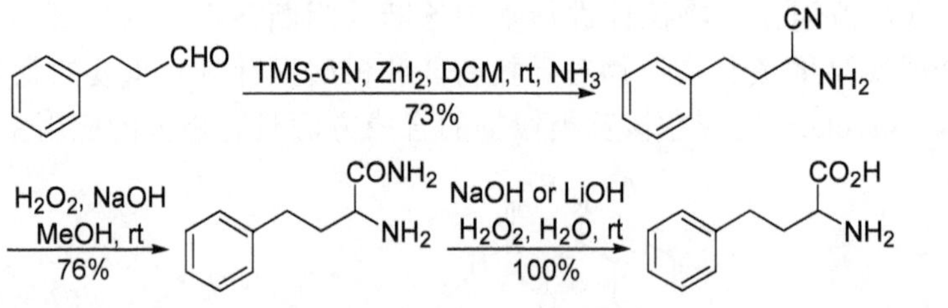

(87)

将催化量的碘化锌 (10 mg, 0.03 mmol) 加入到 3-苯基丙醛 (5.07 g, 37.8 mmol) 和 TMSCN (6 mL, 46.6 mmol) 的 CH_2Cl_2 (50 mL) 溶液中。室温搅拌 15 min 后，再加入饱和甲醇/氨溶液 (38 mL)。在 40 ℃ 下反应 3 h 后，将反应液浓缩。剩余物经硅胶柱 (环己烷-乙酸乙酯) 分离得到黄色油状 2-氨基-4-苯基丁腈 (4.39 g, 73%)。

将 2-氨基-4-苯基丁腈 (2.1 g, 13.15 mmol) 溶于甲醇 (14 mL)。然后，依次加入 1 mol/L 的氢氧化钠溶液 (27 mL) 和 35% 的过氧化钠溶液 (5 mL)。室温搅拌 1 h 后，反应液用 CH_2Cl_2 萃取。合并的有机相用 $MgSO_4$ 干燥过夜，得到黄色固体 2-氨基-4-苯基丁酰胺 (1.78 g, 76%)，mp 89 °C，再将经水解得到氨基酸产物。

例 二
顺-1-氨基-2-苯基环戊酸盐酸盐的合成[147]
(无催化剂的 Strecker 反应)

$$\text{2-苯基环戊酮} \xrightarrow[34\%]{\text{NaCN, NH}_4\text{Cl, }i\text{-PrOH, NH}_4\text{OH, rt, 10 d}} \text{顺-1-氰基-2-苯基环戊胺}$$

$$\xrightarrow[75\%]{\text{AcCl, NEt}_3 \atop \text{DCM, rt, 12 h}} \text{N-乙酰产物} \xrightarrow[95\%]{\text{aq. HCl, reflux, 1 d}} \text{顺-1-氨基-2-苯基环戊酸·HCl} \qquad (88)$$

将 2-苯基环戊酮 (800 mg, 5.0 mmol) 溶于异丙醇 (5 mL) 和 30% 的氨水 (25 mL) 混合溶液中。然后，依次加入氯化铵 (669 mg, 12.5 mmol) 和氰化钠 (623 mg, 12.5 mmol)。生成的反应液在室温搅拌 10 天后，减压蒸除反应液中的有机溶剂。剩余液体用 CH_2Cl_2 萃取，合并的有机相用 $MgSO_4$ 干燥过夜。蒸除溶剂，剩余物经快速色谱柱 (正己烷-乙酸乙酯) 分离得顺-1-氰基-2-苯基环戊胺 (316 mg, 34%)。

在 0 °C 和氮气保护下，将三乙胺 (304 mg, 0.416 mL, 3.0 mmol) 和乙酰氯 (118 mg, 0.106 mL, 1.5 mmol) 缓慢滴加到顺-1-氰基-2-苯基环戊胺 (186 mg, 1.0 mmol) 的干燥的 CH_2Cl_2 (10 mL) 溶液中。生成的反应混合物室温搅拌过夜后，依次用 5% 的碳酸氢钠溶液、2 mol/L 的硫酸溶液和饱和氯化钠溶液洗涤。有机相用 $MgSO_4$ 干燥后蒸除溶剂，剩余物经色谱柱 (正己烷-乙酸乙酯) 分离得到白色固体状 N-(顺-1-氰基-2-苯基环戊基) 乙酰胺 (171 mg, 75%), mp 155~156 °C。

将 N-(顺-1-氰基-2-苯基环戊基)乙酰胺 (228 mg, 1.0 mmol) 在 12 mol/L 的盐酸溶液 (5 mL) 中加热回流一天。减压蒸除反应溶剂后，剩余固体溶于去离子水。然后，用乙醚反复洗涤数次。水相冷冻后得顺-1-氨基-2-苯基环戊酸盐酸盐 (230 mg, 95%)，mp 245~250 °C。

例 三
(S)-三氟甲基丙氨酸的合成[148]
(辅助试剂诱导的不对称 Strecker 反应)

$$\underset{\mathbf{84}}{\text{噁唑啉}} \xrightarrow[92\%]{\text{LDA, THF, }-78\ °\text{C}} \underset{\mathbf{85}}{\text{亚胺}} \xrightarrow{\text{TMSCN, Yb(OTf)}_3 \atop \text{CH}_2\text{Cl}_2, \text{rt}}$$

$$\underset{\textbf{86 (48\%)}}{\overset{\text{Ph}}{\underset{\text{F}_3\text{C}}{\text{HN}}}\text{CH}_2\text{OH}} + \underset{\textbf{87 (43\%)}}{\overset{\text{Ph}}{\underset{\text{F}_3\text{C}}{\text{HN}}}\text{CH}_2\text{OH}} \xrightarrow[60\%]{\text{aq. HCl, reflux, 14 h}} \underset{\textbf{88}}{\overset{\text{NH}_2 \cdot \text{HCl}}{\underset{\text{F}_3\text{C}}{\text{CN}}}} \quad (89)$$

在 –78 °C 和氩气氛围下,将 **84** (230 mg, 1.0 mmol) 溶于干燥的四氢呋喃 (1 mL) 溶液中。然后,将其滴加到 LDA (1.1 mmol) 的四氢呋喃 (5 mL) 溶液中。待反应完成后,缓慢加入饱和碳酸氢钠 (5 mL) 溶液终止反应。水相用乙醚萃取,合并的有机相用 MgSO$_4$ 干燥过夜后,蒸除溶剂得到粗产品 **85** (213 mg, 92%)。

将 **85** (1.15 g, 5.0 mmol) 溶于干燥的 CH$_2$Cl$_2$ (25 mL) 中。然后,在 0 °C 和氩气氛围下加入 TMSCN (0.70 mL, 7.5 mmol) 和 Yb(OTf)$_3$ (620 mg, 1.0 mmol)。生成的反应混合物在室温下搅拌反应,直至原料消失 (GC 检测反应)。然后,将反应液倒入饱和碳酸氢钠水溶液 (20 mL) 中,水相用 CH$_2$Cl$_2$ 萃取。合并的有机相用 Na$_2$SO$_4$ 干燥过夜后,减压蒸除溶剂。剩余物经快速柱色谱 (石油醚-乙酸乙酯) 分离得到产物 **86** (620 mg, 48%) 和 **87** (550 mg, 43%)。

将 **87** (260 mg, 1.0 mmol) 溶于浓盐酸 (5 mL) 中加热回流 14 h。冷至室温后,用乙醚 (5 mL) 萃取。在减压条件下完全蒸去溶剂得到黄色固体 (*S*)-三氟甲基丙氨酸 (**88**) (116 mg, 60%),mp > 220 °C。

例 四

(*R*)-2-(*N*-二苯膦酰)氨基 2-甲基-对甲苯乙腈的合成[128]

(催化不对称 Strecker 反应)

$$\underset{}{\overset{\text{N}^{\nearrow\text{PPh}_2}_{\parallel\text{O}}}{\underset{\text{Me-C}_6\text{H}_4}{\diagup}}} + \text{TMSCN} \xrightarrow[\text{97\%, 92\% ee}]{\text{Cat. (5 mol\%), }m\text{-CPBA} \atop (10\text{ mol\%)}, \text{PhMe}, -20\text{ °C}} \underset{}{\overset{\text{O=PPh}_2}{\underset{\text{Me-C}_6\text{H}_4}{\underset{\text{HN}}{\diagup}\text{CN}}}} \quad (90)$$

Cat. = 手性哌啶酰胺 N-氧化物双联催化剂

将手性哌啶酰胺 (2.8 mg, 0.005 mmol) 和间氯过氧化苯甲酰 (1.8 mg, 0.01 mmol) 的甲苯 (0.4 mL) 溶液在常温下搅拌 0.5 h 后,加入 *N*-二苯膦酰苯乙酮亚胺 (31.9 mg, 0.1 mmol) 的甲苯 (0.6 mL) 溶液。然后冷却到 –20 °C,注入

TMSCN (20.2 μL, 0.15 mmol)。原料亚胺消失后（HPLC 监测），用硅胶柱色谱（乙酸乙酯-石油醚）分离纯化，得到固体产物（91%，90% ee），mp 122~124 °C。

例 五

2-[(4R)-3-苄基-2-氧代-4-噻唑烷基]-2-苄氨基乙腈的合成[149]
(底物诱导的不对称 Strecker 反应)

在 25 °C，将硫酸镁（15 g）加入到噻唑甲醛（**89**，30 g，0.13 mol）的甲苯 (150 mL) 溶液中。生成的混合物冷却到 5 °C 以下后，再加入苄胺（14.7 mL，0.13 mol）。搅拌下升温至 25 °C，并在此温度下反应 2 h。然后再次冷却到 −5 °C，加入 TMSCN (38.5 mL, 0.27 mol)。最终的混合液在 20 °C 反应 15 h 后，减压下浓缩液体。过滤出固体并用水和正己烷洗涤，得到无色固体产物 (42.1 g, 96%)。HPLC 分析显示 *syn*:*anti* = 28:1。*syn*- 和 *anti*-异构体产物 (**90** 和 **91**) 可用硅胶柱色谱分离 [正己烷-CHCl$_3$-AcOEt (5:5:1)]。*syn*-异构体：mp 124~125 °C，> 99% ee。

8 参考文献

[1] Block, R. J. *Chem. Rev.* **1946**, *38*, 501.
[2] Mowry, D. T. *Chem. Rev.* **1947**, *47*, 189.
[3] Williams, R. M. *Synthesis of Optically Active α-Amino Acids*, Pergamon Press, New York, 1989, pp 208-229.
[4] Shafran, Y. M.; Bakulev, V. A.; Mokushin, V. S. *Russ. Chem. Rev.* **1989**, *58*, 148.
[5] Willimas, R. M.; Hendrix, J. A. *Chem. Rev.* **1992**, *92*, 889.
[6] Duthaler, R. O. *Tetrahedron* **1994**, *50*, 1539.
[7] Tolman, V. *Amino Acids* **1996**, *11*, 15.
[8] Kobayashi, S.; Ishitani, H. *Chem. Rev.* **1999**, *99*, 1069.
[9] Enders, D.; Shilvock, J. P. *Chem. Soc. Rev.* **2000**, *29*, 359.
[10] Yet. L. *Angew. Chem. Int. Ed.* 2001, *40*, 875.
[11] Groger, H. *Chem. Rev.* **2003**, *103*, 2795.
[12] (a) Strecker, A. *Justus Liebigs, Annalen der Chemie und Pharmazie*, **1850**, *75*, 27. (b) Strecker, A. *Annalen der Chemie und Pharmazie*, **1854**, *91*, 349.
[13] Szabadvary, F. *Chemistry* **1973**, *46*, 12.
[14] Sourkers, T. L. *Ambix* **2000**, *47*, 37.
[15] Kauffman, G. B.; Chooljian, S. H. *Chem. Ind.* **2000**, 774.

[16] Miller S. L.; *Biochim Biophys Acta* **1957**, *23*, 480.
[17] Groger, H. *Chem. Rev.* **2003**, *103*, 2795.
[18] Iyer, M. S.; Gigstad, K. M.; Namdev, N. D.; Lipton, M. *J. Am. Chem. Soc.* **1996**, *118*, 4910.
[19] Davis, F. A.; Lee, S.; Zhang, H.; Fanelli, D. L. *J. Org. Chem.* **2000**, *65*, 8704.
[20] Vachal, P.; Jacobsen, E. N. *J. Am. Chem. Soc.* **2002**, *124*, 10012.
[21] Li J.; Jiang, W. Y, Han, K. L, He, G. Z.; Li, C. *J. Org. Chem.* **2003**, *68*, 8786.
[22] Block, R. J. *Chem. Rev.* **1946**, *38*, 501.
[23] Sannie, C. *Bull. Soc. Chim.* **1925**, *37*, 1557.
[24] Steward, T. D.; Li, C-H. *J. Am. Chem. Soc.* **1938**, *60*, 2782.
[25] Harris, G. H.; Harriman, B. R.; Wheeler, K. W. *J. Am. Chem. Soc.* **1946**, *68*, 846.
[26] Sender, E. G.; Jencks, W. P. *J. Am. Chem. Soc.* **1968**, *90*, 6154.
[27] Schlessinger, G.; Miller, S. L. *J. Am. Chem. Soc.* **1973**, *95*, 3729.
[28] Taillades, J.; Commeyars, A. *Tetrahedron* **1974**, *30*, 127.
[29] Taillades, J.; Commeyars, A. *Tetrahedron* **1974**, *30*, 3407.
[30] Commeyars, A.; Taillades, J.; Mion, L.; Bejaud, M. *Informat. Chim.* **1976**, 199.
[31] Bejaud, M.; Mion, L.; Commeyars, A. *Bull. Soc. Chim. Fr.* **1976**, 233.
[32] Bejaud, M.; Mion, L.; Commeyars, A. *Bull. Soc. Chim. Fr.* **1976**, 1425.
[33] Taillades, J.; Benefice-Malouet, S.; Commeyars, A. *J. Phys. Org. Chem.* **1995**, *8*, 721.
[34] Atherton, J. H.; Blacker, J.; Crampton, M. R.; Grosjean, C. *Org. Biomol. Chem.* **2004**, *2*, 2567.
[35] Landini, D.; Brouner, H. A.; Rolla, F. *Synthesis* **1979**, *1*, 26.
[36] 孙祥祯, 施耀曾, 朱惠祥, 周振华, 林超美. 南京大学学报, **1983**, *4*, 658.
[37] 成昌梅, 袁谋村, 郑延华, 段庆华. 湘潭大学自然科学学报, **1993**, *15*, 132.
[38] 冯维春, 胡波, 贾卫斌, 潘劲松. 科研与开发, **2005**, *35*, 1.
[39] Krueger, C. A.; Kuntz, K. W.; Dzierba, C. D.; Wirschun, W. G.; Gleason, J. D.; Snapper, M. L.; Hoveyda, A. H. *J. Am. Chem. Soc.* **1999**, *121*, 4284.
[40] Banphavichit, V.; Mansawat, W.; Bhanthumnavin, W.; Vilaivan, T. *Tetrahedron* **2004**, *60*, 10559.
[41] Josephsohn, N. S.; Kuntz, K. W.;Snapper, M. L.; Hoveyda, A. H. *J. Am. Chem. Soc.* **2001**, *123*, 11594.
[42] Ramón, D. J.; Yus, M. *Tetrahedron Lett.* **2005**, *46*, 8471.
[43] Kantam, M, L.; Mahendar, K.; Sreedhar, B.; Choudary, B. M. *Tetrahedron* **2008**, *64*, 3351.
[44] Su, Z.; Hu, C.; Qin S.; Feng, X. *Tetrahedron* **2006**, *62*, 4071.
[45] Georgiadis, M. P.; Haroutounian, S. A. *Synthesis* **1989**, 616.
[46] Harusawa, S.; Hamada, Y.; Shioiri, T. *Tetrahedron Lett.* **1979**, *20*, 4663.
[47] Mai, K.; Patil, G. *Tetrahedron Lett.* **1984**, *25*, 4583.
[48] Mai, K.; Patil, G. *Org. Prep. Proced. Int.* **1985**, *17*, 183.
[49] Ranu, B.C.; Dey, S. S.; Hajra, A. *Tetrahedron* **2002**, *58*, 2529.
[50] De, S. K.; Gibbs, R. A. *Tetrahedron Lett.* **2004**, *45*, 7407.
[51] De, S. K.; Gibbs, R. A. *Synth. Commun.* **2005**, *35*, 961.
[52] De, S. K. *Synth. Commun.* **2005**, *35*, 653.
[53] Kobayashi, S.; Busujima, T.; Nagayama, S. *Chem. Commnu.* **1998**, 981.
[54] Dyker, G. *Angew. Chem. Intl. Ed. Engl.* **1997**, *36*, 1700.
[55] Dyker, G. *Org. Synth. Highlights IV*, **2000**, 53.
[56] Haroutounian, S. A.; Georgiadis, M. P.; Polissiou, M. G. *J. Heterocyclic Chem.* **1989**, *26*, 1283.
[57] Meusel, M.; Guetschow, M. *Org. Prep. Proced. Int.* **2004**, *36*, 391.
[58] Li, J. T.; Wang, S. X.; Chen, G. F.; Li, T. S. *Curr. Org. Synth.* **2005**, *2*, 415.
[59] Sarges, R.; Goldstein, S. W.; Welch, W. M.; Swindell, A. C.; Siegel, T. W.; Beyer, T. A. *J. Med. Chem.* **1990**, *33*, 1859.
[60] Petasis, N. A.; Akritopoulou, I. *Tetrahedron Lett.* **1993**, *34*, 583.
[61] Petasis, N. A.; Zavialov, I. A. *J. Am. Chem. Soc.* **1997**, *119*, 445.
[62] Petasis, N. A.; Goodman, A.; Zavialov, I. A. *Tetrahedron* **1997**, *53*, 16463.
[63] Klopfenstein, S. R.; Chen, J. J.; Golebiowski, A.; Li, M.; Peng, S. X.; Shao, X. *Tetrehedron Lett.* **2000**, *41*, 4835.

[64] Mclean, N. J.; Tye, H.; Whittaker, M. *Tetrahedon Lett.* **2004**, *45*, 993.
[65] Follman, M.; Grauol, F.; Schafer, T.; Kopec, S.; Hamley, P. *Synlett* **2005**, 1009.
[66] Southwood, T. J.; Curry, M. C.; Hutton, C. A. *Tetrahedron*, **2006**, *62*, 236.
[67] Domling, A.; Ugi, I. *Angew. Chem. Intl. Ed.* **2000**, *39*, 3168.
[68] Ugi, I.; Domling, A.; Werner, B. J. *J. Heterocyclic Chem.* **2000**, *37*, 647.
[69] Ugi, I. *Pure Appl. Chem.* **2001**, *73*,187.
[70] Tempest, P. A. *Curr. Opin. Drug Disc. Develop* **2005**, *8*, 776.
[71] Kazmaier, U.; Ackermann, S. *Org. Biomol. Chem.* **2005**, *3*, 3184.
[72] Magnus.P.; Slater, M. *Tetrahedron Lett.* **1987**, *28*, 2829.
[73] Beller, M.; Eckert, M. *Angew. Chem. Intl. Ed.* **2000**, *39*, 1010.
[74] Wakamatsu, H.; Uda, J.; Yamakami, N. *Chem. Commun.* **1971**, 1540.
[75] Ojima, I.; Hirai, K. Fujita, M.; Fuchikami, T. *J. Organomet. Chem.* **1985**, *279*, 203.
[76] Beller, M.; Eckert, M.; Vollmuller, F.; Bogdanovic, S.; Geissler, H. *Angew. Chem., Intl. Ed. Engl.* **1997**, *36*, 1494.
[77] Beller, M.; Eckert, M.; Vollmuller, F. *J. Mol. Catal.* **1998**, *135*, 23.
[78] Beller, M.; Eckert, M.; Holla, E.W. *J. Org. Chem.* **1998**, *63*, 5658.
[79] Beller, M.; Moradi, W. A.; Eckert, M.; Neumann, H. *Tetrahedron Lett.* **1999**, *40*, 4523.
[80] Beller, M.; Eckert, M.; Moradi, W. A. *Synlett* **1999**, 108.
[81] Martínez, R.; Ramón, D. J.; Yus, M. *Tetrahedron Lett.* **2005**, *46*, 8471.
[82] Matsumoto, K.; Kim, J. C; Hayashi, N.; Jenner, G. *Tetrahedron Lett.* **2002**, *43*, 9167.
[83] Matsumoto, K.; Kim, J. C.; Iida, H.; Hamana, H.; Kumamoto, K.; Kotsuki, H.; Jenner, G. *Helv. Chim. Acta.* **2005**, *88*, 1734.
[84] Jenner, G.; Salem, R. B.; Kim, J. C.; Matsumoto, K. *Tetrahedron Lett.* **2003**, *44*, 447.
[85] Menendez, J. C.; Trigo, G. G.; Sollhuber, M. M. *Tetrahedron Lett.* **1986**, *27*, 3285.
[86] Briandban, C. R.; Suvendu, S. D. Alakananda, H. *Tetrahedron.* **2002**, *58*, 2529.
[87] Surya, K. D. and Richard, A. G. *Tetrahedron Lett.* **2004**, *45*, 7407.
[88] Surya, K. D. *J. Mol. Catal. A: Chem.* **2005**, *225*, 169.
[89] Paraskar, A. S.; Sudalai, A. *Tetrahedron Lett.* **2006**, *47*, 5759.
[90] Narasimhulu, M.; Reddy, T. S.; Mahesh, K. C.; Reddy, S. M.; Reddy, A. V.; Venkateswarlu, Y. *J. Mol. Catal. A: Chem.* **2007**, *264*, 288.
[91] Prakash, G. K. S.; Mathew, T.; Panja, C.; Aconcel, S.; Vaghoo, H.; Do, C. And Olah, G. A. *PNAS* **2007**, *104*, 3705.
[92] Royer, L.; De, S. K. Gibbs, R. A. *Tetrahedron Lett.* **2005**, *46*, 4595.
[93] Das, B.; Rammu, R.; Ravikanth, B.; Reddy, K. R. *Synthesis* **2006**, 1419.
[94] Yadav, J. S.; Reddy, B. V. S.; Eeshwaraiah, B.; Srinivas, M. *Tetrahedron* **2004**, *60*, 1767.
[95] Fetterly, B. M.; Jana, N. K. Verkade, J. G. *Tetrahedron* **2006**, *62*, 440.
[96] Rafiee, E.; Rashidzadeh, S.; Azad, A. *J. Mol. Catal. A: Chem.* **2007**, *261*, 49.
[97] Olah, G. A.; Mathew, T.; Panja, C.; Smith, K. and Prakash, G. K. S. *Catal. Lett.* **2007**, *114*, 1.
[98] Das, B.; Kumar, R. A.; Thirupathi, P. *Helv. Chim. Acta.* **2007**, *90*, 1026.
[99] Heydari, A.; Arefi, A.; Khaksar, S.; Shiroodi, R. K. *J. Mol. Catal. A: Chem.* **2007**, *271*, 142.
[100] Khan, N. H.; Agrawal, S.; Kureshy, R. I.; Singh, A.S.; Suresh, E.; Jasra, R.V. *Tetrahedron Lett.* **2005**, *49*, 640.
[101] Surendra, K.; Krishnaveni, S.; Mahesh, A.; Rao, K. R. *J. Org. Chem.* **2005**, *71*, 2532.
[102] Kumar, A. M.; Babu, M. F. S.; Srinivasulu, K.; Kiran Y. B.; Reddy, C. S. *J. Mol. Catal. A: Chem.* **2007**, *265*, 268.
[103] Lee, S.; Cho, C.; Kwon, C.; Jung, S. *Carbohydr. Res.* **2007**, *342*, 2682.
[104] Harada, K. *Nature* **1963**, *200*, 1201.
[105] Harada, K.; Okaware, T. *J. Org. Chem.* **1973**, *38*, 707.
[106] (a) Ojima, I.; Inaba, S-I. *Chem. Lett.* **1975**, 737. (b) Inaba, T.; Fujita, M.; Ogura, K. *J. Org. Chem.* **1991**, *56*, 1274. (c) Vincent, S. P.; Schleyer, A.; Wong, C-H. *J. Org. Chem.* **2000**, *65*, 4440. (d) Wede, J.; Volk, F-J.; Frahm, A. W. *Tetrahedron: Asymmetry* **2000**, *11*, 3231. (e) Meyer, U.; Breitling, E.; Bisel, P.; Frahm, A. W. *Tetrahedron: Asymmetry* **2004**, *15*, 2029.

[107] Kunz, H.; Sager, W.; Pfrengle, W.; Laschat, S.; Schanzebach, D. *Chem. Peptides Proteins* **1993**, *5*, 91.
[108] Kunz, H.; Sager, W. *Angew. Chem. Int. Ed. Engl.* **1987**, *26*, 557.
[109] Kunz, H.; Ruck, K. *Angew. Chem., Int. Ed. Engl.* **1993**, *32*, 336.
[110] Knauer, S.; Kranke, L.; Kunz, H. *Curr. Org. Chem.* **2004**, *8*, 1739.
[111] Zhou, G.; Zhang, P.; Pan, Y.; Guo, J. *Org. Prep. Proced. Int.* **2005**, *37*, 65.
[112] Davis, F. A.; P. S.; Portonovo, P. S.; Reddy, R. E.; Chiu, Y-H. *J. Org. Chem.* **1996**, *61*, 440.
[113] Davis, F. A.; Qu, J.; Srirajan, V.; Joseph, R.; Titus, D. D. *Heterocycles* **2002**, *58*, 251.
[114] Wang, H. Zhao, X.; Li, Y.; Lu, L. *Org. Lett.* **2006**, *8*, 1379.
[115] Morton, D.; Stockman, R. A. *Tetrahedron* **2006**, *62*, 8869.
[116] Chakraborty, T. K.; Reddy, G. V.; Hussain, K. A. *Tetrahedron Lett.* **1991**, *32*, 7597.
[117] Chakraborty, T. K.; Hussain, K. A.; Reddy, G. V. *Tetrahedron* **1995**, *51*, 9179.
[118] Ma, D.; Tian, H.; Zou, G. *J. Org. Chem.* **1999**, *64*, 120.
[119] Warmuth, R.; Munsch, T. E.; Stalker, R. A.; Li, B.; Beatty, A. *Tetrahedron* **2001**, *57*, 6383.
[120] Boesten, W. H. J.; Seerden, J-P. G.; de Lange, b.; Dielemans, H. J. A.; Elsenberg, H. L. M.; Kaptein, B.; Moody, H. M.; Kellogg, R. M.; Broxterman, Q. B. *Org. Lett.* **2001**, *3*, 1121.
[121] Bousquet, C.; Tadros, Z.; Tonnel, J.; Mion, L.; Taillades, J. *Bull. Soc. Chim. Fr.* **1993**, *130*, 513.
[122] Enders, D.; Moser, M. *Tetrahedron Lett.* **2003**, *44*, 8479.
[123] Iyer, M. S.; Gigstad, K. M.; Namdev, N. D.; Lipton, M. *J. Am.Chem. Soc.* **1996**, *118*, 4910.
[124] Corey, E. J.; Grogan, M. J. *Org. Lett.* **1999**, *1*, 157.
[125] Sigman, M. S.; Jacobsen, E. N. *J. Am. Chem. Soc.* **1998**, *120*, 4901.
[126] Sigman, M. S.; Vachal, P.; Jacobsen, E. N. *Angew. Chem. Int. Ed. Engl.* **2000**, *39*, 1279.
[127] Vachal, P.; Jacobsen, E. N. *J. Am. Chem. Soc.* **2002**, *124*, 10012.
[128] Huang, J.; Liu, X.; Wen Y.; Feng, X. *J. Org. Chem.* **2007**, *72*, 204.
[129] Sigman, M. S.; Jacobsen, E. N. *J. Am. Chem. Soc.* **1998**, *120*, 5315.
[130] Takamura, M.; Hamashima, Y.; Usuda, H.; Shibasaki, M. *Angew. Chem. Int. Ed. Engl.* **2000**, *39*, 1650.
[131] Takamura, M.; Hamashima, Y.; Usuda, H.; Kanai, M.; Shibasaki, M. *Chem. Pharm. Bull.* **2000**, *48*, 1586.
[132] Krueger, C. A.; Kuntz, K. W.; Dzierba, C. W.; Wirschun, W. G.; Gleason, J. D.; Snapper, M. L.; Hoveyda, A. H. *J. Am. Chem. Soc.* **1999**, *121*, 4284.
[133] Porter, J. R.; Wirschun, G.; Kuntz, K. W.; Snapper, M. L.;Hoveyda, A. H. *J. Am. Chem. Soc.* **2000**, *122*, 2657.
[134] Ishitani, H.; Komiyama, S.; Kobayashi, S. *Angew. Chem., Int. Ed. Engl.* **1998**, *37*, 3186.
[135] Ishitani, H.; Komiyama, S.; Hasegawa, Y.; Kobayashi, S. *J. Am.Chem. Soc.* **2000**, *122*, 762.
[136] Masumoto, S.; Usuda, H.; Suzuki, M.; Kanai, M.; Shibasaki, M. *J. Am. Chem. Soc.* **2003**, *125*, 5634.
[137] Miller, S. L. *Science* **1953**, *117*, 528.
[138] Schulte, M.; Shock, E. *Origins of Life Evol. Biosphere* **1995**, *25*, 161.
[139] Moon, S.H.; Ohfune, Y. *J. Am. Chem. Soc.* **1994**, *116*, 7405.
[140] Ohfune, Y.; Shinada, T. *Bull. Chem. Soc. Jpn.* **2003**, *76*, 1115.
[141] Wrobleski, M.L.; Reichard, G.A.; Paliwal, S. *Bioorg. Med. Chem. Lett.* **2006**, *16*, 3859.
[142] Hansen, D. B.; Starr, M. L.; Tolstoy, N. and Joullie, M. M. *Tetrahedron: Asymmetry* **2005**, *16*, 3623.
[143] Sukumar, S. and Alan, P. K. *Chem. Commum.* **2001**, 475-476.
[144] Polniaszek, R. P.; Belmont, S. E. *J. Org. Chem.* **1991**, *56*, 4868.
[145] Opatz, T.; Ferenc, C. *Eur. J. Org. Chem.* **2005**, 817-821.
[146] Mann, S.; Carillon, S.; Byeyne, O.; Marquet, A. *Chem. Eur. J.* **2002**, *8*, 439.
[147] Carlos, S. Lasa, M.; Lopez, P. *Tetrahendron: Asymmetry* **2005**, *16*, 2613.
[148] Huguenot, F.; Brigaud, T. *J. Org. Chem.* **2006**, *71*, 7075.
[149] Masahiko, S.; Masanori, H.; Yoshikazu, M.; Yoshida S.I.; Yamada S.; Shimizu, T. *Chem. Eur. J.* **2004**, *10*, 6102.

乌吉反应
(Ugi Reaction)

董汉清

1 历史背景简述 ·· 328
2 Ugi 反应的机理 ·· 329
3 异腈化合物的制备方法 ·· 330
   3.1 氰基的亲核取代反应 ··· 331
   3.2 伯胺的直接异腈化反应 ·· 331
   3.3 异腈化合物的 α-烷基化反应 ·· 331
   3.4 甲酰胺的脱水反应 ··· 332
4 Ugi 反应条件综述及各组分的变化 ·· 333
   4.1 异腈组分 ··· 333
   4.2 胺组分 ·· 339
   4.3 羰基化合物组分 ·· 341
   4.4 羧酸组分 ··· 344
   4.5 广义的 Ugi 反应 ·· 345
5 双官能团化合物参与的 Ugi 反应 ·· 349
   5.1 带氨基和羧基的双官能团化合物 ······································· 349
   5.2 带羰基和羧基的双官能团化合物 ······································· 351
   5.3 环状亚胺 ··· 353
   5.4 带异腈和羧基的双官能团化合物 ······································· 353
6 Ugi 反应的立体选择性综述 ·· 354
   6.1 单官能团化合物参与的 Ugi 反应的立体化学 ························ 354
   6.2 双官能团化合物参与的 Ugi 反应的立体化学 ························ 357
7 Ugi 反应在杂环和天然产物合成中的应用 ······························· 359
   7.1 Ugi 反应在杂环合成中的应用 ·· 359
   7.2 Ugi 反应在天然产物全合成中的应用 ································· 364
8 Ugi 反应实例 ··· 366
9 参考文献 ·· 368

1 历史背景简述

Ugi 反应是多组分反应 (Multi-Component Reaction, MCR) 中最重要的反应之一[1]，在合成多肽及其类似物和杂环化合物上有着广泛的应用。该反应取名于为此做出杰出贡献的有机化学家 Ivar Karl Ugi[2]。

Ugi (1930-2005) 出生于爱沙尼亚，1941 年随家人移居德国。1949-1952 年在 Universität Tübingen 学习化学和数学。他于 1954 年从 Ludwig-Maximilians-Universität München 获得有机化学博士学位后，继续在 Rolf Huisgen 教授小组工作，并开始独立开展自己的研究课题，著名的 Ugi 反应就是在 1959 年发现的[3a]。1962-1968 年他在德国的 Bayer A. G. 公司工作，后来受聘于美国的南加州大学洛杉矶分校化学系任教授。1971 年，他返回德国在 Technische Universität München 化学系任职，并在此一直工作到 1999 年退休。

1962 年，Ugi 发表了第一篇具体的 Ugi 四组分反应 (Ugi Four-Component Reaction, U-4CR) 的研究论文[3b]。如式 1 所示：他们将羰基化合物 (醛或酮)、胺、羧酸和异腈化合物放在一起反应，"一锅法"得到了 α-酰胺基取代的羧酸酰胺产物。在这个反应中，新生成了一个碳-碳键和多个碳-杂原子键。如果羰基化合物组分是醛或者不对称的酮 (即 $R^1 \neq R^2$) 时，Ugi 反应将产生一个新的手性碳原子。

$$R^1COR^2 + R^3-NH_2 + R^4COOH + R^5-NC \longrightarrow \text{产物} \quad (1)$$

早在 1921 年，Passerini 就发现了羰基化合物 (醛或酮)、羧酸和异腈化合物间的"一锅法"反应[4]。如式 2 所示：该反应生成 α-酰氧基取代的羧酸酰胺，现在被人们称为 Passerini 反应。

$$R^1COR^2 + R^3COOH + R^4-NC \longrightarrow \text{产物} \quad (2)$$

Ugi 四组分反应与 Passerini 三组分反应非常相似，唯一的不同就是 Passerini 反应使用的是羰基化合物 (醛或酮)，而 Ugi 反应使用的是亚胺 [即羰基化合物 (醛或酮) 与伯胺的缩合物]。其实，Ugi 反应是在 Passerini 反应的基础上发展起来的。Ugi 本人在他的第一篇综合报道中也讲到[3b]：如果 Passerini 在研究他的三组分反应时有着现代人对反应机理的理解，他可能就会在他所发现的反应中加入氨或伯胺，继而去探索四组分反应。显然，正是胺组分的加入使得 Ugi 多组分反应受到了化学家更多的重视，并在有机合成中得到了更加广泛的应用。

2 Ugi 反应的机理

Passerini 反应和 Ugi 反应均是由异腈参与的多组分反应，它们都是通过对异腈的 α-加成来完成的[3b]。

现在，人们普遍接受的 Passerini 反应的机理[1c]如式 3 所示：首先，羧酸和羰基化合物 (醛或酮) 通过分子间的氢键形成一个松散的六员环状加成物。由于异腈结构和化学性质的特殊性，异腈的碳原子可以对羰基的碳原子进行亲核加成，同时也可以接受羧酸氧原子的亲核进攻，这就是异腈的 α-加成反应。这样，与异腈的反应就形成了七员环状过渡态。此时，异腈的碳原子从表观的 "二价" 变成了 "四价"。接着，酰基发生分子内转移而生成稳定的 α-酰氧基取代的羧酸酰胺。虽然该反应的前两步是可逆的，但由于产物的稳定性使得整个反应平衡向着产物的方向不可逆地进行到底。

Ugi 反应的机理[1c]如式 4 所示：首先，羰基化合物 (醛或酮) 与胺反应生成亚胺，接着亚胺的氮原子被羧酸质子化并与相应的羧酸负离子形成离子对。此时，亚胺的碳原子有亲电性而羧酸的氧原子有亲核性，正好可以对异腈的碳原子进行 α-加成。同样地，异腈的碳原子从表观的 "二价" 变成了 "四价"。在 α-加成的过程中，亚胺的氮原子变成了胺基而具有亲核性，从而导致了分子内的酰基转移 (即 Mumm 重排)，继而生成稳定的 α-酰胺基取代的羧酸酰胺。虽然该反应的前三步是可逆的，但由于产物的稳定性使得整个反应平衡向着产物的方向不可逆地进行到底。

$$R^1\underset{\|}{\overset{O}{C}}R^2 + R^3-NH_2 \rightleftharpoons R^3\underset{R^2}{\overset{R^1}{N=C}} \underset{\rightleftharpoons}{\overset{R^4CO_2H}{\rightleftharpoons}} \left[R^4CO_2^- \quad \underset{R^3}{\overset{H}{N^+}}\underset{R^2}{\overset{R^1}{=C}} \right]$$

$$\underset{\rightleftharpoons}{\overset{CN-R^5}{\rightleftharpoons}} \quad \underset{R^1\ R^2}{\overset{R^4\ O}{\underset{R^3}{\overset{|}{N}}\underset{\|}{\overset{O}{C}}}} \overset{}{\underset{N-R^5}{}} \longrightarrow R^4\underset{\|}{\overset{O}{C}}-N(R^3)-\underset{R^1\ R^2}{\overset{}{C}}-\underset{\|}{\overset{O}{C}}-N(H)R^5 \tag{4}$$

将 Passerini 反应和 Ugi 反应的机理进行比较，可以看到它们之间有两个共同点：(1) 两个反应均有亲电性的碳和亲核性的氧对异腈碳原子实施 α-加成反应。前者亲电性的碳原子来自于羰基化合物 (醛或酮) 中的碳原子，而后者则来自于亚胺的碳原子；(2) 两个反应的最后一步均涉及到分子内的酰基转移。前者将酰基转移到羟基上形成酯，而后者则将酰基转移到胺基上形成酰胺。

从 Ugi 反应的机理我们可以看到，羧酸在其中扮演着双重角色。第一是作为酸使亚胺的氮原子质子化；第二是作为酰基的提供者，最后转移到邻近的新生成的胺基上而得到稳定的 α-酰胺基取代的羧酸酰胺产物。我们也可以看到，由于新生成的胺基在最后一步要接受酰基的转移，这就从机理上限制了 Ugi 反应中的胺组分一般是伯胺。

3 异腈化合物的制备方法

Ugi 四组分反应的底物包括：羰基化合物 (醛或酮)、羧酸、胺以及异腈化合物。其中前三个组分的商品化程度很高，有关它们的制备和性质在有机化学文献中皆有详细的报道。相对而言，有关异腈化合物制备方法的报道则比较少，这与异腈化合物的研究开始得比较晚有关。

异腈 (isonitrile 或 isocyanide) 的化学结构式为 R-NC，是唯一一类带有稳定二价碳的有机化合物 (卡宾的碳原子也是表观二价的，但大多数卡宾的寿命很短)。早期制备的异腈化合物由于分子量小，大多是带有不愉快气味的液体。后来人们发现大多数异腈化合物是没有气味的，有些甚至还是以固体形式存在。异腈化合物一般比较稳定，也常出现在天然产物，特别是海洋生物天然产物中[5]。目前，异腈化合物主要可以通过下列四种反应来制备：氰基的亲核取代反应，伯胺的直接异腈化反应，异腈化合物的 α-烷基化反应和甲酰胺的脱水反应。

3.1 氰基的亲核取代反应

异腈化合物的首次合成可以追溯到 1859 年。当时,Lieke 希望用烯丙基碘与 AgCN 反应得到腈类化合物。但是,生成的反应产物水解后并没有得到所期望的羧酸[6]。直到 1867 年,Gautier 再次对该反应产物进行了更加深入的研究[7]。他们发现:卤代烷与 AgCN 反应所生成的产物并不是腈类化合物,而是相应的异构体异腈化合物。因此,人们也习惯地称此方法为 Gautier 法。该方法只限于那些活性非常高的卤代烷,而且常常生成异腈和腈的混合物。

到了 20 世纪 80 年代,三甲基硅基腈 (TMSCN) 作为底物被用于异腈化合物的制备。但是,该类反应一般需要在 Lewis 酸的催化下才能进行。如式 5 所示:环氧化合物在 TMSCN 和 ZnI_2 的条件下反应,生成相应的 β-羟基异腈[8]。

$$\text{环氧环己烷} \xrightarrow[\text{CH}_2\text{Cl}_2, \text{reflux, 4 h}]{\text{TMSCN, ZnI}_2} \text{(OTMS, NC)} \xrightarrow[73\%]{} \xrightarrow[98\%]{\text{KF, MeOH, rt}} \text{(OH, NC)} \quad (5)$$

叔醇和叔卤代烷也可以在此条件下反应,然后再用四丁基氟化铵 (TBAF) 脱去 TMS 而得到相应的异腈化合物 (式 6)[9]。

$$\text{金刚烷-OH} + \text{TMSCN} \xrightarrow[\text{2. TBAF, 10 min}]{\text{1. ZnI}_2, \text{CH}_2\text{Cl}_2, \text{rt, 18 h}} \xrightarrow{95\%} \text{金刚烷-NC} \quad (6)$$

3.2 伯胺的直接异腈化反应

1867 年,Hofmann 发现伯胺与氢氧化钠和氯仿反应可生成异腈[10]。虽然该反应可以将伯胺一步直接转化成异腈,但由于反应产率低而没有得到广泛应用。1972 年,Ugi 等人进一步发展了这个反应[11]。他们发现:在反应中加入相转移催化剂 (例如:苄基三乙基氯化铵) 可以大大地提高反应的产率 (式 7)。对于低沸点的伯胺 (例如:甲胺和乙胺),可以直接使用其商品化的水溶液与固态氢氧化钠进行反应。在低沸点异腈产物的制备反应中,使用沸点较高的溴仿有利于产物的分离。对于沸点比较高的伯胺 (例如:苯胺),反应则可以使用廉价的氯仿。从机理上来讲,该反应是通过二卤卡宾活性中间体完成的。

$$\text{PhNH}_2 \xrightarrow[\text{BnEt}_3\text{NCl, CH}_2\text{Cl}_2, 1 \text{ h}]{\text{CHCl}_3, \text{aq. NaOH (50\%)}} \xrightarrow{57\%} \text{PhNC} \quad (7)$$

3.3 异腈化合物的 α-烷基化反应

异腈官能团具有较强的拉电子能力,能够稳定与它相邻的 α-碳负离子。如式 8 和式 9 所示:Schöllkopf 等人通过对异腈进行 α-烷基化来制备不同的异腈化合物，并用此方法合成了许多杂环和氨基酸的类似物[12]。

$$Me-NC \xrightarrow[\text{2. PhCONMePh, }-70\sim0\ ^\circ C]{\text{1. BuLi, THF, }-70\ ^\circ C} \left[\begin{array}{c}CN\\ \diagdown\diagup\\ Ph\end{array}O\right] \xrightarrow[67\%]{CH_3CO_2H} \underset{Ph}{\text{oxazole}} \quad (8)$$

$$CN\diagdown CO_2Et \xrightarrow[58\%]{NaH,\ BrCH_2CH_2Br} \underset{CO_2Et}{NC}\diagup \quad (9)$$

1979 年，Schöllkopf 等人把异氰基乙酸乙酯和 $Me_2NCH(OEt)_2$ 在乙醇里进行缩合，立体选择性地生成了具有 Z-构型的二甲基氨基取代的烯基异腈 (式 10)[13]。现在，该异腈化合物作为合成子经常被用于各种杂环的合成。

$$Me_2N\diagdown\overset{OEt}{\underset{OEt}{\diagup}} + CN\diagdown CO_2Et \xrightarrow[78\%]{EtOH,\ rt,\ 2\ h} \underset{Me_2N}{\overset{CN}{\diagup}}\diagdown\overset{CO_2Et}{\underset{H}{\diagup}} \quad (10)$$

1998 年，Bienaymé 运用"试剂爆炸"(reagent explosion) 的策略合成了一系列这样的异腈化合物[14]。他们通过选用不同的仲胺，在酸性催化条件下与咪唑甲醛的缩醛和异腈乙酸甲酯进行 Bredereck 型缩合，得到了不同胺基取代的烯基异腈。由于空间位阻的原因，该反应也专一地得到 Z-构型的双键 (式 11)。

$$R^2-\underset{R^1}{\overset{H}{N}} + \text{Im-CH(OEt)}_2 + CN\diagdown CO_2Me \xrightarrow[30\%\sim82\%]{CSA\ (0.1\ eq)\ DMF,\ 70\sim80\ ^\circ C} \underset{R^1}{\overset{CN}{\underset{R^2-N}{\diagup}}}\diagdown\overset{CO_2Me}{\underset{H}{\diagup}} \quad (11)$$

3.4 甲酰胺的脱水反应

在 Ugi 最初发现异腈参与的四组分反应时，异腈化合物的制备方法非常有限。为此，Ugi 小组就开始努力寻找更普适的方法来制备异腈化合物[15]。1958 年，他们发现伯胺的甲酸酰胺能够在三氯氧磷 ($POCl_3$) 的条件下脱水而生成相应的异腈化合物。后来，他们还发现光气或其寡聚物 (二光气或三光气) 也可以作为甲酰胺的脱水剂来制备异腈化合物。由于在脱水反应过程中生成了氯化氢，所以需要在反应体系中加有机碱，例如：三乙胺、二异丙基乙基胺、吡啶和 DABCO 等。在通常情况下，使用光气或其寡聚物可以得到更高的产率，但具有价格高和毒性大的缺点。1985 年，Ugi 小组发现用二异丙基胺作为有机碱，三氯氧磷反应的产率基本上可以和使用光气相媲美 (式 12)[15d]。

$$H\overset{H}{\underset{O}{\diagdown}}N\diagdown CO_2Et \xrightarrow[84\%]{POCl_3,\ (i\text{-Pr})_2NH\ CH_2Cl_2,\ 0\ ^\circ C,\ 1\ h} CN\diagdown CO_2Et \quad (12)$$

除了以上几种 Ugi 小组所发现的脱水条件外，Ziehn 等人发现四氯化碳/三苯基膦/三乙胺体系也可以使甲酰胺脱水而生成异腈化合物 (式 13)[16]。

$$\text{(13)}$$

还有，Baldwin 等人将三氟甲磺酸酐/二异丙基乙基胺体系用于甲酰胺的脱水反应[17]。该反应可以在 −78 °C 下进行，反应条件非常温和。如式 14 所示：甚至于反应底物中环氧官能团也不受到影响。

$$\text{(14)}$$

由于甲酰胺的脱水反应具有原料和试剂易得、操作简便和反应条件温和的优点，因此成为实验室制备异腈化合物的首选方法。

4 Ugi 反应条件综述及各组分的变化

在 Ugi 四组分"一锅法"反应中，反应组分的多样性使得反应生成的产物千变万化。该反应条件温和且操作简便，一般在室温下只要把反应的四个组分混合在一起就能以比较高的产率生成所需要的产物。Ugi 反应通常在极性溶剂中进行，许多常见的质子性溶剂 (例如：甲醇、乙醇或者三氟乙醇) 和非质子性溶剂 (例如：DMF、1,4-二氧六环、THF、氯仿或者二氯甲烷等等) 常常被用于该目的。最近的研究发现，有些 Ugi 反应在水溶液中进行时反应更快[18]。由于 Ugi 反应是四个组分之间的反应，为了增加各组分分子之间的有效碰撞，反应通常在比较高的浓度 (0.5~2.0 mol/L) 下进行。

4.1 异腈组分

在 Ugi 反应中，异腈组分最后转化成产物中的酰胺部分。也就是说，使用不同的异腈可以得到不同的酰胺产物。由于异腈化合物商品化程度不高且实验室制备不方便，这在一定程度上限制了 Ugi 反应产物的多样性。如果能够选择性地将产物中的酰胺键水解成为相应的羧酸或羧酸酯，那么就可以与不同的胺进行缩合得到各式各样的酰胺产物。这样，从一个特定的异腈化合物出发就可以制备出很多不同的酰胺衍生物。所以，人们习惯性地称这类异腈化合物为"可转化异腈" (convertible isocyanide)。

通常的酰胺键非常稳定，需要在比较剧烈的酸性或碱性条件下才能水解得到相应的羧酸。因此，这就要求"可转化异腈"具有比较特殊的结构，以便在温和的条件下进行水解。

4.1.1 (取代)环己烯基异腈

1963 年，Ugi 等人首次合成了 1-环己烯基异腈并用于 Ugi 反应[19]。如式 15 所示：1-环己烯基异腈与环己基亚胺 (环己酮和苄胺的脱水缩合产物) 和甲酸反应，得到的产物是环己烯基酰胺。Ugi 等人发现：此酰胺能够在酸性条件下水解而得到相应的伯酰胺，所以当时人们把这个异腈化合物看作是假想的异氰酸，也即"H-NC"。

这个特殊的异腈化合物在发现之后的三十年中一直没有引起太多的关注。直到 1995 年，Armstrong 等人才进一步挖掘了它的使用潜力[20]。如式 16 所示：他们在设计 Ugi 反应时用乙酸取代了甲酸。令人非常兴奋的是，生成的产物在同样的酸性条件下水解，得到的最后产物不是伯酰胺而是相应的羧酸。他们还发现：由 1-环己烯基异腈参与的 Ugi 反应产物在醇或硫醇条件下水解，能够生成相应的羧酸酯。现在，人们习惯地称 1-环己烯基异腈为"Armstrong 可转化异腈"。

使用甲酸和乙酸所生成的产物在水解中的主要差别在于乙酰胺更加稳定，反应中形成了一个"Münchnone"中间体。这个中间体可以接受不同亲核试剂 (如 H_2O、ROH、RSH) 的进攻，从而生成相应的羧酸或羧酸酯 (式 17)。

$$\text{(17)}$$

$$X = OH, OR, SR$$

Armstrong 等人还发现这个 "Münchnone" 中间体可以共振为 1,3-偶极子,并用 [3+2] 环加成反应成功地进行了捕捉[21]。捕捉后的环加成产物接着发生逆 Diels-Alder 反应,失去一分子 CO_2 得到吡咯环结构。如式 18 所示:这可以被认为是 Ugi 反应在杂环合成中一类重要的应用。

$$\text{(18)}$$

63% yield from Ugi product

Mjalli 和 Baiga 等人发现:2-异氰基吡啶参与的 Ugi 反应产物也可以通过 "Münchnone" 中间体 (Ac_2O, 100 °C) 与炔烃发生 [3+2] 环加成反应及随后的逆 Diels-Alder 反应而生成吡咯环结构[22]。

1-环己烯基异腈是无色液体,在 −30 °C 和惰性气体保护下可以保存几个月。由于该化合物在室温下与空气接触后颜色很快就会加深,所以人们通常是保存它的前体 (即相应的甲酰胺)。当需要该异腈的时候,再用三光气和 DABCO 进行脱水处理来制备。Ugi 和 Armstrong 均使用环己酮为起始原料经三步反应来制备其前体化合物,不仅方法比较烦琐,而且总收率不到 20%。Martens 等人发现:环己酮和甲酰胺在浓硫酸催化下缩合可以一步制得所需的异腈前体[23]。该方法的反应操作简单,适用于大量制备,同时也大大提高了反应的产率。

Martens 等人在制备和使用 1-环己烯基异腈的同时,也设计和合成了 4-取代环己烯 (例如:叔丁基或苯基) 的异腈化合物[23]。如式 19 所示:4-取代的 1-环己烯基异腈的化学性质几乎没有变化,取代基对 Ugi 反应以及随后的水解反应没有明显的影响。但是,4-取代的 1-环己烯基异腈化合物更加稳定,可以在 0 °C 及惰性气体保护下保存和使用。由于它们在室温下是固体 (熔点分别是 30 °C 和 40 °C),使用起来也更加方便。

$$R-\text{cyclohexanone} \xrightarrow[\substack{\text{PhMe, Dean-Stark, 12 h} \\ R = H, 76\% \\ R = t\text{-Bu}, 81\% \\ R = Ph, 80\%}]{\text{conc. } H_2SO_4, HCONH_2}} R-\text{cyclohexenyl-NHCHO}$$

$$\xrightarrow[\substack{CH_2Cl_2, 0\ ^\circ C, 1\ h \\ R = H, 71\% \\ R = t\text{-Bu}, 80\% \\ R = Ph, 71\%}]{\text{phosgene, Et}_3N} R-\text{cyclohexenyl-NC} \quad (19)$$

4.1.2　2-异氰基-2-甲基丙基碳酸酯

1999 年，Ugi 等人发现 2-异氰基-2-甲基丙基碳酸酯也可以作为"可转化异腈"[24]。如式 20 所示：这类"可转化异腈"只需一步反应就可以方便地制备。它们在室温下很稳定，通常可以用减压蒸馏的方法纯化，产率在 80% 左右。

$$\text{oxazoline} \xrightarrow{n\text{-BuLi, } -78\ ^\circ C} \left[\begin{array}{c} NC \\ \diagdown \\ O^- \end{array}\right] \xrightarrow{ClCO_2R} \begin{array}{c} NC \\ \diagdown \\ OCO_2R \end{array} \quad (20)$$

R = Me, Et, allyl, benzyl

在叔丁醇钾-无水四氢呋喃条件下，由这类"可转化异腈"参与的 Ugi 反应产物可以裂解成相应的羧酸酯。如果在羧酸酯形成后再加入水，则得到相应的羧酸（式 21）。

$$MeNH_2 + i\text{-PrCHO} + \underset{OCO_2Me}{\overset{NC}{\diagdown}} + CH_3CO_2H \xrightarrow[90\%]{MeOH, rt, 24\ h}$$

$$\underset{O}{\overset{Me}{\underset{Pr\text{-}i}{N}}}\underset{H}{\overset{O}{\diagdown}}N\underset{OCO_2Me}{\diagdown} \begin{array}{c} \xrightarrow[85\%]{t\text{-BuOK, THF, rt}} \underset{O}{\overset{Me}{\diagdown}}N\underset{Pr\text{-}i}{\diagdown}CO_2Me \\ \xrightarrow[70\%]{\substack{1.\ t\text{-BuOK, THF, rt} \\ 2.\ H_2O}} \underset{O}{\overset{Me}{\diagdown}}N\underset{Pr\text{-}i}{\diagdown}CO_2H \end{array} \quad (21)$$

如式 22 所示：该反应的机理可能是经过一个环状中间体进行的。由于酰胺键被拉电子的酯基活化，所以它很容易接受释放出来的甲氧基负离子的进攻而生成相应的羧酸甲酯。当"可转化异腈"是相应的乙基、烯丙基或苄基碳酸酯时，裂解反应则通过相应的烷氧基负离子开环，得到的产物是相应的乙基酯、烯丙基酯或苄基酯。但是，这个裂解反应要求在无水溶剂中进行。否则，碳酸酯本身就会被水解而无法形成环状的中间体。

$$\text{[cyclic intermediate with } Me\text{-}O^-\text{]} \quad (22)$$

直到 2004 年，Fukuyama 等人分离得到了这个环状中间体[25]。他们在实验中使用的是该异腈化合物的苯基碳酸酯，由于苯氧基负离子的亲核能力比烷氧基的弱，所以接下来的裂解反应并没有发生。当他们在这个反应体系中加入 4 Å 分子筛时，该环状中间体的分离产率一般在 80% 以上。该环状中间体本身在有机合成中也非常有用，可以与不同的亲核试剂反应而得到不同的衍生物。

4.1.3　2-(二甲基叔丁基硅氧基)甲基苯基异腈

1999 年，Linderman 等人设计并合成了另一类"可转化异腈"：2-(二甲基叔丁基硅氧基)甲基苯基异腈 (式 23)，并用此合成了许多不同的手性氨基酸[26] (见第 6 节)。

$$\text{(23)}$$

如式 24 所示：这个"可转化异腈"生成的 Ugi 反应产物在酸性的甲醇溶液中首先脱除硅保护基，然后自由的羟基通过分子内六员环过渡态进攻酰胺的羰基而生成羧酸酯。

$$\text{(24)}$$

4.1.4　硝基取代的苯基异腈

苯胺的邻位或对位上有强拉电子基团时，相应酰胺的氮原子上的电子密度就会降低，因此更有利于羟基的进攻而断裂酰胺键。Martens 等人正是利用这一特点，曾试图合成 2,4-二硝基取代的苯基异腈作为"可转化异腈"[23]。但由于前体化合物 2,4-二硝基苯胺的甲酸酰胺不是很稳定，所以转而合成了 2-硝基-4-甲氧基苯基异腈和 2-甲氧基-4-硝基苯基异腈 (式 25)。

$$\text{(25)}$$

这两个"可转化异腈"在室温下很稳定，使用起来也就很方便。由它们生成的 Ugi 反应产物在室温下用 6 倍计量的 KOH 在甲醇溶液中处理，就能方便地水解成为相应的羧酸。后来，Baldoli 等人在使用这类"可转化异腈"时，仅用 1.5 倍计量的 KOH 即可水解相应的酰胺键[27]。

4.1.5 "吲哚"异腈

最近，Kobayashi 等人把 2-(2,2-二甲氧基乙基)苯基异腈发展成了一个"可转化异腈"[28]。如式 26 所示：以邻硝基甲苯为原料经五步反应即可得到该异腈化合物，每步的产率基本上都在 95% 以上。

$$\text{邻硝基甲苯} \xrightarrow[\text{96\% (2 steps)}]{\substack{\text{1. Me}_2\text{NCH(OEt)}_2 \\ \text{2. TMSCl, MeOH}}} \text{中间体} \xrightarrow[\text{93\%~96\%}]{\substack{\text{1. H}_2\text{, Pd/C} \\ \text{2. HCO}_2\text{Et} \\ \text{3. POCl}_3\text{, Et}_3\text{N}}} \text{异腈} \quad (26)$$

在催化量的 CSA 作用下，该"可转化异腈"生成的 Ugi 反应产物很容易环化成吲哚结构。所以，Kobayashi 又把此"可转化异腈"命名为"吲哚"异腈。由于吲哚是一个很好的离去基团，在甲醇作溶剂时，使用化学计量的 NaOH 可以把该中间体转化成羧酸，而使用催化量的 NaOH 则得到羧酸甲酯 (式 27)。

$$(27)$$

4.1.6 其它的"可转化异腈"

除了以上所列举的几种"可转化异腈"外，二苯甲基异腈[29]和保护的邻羟基苯基异腈[30]是两种早期所使用的可转化异腈 (式 28)。

$$(28)$$

PG = protecting group

由前者生成的 Ugi 反应产物可以在温和的条件 (N_2O_4, NaOAc, $CHCl_3$, 0 °C) 下转化成相应的二苯甲基羧酸酯，然后经 Pd/C 催化氢解得到相应的羧酸 (式 29)。该方法已经被成功地用在天然产物 Nocardicins 的全合成上[31]。

$$(29)$$

由后者生成的 Ugi 反应产物可以在脱去羟基的保护基后用 CDI (carbonyldiimidazole) 处理，形成一个五员环状中间体。然后，酰胺键非常容易地发生水解而生成相应的羧酸 (式 30)。

$$\text{(30)}$$

4.1.7 树脂固载的"可转化异腈"

随着固相合成在组合化学中的广泛应用，人们把"可转化异腈"连在树脂上来进行 Ugi 反应，这样可以大大地提高合成的效率。如式 31 中所列的几种树脂固载的"可转化异腈"（1~4）已经在固相 Ugi 反应中得到了应用[32]。

$$\text{(31)}$$

4.2 胺组分

Ugi 反应要求胺组分必须是伯胺，除此之外并没有什么特别的限制。

如果羧酸组分是一个多肽片段的羧酸端，而异腈组分是从另一个多肽片段的胺基端衍生出来的，这时的 Ugi 反应就相当于用一个新生成的氨基酸作为桥梁把两个多肽片段连接起来。如式 32 所示：当 R^1 和 R^2 不同时，在这个反应中就新生成了一个不对称的碳原子。现在，人们把这类反应称为立体选择性四组分多肽合成 (peptide synthesis by means of stereoselective U-4CR; 4CC-SSS) (Ugi 反应的立体选择性讨论见第 6 节)。

$$R^1COR^2 + R^3-NH_2 + R^4COOH + R^5-NC$$
$$\longrightarrow R^4CON(R^3)CR^1R^2CONHR^5 \xrightarrow{-R^3} R^4CONHCR^1R^2CONHR^5$$

$$\text{(32)}$$

此时，我们要将 Ugi 反应产物中氮原子上的取代基 R^3 去掉，才能得到真正的多肽片段。为了方便地除去 R^3，就需要使用一些结构特别的胺组分来进行 Ugi 反应。由于这类胺上的取代基在 Ugi 反应后可以被选择性地除去，人们习惯地称之为"可除去的胺" (cleavable amine)。Roche 公司的 Meienhofer 等人系统地研究了 Ugi 反应在多肽合成中的应用[33]。

常用的"可除去的胺"主要有以下三种：(1) 由 2,4-二甲氧基苄胺作为"可除去的胺"，所生成的 Ugi 反应产物用三氟乙酸处理可以选择性地脱去酰胺氮原子上的 2,4-二甲氧基苄基。British Biotech 制药公司和 Eli Lilly 公司均成功地把这一策略运用到他们的药物合成研究中[34a,b]。另外，Rink 树脂本身就含有 2,4-二甲氧基苄胺结构，因此也常作为"可除去的胺"用于固相 Ugi 反应[34c~f]。(2) 由 β-氨基酯或腈作为"可除去的胺"，所生成的 Ugi 反应产物用乙醇钠处理时可以通过 β 消除反应选择性地脱去酰胺氮原子上的取代基[35]。(3) 由 9-氨甲基芴作为"可除去的胺"，所生成的 Ugi 反应产物在 DBU 和吡啶的条件下发生消除反应而脱去酰胺氮原子上的取代基[36]（手性"可除去的胺"在第 6 节中讨论）。

参与 Ugi 反应最简单的氨基化合物是氨气。氨气能够与羰基化合物反应生成亚胺。当亚胺和羧酸及异腈化合物发生 Ugi 反应时，就直接得到氨基酸或多肽片段。British Biotech 制药公司把氨气的甲醇溶液成功地运用在 Ugi 反应中（式 33）[34a,37]。但是，有些时候这类反应的产率很低。Kazmaier 等人详细地研究了这类反应，他们发现：用位阻较大的醛作为底物时一般都能够生成所要的 Ugi 反应产物，用亲核性较差的 CF_3CH_2OH 取代甲醇作为反应溶剂也可以适当地提高反应的产率[38]。

$$t\text{-BuO}_2\text{C}\text{-CH(Bu-}t\text{)-CO}_2\text{H} + NH_3 + t\text{-BuCHO} + t\text{-BuNC}$$

$$\xrightarrow[91\%]{\text{MeOH, rt, 12 h}} t\text{-BuO}_2\text{C-CH(Bu-}t\text{)-C(O)-NH-CH(Bu-}t\text{)-C(O)-NHBu-}t \quad (33)$$

1:1 mixture of diastereoisomers

肼 (NH_2NH_2) 和羟胺 (H_2NOH) 可以被看作是特别的伯胺，它们也可以用于 Ugi 反应。此时，肼或羟胺与羰基化合物所形成的腙或肟参与了异腈的 α-加成，并接受了酰基的转移而得到稳定的反应产物。由于肼自身的活性太高，人们通常是把它的衍生物用于 Ugi 反应。1963 年，Ugi 成功地把活性适中的单酰化肼 ($RCONHNH_2$) 用到 Ugi 反应中[39]。后来，Immer 等人把 N,N-二烷基取代的肼也用到了 Ugi 反应中[40]。如式 34 所示：环己酮与 N,N-二甲基肼所形成的腙能够与甲酸和异腈顺利地发生反应，得到正常的 Ugi 反应产物。

$$\text{环己酮=NNMe}_2 + HCO_2H + CN\text{-}CH_2CO_2Et \xrightarrow[69\%]{CH_2Cl_2, \text{ rt, 4 h}} \text{产物} \quad (34)$$

由于羟胺与羰基化合物所形成的肟参与的 Ugi 反应产率较低，长期以来一直没有得到很好的应用[41]。最近，Guanti 等人把 O-苄基羟胺 ($BnONH_2$) 用于 Ugi 反应中，在 $ZnCl_2$ 的作用下得到了预期的产物（式 35）。产物上的苄基可

以在催化氢解 (Pd/BaSO$_4$) 的条件下选择性地脱去，得到相当于用羟胺自身参与的 Ugi 反应产物[42]。

$$\text{异戊醛肟(OBn)} + \text{CH}_3\text{CO}_2\text{H} + \text{环己基NC} \xrightarrow[\text{THF, rt, 2 d}]{\text{ZnCl}_2\cdot\text{Et}_2\text{O}} \text{产物} \quad 78\% \quad (35)$$

Lou 等人报道，磺酰胺 (RSO$_2$NH$_2$) 中的氨基也可以参与 Ugi 反应。如式 36 所示，反应需要在较高的温度 (60 °C) 下进行[43]。Ugi 反应产物用 40% 的 aq.MeNH$_2$/THF (1:1, v/v) 在室温下处理，与树脂相连的羧酸酰胺键断裂而释放出 α-磺酰胺基取代的羧酸酰胺，两步的总产率为 52%~93%。

$$\text{树脂-CO}_2\text{H} + \text{PhCH}_2\text{CHO} + \text{Ar-SO}_2\text{NH}_2 + t\text{-BuNC} \xrightarrow[\text{THF/MeOH, 60 °C, 24 h}]{} \text{产物} \quad (36)$$

虽然 Ugi 反应的机理要求胺组分必须是伯胺，但化学家们总是想突破这样的局限性，试图把仲胺也用于 Ugi 反应中。这时，需要用另一个官能团来接受酰基的转移。如式 37 所示：Guanti 等人使用 N-苄基羟胺 (HONHBn) 进行 Ugi 反应，在反应过程中羟基被用于接受酰基的转移[44]。

$$\text{异戊醛} + \text{BnNHOH} + \text{BnCO}_2\text{H} + t\text{-BuNC} \xrightarrow[\text{MeOH, rt, 2 d}]{} \text{产物} \quad 86\% \quad (37)$$

最近，Giovenzana 等人将二仲胺分子成功地用于 Ugi 反应的底物[45]。如式 38 所示：其中一个仲胺与羰基形成亚胺盐后与异腈进行 α-加成，而另一个仲胺则用于接受酰基的转移。实验结果显示：两个仲胺官能团之间的距离非常重要，合适的距离才能形成环状过渡态并发生酰基的转移。为了得到单一的反应产物，必须使用对称的二仲胺作为起始原料。

$$\text{哌嗪(HN-NH)} + \text{PhCHO} + \text{CH}_3\text{CO}_2\text{H} + \text{CN-环己基} \xrightarrow[\text{MeOH, reflux, 2 h}]{} \text{产物} \quad 95\% \quad (38)$$

4.3 羰基化合物组分

Ugi 反应对羰基化合物组分也没有特别的限制，一般的醛和酮都可以进行反应。在某些情况下，预先把羰基化合物和胺组分混合生成亚胺可以提高反应的产率。Yamada 等人报道，在加压条件下能够提高大位阻底物的反应产率[46]。如式 39 所示：该 Ugi 反应在常压下反应 14 天仅得到 15% 的收率。但在加压的条件下，产率可以提高到 49%。事实上，这样高位阻的三肽化合物用其它的方法是很难合成的。

$$\text{HCO}_2\text{H} + \text{HN}=\text{CPh}_2 + \text{CN}-\text{C}_6\text{H}_{11} \xrightarrow[85\%]{\text{CH}_2\text{Cl}_2,\ \text{rt}} \text{HC(O)NH-C(Ph)_2-C(O)NH-C}_6\text{H}_{11}$$

$$\xrightarrow[41\%]{\text{triphosgene} \atop \text{Et}_3\text{N, CH}_2\text{Cl}_2} \text{Ph}_2\text{C(CN)-C(O)NH-C}_6\text{H}_{11} \xrightarrow[\substack{15\%,\ 1\ \text{atm} \\ 49\%,\ 9\ \text{kbar}}]{\text{CbzNHCH(Ph)CO}_2\text{H} + \text{HN}=\text{CPh}_2,\ \text{CH}_2\text{Cl}_2,\ \text{rt}}$$

$$\text{Cbz-NH-CH(Ph)-C(O)-NH-C(Ph)}_2\text{-C(O)-NH-C(Ph)}_2\text{-C(O)-NH-C}_6\text{H}_{11} \quad (39)$$

如果羧酸组分是一个多肽片段的羧酸端，而胺组分是另一个多肽片段的氨基端，这时的 Ugi 反应就相当于一个简单的肽片段偶合反应 (peptide segment coupling) (式 40)。因此，该类反应也被称为四组分缩合肽片段偶合反应 (4CC-SC)。

$$R^1\text{C(O)}R^2 + R^3-\text{NH}_2 + R^4\text{CO}_2\text{H} + R^5-\text{NC}$$

$$\longrightarrow R^4\text{C(O)}-\text{N}(R^3)-\text{C}(R^1)(R^2)-\text{C(O)}-\text{NH}R^5 \xrightarrow{\text{cleavage}} R^4\text{C(O)}-\text{NH}R^3 \quad (40)$$

此时，为了得到肽片段偶合产物，我们还要在反应产物中选择性地除掉肽键氮原子上的取代基 ($CR^1R^2CONHR^5$)。这就要求该反应使用特殊的羰基化合物组分(一般是醛)，人们习惯地称之为"可除去的羰基化合物" (cleavable carbonyl component)。

1974 年，Ugi 小组发表了他们的模型反应[47]。他们用如式 41 所示的几种芳香醛与苯乙酸、苄胺和叔丁基异腈进行缩合反应，产物中酰胺键氮原子上的取代基可以用三氟乙酸处理而除去。这时，就相当于生成了苯乙酸和苄胺的简单肽键偶合产物。如果使用邻硝基苯甲醛进行同样的反应，产物在光照条件下也可以裂解成苯乙酸和苄胺的简单肽键偶合产物。有趣的是，使用三氯乙醛所生成的 Ugi 反应产物不是很稳定，原位就裂解成简单的肽键偶合产物。后来，他们还设计并合成了许多其它的卤代醛作为"可除去的羰基化合物"[48]。

1977 年，Meienhofer 等人详细地研究了几种"可除去的羰基化合物"在小肽合成中的应用，发现以下三种芳香醛具有较好的用途（表 1）[33]。

表 1 三种芳香醛作为"可除去的羰基化合物"在小肽合成中的应用

"可除去的羰基化合物"	Ugi 反应产率	裂解反应产率	裂解反应条件
N-Boc-吲哚-3-甲醛	50%~60%	70%~75%	三氟乙酸处理
邻硝基苯甲醛	65%~70%	60%~80%	光照裂解 $\lambda=350$ nm
4-吡啶甲醛	55%~60%	100%	电化学裂解

由于电化学裂解不适合在实验室操作，所以 Ugi 小组对 4-吡啶甲醛所参与的四组分缩合进行了进一步的研究。他们发现：该四组分缩合产物也可以在光照条件下裂解成简单的肽键偶合产物[49]。在某些情况下，还可以使用二价镍配合物的催化氧化来进行裂解[50]。但总的来说，裂解反应的产率都比较低。

后来，Hoyng 等人把 9-芴甲醛 (9-formylfluorene) 也用到这类反应中，生成的产物用氨的甲醇溶液或液氨处理即可得到简单的肽键偶合产物[51]。这个方法可以看作是对 N-Boc-3-吲哚甲醛[52]需要在酸性条件下裂解的一个互补。

肽键合成方法一般都是对羧酸进行活化，然后接受氨基进攻而形成。但在 4CC-SC 反应中，肽键是通过 α-加成产物的分子内酰基转移而形成。Waki 等人对 N-Boc-3-吲哚甲醛的 Ugi 反应过程中作为酸组分的二肽底物 Z-Gly-L-Ala-OH 的 α-消旋化现象进行了详细的研究[53]，他们发现：α-消旋化的程度主要与反应的溶剂和温度有关。当反应在 0 ℃的甲醇溶剂中进行时，α-消旋化的比例只占 0.6%；25 ℃ 下进行时则升至 4.2%。若在该体系中加入 DMF，α-消旋化的比例也随之升高；当完全使用 DMF 作溶剂时，α-消旋化的比例甚至高达 10.3%。所以，Ugi 反应在肽片段偶合的应用中也存在一定的局限性。现在，由于多肽化学的迅速发展以及各种各样的温和肽键偶合试剂的出现，把 Ugi 四组分缩合肽片段偶合反应 (4CC-SC) 用于简单的肽键合成就不再有太多的优越性。

4.4 羧酸组分

在 Ugi 四组分反应的机理中，我们讨论过羧酸组分所扮演的双重角色，即对亚胺的质子化以及对异腈的 α-加成。总的来说，Ugi 反应对羧酸组分并没有特别的要求，各式各样的有机羧酸都能够顺利地发生这种四组分缩合反应。

碳酸 (HO-COOH) 及其单酯 (RO-COOH) 均带有羧基，它们也能够被用作 Ugi 反应中的羧酸组分。由于碳酸在常温下不稳定，通常使用二氧化碳原位产生碳酸或其单酯。在这类反应中，酰基发生迁移后可以生成稳定的碳酸酯。早在 1960 年，Ugi 小组就报道了二氧化碳和甲醇原位产生碳酸单甲酯所参与的缩合反应 (式 42)[54]。严格地讲，该反应实际上是一个五组分的缩合反应。

$$i\text{-PrCHO} + \text{CN-C}_6\text{H}_{11} + n\text{-BuNH}_2 + \text{CO}_2 \xrightarrow[97\%]{\text{MeOH, rt, 20 h}} \text{产物} \quad (42)$$

1998 年，Armstrong 等人详细研究了不同的醇对上述五组分缩合反应的影响[55]。实验结果显示，使用甲醇时的反应产率最高。该反应对底物 (醇、胺、醛) 的空间位阻很敏感，在加压和加入 3 Å 分子筛的条件下能够适当地提高反应的产率。他们还发现，COS 和甲醇也可以原位生成硫代碳酸单甲酯 ($\text{MeO}_2\text{C-SH}$) 并参与 Ugi 反应 (式 43)。但是，使用 CS_2 却不能得到预期的 Ugi 反应产物。

$$i\text{-PrCHO} + t\text{-BuNC} + n\text{-BuNH}_2 + \text{COS} \xrightarrow[34\%]{\text{MeOH, rt}} \text{产物} \quad (43)$$

后来，Hulme 等人把 CO_2/MeOH 参与的 Ugi 反应运用于杂环化合物的制备[56]。他们通过选用适当的醛和胺来进行 Ugi 反应，然后经过进一步的转化，得到了不同取代的环状脲类化合物或乙内酰脲型结构。

最近，Marcaccini 等人用 α-羰基羧酸 (α-ketoacid) 与芳香醛、芳香胺及异腈进行 Ugi 反应。反应的产物不经分离直接用化学计量的氢氧化钾在室温下处理，其中的两个酰胺键同时断裂生成了 2,N-二芳基取代的甘氨酸[57]。如式 44 所示：裂解反应被认为是经过了一个五员环状过渡态进行的。由于 α-羰基羧酸生成的 Ugi 反应产物中的酰胺键能够在温和的条件下水解，因此，任何异腈都可以看作是"可转化异腈"。

$$\text{(44)}$$

Kazmaier 等人研究了硫代羧酸 (thio acid) 参与的 Ugi 反应[58]。和普通的羧酸类似，该反应生成了 α-酰胺基取代的硫代羧酸酰胺。当异腈组分中带有合适的缩醛官能团时，Ugi 反应的产物可以在 TMSCl-NaI 的条件下环化成噻唑产物 (式 45)。

$$\text{(45)}$$

4.5 广义的 Ugi 反应

广义的 Ugi 反应指的是亚胺和另一个亲核试剂对异腈的 α-加成，同时还要求此 α-加成产物能随即发生分子内的重排反应而生成稳定的产物[3b]。

早在 1960 年，Ugi 等人就研究了 HO^-、HSe^-、$S_2O_3^{2-}$、N_3^- 作为另一亲核试剂对异腈进行的 α-加成，这些 α-加成产物中间体能够随即发生异构化或环化而生成稳定的 α-胺基取代的羧酸酰胺、硒代羧酸酰胺、硫代羧酸酰胺或 1,5-二取代的四唑化合物 (式 46)[54a,3b]。由于胺组分中的氮原子没有参与到最后一步的重排反应过程中，所以伯胺和仲胺都能够用于该类反应中。

值得一提的是,上述的四唑产物是一类很重要的杂环化合物。当 R^5 = H 时,它的 pK_a 和通常的有机羧酸相近,药物设计中常被用作羧酸的替代物。因此,上述的四唑产物就可以看成是一般 α-氨基酸的类似物。如式 47 所示:Mayer 等人[59]基于这样的想法设计了"可离去异腈" A。该异腈与 TMSN$_3$ 进行 Ugi 反应的产物用乙醇钠或叔丁醇钾处理后,R^5 取代基很容易经过 β-消除机理而离去。之后,Dömling 等人[60]把商品化的异腈 B 和 C 也用于同样目的,生成的四唑产物上的 R^5 取代基可以在盐酸/甲醇条件下除去。

四唑稠合的杂环化合物也是一类重要的生物活性分子。如式 48 所示[61]:Bienaymé 等人首先使用带有共轭双键的异腈来进行四组分缩合反应,然后将生成的产物用稀酸处理,"一锅法"得到了预期的稠合产物。

氰酸和硫氰酸均带有酰基结构,它们也能够用于 Ugi 四组分反应[62]。此时,在 O=C=N$^-$ 和 S=C=N$^-$ 对异腈进行 α-加成后,胺组分中的氮原子能够发生分子内的酰化而生成稳定的五员环状产物乙内酰脲亚酰胺或硫代乙内酰脲亚酰胺。如式 49 所示：此类反应要求胺组分必须是伯胺。Mjalli 等人把该反应用于固相合成中，合成了一系列的类似物[63]。

$$
\begin{array}{c}
R^1\text{COR}^2 + R^3-NH_2 + R^4-NC \xrightarrow{O=C=N^-} \cdots \longrightarrow \cdots \\
\xrightarrow{S=C=N^-} \cdots \longrightarrow \cdots
\end{array}
\tag{49}
$$

与氰酸和硫氰酸类似，Se=C=N⁻ 也能够用于 Ugi 反应[64]。如果使用适当的异腈，在 Ugi 反应后还可以得到咪唑稠合的双环化合物 (式 50)。

$$(50)$$

很有趣的是，有些杂环上的氮原子也具有亲核性而能够用于 Ugi 反应。例如：2-氨基吡啶与醛形成的亚胺中间体能够对异腈进行 α-加成，并随即发生分子内的重排反应而生成稳定的咪唑稠合双环产物 (式 51)。

$$(51)$$

三家公司 (Hoffmann-La Roche AG, Millennium Pharmaceuticals, Rhône-Poulenc Technologies) 几乎在同时报道了上面的反应[65]。不过，他们使用了不同的酸来催化这样的转化 [分别是：CH_3CO_2H、$Sc(OTf)_3$ 和 5% $HClO_4$]。该反应对醛和异腈几乎没有什么局限性。如果使用带有 $H_2N-C=N$ 结构的不同杂环化合物作为起始原料，各种各样的咪唑稠合杂环结构可以用此方法顺利地合成出来。Millennium Pharmaceuticals 还把该反应用于固相合成中，合成了一系列的类似物[65d]。

最近，Amgen 公司的 DiMauro 等人把上述反应与 Suzuki 偶联反应结合在一起，在双环化合物形成后再在吡啶环上引入各种各样的芳香烷基[66]。如式 52 所示：他们使用 2-氨基吡啶-5-硼酸酯作为起始原料和 MgCl$_2$ 作为催化剂进行缩合反应。然后，再向体系中加入芳基溴化物、碳酸钾水溶液和催化剂 Pd(dppf)Cl$_2$ 进行 Suzuki 偶联，"一锅法"很容易地得到了不同取代的产物。在微波辐射条件下，两步反应分别在 10 min 和 30 min 内就可完成。

$$\text{(52)}$$

Kaïm 等人把酚类化合物也用到 Ugi 反应中，此时要求苯酚环上带有拉电子的取代基（例如：硝基或酯基等）来促进 α-加成后的重排反应[67a]。和一般的 Ugi 反应不一样，在羰基化合物和胺组分所形成的亚胺与酚羟基一起对异腈进行 α-加成后，由于苯酚环上带有拉电子的取代基，胺组分的氮原子会进攻芳环。然后，通过 Smiles 重排，芳环被转移到氮原子上。最后一步的重排反应是不可逆的，生成的产物是 α-芳香氨基取代的羧酸酰胺。如式 53 所示：Ugi 反应产物的硝基可以通过氢化还原成氨基，然后在对甲苯磺酸的作用下生成环状化合物。

$$\text{(53)}$$

后来，他们还把这一反应推广到缺电子杂环（例如：吡啶和嘧啶）上的羟基，甚至巯基[67b]。如式 54 所示：由于较强的缺电子性，嘧啶无须带有拉电子取代基即可顺利地进行反应。

5 双官能团化合物参与的 Ugi 反应

Ugi 反应是一个由异腈、胺、羰基化合物和羧酸四个组分参与完成的反应。当其中一个底物含有四个组分中任意两个组分的反应官能团时，Ugi 反应就变成了三组分反应，人们习惯地将此反应称之为 Ugi 四中心三组分反应 (Ugi four-center three-component reaction, U-4C-3CR)。

5.1 带氨基和羧基的双官能团化合物

就在 Ugi 四组分反应发现后不久，Ugi 小组就把 β-氨基酸作为双官能团反应底物来进行反应，一步就生成了 β-内酰胺结构 (式 55)[3b]。

在这一反应过程中，β-氨基酸的氨基首先与环己酮形成亚胺。然后，再和羧基一起对异腈进行 α-加成形成一个七员环状过渡态。最后，经分子内的酰基迁移就生成了 β-内酰胺产物。后来，他们把这一反应成功地用于了青霉素及核苷类似物的合成[68]。此方法也已经被用于其它抗生素的合成，例如：Nocardicin、Carbapenem 和 Cepham 类似物[69]。

利用这一方法来形成 β-内酰胺结构具有操作简便和条件温和的优点，所以很适合在组合化学中应用。Pitlik 等人用此方法合成了一系列的 β-内酰胺单环化合物作为潜在的蛋白酶抑制剂[70a]。例如：Fülöp 等人[70b]把一些环状 β-氨基酸（如式 56 所示）用于该类型反应中，顺利地合成了一系列含有 β-内酰胺的多环结构。

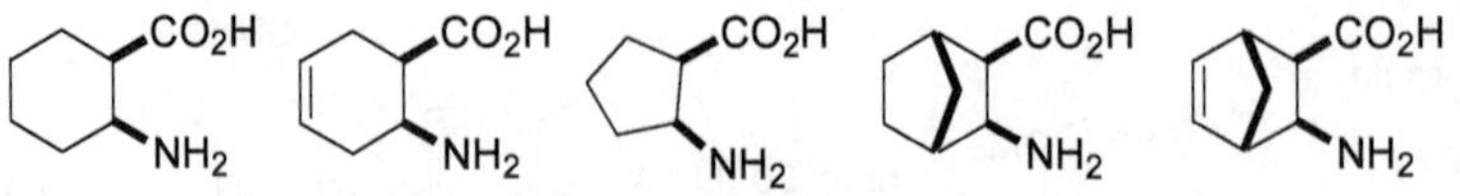

(56)

1996 年，Ugi 等人把 α-氨基酸作为双官能团化合物用于该类型反应中[71]。如式 57 所示：在反应过程中，α-氨基酸首先与羰基化合物和异腈形成一个六员环状过渡态。由于分子内的酰基迁移在空间距离上不利，所以它更容易接受另一亲核试剂（例如：甲醇溶剂）的进攻而开环形成链状产物。由于甲醇参与了反应，该反应其实是一个五中心四组分反应 (U-5C-4CR)。他们还发现：如果反应在较高温度下进行或者加入三乙胺来增加 α-氨基酸的溶解性时，Ugi 反应产物还可以接着环化而得到多取代的哌嗪-2,6-二酮结构。

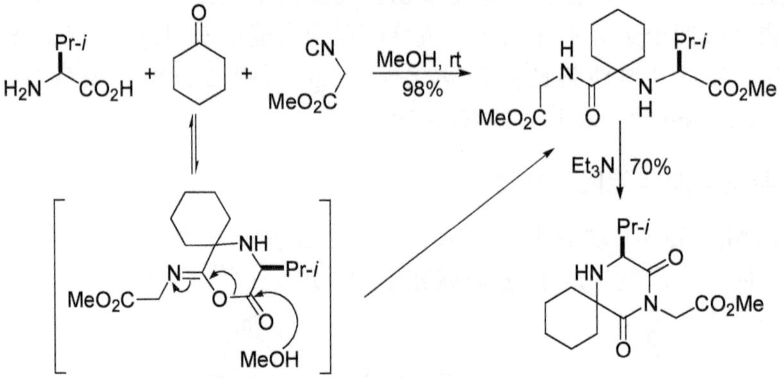

(57)

当 α-氨基酸的合适位置上带有另一个亲核基团时，在上述六员环状过渡态形成后，这一额外的亲核基团就会进攻羰基开环。例如：在赖氨酸或高丝氨酸参与的 Ugi 反应中，其中的另一氨基或羟基就会参与反应生成七员环的内酰胺或五员环的内酯[72]。

邻氨基苯甲酸同时含有氨基和羧基，由它参与的 Ugi 反应则随着反应条件和其它组分的变化而得到不同的产物。Armstrong 等人报道：邻氨基苯甲酸与羰基化合物、异腈和脂肪胺组分一起进行 Ugi 反应时，由于脂肪胺的活性更高使得苯环上的氨基没有参与 Ugi 反应[73]。如式 58 所示：该反应的产物用 HCl/MeOH（通过 AcCl 和 MeOH 原位产生）处理时，通过 "Münchnone" 中间体发生环化生成 1,4-苯并氮杂-2,5-二酮杂环结构。

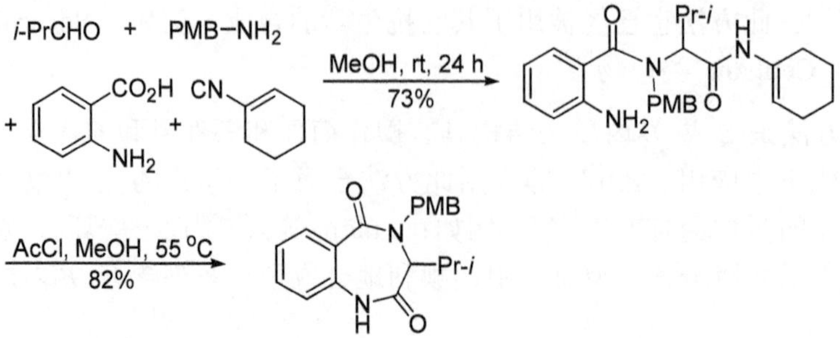

(58)

1998 年，Ugi 等人详细研究了邻氨基苯甲酸作为双官能团化合物与羰基化合物 (R^1-CO-R^2)、异腈 (R^3-NC) 在醇类溶剂 (R^4-OH) 中所进行的 Ugi 反应[74]。根据羰基化合物结构的差异，该反应有可能生成链状和环状两种产物。如式 59 所示：当羰基化合物是位阻很大的醛（例如：2,2-二甲基丙醛）时，反应通过与 α-氨基酸类似的反应机理 (U-5C-4CR) 专一性地生成链状产物。当羰基化合物是位阻较小的醛（例如：丙醛）时，反应则得到链状和环状的混合物。环状产物其实是经过两个 Ugi 反应而形成的，相当于是一个 Ugi 八中心六组分反应 (U-8C-6CR)。当把溶剂从甲醇或乙醇换成异丙醇或四氢呋喃时，链状产物的形成可以被抑制，而专一性地生成环状产物。当羰基化合物是酮（例如：丙酮或环己酮）时，由于空间位阻和反应活性的原因不能够发生 Ugi 反应。

当双官能团化合物中的氨基和羧基距离较远时，通过 Ugi 反应可以生成大环结构[75]。如式 60 所示：Götz 等人利用六肽底物 H-Ala-Phe-Val-Gly-Leu-Met-OH 与异丁醛和环己基异腈进行缩合反应，得到了十八员环状多肽。两个差向异构体的比例几乎是 1:1，但能够用柱色谱的方法分离。

5.2 带羰基和羧基的双官能团化合物

早在 1968 年，Gross 等人就把 γ-羰基羧酸化合物作为双官能团化合物用于 Ugi 反应中[76]。如式 61 所示：γ-羰基戊酸与苄胺和环己基异腈在甲醇中反应生成 γ-内酰胺产物。如果向该反应体系中加入等当量的醛（例如：异丁醛）时，由于 γ-羰基戊酸中的羰基活性比醛低而不参与 Ugi 反应。此时的 γ-羰基戊酸只是相当于一个常规的羧酸组分进行 Ugi 反应。

1997 年，Harriman 等人系统地研究了 4-, 5-, 6- 和 7-羰基羧酸化合物作为双官能团化合物参与的 Ugi 反应，得到了五、六、七、八员环的内酰胺产物[77]。实验结果显示，甲醇对这个 Ugi 反应非常重要。所以他们提出了以下的反应机理：在 γ-羰基羧酸与苄胺和苄基异腈的反应中，羰基首先与苄胺形成亚胺。然后，再和羧基一起对异腈进行 α-加成形成了一个六员环状过渡态。当甲醇进攻酰基开环后，分子内的胺基进攻酯基形成 γ-内酰胺产物（式 62）。Mjalli 等人把此类双官能团化合物运用到固相的组合化学合成中，得到了许多五员和六员内酰胺[78]。最近，Tye 等人发现：微波加热可以大大缩短该类反应的时间，一般在 100 °C 下 30 min 内即可完成[79]。

1998 年，Ugi 等人把邻酰基苯甲酸作为双官能团化合物用于 Ugi 反应[80]。但是，该类反应需要在回流的条件下才能发生 U-4C-3CR，得到双环的内酰胺产物（式 63）。后来，其它几个研究小组把不同类型的含羰基（醛或酮）和羧基的双官能团化合物用于 Ugi 反应，合成了各种各样的杂环结构[81]。

Pirrung 等人研究了 β-羰基羧酸化合物作为双官能团化合物参与的 Ugi 反应[82]。尽管 β-羰基羧酸化合物容易发生脱羧反应，但有些还是比较稳定且已经商品化。有趣的是，在有机溶剂中 β-羰基丁酸不能够发生 U-4C-3CR。但是，当使用纯水作为反应溶剂时，便可在室温下发生 U-4C-3CR，生成预期的 β-内酰胺产物。他们还发现：当使用 1 mol/L 的葡萄糖水作为反应溶剂时，反应的产率还可以适当地得到提高（式 64）。在位阻较大的 β-羰基羧酸化合物参与的 Ugi 反应中，这种效应尤其明显。

5.3 环状亚胺

Martens 等人研究了五员和六员环状亚胺所参与的 Ugi 反应, 并利用它合成了许多氨基酸和多肽的类似物[83]。最近, Nenajdenko 等人用三氟乙酸和五员或六员环状亚胺进行 Ugi 反应, 生成了 N-三氟乙酰基保护的脯氨酸和哌啶酸的衍生物 (式 65) [84]。由于三氟乙酰胺比较脆弱, 该保护基可以在 $NaBH_4/MeOH$ 的条件下选择性地脱去。

$$\text{(n-Bu-环状亚胺)} + CF_3CO_2H + BnNC \xrightarrow[n=2, 84\%]{CH_2Cl_2, \text{rt}, 3\text{ d}}_{n=1, 95\%} \text{产物} \tag{65}$$

羰基和氨基官能团在一起很容易就缩合成亚胺, 因此有些环状亚胺可以在反应中原位产生并参与 Ugi 反应。如式 66 所示: Boom 等人将叠氮官能团还原后与分子内的醛基发生原位缩合所形成的亚胺直接用于 Ugi 反应[85]。由于桥环亚胺的立体位阻的原因, 异腈只能够从一个方向进行 α-加成而生成单一的反应产物。

$$\text{底物} \xrightarrow[36\%]{\substack{1.\ Me_3P,\ MeOH,\ 0\ ^\circ C,\ 15\ min \\ 2.\ PhCO_2H,\ c\text{-hexyl-NC},\ -78\ ^\circ C,\ 2\ h}} \text{产物} \tag{66}$$

最近, Zhu 等人用 2-碘酰基苯甲酸 (IBX) 把仲胺原位氧化成亚胺后参与 Ugi 反应[86]。该反应可以在四氢呋喃溶剂中"一锅法"进行, 高产率地生成 1-位和 2-位上带有不同取代基的四氢异喹啉衍生物 (式 67)。可以想象, 用一般的合成方法是很难仅使用一步反应实现这样的转化。

$$\text{四氢异喹啉-NH} + PhCO_2H + Bn\text{-}NC \xrightarrow[87\%]{IBX\ (2\ eq),\ THF,\ 60\ ^\circ C,\ 20\ h} \text{产物} \tag{67}$$

5.4 带异腈和羧基的双官能团化合物

这类双官能团化合物的 Ugi 反应在文献中报道得很少。最近, Zhu 等人报道了 α-异氰乙酸作为双官能团化合物所参与的 Ugi 反应[87]。由于 α-异氰乙酸不是很稳定, 需要使用它的钾盐进行反应。如式 68 所示: 他们在反应体系中加入了二倍量的仲胺。其中一当量的仲胺与羰基化合物形成亚胺盐, 并对异腈官能团进行 α-加成形成五员环的噁唑酮。而另一当量的仲胺则进攻羰基, 开环后生成二肽结构的产物。该反应是一个五中心四组分反应 (U-5C-4CR)。氯化铵有促进亚胺盐形成的作用，用它作为添加剂能够显著提高反应的产率。该反应没有任何立体选择性，产物是 1:1 的非对映异构体的混合物。

$$\text{CN-CH(Bn)-CO}_2\text{K} + \text{C}_6\text{H}_{13}\text{CHO} + \text{morpholine (2 eq)} \xrightarrow[\text{with NH}_4\text{Cl, 90\%}]{\text{PhMe, rt, 18 h}} \text{product} \quad (68)$$

6 Ugi 反应的立体选择性综述

6.1 单官能团化合物参与的 Ugi 反应的立体化学

Ugi 四组分反应是通过亚胺和羧酸对异腈进行 α-加成，然后再经分子内的酰基迁移而生成 α-酰胺基取代的羧酸酰胺。如果羰基化合物组分是醛或不对称的酮（即 R^1 与 R^2 不同）时，该反应将产生一个新的手性碳原子（式 1）。大量的实验结果表明：手性异腈组分[88]或手性羧酸组分[89]对手性碳原子的形成基本上没有手性诱导效应，手性醛组分的不对称诱导效应也非常有限[90]。在有些 Ugi 反应条件下，手性醛 α-位的手性会通过羰基的烯醇式或亚胺中间体的烯胺式而导致部分消旋化[91]。但是，如果在 Ugi 反应中使用手性的 "可除去的胺"，就可以合成出一些手性氨基酸或多肽类似物。

如式 69 所示：Ugi 等人很早就曾经把手性的 α-甲基苄胺作为手性的 "可除去的胺" 用于该目的[92]。但是，该反应的立体选择性不是很理想，最好的非对映选择性也只是 3.5:1。实验结果表明：生成的两个非对映异构体的比例还受到反应溶剂、温度以及反应底物浓度的影响；甚至在不同的浓度下，主要产物中新形成的手性碳原子的构型也完全相反。当反应在 -40 °C 的甲醇溶液中进行时，低浓度（0.10 mol/L）下生成以 S-构型为主的产物（S/R = 3:1），而在高浓度（2.0 mol/L）下生成以 R-构型为主的产物（S/R = 1:2）。

$$\text{Ph-CH(Me)-NH}_2 + i\text{-PrCHO} + \text{PhCO}_2\text{H} + t\text{-BuNC} \longrightarrow \text{products} \quad (69)$$

最近，Nenajdenko 等人把手性的 α-甲基苄胺用于硫代羧酸所参与的 Ugi 反应[93]。非常有趣的是，在类似的反应条件下，该反应主要产物中新生成的不对称碳的构型与用普通羧酸所得到的产物刚好相反。

尽管手性的 α-甲基苄胺参与的 Ugi 反应的立体选择性不是很高，但生成的两个非对映异构体在大多数情况下可以用硅胶柱色谱的方法分离开来。在非对映异构体分离后，使用甲酸就能够方便地除去不对称辅助基团。所以，手性的 α-甲基苄胺还是经常被用于各种 α-氨基酸类似物的不对称合成[94]，Joullié 等人还把它用于天然产物 (+)-Furanomycin 及其立体异构体的合成 (见第 7 节)。

后来，Ugi 等人把位阻更大的手性的二茂铁类化合物作为手性的 "可除去的胺" 用于以上同样的四组分缩合反应中[95]。与手性的 α-甲基苄胺参与的 Ugi 反应类似，反应的立体选择性与反应溶剂、温度以及反应底物的浓度有关。他们发现：异丙基取代的二茂铁化合物的反应立体选择性相当高 (式 70)。当反应以甲醇作溶剂并在浓度为 0.05 mol/L 的条件下进行时，尽管在 0 ℃ 下反应的立体选择性很差 (S/R = 59:41)，但在 −78 ℃ 下反应的立体选择性却非常高 (S/R = 99:1)。该手性胺需要自己合成并通过手性拆分来制备[96]，而且反应后的手性辅助基团需要用较强的酸 (例如：三氯乙酸或三氟乙酸) 来处理才能除去。因此，在合成手性氨基酸和多肽类似物上并没有得到广泛的应用。

1988 年，Kunz 等人发现了一种用半乳糖 (D-galactose) 类化合物作为手性模板的 "可除去的胺"[97]。如式 71 所示：在等当量的 Lewis 酸 ($ZnCl_2$) 的参与下，它可与各种类型的醛 (包括脂肪醛、芳香醛和 α,β-不饱和醛) 发生 Ugi 反应。一般情况下，该反应均能够得到很高的非对映选择性，产物中新形成的不对称碳均以 R-构型为主。例如：在它与异丁醛发生的 Ugi 反应中，产物的非对映选择性达到了 95:5，只需用一次简单的重结晶就可以得到光学纯的单一异构体。

对半乳糖生成的亚胺的 ^{1}H NMR 实验显示：亚胺上的质子与糖环的异头质子 (anomeric proton) 之间有着很强的 NOE[97b]。这样，当亚胺氮原子与 $ZnCl_2$ 发生配位后，异腈组分只能够从 Si-面来进行 α-加成，从而导致高选择性地生成 R-构型的产物 (式 72)。

$$\tag{72}$$

在手性的 α-甲基苄胺和二茂铁类化合物参与的 Ugi 反应中，产物的手性辅助基团被脱去后难以再生。与此不同的是，Kunz 的糖类手性辅助模板则非常容易再生。如式 73 所示：Ugi 反应产物在 HCl/MeOH 条件下可以同时脱去辅助模板 (回收率在 90% 以上) 和氮上的甲酰保护基。在 6 mol/L 的盐酸中，所得 α-氨基酰胺键可以进一步水解成光学纯的 R-构型的氨基酸。而切割下来的手性辅助模板上的异头羟基可以通过两步反应[98]，被再次转化成氨基后重新使用。Kunz 等人还把该手性"可除去的胺"连在固相树脂上来合成各种 α-氨基酸[99]。

$$\tag{73}$$

用 D-半乳糖手性模板进行的 Ugi 反应只能产生 R-构型的氨基酸 (即 D-氨基酸)。由于 L-半乳糖不易得到，Kunz 等人就把结构类似的 D-阿拉伯糖 (D-arabinose) 或 L-海藻糖 (L-fucose) 作为手性模板来制备 S-构型的氨基酸 (即 L-氨基酸)[100]。如式 74 所示：它们与 D-半乳糖手性模板有着非常近似的镜像关系。当用这两个手性"可除去的胺"在以上相同的反应条件进行 Ugi 反应时，不仅反应的非对映选择性都很高，而且反应中新生成的不对称碳为 S-构型。然后，脱去手性辅助基团和水解酰胺键后便可得到 S-构型的氨基酸 (即 L-氨基酸)。与 D-半乳糖手性模板一样，切割下来的手性辅助模板也可以经转化后重新使用。

$$\text{(74)}$$

R = H, from D-arabinose
R = Me, from L-fucose

Linderman 等人把 D-半乳糖和 D-阿拉伯糖手性模板与他们设计的 "可转化异腈"（见第 4 节）进行 Ugi 反应，可以方便地合成 D- 或 L-氨基酸[26]。

后来，Ugi 等人又合成了几种不同的糖类手性 "可除去的胺"（式 75）。正如预期那样，这些胺在 $ZnCl_2$/THF 的反应条件下都能得到很好的非对映选择性[101]。

$$\text{(75)}$$

R = Me, Et, Me_2CHCH_2 R = i-PrCO

6.2 双官能团化合物参与的 Ugi 反应的立体化学

β-氨基酸作为双官能团反应底物参与 Ugi 反应时，反应是通过一个七员环过渡态而生成 β-内酰胺。链状 β-氨基酸底物上的手性中心对新产生的不对称碳原子的诱导有限，一般都是生成两个非对映异构体的混合物。最近，Guanti 等人研究了环状 β-氨基酸所参与 Ugi 反应的立体选择性[102]。如式 76 所示：使用顺式 β-氨基酸作为反应底物，反应生成了 β-内酰胺产物。尽管该反应的产率很高，但立体选择性却只有 2:1。

$$\text{(76)}$$

但是，若使用反式 β-氨基酸作为反应底物，则无法生成 β-内酰胺结构。如式 77 所示：反应溶剂（例如：甲醇）参与了该 Ugi 反应，发生了与 α-氨基酸类似的 U-5C-4CR 过程。令人非常兴奋的是，该反应的立体选择性达到了 95:5。

$$\text{(77)}$$

后来，他们又把带有不饱和键的手性反式取代 β-氨基酸用于 U-5C-4CR[102b]。从 (−)-底物出发，反应专一性地生成 R-构型的产物（式 78）。该产物依次经过逆 Diels-Alder 反应、酸性水解和催化氢化脱苄基，最后得到了 R-构型的 α-氨基酸（即 D-型）。同样，从 (+)-底物出发就可以得到 L-型的 α-氨基酸。

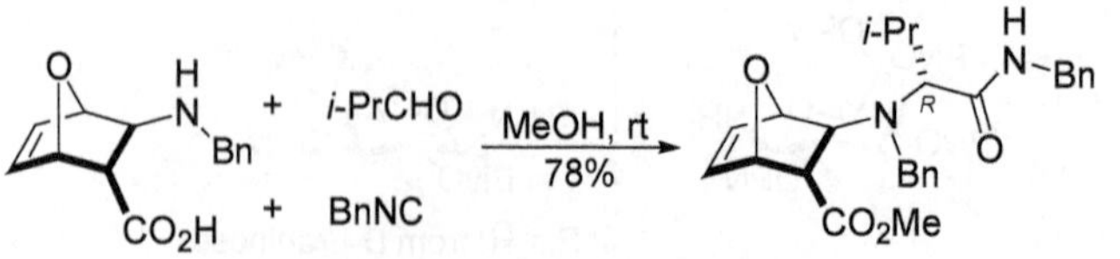

[反应式 (78)]

最近，Fülöp 等人研究了带有不饱和键的顺式取代的 β-氨基酸所参与的 Ugi 反应，得到了预期的 β-内酰胺产物[103]。如式 79 所示：这个特定的反应在甲醇溶剂中最好的立体选择性也只有 6:1。但当反应在水溶液中进行时，可以立体专一性地得到单一的异构体。其它的醛或异腈所参与的反应在水中进行时，产率和立体选择性均没有明显的变化。

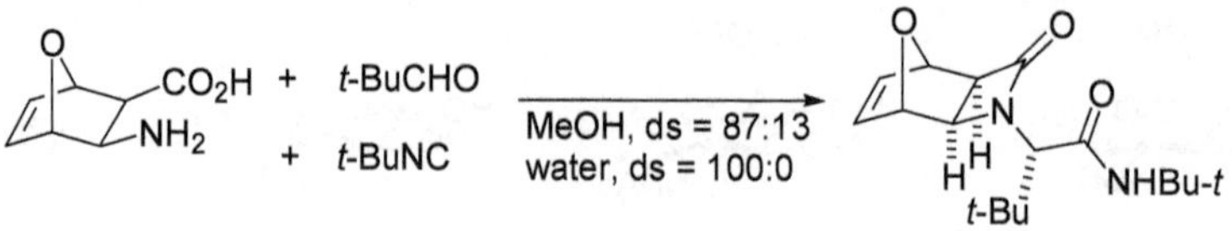

[反应式 (79)]

1996 年，Ugi 等人研究了手性 α-氨基酸作为双官能团反应底物参与的多组分反应 (U-5C-4CR) 的立体化学[71a]。他们发现：这类反应的立体选择性一般都比较高 (ds ≈ 80%)，新生成的不对称碳的绝对构型与所用 α-氨基酸的构型一致。

Ciufolini 等人[104]发现，当羰基化合物组分是芳香醛时，该反应在室温下进行得很慢。虽然在 40 °C 下反应两天可以得到预期的产物，但产率很低。不过令人欣喜的是，反应的立体选择性仍然达到了 6:1。进一步的研究发现：催化量 (5% eq) 的 $TiCl_4$ 作为 Lewis 酸催化剂可以大大加快反应的速度。反应不仅在室温下 12 h 内可以完成，而且产率也得到明显的提高。如式 80 所示：在没有 $TiCl_4$ 催化的条件下，该反应的产率只有 35%。当使用 $TiCl_4$ 催化剂时，不仅产率可以达到 81%，而且非对映选择性可以达到 10:1。与 Ugi 等人的实验结果一样，该反应新生成的不对称碳的绝对构型与所用 α-氨基酸的构型一致。

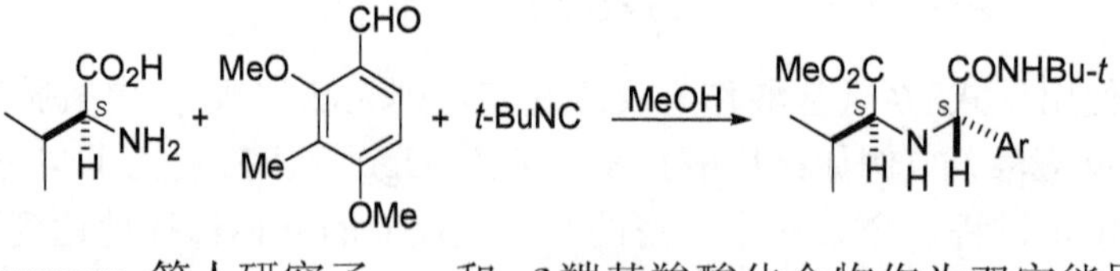

[反应式 (80)]

Westermann 等人研究了 γ-和 δ-羰基羧酸化合物作为双官能团反应底物参与的多组分反应 (U-4C-3CR) 的立体化学 (式 81)[105]。他们发现：手性的 α-甲基苄胺对该反应基本上没有不对称诱导作用，反应得到 1:1 的非对映异构体混合物。即使同时使用手性的胺组分和手性的异腈组分，也观察不到任何非对映异构体选择性。

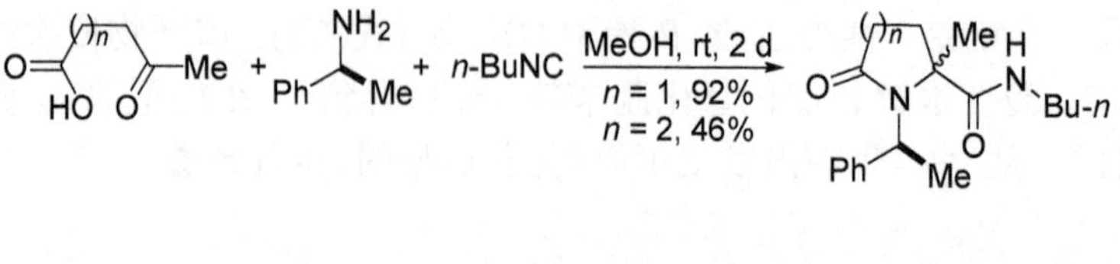

[反应式 (81)]

最近，Nenajdenko 等人报道了手性的羰基羧酸化合物作为双官能团反应底物来进行的立体选择性 Ugi 反应[106]。他们发现：羧基 α-位上的取代基越大，反应的立体选择性就越高。如式 82 所示：在异丙基取代的情况下，反应的非对映选择性达到了 3:1。由于该反应是在 40 °C 的甲醇中进行，反应是受热力学控制的。这可以用来解释为什么主要产物中新生成的不对称碳是 S-构型的，也即产物以反式取代为主。

$$\text{(82)}$$

在现有的文献中，对于手性环状亚胺所参与的 Ugi 反应的报道很少。最近，Riva 等人研究了这种类型多组分反应 (U-4C-3CR) 的立体化学。如式 83 所示[107]：在他们设计的多组分缩合反应条件下，反应的立体选择性不是很好，主要生成反式取代的产物。但是，两个非对映异构体产物可以用硅胶柱色谱的方法进行分离。

$$\text{(83)}$$

R = SiMe$_2$Bu-t, 45%, trans:cis = 68:32
R = CPh$_3$, 70%, trans:cis = 53:47

7 Ugi 反应在杂环和天然产物合成中的应用

7.1 Ugi 反应在杂环合成中的应用

由于 Ugi 反应操作简便、高效率以及原料和产物的多样性，因此常常被用于有机小分子药物的开发研究[108]。但是，经典的 Ugi 反应只是生成链状 α-酰胺基取代的羧酸酰胺，在一定程度上限制了它们的应用。杂环在有机化学中非常重要，大多数有机小分子药物都含有各式各样的杂环结构。因此，Ugi 反应在杂环合成中的应用已经成为最近十几年来该研究领域的热点课题[109]。

在前面的讨论中我们已经看到，广义的 Ugi 反应以及双官能团化合物参与的 Ugi 反应在很多时候能够生成单环或多环结构。自从 Armstrong 提出"可转化异腈"的概念并把它用于制备吡咯环结构后，经典的 Ugi 反应在杂环合成中也有了广泛的应用。在式 18 中我们看到，吡咯环是通过捕捉"Münchnone"而生成的，也就是说把 Ugi 反应的产物进一步转化而得到的。现在，人们习惯地把这类反应称之为后修饰反应 (post-condensation modification) 或者次级反应

(secondary reaction)。有些后修饰反应是在 Ugi 反应的同时进行；有些是在 Ugi 反应粗产物的基础上加入其它试剂后进行（"一锅法"转化）；有些则需要在 Ugi 反应的产物被纯化后再进行。总之，通过巧妙地设计 Ugi 反应的各个组分并与相应的后修饰反应结合，便可能构造出各种类型的杂环结构。

UDC (Ugi/De-Boc/Cyclization) 是一种最常见和简便的合成策略。在设计该类反应时，是将 Ugi 反应的任何一个组分中引入一个用 Boc-保护的氨基。当 Ugi 反应完成后，再脱去 Boc-保护基并发生分子内的环化而生成杂环结构。如式 84 所示：Hulme 等人[110]用单 N-Boc 保护的乙二胺和环己烯基异腈来进行 Ugi 反应，生成的产物在 HCl/MeOH (通过 AcCl 和 MeOH 原位产生) 条件下一步完成 Boc-保护基的脱去和羧酸甲酯的转化。然后，再用碱处理便可顺利地得到环化产物。在该反应中，所有的中间产物无需纯化，三步反应的总产率为 30%~85%。

$$\text{(84)}$$

Hulme 等人对使用 UDC 策略来合成杂环的方法进行了系统地总结[108a]，有兴趣的读者可以参考。另外，叠氮官能团是一个潜在的氨基。在 Ugi 反应完成后，叠氮可以用 Ph_3P 还原成氨基并接着发生环化反应[111]。

环加成反应也常常和 Ugi 反应结合在一起用于构建杂环结构。前面讲到的通过 1,3-偶极加成来捕捉 "Münchnone" 而生成取代吡咯就是一个很好的例子。其它的 1,3-偶极加成反应也可以用于此目的。如式 85 所示：Akritopoulou-Zanze 等人

$$\text{(85)}$$

利用叠氮官能团与炔键进行 1,3-偶极加成反应生成三唑稠合的杂环化合物[112]。

硝基官能团可以在 POCl$_3$/Et$_3$N 条件下脱水而形成 1,3-偶极子腈氧化物 (nitrile oxide)。如式 86 所示：Akritopoulou-Zanze 等人用腈氧化物与炔键进行分子内的环加成反应生成异噁唑稠合的杂环结构[113]。

$$(86)$$

除了 1,3-偶极加成反应外，使用 Diels-Alder 反应也可以方便地构建杂环结构。如式 87 所示：Ivachtchenko 等人把呋喃甲醛与马来酸的衍生物进行 Ugi 反应，生成的产物经原位发生分子内的 Diels-Alder 反应生成稠合的杂环化合物[114]。

$$(87)$$

过渡金属催化的有机反应也常常和 Ugi 反应结合在一起来构建杂环结构。在这种情况下，通常需要把 Ugi 反应的产物纯化后再进行后修饰反应。常用的反应包括 Heck 反应、环化复分解反应 (RCM, Ring-Closing Metathesis) 和 Buchwald-Hartwig 反应等等。如式 88 所示：Yang 等人把 Heck 反应和 Ugi 反应结合在一起，合成了一系列带不同取代基的异喹啉结构[115]。

环化复分解反应是一种非常有效的关环方式，把它与 Ugi 反应结合使用可以形成不同大小的杂环结构[116]。如式 89 所示：Judd 等人把 Ugi 反应的产物进行环化复分解反应，紧接着又进行 Heck 反应而得到桥状的多环化合物[117]。

如式 90 所示：Zhu 等人把 Buchwald-Hartwig 反应和 Ugi 反应结合在一起用于构建 2-吲哚酮等杂环结构[118]。

S_NAr (nucleophilic aromatic substitution) 反应也是一种常见的用来构建杂环的后修饰方法。如式 91 所示：Spatz 等人通过用咪唑或吡唑的 S_NAr 反应来制备三环结构[119]。

把 Ugi 反应的产物通过 Mitsunobu 反应或分子内的 O-烷基化反应生成醚键, 也是一种常用的构建杂环的后修饰方法 (式 92)[120]。

利用自由基进行环化反应和 Ugi 反应结合在一起, 也可以方便地构建杂环结构 (式 93)[121]。

事实上, 有时只要对 Ugi 反应的各组分设计巧妙, 使用简单的反应也可以把 Ugi 反应的产物转化成有用的杂环。如式 94 所示: Mjalli 等人用 α-羰基醛来进行 Ugi 反应, 反应产物用 $NH_4OAc/HOAc$ 处理而生成四取代的咪唑。他们把此方法用于固相合成, 制备出了一系列的咪唑类似物[122]。

364 碳-氮键的生成反应

$$\text{PhCOCHO} + \text{H}_2\text{N-}i\text{Bu} + \text{PhCO}_2\text{H} + n\text{-Bu-NC} \xrightarrow[50\%]{\text{MeOH, rt, 2 d}} \text{产物1} \xrightarrow[95\%]{\text{NH}_4\text{OAc, HOAc, 100 °C, 16 h}} \text{产物2} \quad (94)$$

Ugi 反应本身就非常精彩，通过各个组分的变化或双官能团化合物可以得到各式各样的产物。最近十几年来，后修饰方法更是把 Ugi 反应推到了一个新的高度。我们完全有理由相信，Ugi 反应将会在有机合成领域中得到更加广泛的应用。

7.2 Ugi 反应在天然产物全合成中的应用

7.2.1 (+)-Furanomycin 的全合成

1967 年，Katagiri 等人从 *Streptomyces* L-803 (ATCC 15795) 的培养滤液中分离出来了一种中性氨基酸类抗生素 (+)-Furanomycin[123]。生物学测试结果显示，该化合物能够抑制 *E. Coli*、*Bacillus subtilis*、*Shigella* 和 *Salmonella* 等菌株的生长。后来的研究发现[124]，该化合物是异亮氨酰 tRNA 合成酶 (isoleucyl tRNA synthetase) 的一个底物，也是一种异亮氨酸拮抗剂。尽管 Furanomycin 和异亮氨酸在化学结构上差别很大，但核磁共振实验表明它们在与此酶结合后的构象非常相似。因此，合成 Furanomycin 及其类似物吸引了很多化学家的兴趣[125]。

如式 95 所示：(+)-Furanomycin 是一个中性的 α-氨基酸，分子中含有三个手性碳原子和一个二氢呋喃环结构。当时，Katagiri 等人根据其 2-位和 5-位氢有着较大的偶合常数 ($J_{2,5}$ = 5.7 Hz) 而推断 (+)-Furanomycin 的二氢呋喃环具有顺式取代结构。1980 年，Joullié 等人合成了全部四个顺式取代的立体异构体，结果没有一个异构体的核磁数据与 Katagiri 等人报道的数据一致。后来，他们又合成了全部的四个反式取代的立体异构体。通过比较，他们纠正了 Katagiri 等人确定的 (+)-Furanomycin 结构。所有八个立体异构体的合成均是利用手性的 α-甲基苄胺所参与的 Ugi 反应作为关键步骤来完成的[126]。

在 Joullié 等人的全合成路线中[126a,126b]，天然 D-葡萄糖被用作起始原料，经过多步转化首先得到反式二氢呋喃环的缩醛。此缩醛用 p-TsOH/THF 处理后得到相应的醛，不经分离便可直接与 R-(+)-α-甲基苄胺、苯甲酸和叔丁基异腈在甲醇里进行 Ugi 反应。虽然该反应生成 1:1 的非对映异构体，但可以用硅胶柱色谱的方法加以分离。依次脱去分离后产物上的 N-苄基和将酰胺键进行水解

$$\text{(95)}$$

后，最终得到了天然产物 ($\alpha S,2R,5S$)-(+)-Furanomycin 及其 αR-异构体。

7.2.2 Ecteinascidin 743 的全合成

1990 年，Rinehart 等人从 Caribbean Tunicate *Ecteinascidia turbinata* 中分离得到了天然产物 Ecteinascidin 743 (Et-743)[127]。该化合物可以杀死很多类型的肿瘤细胞，其肿瘤细胞增殖的抑制活性甚至比紫杉醇 (taxol) 和顺铂 (cisplatin) 还高好多倍。该化合物 (药名：Yondelis®) 由 Pharma Mar 和 Johnson & Johnson 制药公司联合进行了多项抗肿瘤的临床试验，2007 年 9 月作为临床药物获准在欧洲上市，用于治疗成年人的晚期软组织肉瘤 (advanced soft tissue sarcomas)。另外，该化合物还处于对 ovarian 癌的三期临床和对 breast、prostate 和 paediatric 癌症的二期临床试验中。到目前为止，只有三个研究小组完成了 Ecteinascidin 743 的全合成[128]。另外还有 Pharma Mar 公司利用发酵产物 Cyanosafracin B 为原料完成了该化合物的半合成[129]。

如式 96 所示：Fukuyama 小组[128b]巧妙地把 Ugi 反应应用在 Ecteinascidin 743 的全合成中。首先，他们通过一个 Ugi 四组分反应引入了该分子上半部分五环骨架上的所有碳原子。在实际操作中，该 Ugi 反应只需在甲醇里回流 1 h 即可达到 90% 的产率。在选择性地把硅基保护换成醋酸酯保护后，用 TFA 处理脱去氮上的 Boc-保护基并接着环化成哌嗪结构 (UDC 策略)。尽管该 Ugi 反应得到的是两个非对映异构体的混合物，但由于该手性碳原子在后面的反应步骤中被转化成双键 (即酰胺键被转换成了烯胺) 来参与 Heck 反应关环，所以并没有影响整个合成过程的收率。Heck 反应的产物经过进一步的转化，最终得到天然产物 Ecteinascidin 743。

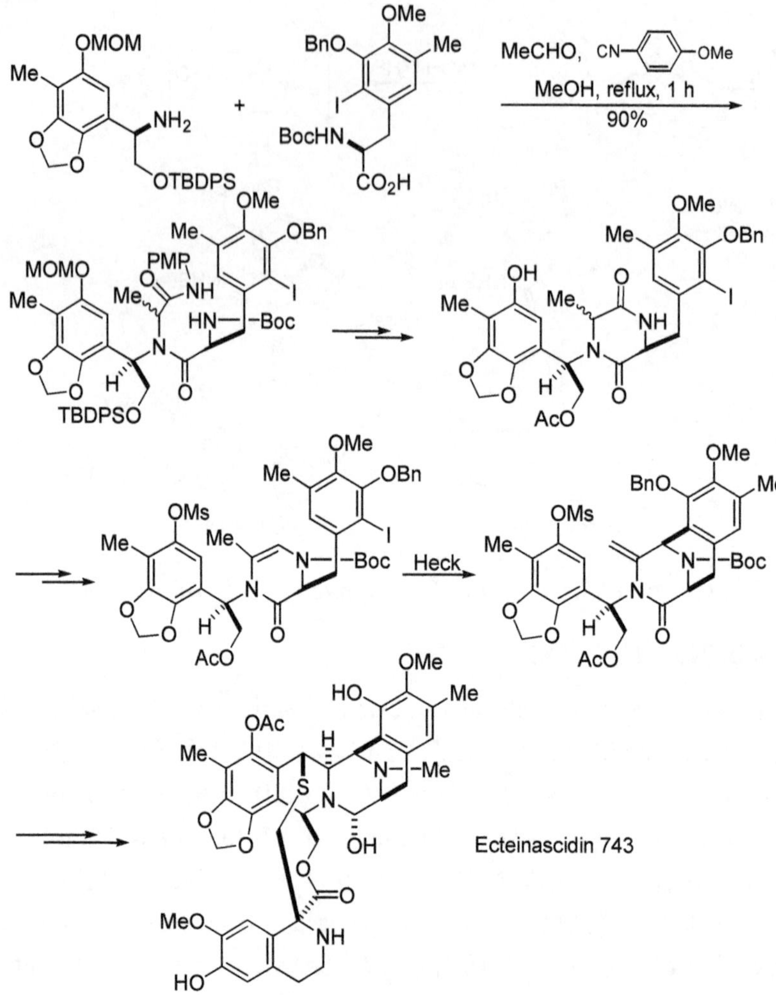

Ecteinascidin 743 (96)

8 Ugi 反应实例

例 一

N-环己基-1-(*N*-甲酰-异丙氨基)-环己甲酰胺的合成[3b]
(经典的 Ugi 反应)

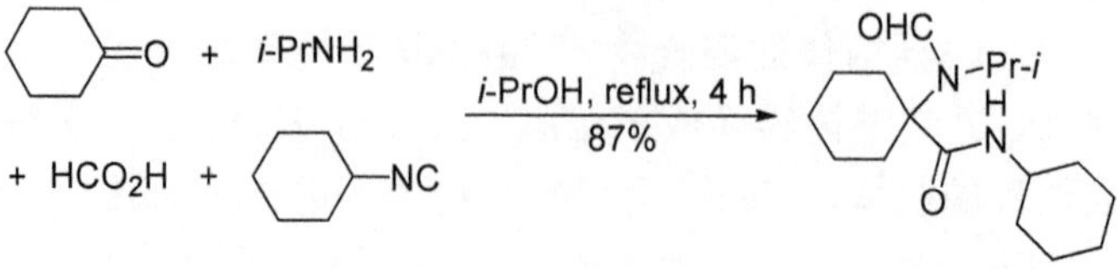

(97)

将环己酮 (1.08 g, 11 mmol)、异丙胺 (0.71 g, 12 mmol)、98% 的甲酸 (0.52 g, 11 mmol) 和环己基异腈 (1.09 g, 10 mmol) 的异丙醇 (3 mL) 溶液加热回流 4 h, 然后冷至室温。产物从反应溶液中析出, 得到白色的晶状固体 (2.55 g, 87%)。

例 二

N-苄基-N-[1-((2,2-二甲氧基乙基)硫代甲酰胺基)-2,2-二甲基丙基]乙酰胺的合成[58]
(硫代羧酸参与的 Ugi 反应)

$$t\text{-BuCHO} + \underset{\text{CH(OMe)}_2}{\text{CN}} + \text{BnNH}_2 + \underset{\text{SH}}{\overset{\text{O}}{\text{C}}} \xrightarrow[81\%]{\text{MeOH, rt, 15 h}} \underset{\text{Bu-}t}{\overset{\text{Bn}}{\text{N}}}\underset{\text{H}}{\overset{\text{S}}{\text{N}}}\text{CH(OMe)}_2 \quad (98)$$

将 2,2-二甲基丙醛 (0.86 g, 10 mmol) 和苄胺 (1.07 g, 10 mmol) 的甲醇 (10 mL) 溶液在室温下搅拌 15 min。把反应溶液冷至 0 °C 后, 依次加入硫代乙酸 (0.76 g, 10 mmol) 和 2,2-二甲氧基乙基异腈 (1.15 g, 10 mmol)。然后, 移去冰浴, 所得的反应混合物在室温下搅拌过夜。反应液用二氯甲烷稀释后, 用饱和碳酸钠水溶液、硫酸氢钾水溶液 (1 mol/L)和饱和食盐水洗涤。有机相用无水硫酸钠进行干燥后, 减压去除溶剂。得到的粗产物用叔丁基甲醚进行重结晶, 得到白色的晶状固体 (2.96 g, 81%)。

例 三

N-环己基-2-[(2-二甲氧基乙基)(2-硝基苯基)氨基]-丁酰胺的合成[67a]
(广义的 Ugi 反应)

$$\text{Et—CHO} + \text{H}_2\text{N}\diagup\diagup\text{OMe} + \underset{\text{O}_2\text{N}}{\text{HO}}\diagdown + \text{CN}\diagdown\diagup \xrightarrow[71\%]{\text{MeOH, 40 °C, 4 h}} \quad (99)$$

将 2-甲氧基乙胺 (150 mg, 2.0 mmol)、环己基异腈 (218 mg, 2.0 mmol) 和邻硝基苯酚 (278 mg, 2.0 mmol) 依次加入到丙醛 (116 mg, 2.0 mmol) 的甲醇 (2 mL) 溶液中。所得的反应溶液在 40 °C 下搅拌 20 h 后, 减压去除溶剂。得到的残留物用硅胶柱色谱分离, 得到反应产物 (515 mg, 71%)。

例 四

N-环己基-(1-苄基-2-甲基-5-羰基吡咯烷基)-2-甲酰胺的合成[76]
(双官能团化合物参与的 Ugi 反应)

$$\underset{\text{HO}}{\overset{\text{O}}{\text{C}}}\diagdown\diagup\overset{\text{O}}{\text{C}} + \text{BnNH}_2 + \underset{}{\overset{\text{NC}}{\diagdown}} \xrightarrow[72\%]{\text{MeOH, rt, 4 h}} \quad (100)$$

将苄胺 (1.07 g, 10 mmol)、γ-羰基戊酸 (1.16 g, 10 mmol) 和环己基异腈 (1.09 g, 10 mmol) 的甲醇 (10 mL) 溶液在室温下搅拌 4 h。产物从反应溶液中自动析出，过滤得到白色的固体 (2.25 g, 72%)。

例　五

N-叔丁基-2-(N-甲酰-半乳糖基氨基)-3-甲基丁酰胺的合成[97]
(糖类"可除去的胺"参与的 Ugi 反应)

在 −78 ℃ 和搅拌下，将二氯化锌 (0.68 g, 5.0 mmol) 加入到由手性胺 (2.58 g, 5.0 mmol)、异丁醛 (0.37 g, 5.1 mmol)、甲酸 (0.25 g, 5.5 mmol) 和叔丁基异腈 (0.43 g, 5.2 mmol) 所形成的四氢呋喃 (30 mL) 溶液中。反应混合液在 −78 ℃ 下继续搅拌 2 天后，减压去除溶剂。得到的残留物溶于二氯甲烷 (50 mL) 后，用饱和碳酸氢钠水溶液和饱和食盐水洗涤。有机相用无水硫酸钠进行干燥后，减压去除溶剂。得到的粗产物用庚烷/二氯甲烷进行重结晶，得到白色的晶状固体 (2.99 g, 86%)。

9　参考文献

[1] (a) Dömling, A. *Chem. Rev.* **2006**, *106*, 17. (b) Zhu, J.; Bienaymé, H. *Multicomponent Reactions*. Wiley-VCH, Weinheim, **2005**. (c) Dömling, A.; Ugi, I. *Angew. Chem., Int. Ed.* **2000**, *39*, 3168.

[2] Lemmen, P.; Fontain, E.; Bauer, J. *Angew. Chem., Int. Ed.* **2006**, *45*, 193.

[3] (a) Ugi, I.; Meyr, R.; Fetzer, U.; Steinbrückner, C. *Angew. Chem.* **1959**, *71*, 386. (b) Ugi, I. *Angew. Chem., Int. Ed. Engl.* **1962**, *1*, 8.

[4] Passerini, M. *Gazz. Chim. Ital.* **1921**, *51*, 126.

[5] Scheuer, P. J. *Acc. Chem. Res.* **1992**, *25*, 433.

[6] Lieke, W. *Justus Liebigs Ann. Chem.* **1859**, *112*, 316.

[7] Gautier, A. *Justus Liebigs Ann. Chem.* **1867**, *142*, 289.

[8] Gassman, P. G.; Guggenheim, T. L. *J. Am. Chem. Soc.* **1982**, *104*, 5849.

[9] Kitano, Y.; Chiba, K.; Tada, M. *Tetrahedron Lett.* **1998**, *39*, 1911.

[10] Hofmann, A. W. *Justus Liebigs Ann. Chem.* **1867**, *144*, 114.

[11] Weber, W. P.; Gokel, G. W.; Ugi, I. K. *Angew. Chem., Int. Ed. Engl.* **1972**, *11*, 530.

[12] (a) Schöllkopf, U.; Hoppe, D.; Jentsch, R. *Angew. Chem., Int. Ed. Engl.* **1971**, *10*, 331. (b) Schöllkopf, U.; Schröder, R. *Angew. Chem., Int. Ed. Engl.* **1971**, *10*, 333. (c) Schöllkopf, U. *Angew. Chem., Int. Ed. Engl.* **1977**, *16*, 339.

[13] Schöllkopf, U.; Porsch, P. H.; Lau, H. H. *Liebigs Ann. Chem.* **1979**, 1444.
[14] Bienaymé, H. *Tetrahedron Lett.* **1998**, 39, 4255.
[15] (a) Ugi, I.; Meyr, R. *Angew. Chem.* **1958**, *70*, 702. (b) Ugi, I.; Betz, W.; Fetzer, U.; Offermann, K. *Chem. Ber.* **1961**, *94*, 2814. (c) Skorna, G.; Ugi, I. *Angew. Chem., Int. Ed. Engl.* **1977**, *16*, 259. (d) Obrecht, R.; Herrmann, R.; Ugi, I. *Synthesis* **1985**, 400.
[16] Appel, R.; Kleinstück, R.; Ziehn, K.-D. *Angew. Chem., Int. Ed. Engl.* **1971**, *10*, 132.
[17] Baldwin, J. E.; O'Neil, I. A. *Synlett* **1990**, 603.
[18] (a) Pirrung, M. C.; Sarma, K. D. *J. Am. Chem. Soc.* **2004**, *126*, 444. (b) Lin, Q.; O'Neill, J. C.; Blackwell, H. E. *Org. Lett.* **2005**, *7*, 4455.
[19] Ugi, I.; Rosendahl, F. K. *Liebigs Ann. Chem.* **1963**, *666*, 65.
[20] Keating, T. A.; Armstrong, R. W. *J. Am. Chem. Soc.* **1995**, *117*, 7842.
[21] Keating, T. A.; Armstrong, R. W. *J. Am. Chem. Soc.* **1996**, *118*, 2574.
[22] Mjalli, A. M. M.; Sarshar, S.; Baiga, T. J. *Tetrahedron Lett.* **1996**, *37*, 2943.
[23] Maison, W.; Schlemminger, I.; Westerhoff, O.; Martens, J. *Bioorg. Med. Chem.* **2000**, *8*, 1343.
[24] Lindhorst, T.; Bock, H.; Ugi, I. *Tetrahedron* **1999**, *55*, 7411.
[25] Rikimaru, K.; Yanagisawa, A.; Kan, T.; Fukuyama, T. *Synlett* **2004**, 41.
[26] Linderman, R. J.; Binet, S.; Petrich, S. R. *J. Org. Chem.* **1999**, *64*, 336.
[27] Baldoli, C.; Maiorana, S.; Licandro, E.; Zinzalla, G.; Perdicchia, D. *Org. Lett.* **2002**, *4*, 4341.
[28] (a) Gilley, C. B.; Buller, M. J.; Kobayashi, Y. *Org. Lett.* **2007**, *9*, 3631. (b) Isaacson, J.; Gilley, C. B.; Kobayashi, Y. *J. Org. Chem.* **2007**, *72*, 3913. (c) Vamos, M.; Ozboya, K.; Kobayashi, Y. *Synlett* **2007**, 1595. (d) Kobayashi, K.; Yoneda, K.; Mizumoto, T.; Umakoshi, H.; Morikawa, O.; Konishi, H. *Tetrahedron Lett.* **2003**, *44*, 4733.
[29] Isenring, H. P.; Hofheinz, W. *Synthesis* **1981**, 385.
[30] Obrecht, R.; Toure, S.; Ugi, I. *Heterocycles* **1984**, *21*, 271.
[31] Isenring, H. P.; Hofheinz, W. *Tetrahedron* **1983**, *39*, 2591.
[32] (a) Hulme, C.; Peng, J.; Morton, G.; Salvino, J. M.; Herpin, T.; Labaudiniere, R. *Tetrahedron Lett.* **1998**, *39*, 7227. (b) Hulme, C.; Ma, L.; Cherrier, M. -P.; Romano, J. J.; Morton, G.; Duquenne, C.; Salvino, J.; Labaudiniere, R. *Tetrahedron Lett.* **2000**, *41*, 1883. (c) Chen, J. J.; Golebiowski, A.; McClenaghan, J.; Klopfenstein, S. R.; West, L. *Tetrahedron Lett.* **2001**, *42*, 2269. (d) Chen, J. J.; Golebiowski, A.; Klopfenstein, S. R.; West, L. *Tetrahedron Lett.* **2002**, *43*, 4083. (e) Kennedy, A. L.; Fryer, A. M.; Josey, J. A. *Org. Lett.* **2002**, *4*, 1167.
[33] Waki, M.; Meienhofer, J. *J. Am. Chem. Soc.* **1977**, *99*, 6075.
[34] (a) Floyd, C. D.; Harnett, L. A.; Miller, A.; Patel, S.; Saroglou, L.; Whittaker, M. *Synlett* **1998**, 637. (b) Sheehan, S. M.; Masters, J. J.; Wiley, M. R.; Young, S. C.; Liebeschuetz, J. W.; Jones, S. D.; Murray, C. W.; Franciskovich, J. B.; Engel, D. B.; Weber, W. W.; Marimuthu, J.; Kyle, J. A.; Smallwood, J. K.; Farmen, M. W.; Smith, G. F. *Bioorg. Med. Chem. Lett.* **2003**, *13*, 2255. (c) Cao, X.; Moran, E. J.; Siev, D.; Lio, A.; Ohashi, C.; Mjalli, A. M. M. *Bioorg. Med. Chem. Lett.* **1995**, 5, 2953. (d) Li, Z.; Yeo, S. L.; Pallen, C. J.; Ganesan, A. *Bioorg. Med. Chem. Lett.* **1998**, 8, 2443. (e) Kim, S. W.; Bauer, S. M.; Armstrong, R. W. *Tetrahedron Lett.* **1998**, 39, 6993. (f) Portlock, D. E.; Naskar, D.; West, L.; Ostaszewski, R.; Chen, J. J. *Tetrahedron Lett.* **2003**, 44, 5121.
[35] Ugi, I.; Offermann, K. *Chem. Ber.* **1964**, *97*, 2996.
[36] Hoyng, C. F.; Patel, A. D. *J. Chem. Soc., Chem. Commun.* **1981**, 491.
[37] Patel, S.; Saroglou, L.; Floyd, C. D.; Miller, A.; Whittaker, M. *Tetrahedron Lett.* **1998**, 39, 8333.
[38] (a) Pick, R.; Bauer, M.; Kazmaier, U.; Hebach, C. *Synlett* **2005**, 757; (b) Kazmaier, U.; Hebach, C. *Synlett* **2003**, 1591.
[39] Ugi, I.; Bodesheim, F. *Liebigs Ann. Chem.* **1963**, *666*, 61.
[40] (a) Failli, A.; Nelson, V.; Immer, H.; Götz, M. *Can. J. Chem.* **1973**, *51*, 2769. (b) Immer, H.; Nelson, V.; Robinson, W.; Götz, M. *Liebigs Ann. Chem.* **1973**, 1789.
[41] (a) Zinner, G.; Moderhack, D.; Kliegel, W. *Chem. Ber.* **1969**, *102*, 2536; (b) Moderhack, D. *Liebigs Ann.*

Chem. **1973**, 359; (c) Zinner, G.; Moderhack, D.; Hantelmann, O.; Bock, W. Chem. Ber. **1974**, *107*, 2947.

[42] Basso, A.; Banfi, L.; Guanti, G.; Riva, R.; Riu, A. Tetrahedron Lett. **2004**, *45*, 6109.

[43] Campian, E.; Lou, B.; Saneii, H. Tetrahedron Lett. **2002**, *43*, 8467.

[44] Basso, A.; Banfi, L.; Guanti, G.; Riva, R. Tetrahedron Lett. **2005**, *46*, 8003.

[45] Giovenzana, G. B.; Tron, G. C.; Paola, S. D.; Menegotto, I. G.; Pirali, T. Angew. Chem. Int. Ed. **2006**, *45*, 1099.

[46] (a) Yamada, T.; Omote, Y.; Yamanaka, Y.; Miyazawa, T.; Kuwata, S. Synthesis **1998**, 991. (b) Hanyu, M.; Murashima, T.; Miyazawa, T.; Yamada, T. Tetrahedron Lett. **2004**, *45*, 8871.

[47] Zychlinski, H.; Ugi, I.; Marquarding, D. Angew. Chem. Int. Ed. Engl. **1974**, *13*, 473.

[48] Zahr, S.; Ugi, I. Synthesis **1979**, 266.

[49] Bukall, P.; Ugi, I. Heterocycles **1978**, *11*, 467.

[50] Bukall, P.; Ugi, I. Heterocycles **1981**, *15*, 381.

[51] Hoyng, C. F.; Patel, A. D. Tetrahedron Lett. **1980**, *21*, 4795.

[52] Wackerle, L.; Ugi, I. Synthesis **1975**, 598.

[53] Waki, M.; Minematsu, Y.; Meienhofer, J.; Izumiya, N. Chem. Lett. **1979**, 823.

[54] (a) Ugi, I.; Steinbrückner, C. Angew. Chem. **1960**, *72*, 267. (b) Ugi, I.; Steinbrückner, C. Chem. Ber. **1961**, *94*, 2802.

[55] Keating, T. A.; Armstrong, R. W. J. Org. Chem. **1998**, *63*, 867.

[56] Hulme, C.; Ma, L.; Romano, J. J.; Morton, G.; Tang, S.-Y.; Cherrier, M. -P.; Choi, S.; Salvino, J.; Labaudiniere, R. Tetrahedron Lett. **2000**, *41*, 1889.

[57] Faggi, C.; Neo, A. G.; Marcaccini, S.; Menchi, G.; Revuelta, J. Tetrahedron Lett. **2008**, *49*, 2099.

[58] Kazmaier, U.; Ackermann, S. Org. Biomol. Chem. **2005**, *3*, 3184.

[59] Mayer, J.; Umkehrer, M.; Kalinski, C.; Ross, G.; Kolb, J.; Burdack, C.; Hiller, W. Tetrahedron Lett. **2005**, *46*, 7393.

[60] Dömling, A.; Beck, B.; Magnin-Lachaux, M. Tetrahedron Lett. **2006**, *47*, 4289.

[61] Bienaymé, H.; Bouzid, K. Tetrahedron Lett. **1998**, *39*, 2735.

[62] Ugi, I.; Rosendahl, F. K.; Bodesheim, F. Liebigs Ann. Chem. **1963**, *666*, 54.

[63] (a) Short, K. M.; Ching, B. W.; Mjalli, A. M. M. Tetrahedron Lett. **1996**, *37*, 7489. (b) Short, K. M.; Ching, B. W.; Mjalli, A. M. M. Tetrahedron **1997**, *53*, 6653.

[64] Bossio, R.; Marcaccini, S.; Pepino, R. Liebigs Ann. Chem. **1993**, 1229.

[65] (a) Groebke, K.; Weber, L.; Mehlin, F. Synlett **1998**, 661. (b) Blackburn, C.; Guan, B.; Fleming, P.; Shiosaki, K.; Tsai, S. Tetrahedron Lett. **1998**, *39*, 3635. (c) Bienaymé, H.; Bouzid, K. Angew. Chem., Int. Ed. Engl. **1998**, *37*, 2234. (d) Blackburn, C. Tetrahedron Lett. **1998**, *39*, 5469.

[66] DiMauro, E. F.; Kennedy, J. M. J. Org. Chem. **2007**, *72*, 1013.

[67] (a) El Kaïm, L.; Grimaud, L.; Oble, J. Angew. Chem., Int. Ed. **2005**, *44*, 7961. (b) El Kaim, L.; Gizolme, M.; Grimaud, L.; Oble, J. Org. Lett. **2006**, *8*, 4019.

[68] (a) Ugi, I.; Wischhöfer, E. Chem. Ber. **1962**, *95*, 136. (b) Dömling, A.; Starnecker, M.; Ugi, I. Angew. Chem., Int. Ed. Engl. **1995**, *34*, 2238.

[69] (a) Ugi, I. Angew. Chem., Int. Ed. Engl. **1982**, *21*, 810. (b) Nitta, H.; Hatanaka, M.; Ishimaru, T. J. Chem. Soc., Chem. Commun. **1987**, 51. (c) Neyer, G.; Achatz, J.; Danzer, B.; Ugi, I. Heterocycles **1990**, *30*, 863. (d) Neyer, G.; Ugi, I. Synthesis **1991**, 743. (e) Kehagia, K.; Ugi, I. Tetrahedron **1995**, *51*, 9423.

[70] (a) Pitlik, J.; Townsend, C. A. Bioorg. Med. Chem. Lett. **1997**, *7*, 3129. (b) Gedey, S.; Eycken, J.; Fülöp, F. Org. Lett. **2002**, *4*, 1967.

[71] (a) Demharter, A.; Hörl, W.; Herdtweck, E.; Ugi, I. Angew. Chem., Int. Ed. Engl. **1996**, *35*, 173. (b) Ugi, I.; Hörl, W.; Hanusch-Kompa, C.; Schmid, T.; Herdtweck, E. Heterocycles **1998**, *47*, 965.

[72] (a) Ugi, I.; Demharter, A.; Hörl, W.; Schmid, T. Tetrahedron **1996**, *52*, 11657. (b) Park, S. J.; Keum, G.; Kang, S. B.; Koh, H. Y.; Kim, Y.; Lee, D. H. Tetrahedron Lett. **1998**, *39*, 7109.

[73] Keating, T. A.; Armstrong, R. W. J. Org. Chem. **1996**, *61*, 8935.

[74] Ebert, B. M.; Ugi, I.; Grosche, M.; Herdtweck, E.; Herrmann, W. A. Tetrahedron **1998**, *54*, 11887.

[75] Failli, A.; Immer, H.; Götz, M., *Can. J. Chem.* **1979**, *57*, 3257.
[76] Gross, H.; Gloede, J.; Keitel, I.; Kunath, D. *J. Prakt. Chem.* **1968**, *37*, 192.
[77] Harriman, G. C. B. *Tetrahedron Lett.* **1997**, *38*, 5591.
[78] Short, K. M.; Mjalli, A. M. M. *Tetrahedron Lett.* **1997**, *38*, 359.
[79] Tye, H.; Whittaker, M. *Org. Biomol. Chem.* **2004**, *2*, 813.
[80] Hanusch-Kompa, C.; Ugi, I. *Tetrahedron Lett.* **1998**, *39*, 2725.
[81] (a) Zhang, J.; Jacobson, A.; Rusche, J. R.; Herlihy, W. *J. Org. Chem.* **1999**, *64*, 1074. (b) Marcaccini, S.; Pepino, R.; Torroba, T.; Miguel, D.; García-Valverde, M. *Tetrahedron Lett.* **2002**, *43*, 8591. (c) Ilyn, A. P.; Trifilenkov, A. S.; Kuzovkova, J. A.; Kutepov, S. A.; Nikitin, A. V.; Ivachtchenko, A. V. *J. Org. Chem.* **2005**, *70*, 1478. (d) Ilyn, A. P.; Loseva, M. V.; Vvedensky, V. Y.; Putsykina, E. B.; Tkachenko, S. E.; Kravchenko, D. V.; Khvat, A. V.; Krasavin, M. Y.; Ivachtchenko, A. V. *J. Org. Chem.* **2006**, *71*, 2811.
[82] Pirrung, M. C.; Sarma, K. D. *Synlett* **2004**, 1425.
[83] (a) Gröger, H.; Hatam, M.; Martens, J. *Tetrahedron* **1995**, *51*, 7173. (b) Gröger, H.; Hatam, M.; Kintscher, J.; Martens, J. *Synth. Commun.* **1996**, *26*, 3383. (c) Maison, W.; Lützen, A.; Kosten, M.; Schlemminger, I.; Westerhoff, O.; Martens, J. *J. Chem. Soc., Perkin Trans. 1*, **1999**, 3515. (d) Maison, W.; Lützen, A.; Kosten, M.; Schlemminger, I.; Westerhoff, O.; Saak, W.; Martens, J. *J. Chem. Soc., Perkin Trans. 1*, **2000**, 1867.
[84] Nenajdenko, V. G.; Gulevich, A. V.; Balenkova, E. S. *Tetrahedron* **2006**, *62*, 5922.
[85] Timmer, M. S. M.; Risseeuw, M. D. P.; Verdoes, M.; Filippov, D. V.; Plaisier, J. R.; Marel, G. A.; Overkleeft, H. S.; Boom, J. H. *Tetrahedron: Asymmetry* **2005**, *16*, 177.
[86] Ngouansavanh, T.; Zhu, J. *Angew. Chem., Int. Ed.* **2007**, *46*, 5775.
[87] (a) Bonne, D.; Dekhane, M.; Zhu, J. *Org. Lett.* **2004**, *6*, 4771. (b) Pirali, T.; Tron, G. C.; Masson, G.; Zhu, J. *Org. Lett.* **2007**, *9*, 5275.
[88] (a) Bock, H.; Ugi, I. *J. Prakt. Chem.* **1997**, *339*, 385. (b) Ziegler, T.; Kaisers, H.-J.; Schlömer, R.; Koch, C. *Tetrahedron*, **1999**, *55*, 8397. (c) Banfi, L.; Basso, A.; Guanti, G.; Riva, R. *Tetrahedron Lett.* **2003**, *44*, 7655.
[89] (a) Golebiowski, A.; Klopfenstein, S. R.; Shao, X.; Chen, J. J.; Colson, A.-O.; Grieb, A. L.; Russell, A. F. *Org. Lett.* **2000**, *2*, 2615. (b) Golebiowski, A.; Jozwik, J.; Klopfenstein, S. R.; Colson, A. -O.; Grieb, A. L.; Russell, A. F.; Rastogi, V. L.; Diven, C. F.; Portlock, D. E.; Chen, J. J. *J. Comb. Chem.* **2002**, *4*, 584. (c) Gouge, V.; Jubault, P.; Quirion, J. -C. *Tetrahedron Lett.* **2004**, *45*, 773.
[90] (a) Sutherlin, D. P.; Stark, T. M.; Hughes, R.; Armstrong, R. W. *J. Org. Chem.* **1996**, *61*, 8350. (b) Bauer, S. M.; Armstrong, R. W. *J. Am. Chem. Soc.* **1999**, *121*, 6355. (c) Tempest, P.; Pettus, L.; Gore, V.; Hulme, C. *Tetrahedron Lett.* **2003**, *44*, 1947.
[91] Kelly, C. L.; Lawrie, K. W. M.; Morgan, P.; Willis, C. L. *Tetrahedron Lett.* **2000**, *41*, 8001.
[92] (a) Ugi, I.; Offermann, K.; Herlinger, H.; Marquarding, D. *Liebigs Ann. Chem.* **1967**, *709*, 1. (b) Ugi, I.; Kaufhold, G. *Liebigs Ann. Chem.* **1967**, *709*, 11. (c) Ugi, I.; Offermann, K. *Angew. Chem., Int. Ed. Engl.* **1963**, *2*, 624.
[93] Gulevich, A. V.; Balenkova, E. S.; Nenajdenko, V. G. *J. Org. Chem.* **2007**, *72*, 7878.
[94] (a) Madsen, U.; Frydenvang, K.; Ebert, B.; Johansen, T. N; Brehm, L.; Krogsgaard-Larsen, P. *J. Med. Chem.* **1996**, *39*, 183. (b) Ahmadian, H.; Nielsen, B.; Bräuner-Osborne, H.; Johansen, T. N.; Stensbøl, T. B.; Sløk, F. A.; Sekiyama, N.; Nakanishi, S.; Krogsgaard-Larsen, P.; Madsen, U. *J. Med. Chem.* **1997**, *40*, 3700.
[95] (a) Marquarding, D.; Hoffmann, P.; Heitzer, H.; Ugi, I. *J. Am. Chem. Soc.* **1970**, *92*, 1969. (b) Urban, R.; Ugi, I. *Angew. Chem., Int. Ed. Engl.* **1975**, *14*, 61. (c) Siglmüller, F.; Herrmann, R.; Ugi, I. *Tetrahedron* **1986**, *42*, 5931.
[96] (a) Herrmann, R.; Hübener, G.; Siglmüller, F.; Ugi, I. *Liebigs Ann. Chem.* **1986**, 251. (b) Demharter, A.; Ugi, I. *J. Prakt. Chem.* **1993**, *335*, 244.
[97] (a) Kunz, H.; Pfrengle, W. *J. Am. Chem. Soc.* **1988**, *110*, 651. (b) Kunz, H.; Pfrengle, W. *Tetrahedron* **1988**, *44*, 5487.
[98] Kunz, H.; Sager, W. *Angew. Chem., Int. Ed. Engl.* **1987**, *26*, 557.
[99] Oertel, K.; Zech, G.; Kunz, H. *Angew. Chem., Int. Ed. Engl.* **2000**, *39*, 1431.
[100] Kunz, H.; Pfrengle, W.; Rück, K.; Sager, W. *Synthesis* **1991**, 1039.
[101] (a) Goebel, M.; Ugi, I. *Synthesis* **1991**, 1095. (b) Lehnhoff, S.; Goebel, M.; Karl, R. M.; Klösel, R.; Ugi, I. *Angew.*

Chem., Int. Ed. Engl. **1995**, *34*, 1104. (c) Ross, G. F.; Herdtweck, E.; Ugi, I. *Tetrahedron* **2002**, *58*, 6127.

[102] (a) Basso, A.; Banfi, L.; Riva, R.; Guanti, G. *Tetrahedron Lett.* **2004**, *45*, 587. (b) Basso, A.; Banfi, L.; Riva, R.; Guanti, G. *J. Org. Chem.* **2005**, *70*, 575. (c) Basso, A.; Banfi, L.; Riva, R.; Guanti, G. *Tetrahedron* **2006**, *62*, 8830.

[103] Kanizsai, I.; Szakonyi, Z.; Sillanpää, R.; Fülöp, F. *Tetrahedron Lett.* **2006**, *47*, 9113.

[104] Godet, T.; Bonvin, Y.; Vincent, G.; Merle, D.; Thozet, A.; Ciufolini, M. A. *Org. Lett.* **2004**, *6*, 3281.

[105] Krelaus, R.; Westermann, B. *Tetrahedron Lett.* **2004**, *45*, 5987.

[106] Nenajdenko, V. G.; Reznichenko, A. L.; Balenkova, E. S. *Tetrahedron* **2007**, *63*, 3031.

[107] (a) Banfi, L.; Basso, A.; Guanti, G.; Riva, R. *Tetrahedron Lett.* **2004**, *45*, 6637. (b) Banfi, L.; Basso, A.; Guanti, G.; Merlo, S.; Repetto, C.; Riva, R. *Tetrahedron* **2008**, *64*, 1114.

[108] (a) Hulme, C.; Gore, V. *Curr. Med. Chem.* **2003**, *10*, 51. (b) Bienaymé, H.; Hulme, C.; Oddon, G.; Schmitt, P. *Chem. Eur. J.* **2000**, *6*, 3321.

[109] (a) Akritopoulou-Zanze, I.; Djuric, S. W. *Heterocycles* **2007**, *73*, 125. (b) Zhu, J. *Eur. J. Org. Chem.* **2003**, 1133.

[110] Hulme, C.; Peng, J.; Louridas, B.; Menard, P.; Krolikowski, P.; Kumar, N. V. *Tetrahedron Lett.* **1998**, *39*, 8047.

[111] Corres, N.; Delgado, J. J.; García-Valverde, M.; Marcaccini, S.; Rodríguez, T.; Rojo, J.; Torroba, T. *Tetrahedron* **2008**, *64*, 2225.

[112] Akritopoulou-Zanze, I.; Gracias, V.; Djuric, S. W. *Tetrahedron Lett.* **2004**, *45*, 8439.

[113] Akritopoulou-Zanze, I.; Gracias, V.; Moore, J. D.; Djuric, S. W. *Tetrahedron Lett.* **2004**, *45*, 3421.

[114] Ilyin, A.; Kysil, V.; Krasavin, M.; Kurashvili, I.; Ivachtchenko, A. V. *J. Org. Chem.* **2006**, *71*, 9544.

[115] (a) Xiang, Z.; Luo, T.; Lu, K.; Cui, J.; Shi, X.; Fathi, R.; Chen, J.; Yang, Z. *Org. Lett.* **2004**, *6*, 3155. (b) Ma, Z.; Xiang, Z.; Luo, T.; Lu, K.; Xu, Z.; Chen, J.; Yang, Z. *J. Comb. Chem.* **2006**, *8*, 696.

[116] (a) Banfi, L.; Basso, A.; Guanti, G.; Riva, R. *Tetrahedron Lett.* **2003**, *44*, 7655. (b) Kazmaier, U.; Hebach, C.; Watzke, A.; Maier, S.; Mues, H.; Huch, V. *Org. Biomol. Chem.* **2005**, *3*, 136. (c) Oikawa, M.; Naito, S.; Sasaki, M. *Heterocycles* **2007**, *73*, 377.

[117] Ribelin, T. P.; Judd, A. S.; Akritopoulou-Zanze, I.; Henry, R. F.; Cross, J. L.; Whittern, D. N.; Djuric, S. W. *Org. Lett.* **2007**, *9*, 5119.

[118] (a) Bonnaterre, F.; Bois-Choussy, M.; Zhu, J. *Org. Lett.* **2006**, *8*, 4351. (b) Salcedo, A.; Neuville, L.; Rondot, C.; Retailleau, P.; Zhu, J. *Org. Lett.* **2008**, *10*, 857.

[119] Spatz, J. H.; Umkehrer, M.; Kalinski, C.; Ross, G.; Burdack, C.; Kolb, J.; Bach, T. *Tetrahedron Lett.* **2007**, *48*, 8060.

[120] (a) Banfi, L.; Basso, A.; Guanti, G.; Lecinska, P.; Riva, R. *Org. Biomol. Chem.* **2006**, *4*, 4236. (b) Greef, M.; Abeln, S.; Belkasmi, K.; Dömling, A.; Orru, R. V. A.; Wessjohann, L. A. *Synthesis* **2006**, 3997. (c) Xing, X.; Wu, J.; Feng, G.; Dai, W. -M. *Tetrahedron* **2006**, *62*, 6774.

[121] El Kaïm, L.; Grimaud, L.; Miranda, L. D.; Vieu, E. *Tetrahedron Lett.* **2006**, *47*, 8259.

[122] Zhang, C.; Moran, E. J.; Woiwode, T. F.; Short, K. M.; Mjalli, A. M. M. *Tetrahedron Lett.* **1996**, *37*, 751.

[123] Katagiri, K.; Tori, K.; Kimura, Y.; Yoshida, T.; Nagasaki, T.; Minato, H. *J. Med. Chem.* **1967**, *10*, 1149.

[124] Kohno, T.; Kohda, D.; Haruki, M.; Yokoyama, S.; Miyazawa, T. *J. Biol. Chem.* **1990**, *265*, 6931.

[125] (a) Zimmermann, P. J.; Blanarikova, I.; Jäger, V. *Angew. Chem., Int. Ed. Engl.* **2000**, *39*, 910. (b) Lee, J. Y.; Schiffer, G.; Jäger, V. *Org. Lett.* **2005**, *7*, 2317. (c) Zimmermann, P. J.; Lee, J. Y.; Hlobilova, I. (née Blanarikova); Endermann, R.; Häbich, D.; Jäger, V. *Eur. J. Org. Chem.* **2005**, 3450.

[126] (a) Joullié, M. M.; Wang, P. C.; Semple, J. E. *J. Am. Chem. Soc.* **1980**, *102*, 887. (b) Semple, J. E.; Wang, P. C.; Lysenko, Z.; Joullié, M. M. *J. Am. Chem. Soc.* **1980**, *102*, 7505. (c) Chen, S. -Y.; Joullié, M. M. *J. Org. Chem.* **1984**, *49*, 1769.

[127] Rinehart, K. L.; Holt, T. G.; Fregeau, N. L.; Stroh, J. G.; Keifer, P. A.; Sun, F.; Li, L. H.; Martin, D. G. *J. Org. Chem.* **1990**, *55*, 4512.

[128] (a) Corey, E. J.; Gin, D. Y.; Kania, R. S. *J. Am. Chem. Soc.* **1996**, *118*, 9202. (b) Endo, A.; Yanagisawa, A.; Abe, M.; Tohma, S.; Kan, T.; Fukuyama, T. *J. Am. Chem. Soc.* **2002**, *124*, 6552. (c) Chen, J.; Chen, X.; Bios-Choussy, M.; Zhu, J. *J. Am. Chem. Soc.* **2006**, *128*, 87.

[129] Cuevas, C.; Pérez, M.; Martín, M. J.; Chicharro, J. L.; Fernández-Rivas, C.; Flores, M.; Francesch, A.; Gallego, P.; Zarzuelo, M.; Calle, F.; García, J.; Polanco, C.; Rodríguez, I.; Manzanares, I. *Org. Lett.* **2000**, *2*, 2545.

范勒森反应

(Van Leusen Reaction)

朱锐

1 历史背景简述 ·· 374
2 Van Leusen 反应的概述 ··· 375
3 C-C 键的连接反应 ·· 376
   3.1 TosMIC 的单烷基化反应 ·· 376
   3.2 TosMIC 的双烷基化反应 ·· 377
   3.3 TosMIC 的酰化反应 ·· 378
   3.4 连接反应产物的应用 ··· 379
4 还原氰基化反应 ··· 379
   4.1 还原氰基化反应的机理 ·· 380
   4.2 酮的还原氰基化反应 ··· 380
   4.3 醛的还原氰基化反应 ··· 382
5 Van Leusen 杂环合成反应 ·· 383
   5.1 吡咯的合成 ··· 384
   5.2 噁唑啉的合成 ·· 386
   5.3 噁唑的合成 ··· 389
   5.4 噻唑的合成 ··· 390
   5.5 咪唑的合成 ··· 390
   5.6 1,2,4-三氮唑的合成 ·· 392
   5.7 嘧啶的合成 ··· 392
6 TosMIC 烯基衍生物的反应 ··· 393
   6.1 TosMIC 烯基衍生物的制备 ··· 393
   6.2 TosMIC 烯基衍生物的应用 ··· 395
7 Van Leusen 反应在天然产物合成中的应用 ·· 399
   7.1 Bistramides A 的全合成 ··· 399
   7.2 Bengazole A 的全合成 ··· 400
   7.3 Dictyodendrin B 的全合成 ·· 401

7.4　Kalihinene X 的全合成 ·· 402

7.5　(−)-Isocynometrine 的全合成 ·· 402

8　Van Leusen 反应实例 ··· 403

9　参考文献 ·· 406

1　历史背景简述

Van Leusen 反应是指利用 Van Leusen 试剂实现的有机合成及其方法。Van Leusen 试剂是一类磺酰甲基异腈的化合物，其中最简单、最重要和最常用的是 (对甲苯磺酰基)甲基异腈。根据该化合物的英文名字 Toluenesulphonylmethyl isocyanide，文献中常常使用它的缩写名称 TosMIC。Van Leusen 反应在有机合成、尤其是杂环化合物的合成中具有重要的应用价值，取名于对该类试剂研究做出杰出贡献的荷兰有机化学家 Albert M. Van Leusen。

1967 年，Van Leusen 在 (对甲苯磺酰基)甲基重氮在液态氰化氢中的光解反应进行研究时，意外地得到了 TosMIC[1]。如式 1 所示：TosMIC 分子结构中活性官能团密度非常高，25 个原子中包含了异氰基、磺酰基和活性亚甲基，这些结构特点决定了该化合物能够成为一个特有的有机合成试剂。TosMIC 的物化性质也不同于大多数异腈类化合物，它是一种白色或淡黄色无味的针状晶体，在室温下可以长时间存放。

(对甲苯磺酰基)甲基异腈 (TosMIC) 的结构　　　　(1)

在该试剂的研究初期，TosMIC 主要是通过对甲苯磺酰氟与甲基异腈锂反应来制备[2]。使用这种方法除了原料难得外，甲基异腈非常难闻的气味也是限制 TosMIC 得到广泛应用的重要原因。后来，Van Leusen 等人首先用对甲苯磺酰钠、甲醛和甲酰胺经 Mannich 反应生成 N-(对甲苯磺酰甲基)甲酰胺 (式 2)；然后，再发生脱水反应便可方便和大量地制备 TosMIC (式 3)[3]。现在，TosMIC 已经成为一种商品试剂和工业原料。Sisko 等人[4]通过类似的方法，使用不同的醛合成出了一系列烷基和芳基取代的 TosMIC 衍生物，扩展了其应用。

$$\text{Ts}^-\text{Na}^+ \xrightarrow[\text{42\%~47\%}]{\substack{\text{HCHO, NH}_2\text{CHO, HCO}_2\text{H} \\ \text{H}_2\text{O, 90~95 °C, 2 h}}} \text{Ts}\diagup\text{NHCHO} \quad (2)$$

$$\text{Ts}\diagup\text{NHCHO} \xrightarrow[\text{76\%~84\%}]{\substack{\text{POCl}_3, \text{Et}_3\text{N, DME, Et}_2\text{O} \\ -5\text{~}0\ °\text{C, 30 min}}} \text{Ts}\diagup\text{NC} \quad (3)$$

在文献中，人们根据各种目的和用途还合成了多种不同结构的磺酰甲基异腈，例如：固相磺酰甲基异腈[5]和手性磺酰甲基异腈[6]等 (式 4)。这些化合物发生的反应在本质上与 TosMIC 类似，但进一步完善了 Van Leusen 反应。

2 Van Leusen 反应的概述[7]

由于 Van Leusen 试剂的分子结构的特殊性，因此它有可能发生多种类型的反应。事实上，这些活性官能团可以单独参与反应，也可以同时参与反应。但是，其中部分官能团单独参与的反应并不是 Van Leusen 试剂的特征反应，例如：TosMIC 中的异氰基团可以方便地发生 Ugi 多组分反应[8]、Passerini[9]三组分反应和异腈的环加成反应[10]等。因此，这类反应并不属于 Van Leusen 反应的主要内容。

当 Van Leusen 试剂中的多个官能团参与反应或合成时，将会发生特有的 Van Leusen 反应。这类反应由于可以同时高效地完成多个官能团的生成或者转化，也被称之为 Van Leusen 多组分反应。如式 5 所示：Van Leusen 试剂特有的反应主要表现为三种类型。(1) 连接反应。Van Leusen 试剂中的亚甲基可以经过取代反应将碳链连接起来。然后，再利用 Ts-基团和异氰基团的转化反应，最终生成多一节碳的羰基、亚甲基或者 N-甲基等产物。(2) 还原氰基化反应。Van Leusen 试剂可以方便地与羰基反应生成多一节碳的氰基。该反应在羰基化合物的转化和有机合成中有着广泛的应用。(3) 杂环的合成。Van Leusen 试剂中的异氰基团和亚甲基同时发生反应，提供连接次序为 C-N-C 三个原子。用此方法可以方便地合成多种含氮杂环化合物，特别是在吡咯及其衍生物的合成中具有重要的地位。

本文将重点以 TosMIC 为例，对 Van Leusen 试剂和 Van Leusen 反应进行介绍和综述。

3 C-C 键的连接反应

受到对甲苯磺酰基团和异氰基团拉电子能力的影响，TosMIC 分子中的亚甲基具有较高的酸性 [与其结构相似的苯磺酰基乙腈中亚甲基的 pK_a = 12.0 (DMSO)][11]。所以，TosMIC 的亚甲基在取代反应中具有非常高的反应活性，烷基化反应是其最主要的取代反应。与其它活性亚甲基化合物反应不同，TosMIC 的活性亚甲基烷基化反应的最后产物取决于对甲苯磺酰基和异氰基后续的转化。如式 6 所示：通过该反应可以得到多一节碳的羰基、亚甲基或者 N-甲基等产物，这就造就了 Van Leusen 连接反应的独特性。

3.1 TosMIC 的单烷基化反应

TosMIC 单取代烷基化衍生物除了直接由取代的 (对甲苯磺酰基)甲基甲酰胺脱水而得外，通过 TosMIC 与烷基化试剂直接发生取代反应是最常用的方法。

在通常的烷基化反应条件下，TosMIC 与等物质的量的无位阻的卤代烃反应不能得到单一的烷基化衍生物，而是得到单烷基化和双烷基化的混合物。研究发现：使用相转移催化剂在 20%~50% 的 NaOH 水溶液中反应，可以选择性地得到单烷基化产物[12]。如式 7 所示：苄基三乙基氯化铵 (BETAC)、四丁基溴化

铵 (TBAB)、四丁基碘化铵 (TBAI) 等常常用于该目的。当使用多卤化合物作为烷基化试剂时，通过控制 TosMIC 与底物的用量比例，仍然可以高效地完成多个单烷基化反应[13] (式 8)。

$$\text{（式 7）} \quad \xrightarrow{\text{TosMIC, aq. NaOH (40\%)}}_{\text{TBAB, DCM, 0 °C~rt, 12 h}}_{85\%} \quad (7)$$

$$\text{（式 8）} \quad \xrightarrow{\text{TosMIC, aq. NaOH (20\%)}}_{\text{TBAI, DCM, rt, 2 h}}_{77\%} \quad (8)$$

在 TosMIC 的烷基化反应中，碘代烃和溴代烃的反应活性高于氯代烃。虽然有些活性氯代烃也能够用于该反应[14] (式 9)，但氟代烷烃一般不能发生该反应。使用一氯代烷烃作为烷基化时，需要较大的用量和略长的反应时间。但是，二氯甲烷和其它偕二氯化合物一般不能够用作该反应的烷基化试剂。

$$\text{Ts}{-}\text{NC} + \text{CH}_2={CH}{-}\text{CH}_2{-}\text{Cl} \xrightarrow[\text{91\%}]{\text{aq. NaOH (30\%), BETAC, DCM, 0 °C, 4 h}} \quad (9)$$

TosMIC 的烷基化反应受烷基化试剂位阻的影响很大，增大位阻能够明显地降低反应的产率。对于仲溴化物或碘化物，使用相转移催化剂只能得到较低产率的取代产物。但是，使用 NaH 之类的强碱有可能得到较好的结果[15] (式 10)。当烷基化试剂为叔卤代物时，即使使用 NaH 等强碱也无法发生烷基化反应[15] (式 11)。

$$\text{Ts}{-}\text{NC} + \text{sec-Bu}{-}\text{Br} \xrightarrow[\text{65\%}]{\text{NaH, DMSO, Et}_2\text{O, rt, 1 h}} \quad (10)$$

$$\text{Ts}{-}\text{NC} + t\text{-Bu-X} \xrightarrow[X = \text{Br, I}]{\text{NaH, DMSO, Et}_2\text{O, rt, 1 h}} \text{no reaction} \quad (11)$$

最近的文献报道显示[16]：在强碱条件下，TosMIC 甚至可以与卤代杂芳环发生取代反应 (式 12)。

$$\text{（式 12）} \quad \xrightarrow[\text{52\%}]{\text{TosMIC, NaH, DMF, 0 °C, 1.5 h}} \quad (12)$$

3.2 TosMIC 的双烷基化反应

TosMIC 与过量的烷基化试剂反应，便可得到相同取代基的双烷基化产物。

相转移催化剂和 NaOH 水溶液的反应条件同样也可以被用于双烷基化反应[17] (式 13)，但一般限于活性的卤代物，例如：伯溴代烷烃和伯碘代烷烃、烯丙基氯和烯丙基溴、苄基氯和苄基溴等。

$$\text{(13)}$$

使用单取代的 TosMIC 衍生物与烷基化试剂反应，便可以得到不同取代基的双烷基化产物。由于第二次烷基化反应时位阻增大，使用相转移催化的条件有可能不发生反应或产率较低。因此，需要较强的碱性条件来形成碳负离子。NaH/DMSO 体系被广泛地应用在此类反应中，并得到了较好的结果[18] (式 14)。

$$\text{(14)}$$

对于双烷基化反应，卤代烃的反应活性区别较为明显。尤其对于位阻较大的卤代烃，有时仅有碘代烃才能发生反应[15] (式 15)。氯代烃的反应活性较低，通常需要通过延长时间或者增加反应温度来完成反应。如果巧妙地利用卤代烃之间反应活性的差别，便可以方便地实现化学选择性反应[19] (式 16)。

$$\text{(15)}$$

$$\text{(16)}$$

当二卤化合物作为烷基化试剂时，通过控制反应条件及底物与 TosMIC 之间的用量，即可得到环状的产物 (式 17)[20]。

$$\text{(17)}$$

3.3 TosMIC 的酰化反应

单取代的 TosMIC 衍生物还可以与酰卤发生反应，生成相应的酰化产物[21] (式 18)。但是，该反应一般限于使用单取代的 TosMIC 作为底物，使用 TosMIC 时容易发生关环反应形成噁唑。

$$\text{(18)}$$

3.4 连接反应产物的应用

使用 TosMIC 烷基化反应生成的产物，通过酸化水解便可得到羰基化合物，形成碳链连接后多一节碳的酮[22] (式 19)。Shinmyozu 等人使用该方法，从三溴苄化合物[23]得到了具有双层状结构的化合物 (式 20)。随后他们又报道：通过连续使用该方法，可以合成出具有较好光学性质的 3~6 层层状结构[24]的材料。TosMIC 在酰化反应中生成的产物经过酸化水解，便会得到二羰基化合物[21] (式 21)。

$$\text{(19)}$$

1. TosMIC, K_2CO_3, TBAI, DMF, rt, 4 d
2. t-BuOK, DMA, 0 °C, 2 h
3. aq. HCl, DCM, rt, 1 h
29%

$$\text{(20)}$$

1. TosMIC, NaOH, TBAI, DCM, H_2O, reflux, 10 h
2. aq. HCl (con.), DCM, rt
7%

$$\text{(21)}$$

1. TsCH(Bn)NC, n-BuLi, THF, −80 °C~rt
2. aq. HCl (con.), THF, rt, 2.5 h
67%

TosMIC 烷基化反应的产物经还原反应，可以方便地除去 Ts-基团和异氰基团。当使用氢化铝锂还原时，可以得到多一节碳的 N-甲基胺[15] (式 22)。使用氨(液)-锂还原时，可以将 Ts-基团和异氰基完全除去，得到比两个烷基化试剂多一节碳的产物[25] (式 23)。

$$\text{(22)}$$

LAH, THF, 0 °C~reflux
58%

$$\text{(23)}$$

Li, NH_3 (liq.), EtOH, −33 °C, 2 h
19%

4 还原氰基化反应

将羰基转换成为多一个碳原子的氰基，是 Van Leusen 试剂最特征的反应之一 (式 24)。

$$R^1R^2C=O + TsCH_2NC \xrightarrow{base} R^1R^2CH-CN \quad (24)$$

4.1 还原氰基化反应的机理

早在 1977 年，Van Leusen 就提出了还原氰基化反应可能的机理。如式 23 所示[26]：TosMIC 在碱的存在下首先形成碳负离子，并对羰基进行亲核加成形成噁唑啉环；然后，噁唑啉环开环得到类似 Knoevenagel 缩合反应的中间体，并通过消去磺酰基得到 N-甲酰胺基丙二烯中间体；最后，该中间体与亲核试剂继续反应后使甲酰基离去生成腈化物 (式 25)。

$$(25)$$

4.2 酮的还原氰基化反应

在早期的 TosMIC 与酮的还原氰基化反应研究中，往往使用单一的非质子性溶剂 (例如：DME、THF、DMSO 和 HMPA)。虽然这些溶剂可以加快反应的速率和提高反应的产率，但对 TosMIC 试剂的消耗较大。Bull 等人[27]发现：这主要是因为在甲酰基离去的反应步骤中，甲酰基需要与额外一个摩尔量的 TosMIC 碳负离子反应形成 4-对甲苯磺酰基噁唑 (式 26)。

$$R^1R^2C=O \xrightarrow{TosMIC, base} [R^1R^2C=C=N-CHO] \xrightarrow{TosCH=N=C} R^1R^2CH-CN + \text{Ts-oxazole} \quad (26)$$

通过对副产物生成机理的理解，他们发现：在反应体系中加入 1~2 倍量的醇 (例如：甲醇或叔丁醇) 可以使甲酰基以甲酸酯的方式离去。这样，少量的质子性溶剂并不与噁唑啉环负离子以及噁唑啉开环后的负离子反应，但可以有效地降低 TosMIC 的用量。

TosMIC 与烷基酮羰基之间的还原氰基化反应比较容易进行，对底物中存在的许多官能团具有良好的兼容性，例如：酯基、缩酮[28] (式 27)、卤代苯、羟基、内酯、硝基苯、孤立的不饱和键[29] (式 28) 或者稳定的自由基[30] (式 29)。

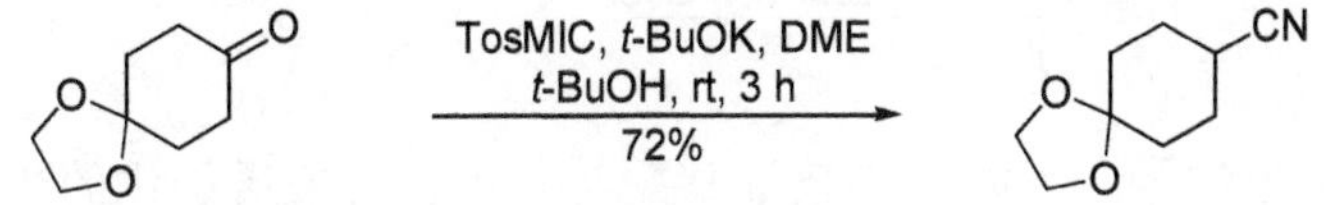
TosMIC, t-BuOK, DME
t-BuOH, rt, 3 h
72%
CN
(27)

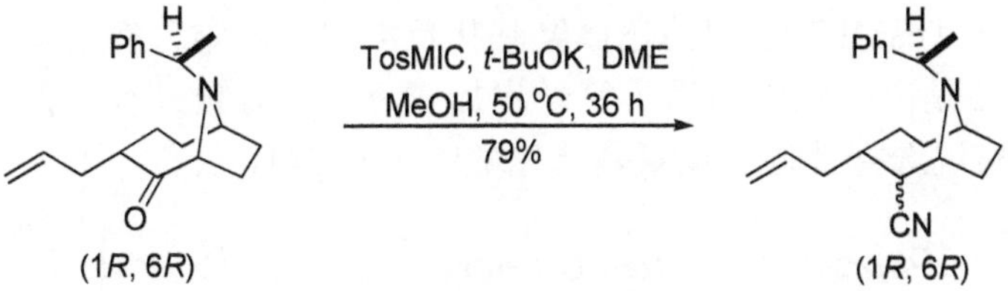
Ph
H
N
O
(1R, 6R)
TosMIC, t-BuOK, DME
MeOH, 50 °C, 36 h
79%
CN
(1R, 6R)
(28)

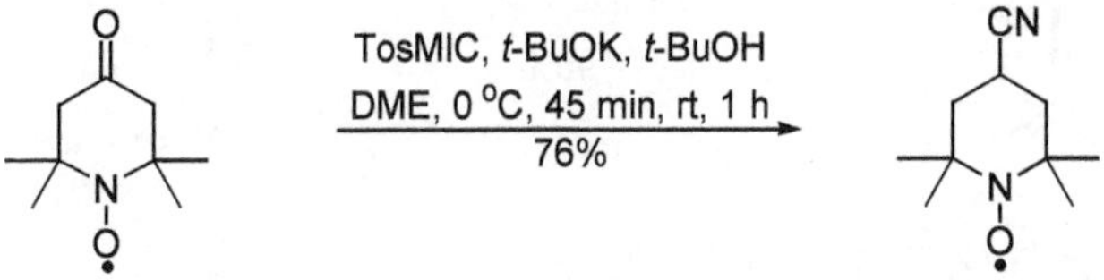
TosMIC, t-BuOK, t-BuOH
DME, 0 °C, 45 min, rt, 1 h
76%
CN
(29)

Van Leusen 还原氰基化反应同样也适用于芳基取代的酮。如式 30 所示：Angibaud 等人[31]将该反应用在具有二苯甲酮结构底物上仍能取得较好的结果。

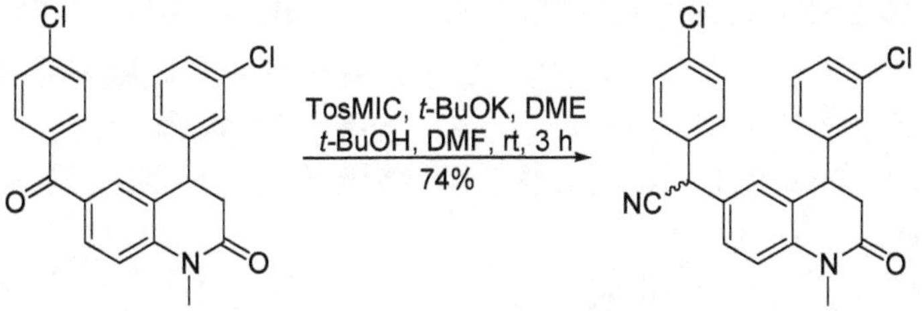
Cl
Cl
TosMIC, t-BuOK, DME
t-BuOH, DMF, rt, 3 h
74%
NC
(30)

对于普通的 α,β-不饱和酮，一般不能发生还原氰基化反应[26] (式 31)。但有研究发现：对于某些特殊结构的 α,β-不饱和羰基化合物[32]，可以在反应中经过双键移位后发生还原氰基化反应，得到 α,β-不饱和腈产物 (式 32)。

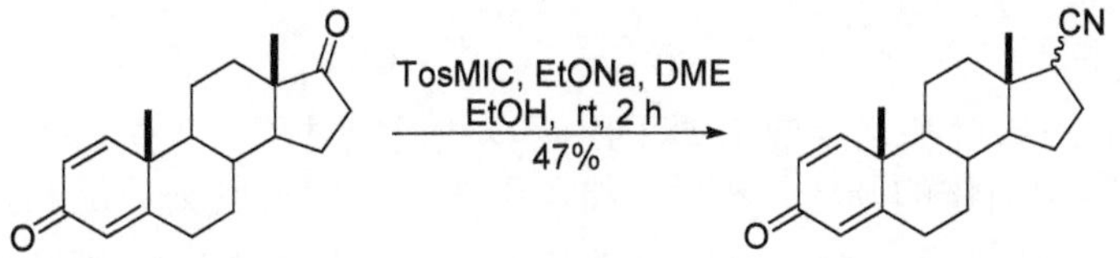
TosMIC, EtONa, DME
EtOH, rt, 2 h
47%
CN
(31)

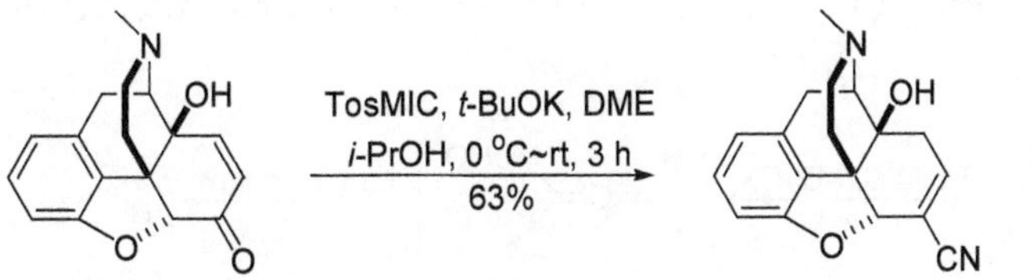
OH
TosMIC, t-BuOK, DME
i-PrOH, 0 °C~rt, 3 h
63%
CN
(32)

碱在酮的还原氰基化反应中具有重要的影响作用,因为 TosMIC 的离子化和 Ts-基团的消去均需要在碱的作用下完成。t-BuOK 和 EtONa 是最通常的碱,使用 n-BuLi 作为碱时只能得到噁唑啉产物[33] (式 33)。

$$\text{(33)}$$

特别大位阻的酮 (例如:二叔丁基酮等) 和容易去质子化的酮 (例如:苄基苯甲酮等) 与 TosMIC 之间的还原氰基化反应比较困难,有的其至无法发生反应[26]。这主要是因为位阻妨碍了第一步加成反应的有效进行,但可以利用羰基位阻的大小实现选择性的还原氰基化反应[27] (式 34)。

$$\text{(34)}$$

4.3 醛的还原氰基化反应

在醛的还原氰基化反应中,如果简单套用酮的标准反应条件只能得到较低的产率。例如:在 t-BuOK/t-BuOH 的条件下,苯甲醛与 TosMIC 反应只得到 15% 的苯乙腈[34],而主要得到副产物噁唑和噁唑啉。如式 35 所示:在得到噁唑啉负离子时,如果质子迁移生成 4-位碳负离子,就会发生开环得到醛的还原氰基化产物。如果质子迁移得到 5-位碳负离子,就会引起 Ts-基团消去和芳构化生成噁唑。由于噁唑的稳定性较好并促使平衡不断地向此方向移动,从而导致还原氰基化产率较低。

$$\text{(35)}$$

因此,醛的还原氰基化反应需要采用两步法反应过程。首先,在非质子性溶剂中完成噁唑啉中间体的开环;然后,加入甲醇溶液回流脱去甲酰基,进而得到还原氰基化的产物[34] (式 36)。通过这样两步操作,醛的还原氰基化也可以得到较好的收率。

$$\text{(36)}$$

使用两步法的还原氰基化反应步骤，从脂肪醛可以方便地得到多一节碳的腈化物[34]（式 37）。

$$\text{CHO} \xrightarrow[\text{2. MeOH, reflux, 15 min}]{\text{1. TosMIC, }t\text{-BuOK, DME, }-50\,^\circ\text{C, 50 min}} \text{CN} \quad (37)$$
$$38\%$$

该方法对于芳醛和杂芳醛[35]（式 38）也非常有效，底物中有不饱和键[34]（式 39）、缩酮、卤代苯、羟基、内酯和硝基苯等基本上不受到影响。与酮不同的是，α,β-不饱和醛也能够比较容易地发生还原氰基化反应，而且没有双键移位的现象。但是，有极少数特殊的醛不能发生还原氰基化反应。例如：2-吡咯甲醛在类似的条件下主要发生环化反应形成嘧啶类化合物（见 5.7 节）。

$$(38)$$

$$(39)$$

在 Van Leusen 还原氰基化反应中，醛基的反应活性高于酮羰基。当底物中同时存在有醛基和酮羰基时，可以在酮羰基的存在下选择性地完成醛的还原氰基化反应[36]（式 40）。

$$(40)$$

5 Van Leusen 杂环合成反应

Van Leusen 杂环合成反应在杂环、尤其是在五员含氮杂环的合成中具有举足轻重的地位。使用 TosMIC 与烯烃反应可以方便地制备吡咯、噁唑啉、噁唑、咪唑、噻唑和三氮唑等，与特定的底物反应也可以合成一些六员杂环。如式 41 所示：该反应形式上非常像一个 1,3-偶极加成反应。但实际上，TosMIC 在碱性条件下生成的活性碳负离子对双键加成后，异腈同时与双键发生环合形成五员杂环。由于对甲苯磺酰基是一个优秀的离去基团，所以成环的过程中可能伴随进一步的取代或消去反应，形成取代或芳构化的五员杂环。

5.1 吡咯的合成

TosMIC 与具有拉电子官能团的 α,β-不饱和双键化合物反应, 可以高效地生成 3-取代吡咯和 3,4-二取代吡咯。该反应的引发主要来自于 TosMIC 在碱性环境下形成的碳负离子对双键的 Micheal 加成; 接着, 形成的中间体进攻异腈后关环形成氢化吡咯; 最后, 在碱性条件下消去 Ts-基团和芳构化形成吡咯 (式 42)。一般而言, 底物双键的顺反构型不对产物的产率产生明显的影响。

由上述反应机理可知: 底物双键上的拉电子基团对于反应活性的影响很大。这些拉电子基团可以是酮[37] (式 43)、羧酸酯[38] (式 44)、酰胺[39] (式 45)、氰基[40] (式 46)和硝基等, 但不能是醛基。因为 TosMIC 会首先与醛基发生反应形成噁唑啉后开环, 得到腈或甲酰胺类化合物。NaH、DBU、t-BuOK 和 LHMDS 等强碱均可以用作该反应的碱试剂, n-BuLi 在部分情况下也可用于该反应。但是, n-BuLi 也是一个很好的亲核试剂, 会与底物中的其它基团发生反应。

$$\text{(46)}$$

Van Leusen 吡咯成环反应也适用于一些简单的芳基和杂芳基取代烯烃。带有拉电子取代基的杂芳基取代烯烃[41]可以有效地发生该反应 (式 47)，但普通的芳基取代烯烃则需要使用较高的反应温度和较长的反应时间[42] (式 48)。

$$\text{(47)}$$

$$\text{(48)}$$

当底物烯烃的同一碳原子上含有两个拉电子取代基时，其中一个拉电子基团可以同时作为活化基团和离去基团。合适的离去基团可以是酯基[43] (式 49)、羧酸[43]、硝基[44] (式 50)、磺酰基[45]和卤素[45]等，甚至可以是在特定底物中的甲酰基[46] (式 51)。Ila 等[47]通过使用硫醚取代的多取代烯烃，成功地合成出了 2,3,4-三取代吡咯化合物 (式 52)。

$$\text{(49)}$$

$$\text{(50)}$$

$$\text{(51)}$$

$$\text{(52)}$$

对增长的 Micheal 加成受体，Van Leusen 吡咯成环反应并不确定发生在拉电子基团的 α,β-位。通过改变条件，可以使反应分别发生 α,β-双键或 γ,δ-双键上。一般情况下，使用强碱有利于反应发生在 α,β-双键上[48] (式 53)。

$$\text{(53)}$$

拉电子炔键同样可以用作 Van Leusen 吡咯成环反应的底物。如式 54 所示：在碱性或者铜催化剂下，吡咯产物生成时不需要消去对甲苯磺酰基，直接得到 2-位有对甲苯磺酰基取代的吡咯[49]。

$$\text{(54)}$$

有些硝基、酯基[50] (式 55) 或者卤素[51] (式 56) 取代的底物可以在碱性条件下发生消去反应，原位生成烯键或者炔键。如果在 TosMIC 存在下，这些底物可以直接被转化成相应的吡咯产物。此时，Van Leusen 吡咯成环反应与 Barton-Zard 反应较类似。

$$\text{(55)}$$

$$\text{(56)}$$

5.2 噁唑啉的合成

TosMIC 可以与醛、酮在碱性环境中发生环合反应，高效地合成噁唑啉化合物。如式 57 所示：视反应条件的不同可以得到三种噁唑啉。(1) TosMIC 与羰基亲核加成环化后，得到 4-(对甲苯磺酰基)噁唑啉。(2) 由于 Ts-基团也是一个很好的离去基团，在醇类溶剂中继续发生取代和加成消去反应生成 4-烷氧基噁唑啉。(3) 根据机理分析也有可能得到 2-烷氧基噁唑啉。但这种情况在 TosMIC 及 TosMIC 单取代衍生物中很少出现，一般仅出现于 TosMIC 的烯基衍生物中 (6.2.2.2 节)。

$$\text{(57)}$$

在醛、酮与 TosMIC 反应生成 4-对甲苯磺酰基噁唑啉生成的反应中，产物中的 Ts-基团一般与醛、酮部分中较大取代基呈反式构型。同时，反应对不饱和键、酯基、酰胺等大多数官能团没有影响。

在弱碱的存在下，TosMIC 与醛在醇类溶剂中反应生成 4-(对甲苯磺酰基)噁唑啉。芳香醛[52] (式 58)、不饱和醛[53] (式 59) 和脂肪醛[53,54]均是合适的底物，其中芳香醛的活性高于脂肪醛。NaCN、K_2CO_3 和 NaOH 等均可以作为碱性试剂，其中最常用和选择性最好的是 NaCN。

$$\text{(58)}$$

$$\text{(59)}$$

在非质子性溶剂中 (例如：THF 和 DME 等)，脂肪酮[33]和芳香酮[55]也可以与 TosMIC 反应得到 4-(对甲苯磺酰基)噁唑啉 (式 60 和式 61)。

$$\text{(60)}$$

$$\text{(61)}$$

在醇类溶剂中，酮与 TosMIC 反应首先生成 4-(对甲苯磺酰基) 噁唑啉。然后，Ts-基团被醇取代后得到 4-烷氧基噁唑啉。Van Leusen 等人发现：在使用烷氧基铊作碱的条件下，能够以较高的收率得到 4-烷氧基噁唑啉。但是，由于 Ts-离去时不完全是经过 S_N2 反应进行的，所以得到的 4-烷氧基噁唑啉产物会出现顺反异构体的情况[56] (式 62)。从底物醛生成的噁唑啉容易在消去 Ts-基团时发生芳构化反应形成噁唑，所以相应的 4-烷氧基噁唑啉产物很少有报道[7]。

$$\text{(norbornanone)} \xrightarrow[\text{DME, EtOH, rt}]{\text{TosMIC, EtOTl}} \text{EtO-oxazoline isomer A} + \text{EtO-oxazoline isomer B} \quad 4:1 \quad (62)$$
$$62\%$$

由于 Van Leusen 噁唑啉合成有较好的顺反选择性，Van Leusen 等人[6]试图通过使用手性的磺酰甲基异腈与醛酮反应生成手性的噁唑啉化合物。但是效果并不明显，最好的立体选择性能够达到 80% de。使用 Au[57] 和 Pt[58] (式 63) 等金属手性配合物或者使用 AgOTf 和二茂铁衍生的磷配体催化[59] (式 64)，可以发生相应的手性 Van Leusen 噁唑啉合成。

$$t\text{-BuCHO} \xrightarrow[\text{THF, }(i\text{-Pr})_2\text{NEt, 0 °C, 24 h}]{\text{TosMIC, Cat. (20 mol\%)}} \text{oxazoline-Bu-}t,\text{Ts} \quad (63)$$
$$99\%, 75\% \text{ ee}$$

Cat. = Pt complex with bis(oxazoline) ligand, i-Pr, i-Pr, $^-$BF$_4$

$$i\text{-PrCHO} \xrightarrow[\text{Ligand (1 mol\%), 25 °C, 2 h}]{\text{TosMIC, AgOTf (1 mol\%), DCM}} \text{oxazoline-Pr-}i,\text{Ts} \quad (64)$$
$$94\%, 86\% \text{ ee}$$

Ligand = ferrocene-based with PPh$_2$, N-methyl, piperidine

取代噁唑啉可以作为许多反应的中间体，在有机合成中具有重要的用途。如式 65 所示[60]：醛与 TosMIC 反应形成的噁唑啉通过氨解可以得到 4-位取代咪唑。如果使用 LAH 还原，则可以实现由醛得到多一节碳的 N-甲基氨基醇。如式 66 所示[61]：通过手性控制，可以由醛、酮选择性地合成手性的 N-甲基氨基醇化合物。4-烷氧基噁唑啉经酸解反应可以得到 α-羟基醛，方便和快捷地实现由羰基得到多一节碳的 α-羟基醛。如式 67 所示[62]：3-甾体酮可以在该条件下被转化成为相应的 3-羟基-3-甲醛衍生物。

$$\text{oxazoline-Ts-CO}_2\text{Et} \xrightarrow[\text{120~140 °C, 20 h}]{\text{NH}_3, \text{EtOH}} \text{imidazole-CO}_2\text{Et} \quad (65)$$
$$82\%$$

$$\text{(OC)}_3\text{Cr-arene-CHO} \xrightarrow[\substack{\text{1. K}_2\text{CO}_3,\text{ MeOH, 0 °C, 30 min}\\\text{2. DCM, daylight, 3 d}\\\text{3. LAH, THF, rt, 3 h}}]{} \text{aryl-CH(OH)-CH}_2\text{NHMe} \quad (66)$$
$$(-)\text{-}(R) \qquad 57\%$$

5.3 噁唑的合成

脂肪醛与 TosMIC 在碱性环境中形成噁唑啉后，如果升高反应温度或者延长反应时间，便可消去 Ts-基团，发生芳构化得到了噁唑[63] (式 68)。使用芳醛和杂芳醛[64]时 (式 69)，仅有极少数例外 (见 5.7 节)。该反应条件非常温和，一般对底物或者产物中的缩醛和酯基[65] (式 70) 等均不产生影响。

如式 71 所示[66]：使用二醛与合适的 TosMIC 衍生物进行 Van Leusen 噁唑合成时，可方便地合成出环状二噁唑产物。对于位阻略大的反应底物，可以使用强碱 (例如：EtONa、DBU 和 t-BuOK 等) 或者升高温度来加速反应的进行。

醛与 TosMIC 反应生成噁唑的反应被广泛用于多噁唑化合物的合成。Vedejs 等通过连续地将噁唑 2-位氯代后与 TosMIC 取代形成单取代产物，然后再与乙醛酸反应得到了多噁唑化合物[16] (式 72)。

Van Leusen 噁唑合成反应中，酰氯[67](式 73)、酸酐[54](式 74)、甚至是酯基[68](式 75) 都可以作为提供羰基的底物。但是，由这些底物生成的产物是 4-取代-5-Ts-噁唑。一般而言，酸酐和酯基的活性较低，反应中必须使用丁基锂强碱试剂。如式 73 所示：使用丁基锂作为碱时，TosMIC 不是与带有拉电子取代基的烯烃反应生成吡咯产物，而是与酯基反应生成了噁唑。

5.4 噻唑的合成

TosMIC 和 C=S 键在合适的条件下可以形成噻唑，C=S 键的来源可以是二硫化碳[69](式 76)、硫代羧酸酯[70](式 77) 和异硫氰酸基[71](式 78) 等。C=S 键的反应活性高于羰基，但该反应在合成中应用不多。

5.5 咪唑的合成

Van Leusen 咪唑合成方法是咪唑合成中最为常用的方法之一。除了通过将醛与 TosMIC 反应生成的噁唑啉进行氨解得到咪唑外，TosMIC 可以直接与 C=N 不饱和键或氰基发生反应生成咪唑产物。该反应在合适的条件下，可以从 TosMIC 或 TosMIC 单取代衍生物方便地合成出 1,5-二取代咪唑或 1,4,5-三取代咪唑。

醛与胺形成的亚胺是该反应中最主要和最方便的 C=N 键的来源，反应条件和机理与噁唑的反应非常类似。由于亚胺的反应活性比羰基更高，使用 K_2CO_3 和 t-BuNH$_2$ 等弱碱试剂便可完成反应[72a] (式 79)。该反应具有非常好的官能团兼容性，对酰胺、酯基、卤代杂环、缩酮、羧酸、醇、醛、酮、烯基和炔基等均不产生影响。由于形成亚胺的反应非常容易而且亚胺的反应活性更高，因此该反应多采用"一锅法"[72b]完成。在合适的条件下，将醛、胺和 TosMIC 放在一起即可反应形成咪唑。Sisiko 等人使用芳基衍生化的 TosMIC 为底物，在"一锅法"条件下合成了一系列带有多官能团的咪唑[73] (式 80)。在工业上，该方法已经实现了 200 Gal 的规模化生产 (GSK 公司 P38 激酶抑制剂)。Yli-Kauhaluoma 等人[74]使用 TosMIC 与固相负载的亚胺在微波条件下反应，即使没有碱试剂也同样取得了较好的效果。

$$t\text{-Bu} \diagup N \diagdown \text{Me} \xrightarrow[96\%]{\text{TosMIC, }t\text{-BuNH}_2\text{, MeOH, rt, 72 h}} \text{(imidazole product)} \quad (79)$$

$$\text{OHC-CHO} + t\text{-BuNH}_2 + \text{4-F-C}_6\text{H}_4\text{CH(NC)Ts} \xrightarrow[63\%]{\text{1. THF, rt, 15 min}\atop\text{2. piperazine, 18 h}} \text{(imidazole product)} \quad (80)$$

如果使用环内亚胺提供的 C=N 键参与反应，可以得到含咪唑环的稠环化合物[75](式 81)。杂芳环喹啉和异喹啉[68] (式 82) 中的 C=N 键也可以发生类似的反应，但必须使用强碱试剂。这主要是因为这些 C=N 键本身处于芳环中，反应活性受到共轭体系影响而较低。

$$\text{(quinoxalinone)} \xrightarrow[96\%]{\text{TosMIC, NaH, THF, rt, 4 h}} \text{(imidazo-fused product)} \quad (81)$$

$$\text{(isoquinoline)} \xrightarrow[44\%]{\text{TosMIC, }n\text{-BuLi, LiBr, THF, }-70\sim0\ ^\circ\text{C, 4 h}} \text{(imidazo[2,1-a]isoquinoline)} \quad (82)$$

在该反应中，C=N 键也可以使用原位生成的方法来获得。如式 83 所示[76]：Chen 等使用芳胺与乙醛酸酯反应首先形成 Mannich 碱；然后，在碱性条件下消去一分子甲醇生成亚胺；接着，亚胺被 TosMIC 捕捉高效地生成咪唑产物。

如式 84 所示[77]：Shih 使用 N,N-二(三甲硅基)甲酰胺与烷基锂反应生成三甲硅基取代的亚胺中间体；然后，与单烷基取代的 TosMIC 发生环合，可以方便地合成氮上无取代的咪唑。

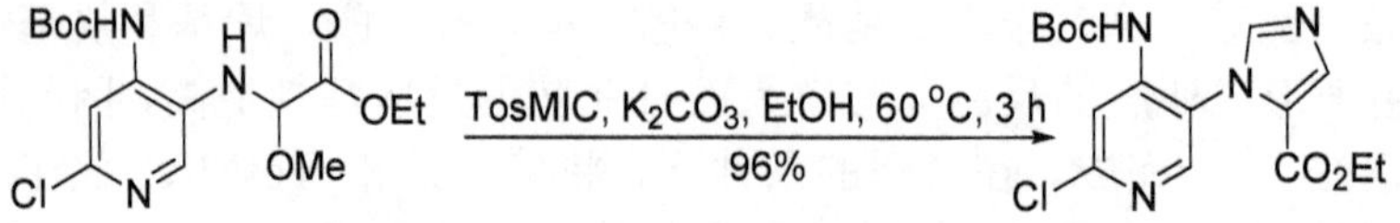

(83)

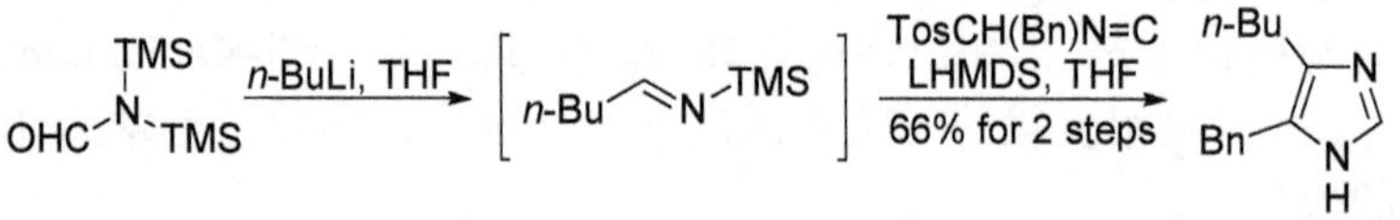

(84)

TosMIC 与潜在的三键底物 [例如：烷氧基亚胺[78] (式 85)、氯代亚胺[79]或者碳氮三键[68] (式 86)] 在强碱条件下反应，可以得到 Ts-取代的咪唑。

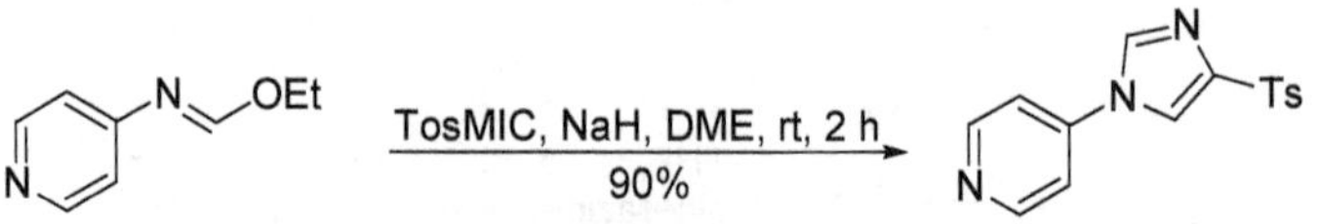

(85)

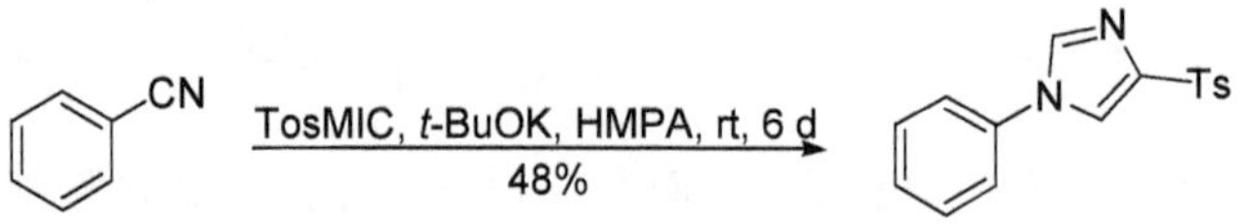

(86)

5.6　1,2,4-三氮唑的合成

1,2,4-三氮唑的合成是 TosMIC 最重要的用途之一。如式 87 所示[80]：TosMIC 与芳香重氮盐在碱性条件下反应，可以发生环合得到 1,2,4-三氮唑。由于重氮基团本身是很好的离去基团，故推电子基团在芳环上取代有利于稳定重氮基团。相反，拉电子基团取代则有利于重氮离去，因此会降低环合反应的产率。

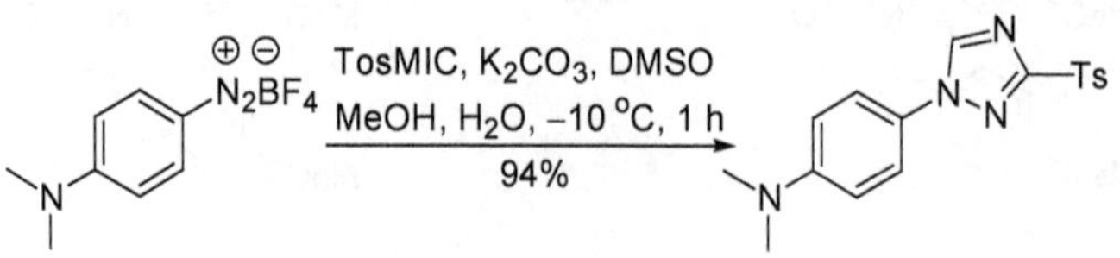

(87)

5.7　嘧啶的合成

Alvarez-Builla 等在研究时发现：TosMIC 在强碱和非质子溶剂中与 2-甲醛吡咯或 2-甲醛咪唑反应时，并不能生成噁唑。事实上，醛基与 TosMIC 亚甲基缩合后，邻位杂环上的 NH 参与了成环，最后得到了嘧啶类产物[81] (式 88)。目前，仅有咪唑和吡咯这两类醛可以通过此方式与 TosMIC 形成嘧啶环，但其它结构类似的三氮唑或吲哚环均不能发生该反应。

$$\text{(88)}$$

如果使用吡咯、吲哚、咪唑、苯并咪唑和吡唑的 1-酰胺基-2-溴甲基衍生物与 TosMIC 反应，则可以顺利地形成相应的嘧啶衍生物 (式 89)[82]。这可能是溴甲基首先与 TosMIC 发生烷基化反应，然后异氰基再与酰胺基发生去酰化环合反应得到嘧啶类化合物。

$$\text{(89)}$$

6 TosMIC 烯基衍生物的反应

TosMIC 与醛、酮反应可以形成 1-(对甲苯磺酰基)-1-异氰基烯基衍生物 (式 90)。从结构上看，这类化合物是将 TosMIC 的活性亚甲基转化为烯键的一部分。使用这类反应中间体，可以完成 TosMIC 及其简单取代衍生物不能够发生的多种官能团转化和杂环合成。

$$\text{(90)}$$

6.1 TosMIC 烯基衍生物的制备

1-(对甲苯磺酰基)-1-甲酰胺基烯烃在脱水试剂的作用下将甲酰胺基转化成为异氰基，即可得到相应的 TosMIC 烯基衍生物[83] (式 91)。

$$\text{(91)}$$

在实验上，1-(对甲苯磺酰基)-1-甲酰胺基烯烃则是通过醛、酮与 TosMIC 反应来合成的。如式 92 所示：其反应过程的开始阶段与还原氰基化反应类似。首先得到噁唑啉，然后再转变为开环中间体。如果体系中存在亲核试剂（例如：TsCH⁻NC、或者 RO⁻）的话，则生成还原氰基化产物。如果体系中无亲核试剂而直接质子化，则得到 1-(对甲苯磺酰基)-1-甲酰胺基烯烃。

$$\begin{array}{c} R^1 \\ R^2 \end{array}\!\!=\!\!O \xrightarrow{\text{TosMIC, B}^-} \left[\begin{array}{c} R^1 \\ R^2 \end{array}\!\!=\!\!\begin{array}{c} \bar{N} \\ Ts \end{array}\!\!\!\!\begin{array}{c} \text{CHO} \\ H \end{array} \right] \xrightarrow[\text{Nu, }-\text{Ts, }-\text{HCO}]{H^+} \begin{array}{c} R^1 \\ R^2 \end{array}\!\!=\!\!\begin{array}{c} \text{HN} \\ \text{Ts} \end{array}\!\!\!\!\begin{array}{c} \text{CHO} \\ \end{array} \xrightarrow{-H_2O} \begin{array}{c} R^1 \\ R^2 \end{array}\!\!=\!\!\begin{array}{c} \text{NC} \\ \text{Ts} \end{array} \quad (92)$$

所以，在生成 1-(对甲苯磺酰基)-1-甲酰胺基烯烃的反应中，不能有多余的亲核试剂存在或者使用醇类溶剂。为此，TosMIC 的用量一般为 1.0 摩尔倍量或略微过量，溶剂为处理过的非质子性溶剂。

但是，制备 TosMIC 烯基衍生物的两步反应可以通过"一锅法"来完成[84]（式 93）。一般而言，该反应对底物中的羟基、酯基、硅醚、烯键和缩酮等基团不产生影响。

$$\text{(式 93)} \quad \xrightarrow[\text{2. POCl}_3, (i\text{-Pr})_2\text{NH, 0 °C, 1.5 h}]{\text{1. TosMIC, }t\text{-BuOK, THF, }-45\text{ °C, 2 h}} \quad 98\%$$

对于大位阻的羰基化合物（例如：叔丁基甲基酮），使用上述方法无法得到预期的产物。如式 94 所示：这样的问题可以通过三步反应来解决。首先，羰基化合物与 TosMIC 反应生成噁唑啉；然后，噁唑啉在碱性条件下开环得到甲酰胺；最后，甲酰胺经脱水反应生成相应的异腈产物[33]。

$$t\text{-Bu}\!\!-\!\!\text{COCH}_3 \xrightarrow[\text{THF, }-50\text{ °C, 1 h}]{\text{TosMIC, }t\text{-BuOLi}} \xrightarrow{99\%} \begin{array}{c} \text{Ts} \\ t\text{-Bu} \end{array}\!\!\!\!\begin{array}{c} \text{O} \\ \text{N} \end{array} \xrightarrow[-50\text{ °C, 10 min}]{t\text{-BuOK, DME}} \xrightarrow{71\%}$$

$$\begin{array}{c} t\text{-Bu} \\ \text{Ts} \end{array}\!\!=\!\!\begin{array}{c} \text{NHCHO} \\ \end{array} \xrightarrow[0\text{ °C, 45 min}]{\text{POCl}_3, \text{Et}_3\text{N, THF}} \xrightarrow{70\%} \begin{array}{c} t\text{-Bu} \\ \text{Ts} \end{array}\!\!=\!\!\begin{array}{c} \text{NC} \\ \end{array} \quad (94)$$

在 Peterson 成烯反应条件下，TosMIC 可以和部分羰基化合物直接生成 1-(对甲苯磺酰基)-1-甲酰胺基烯烃[85]。但是，该方法仅限于醛和活性较高的酮（例如：环丁酮）。有趣的是观察到：共轭醛（例如：肉桂醛）在该条件下同样可以得到烯基衍生物，而不是发生还原氰基化反应或咪唑成环反应（式 95）。

$$\text{TsCH}_2\text{NC} \xrightarrow[\text{2. TMSCl}]{\text{1. }n\text{-BuLi}} \left[\begin{array}{c} \text{Li} \\ \text{Ts} \end{array}\!\!\!\!\begin{array}{c} \text{TMS} \\ \text{NC} \end{array} \right] \xrightarrow[64\%]{\substack{\text{cyclobutone, THF} \\ -60\text{ °C, 10 min}}} \begin{array}{c} \text{NC} \\ \text{Ts} \end{array}\!\!=\!\!\bigcirc$$

$$\xrightarrow[\text{THF, }-95\text{ °C, 0.5 h}]{\text{PhCH=CHCHO}} \xrightarrow{83\%} \text{Ph}\!\!-\!\!\text{CH=CH}\!\!-\!\!\begin{array}{c} \text{NC} \\ \text{Ts} \end{array} \quad (95)$$

6.2 TosMIC 烯基衍生物的应用

TosMIC 烯基衍生物同样属于多高密度的多官能团化合物。虽然与 TosMIC 结构相似,但其中的烯基可以带来不同于 TosMIC 的化学转变。

6.2.1 合成 TosMIC 双取代化合物

如果在 TosMIC 烯基衍生物的 3-位碳原子上存在有至少一个氢原子时,则可以发生烷基化反应。如式 96 所示:该过程同时伴随着双键的移位,生成带有烃基取代的 TosMIC 双取代产物。

该烷基化反应的条件与 TosMIC 烷基化反应的条件相似,但反应中双键的移位会受到底物位阻和产物稳定性的影响。各种碘、溴、氯代烃[86]均可以用作烷基化试剂,即使二氯甲烷和二溴甲烷等类似的偕二卤化合物也能够发生该反应[87] (式 97)。如式 98 所示[7a]:Matthies 等人使用硫叶立德与 TosMIC 烯基衍生物反应方便地合成出了三员环化合物。

由 TosMIC 烯基化合物生成的双取代衍生物同样可以发生水解和还原等反应。正常的烷基化产物经水解得到 α,β-不饱和羰基化合物[86] (式 99),由偕二氯化合物得到的烷基化产物经水解则得到 α-氯代羰基化合物[87] (式 100)。

TosMIC 烯基衍生物经 NaBH₄ 还原，其中的烯胺双键被还原生成单取代的 TosMIC 衍生物。如式 101 所示[88]；如果还原后的产物再进行烷基化，就得到双取代的 TosMIC 衍生物。

$$\text{(101)}$$

6.2.2 合成杂环类化合物

TosMIC 烯基衍生物主要被用于五员杂环的合成。由于 TosMIC 烯基衍生物分子结构上含有一个与异氰基共轭的烯键，所以可能发生两种不同的反应。如式 102 所示：如果在反应中双键发生位移的话，则发生与 TosMIC 相似的成环反应；如果双键不能发生位移的话，则本身作为 Micheal 加成受体参与反应。所以，TosMIC 烯基衍生物发生的成环反应存在有两种反应方式：(1) TosMIC 烯基衍生物通过双键移位，提供三个原子参与成环反应。(2) TosMIC 烯基衍生物以 Micheal 加成受体方式参与反应，提供四个原子参与成环反应。

$$\text{(102)}$$

6.2.2.1 合成吡咯、吲哚类化合物

TosMIC 烯基衍生物可以与活性亚甲基底物发生 [4+1] 反应生成吡咯环。在该成环过程中，TosMIC 烯基衍生物与活性亚甲基底物在碱性条件下首先发生 Micheal 加成反应。然后，异氰基团与亚甲基发生环合形成吡咯烷环。最后，再发生消去 Ts-基团芳构化反应得到吡咯。为了满足芳构化的要求，TosMIC 烯基衍生物的 2-位必须存在有氢原子。因此，该反应仅限于使用醛与 TosMIC 形成的烯基衍生物。活性亚甲基底物可以是含一个拉电子基团 (例如：硝基甲烷[89,90]

或者乙腈等）的化合物（式 103），也可以为含两个拉电子基团的化合物[90]（式 104）。在最后的芳构化步骤中，Ts-、酯基、硝基、甚至乙酰基均可能作为离去基团。

$$\text{(103)}$$

$$\text{(104)}$$

TosMIC 烯基衍生物也可以与 Micheal 加成受体发生 [3+2] 环合反应生成 2-烯基吡咯化合物。在该成环过程中，TosMIC 烯基衍生物首先通过双键移位形成 TosMIC 单取代衍生物。然后，在碱性环境中形成碳负离子，并与烯烃发生和简单的 TosMIC 相同的成环反应。为满足双键移位的要求，TosMIC 烯基衍生物的 3-位碳原子上需要至少存在有一个氢原子。Micheal 受体中拉电子基团的强弱对于反应影响较大，通常可以为酯基[91]、酮羰基、硝基[92]、酰胺和氰基等（式 105）。

$$\text{(105)}$$

2-烯基取代的吡咯经过环加成可以进一步衍生化，可以方便地得到吲哚结构的化合物[91]（式 106）。

$$\text{(106)}$$

6.2.2.2 合成噁唑啉类化合物

TosMIC 烯基衍生物与醛反应，通过 [3+2] 的方式生成噁唑啉，反应历程与 TosMIC 的反应相似。在非质子型溶剂中（例如：THF、DME 和苯等）中，该反应可以得到 4-(对甲苯磺酰基) 噁唑啉。但是，如果体系中有醇存在，4-(对甲苯磺酰基)噁唑啉被烷氧基迅速加成和取代,形成 2,4-二烷氧基噁唑啉。由于 4-位的烷氧基团处于烯键的邻位,消去后形成的共轭结构更稳定。所以,反应会优先消去 4-位的烷氧基,得到 2-烷氧基噁唑啉产物 (式 107)。

$$(107)$$

Van Leusen 等人将该反应用于甾体结构的改造上取得了较好的效果,使用不同的溶剂条件可以分别得到不同的噁唑啉产物[93] (式 108)。

$$(108)$$

TosMIC 烯基衍生物与醛生成的特殊的 2-烷氧基噁唑啉化合物,经过酸解可得到 α-羟基酮[94] (式 109)。

$$(109)$$

6.2.2.3 合成噁唑类化合物

TosMIC 烯基衍生物与醛生成噁唑啉后继续发生芳构化反应,便可得到 4-烯基取代的噁唑。由于 TosMIC 烯基衍生物的反应活性较 TosMIC 高,体系中存在有共轭烯烃、甚至特殊的亚胺键时,反应也会选择性地发生在醛上[95] (式 110)。

$$(110)$$

6.2.2.4 合成咪唑类化合物

TosMIC 烯基衍生物形成咪唑的过程与吡咯相同,可以实现 [4+1] 或者 [3+2] 两种反应历程。在 TosMIC 烯基衍生物与胺发生 [4+1] 的反应中,由于产物咪唑芳构化的要求,只有从醛生成的烯基衍生物可以用作底物,而底物胺也限定于伯胺或氨水。由于大多数胺是较好的 Micheal 加成给体和咪唑具有较好的稳定性,所以该反应非常容易进行。如式 111 所示:不需要加入额外的碱试剂,该反应在室温下便可顺利地完成[96]。

$$\text{TolO-furanose-C(Ts)=CH-NC} + \text{BnNH}_2 \xrightarrow[56\%]{\text{MeOH, rt, 30 min}} \text{TolO-furanose-imidazole-Bn} \quad (111)$$

在上述反应中,生成咪唑产物的原料为醛、胺和 TosMIC。事实上,这和亚胺与 TosMIC 反应是一样的结果。因此,在制备这类咪唑化合物时,可以根据醛或胺的特性选用两种不同的合成策略。

TosMIC 烯基衍生物双键移位后,可以与亚胺发生 [3+2] 反应生成 4-烯基取代的咪唑产物。该反应具有较高活性,甚至磺酰胺产生的亚胺也能顺利地发生反应[95,97] (式 112)。

$$\text{Cyclohexylidene-C(Ts)(NC)} + \text{Me}_2\text{N-N=CH-CH=N-Ts} \xrightarrow[50\%]{t\text{-BuOK, THF} \atop -80\,^\circ\text{C, rt, 5 h}} \text{imidazole product} \quad (112)$$

7 Van Leusen 反应在天然产物合成中的应用

Van Leusen 反应可以通过 TosMIC 试剂进行碳链的连接、羰基的还原氰基化和构筑多种杂环结构单元,而且具有反应条件简单、选择性较高和对于多种官能团兼容性好的优点。因此,该反应在有机合成中得到了广泛的应用。许多时候,TosMIC 参与的 Van Leusen 反应是天然产物全合成路线中的关键步骤。

7.1 Bistramides A 的全合成

于 1988 年,人们从海鞘类动物 *Lissoclinum bistratum* 中分离得到一种海洋天然产物 Bistramide A[98]。2004 年,该化合物的立体构型通过全合成得到确定[99]。Bistramide A 及其类似物具有较高的细胞毒性同时对于细胞周期调控有重要的影响,其中又以 Bistramide A 活性最强[100]。对于 P388/dox、B16、HT29

和 NSCLC-N6 细胞抑制作用的 IC$_{50}$ 可以达到 0.03~0.32 μg/mL。Bistramide A 还具有细胞渗透能力，可以阻碍 Na$^+$ 离子通道，选择性地激发 δ-型单蛋白质激酶 C (PKC)。这些生物学性质表明，Bistramide A 可以被用于癌症的治疗。

Bistramide A 分子中包含了一个 [6.6] 螺环缩酮结构，这个结构可以由 1,9-二羟基-5-羰基化合物环合来制备。因此，可以看作是一个酮羰基上连着两个支链。由前面的内容可知，Van Leusen 试剂对于完成碳链连接后形成酮羰基非常方便。Yadav 等人[101]正是利用了 TosMIC 对于碳链连接后形成羰基的这一特性，巧妙地实现了 Bistramide A 的立体选择性全合成。

如式 113 所示：Yadav 等人使用两个手性的 1-碘-4-硅醚化合物片段先后与 TosMIC 发生烷基化反应，将两个片段连接起来；然后，再使用酸性条件下将 TosMIC 双取代衍生物水解成酮。在水解过程中，TBS 保护的羟基同时被去保护。由于该酸性条件也适合羟基与羰基缩合形成螺环缩酮，因此，三步反应可以在酸性水解条件同时完成，直接生成了所需的螺环缩酮中间体。由于在该反应中 OH 本身的手性不受到影响，而构成的螺环倾向于形成双椅式构象的稳定结构，因此，生成的产物具有较高的立体选择性。最后，再经过侧链的修饰，方便地完成了 Bistramide A 的立体选择性全合成。

(113)

7.2 Bengazole A 的全合成

1988 年，海洋天然产物 Bengazole A 从海绵 Jaspis 中被分离出来[102]。同年，其化学结构通过降解和 NMR 方法被确定[103]。该化合物具有较强的抗真菌活性,包括对氟康唑有耐药性的 Candida strains[104]。此外,它对线型虫 Nippostrongylus braziliensis 的全驱除浓度只需要 50 μg/mL。Bengazole A 结构中包含了两个噁唑环,分别是 4-位取代噁唑和 2-位取代噁唑,二者通过手性的羟亚甲基 C10 连接起来。其中,手性 C10 的引入为合成的难点。曾有人报道使用 4-甲醛噁唑为原料,但只能得到 1:1 的异构体[105a],而使用手性还原的方法仅得到 68% ee[105b]。

在该化合物的全合成中,4-位手性取代噁唑的引入是一个关键的问题。如式 114 所示:Steven V. Ley[106]等人利用 TosMIC 与手性醛反应方便而有效地得到了 4-位取代噁唑。由于采用了非常温和的反应条件,没有产生任何立体异构体。产物经水解后,便得到了母核中的 C10 位的手性羟基。然后,再使用 Robinson-Gabriel 噁唑合成方法得到第二个噁唑。最后,再经过多步官能团的转化,便实现了 Bengazole A 的立体选择性全合成。

7.3 Dictyodendrin B 的全合成

小分子的端粒酶抑制剂可以有效地削弱癌细胞的分裂能力,是最有希望治疗癌症的新途径之一,但这类抑制剂并未被广泛地发现。2003 年,有人从日本南海岸分布较少的海绵 *Dictyodendrilla Verongiformis* 中分离得到了一类天然产物 Dictyodendrins A-E,这类化合物具有高度的抑制端粒酶的能力,因此成为很好的全合成目标化合物[107]。

2006 年,Furstner 等[108]报道了一条对 Dictyodendrins A-E 全合成的路线。逆向合成分析结果显示,这类化合物均可以通过一个共同的 3,4-二取代吡咯中间体来合成。如式 115 所示:使用取代的苯乙酮为原料,首先与对甲氧基苯甲醛发生醇醛缩合反应形成官能团化的查尔酮。然后,查尔酮与 TosMIC 反应高效而方便地得到 3,4-二取代吡咯。最后,再经过一系列后续的反应,便可完成对这一系列化合物的全合成。

7.4 Kalihinene X 的全合成

1995 年，从日本海绵体 *Acanthella cavernosa* 分离得到了一种双萜类天然产物 Kalihinene X。生物学试验表明，该化合物可以有效地抑制藤壶幼体的变态和附着。其中对纹藤壶抑制的 $EC_{50} = 0.49\ \mu g/mL$，而且无毒副作用[109]。

Yamada 等人[110]通过分子内的 Diels-Alder 反应快速地构建了 Kalihinene X 的母核结构，得到了 10-位酮羰基的中间体。然后，巧妙地使用 Van Leusen 还原氰基化反应，以 96% 的收率将 10-位酮羰基转化为氰基。由于氰基引入后使 10-位的次甲基得到活化，因此通过简单的烷基化反应就能够高度对映体选择性地引入甲基。最后，对氰基进行简单地转化和重排便得到目标分子 (式 116)。

7.5 (−)-Isocynometrine 的全合成

具有 γ-丁内酰胺结构的化合物广泛地存在于天然产物和药物中，具有细胞毒性和一定的抗肿瘤活性。天然产物 (−)-Isocynometrine 就属于这类生物碱,结构上可以看作是一个咪唑取代的 γ-丁内酰胺衍生物。

在 Lu 等[111]报道的 (−)-Isocynometrine 全合成路线中,Van Leusen 反应被用来构筑咪唑单元。如式 117 所示:首先使用 1,5-二官能团的酰胺为原料,通过 Pd-催化的手性烯炔反应方便地构建了 (−)-Isocynometrine 的 γ-丁内酰胺。然后,经过一系列的官能团转换,得到了 4-甲醛取代的吡咯烷。虽然醛可以直接被转变成为咪唑,但他们发现分步反应可以得到较好的效果。所以,将醛首先转变为 TosMIC 烯基衍生物,然后再和甲胺在甲醇中反应得到 N-甲基咪唑。简洁地实现了对 (−)-Isocynometrine 的全合成。

8 Van Leusen 反应实例

例 一

2,2,13,13-四甲基-14-羟基-7-羰基十四酸乙酯[112]
(Van Leusen 连接反应)

在氮气保护和搅拌下,将 NaH (60% 分散于矿物油中,7.3 g, 183 mmol) 加入到 TosMIC (35.2 g, 180 mmol) 和四正丁基碘化铵 (4.3 g, 11.6 mmol) 的无水 DMSO (500 mL) 溶液中。然后,在 10~15 ℃ 之间逐滴加入 2,2-二甲基-6-溴己酸乙酯 (45.6 g, 182 mmol)。生成的混合物在室温下继续反应 20 h 后,再向体系中加入 2,2-二甲基-7-溴-1-庚醇 (43.8 g, 143 mmol) 和四正丁基碘化铵 (4.3 g, 11.6 mmol) 的无水 DMSO (20 mL) 溶液。然后,在 10 ℃ 下加入 NaH (60% 分散于矿物油中,7.4 g, 185 mmol)。生成的混合物在室温下继续搅拌 20 h 后,在冰水浴冷却下用冰水 (1 L) 小心分解掉反应体系中多余的 NaH,接着用 CH_2Cl_2 (5 × 100 mL) 提取。合并的有机提取液经 $MgSO_4$ 干燥后,减压蒸去溶剂得到红色的油状 TosMIC 二取代的中间体 (115 g)。向该中间体加入 H_2SO_4 水溶液 (48%, 147 mL) 和 MeOH (480 mL) 后,在室温下搅拌 100 min。然后,用 H_2O (1 L) 稀释后,再用 CH_2Cl_2 (2 × 150 mL, 100 mL, 50 mL) 提取。合并的有机相依次用饱和 Na_2CO_3 洗涤、饱和 NaCl 洗涤和无水 $MgSO_4$ 干燥。蒸去溶剂后得到的粗产物用硅胶色谱柱分离,得到淡黄色的油状产物 (17.6 g, 36%)。

例 二

4-[(1R,5R)-甲基-2-乙烯基-5-异丙基-1-2-环戊烯]-2-甲基丁腈的合成[113]
(Van Leusen 还原氰基化反应)

<chemical reaction (119)>

在氮气保护和搅拌下,将 t-BuOK (4.0 g, 35.7 mmol) 一次性加入到冰浴冷却下的 TosMIC (2.29 g, 11.74 mmol) 的干燥 DMSO (13 mL) 溶液中。生成的混合物搅拌 5 min 后,加入甲醇 (0.44 mL)。然后,再将 4-[(1R,5R)-1-甲基-2-乙烯基-5-异丙基-2-环戊烯]-2-丁酮 (1.92 g, 8.76 mmol) 加入到体系中。室温下继续搅拌 17 h 后,体系用 H_2O (250 mL) 稀释。经盐酸 (2 mol/L) 酸化后,体系用石油醚提取。合并后的有机相经饱和 NaCl 水溶液洗涤和 $MgSO_4$ 干燥,蒸去溶剂后得到的粗产物用硅胶色谱柱分离,得到无色的油状液体产物 (1.17 g, 58%)。

例 三

4-乙酸乙酯基-3-甲酸乙酯-吡咯的合成[48]
(Van Leusen 吡咯合成反应)

<chemical reaction (120)>

在 -78 ℃ 和氩气保护下，将 TosMIC (5 g, 25 mmol) 的 THF 溶液通过注射泵在 40 min 内滴加到搅拌着的二(三甲基硅基)氨基锂的 THF (1 mol/L, 25 mL, 25 mmol) 溶液中。然后，再将 2-戊烯二酸二乙酯通过注射泵在 40 min 内滴入到该体系中。生成的混合物升至室温反应 4 h 后，体系变为暗红色的悬浮液。直接减压蒸去溶剂，残留物加入 H_2O (150 mL) 和 CH_2Cl_2 (150 mL)。分出的水相再用 CH_2Cl_2 (5 × 150 mL) 提取，合并的有机相用 $MgSO_4$ 干燥。浓缩后得到的粗产物用硅胶色谱柱分离，得到黄色的油状液体产物 (4.02 g, 72%)。

例 四
5-(2-甲氧基-4-硝基苯基)噁唑的合成[114]
(Van Leusen 噁唑合成反应)

$$\text{O}_2\text{N-C}_6\text{H}_3(\text{OMe})\text{-CHO} \xrightarrow[96\%]{\text{TosMIC, K}_2\text{CO}_3, \text{MeOH, reflux, 18 h}} \text{O}_2\text{N-C}_6\text{H}_3(\text{OMe})\text{-oxazole} \quad (121)$$

在搅拌下，将 TosMIC (5.37 g, 27.5 mmol) 和 K_2CO_3 (10.0 g, 72.3 mmol) 加入 2-甲氧基-4-硝基苯甲醛 (5.00 g, 27.5 mmol) 的 MeOH (50 mL) 溶液中。得到的棕色的悬浮液加热至回流 18 h 后，体系变为深棕色。降至室温，减压蒸去溶剂得到黑色的固体。加入 CH_2Cl_2 (50 mL) 和 H_2O (50 mL)，分出的水相用 CH_2Cl_2 (2 × 20 mL) 提取。合并有机相用 $MgSO_4$ 干燥后，再用活性炭和硅胶混合物脱色和过滤。滤液浓缩后，得到黄色的固体产物 (5.82 g, 96%)，mp 150~152 ℃。

例 五
3-氰基-4-(2,3-二氯)苯基-吡咯的合成[89]
(TosMIC 烯基衍生物的吡咯合成反应)

$$\text{ArCH=C(Ts)(NC)} + \text{NC-CH}_2\text{CO}_2\text{Et} \xrightarrow[93\%]{\text{NaOH, EtOH, rt, 1 h}} \text{3-CN-4-Ar-pyrrole} \quad (122)$$

在搅拌下，将 NaOH 粉末 (0.07 g, 1.8 mmol) 加入氰基乙酸乙酯 (0.23 g, 2.0 mmol) 的 EtOH (10 mL) 溶液中。10 min 后，将-1-异腈基-2-(2,3-二氯)苯基-1-对甲苯磺酰基乙烯 (0.53 g, 1.5 mmol) 加入体系中，室温下搅拌 1 h。反应结束后，将体系倒入冰水 (100 mL) 中，析出的固体经过滤、水洗及真空干燥后，再经过 DCM、石油醚混合溶剂重结晶，得到淡黄色固体 (0.33 g, 93%)，mp 152~153 ℃。

9 参考文献

[1] Van Leusen, A. M.; Strating, J. *Quart. Rep. Sulfur. Chem.* **1970**, *5*, 67.
[2] Schöllkopf, U.; Schröder, R.; Blume, E. *Justus Liebigs Ann. Chem.* **1972**, *766*, 130.
[3] Van Leusen, A. M.; Boerma, G. J. M.; Helmholdt, R. B.; Siderius, H.; Strating, J. *Tetrahedron Lett.* **1972**, *23*, 2367.
[4] Sisko, J.; Mellinger, M.; Sheldrake, P. W.; Baine, N. H. *Org. Synth.* **2000**, *77*, 198.
[5] Kamogawa, H.; Maeda, H. *Polym. Sci., J. Polym. Chem. Ed.* **1984**, *22*, 1393.
[6] Hundscheid, F. J. A.; Tandon, V. K.; Rouwette, P. H. F. M.; Van Leusen, A. M. *Tetrahedron* **1987**, *43*, 5073.
[7] (a) Van Leusen, D.; Van Leusen, A. M. *Org. React.* **2003**, *57*, 419. (b) Van Leusen, A. M.; van Leusen, D. *Encyclopedia of Reagents for Organic Synthesis*; Paquette, L. A. Ed.; Vol. 7, Wiley: New York, **1995**, p4973.
[8] (a) Yamada, T.; Motoyama, N.; Taniguchi, T.; Kazuta, Y.; Miyazawa, T.; Kuwata, S.; Matsumoto, K.; Sugiura, M. *Chemistry Lett.* **1987**, *4*, 723. (b) Ku, I. W.; Cho, S.; Doddareddy, M. R.; Jang, M. S.; Keum, G.; Lee, J. H.; Chung, B. Y.; Kim, Y. g; Rhim, H.; Kang, S. B. . *Bioorg. Med. Chem. Lett.* **2006**, *16*, 5244.
[9] (a) Krishna, P. R.; Dayaker, G.; Reddy, P. V. N. *Tetrahedron Lett.* **2006**, *47*, 5977. (b) Denmark, S, E.; Fan, Y. *J. Org. Chem.* **2005**, *70*, 9667.
[10] Vilsmaier, E.; Baumheier, R.; Lemmert, M. *Synthesis* **1990**, 995.
[11] Bordwell, F. G. *Acc. Chem. Res.* **1988**, *21*, 456.
[12] Yadav, J. S.; Reddy, P. S.; Joshi, B. V. *Tetrahedron* **1988**, *44*, 7243.
[13] Yamato, T.; Doamekpor, L. K.; Koizumi, K.; Kishi, K.; Haraguchi, M.; Tashiro, M. *Liebigs Ann. Chem.* **1995**, *7*, 1259.
[14] Magnus, P.; Danikiewicz, W.; Katoh, T.; Huffman, J. C.; Folting, K. *J. Am. Chem. Soc.* **1990**, *112*, 2465.
[15] Possel, O. Ph. D. Thesis, Groningen University, 1978.
[16] Atkins, J. M.; Vedejs, E. *Org. Lett.* **2005**, *7*, 3351.
[17] Possel, O.; Van Leusen, A. M. *Tetrahedron Lett.* **1977**, *18*, 4229.
[18] Rao, A. V. R.; Deshpande, V. H.; Reddy, S. P. *Synth. Commun.* **1984**, *14*, 469.
[19] Van Leusen, A. M.; Oosterwijk, R.; van Echten, E.; Van Leusen, D. *Recl. Trav. Chim., Pays. Bas.* **1985**, *104*, 50.
[20] Hanack, M.; Auchter, G. *J. Am. Chem. Soc.* **1985**, *107*, 5238.
[21] Van Leusen, D.; Van Leusen, A. M. *Tetrahedron Lett.* **1977**, *18*, 4233.
[22] Bell, R. P. L.; Verdijk, D.; Relou, M.; Smith, D.; Regeling, H.; Ebbers, E. J.; Leemhuis, F. M. C.; Oniciu, D. C.; Cramer, C. T.; Goetz, B.; Pape, M. E.; Krause, B. R.; Dasseux, J. L. *Bioorg. Med. Chem.* **2004**, *13*, 223.
[23] Koga, T.; Yasutake, M.; Shinmyozu, T. *Org. Lett.* **2001**, *3*, 1419.
[24] Shibahara, M.; Watanabe, M.; Iwanaga, T.; Ideta, K.; Shinmyozu, T. *J. Org. Chem.* **2007**, *72*, 2865.
[25] Johnson, D. W. *Chem. Phys. Lipids* **1990**, *56*, 65.
[26] Oldenziel, O. H.; Van Leusen, D.; Van Leusen, A. M. *J. Org. Chem.* **1977**, *42*, 3114.
[27] Bull, J. R.; Tuinman, A. *Tetrahedron* **1975**, *31*, 2151.
[28] Peterlin-Masic, L.; Jurca, A.; Marinko, P.; Jancar, A.; Kikelj, D. *Tetrahedron* **2002**, *58*, 1557.
[29] Carroll, F. I.; Hu, X. D.; Navarro, H. A.; Deschamps, J.; Abdrakhmanova, G. R.; Damaj, M. I.; Martin, B. R. *J. Med. Chem.* **2006**, *49*, 3244.
[30] Rauckman, E. J.; Rosen, G. M.; Abou-Donia, M. B. *J. Org. Chem.* **1976**, *41*, 564.
[31] Angibaud, P.; Saha, A. K.; Bourdrez, X.; End, D. W.; Freyne, E.; Lezouret, P.; Mannens, G.; Mevellec, L.; Meyer, C.; Pilatte, I.; Poncelet, V.; Roux, B.; Smets, G.; Van Dun, J.; Venet, M.; Wouters, W. *Bioorg. Med. Chem. Lett.* **2003**, *13*, 4361.
[32] Schuetz, J.; Windisch, P.; Kristeva, E.; Wurst, K.; Ongania, K. H.; Horvath, U. E. I.; Schottenberger, H.; Laus, G.; Schmidhammer, H. *J. Org. Chem.* **2005**, *70*, 5323.
[33] Van Leusen, D.; Van Leusen, A. M. *Recl. Trav. Chim., Pays. Bas.* **1991**, *110*, 402.
[34] Van Leusen, A. M.; Oomkes, P. G. *Synth. Commun.* **1980**, *10*, 399.
[35] Tsotinis, A.; Panoussopoulou, M.; Hough, K.; Sugden, D. *Eur. J. Pharm. Sci.* **2003**, *18*, 297.
[36] Yeh, V. S. C.; Patel, J. R.; Yong, H.; Kurukulasuriya, R.; Fung, S.; Monzon, K.; Chiou, W.; Wang, J.; Stolarik,

D.; Imade, H.; Beno, D.; Brune, M.; Jacobson, P.; Sham, H.; Link, J. T. *Bioorg. Med. Chem. Lett.* **2006**, *16*, 5414.
[37] Di Santo, R.; Tafi, A.; Costi, R.; Botta, M.; Artico, M.; Corelli, F.; Forte, M.; Caporuscio, F.; Angiolella, L.; Palamara, A. T. *J. Med. Chem.* **2005**, *48*, 5140.
[38] Pavri, N. P.; Trudell, M. L. *J. Org. Chem.* **1997**, *62*, 2649.
[39] Clayden, J.; Turnbull, R.; Pinto, I. *Org. Lett.* **2004**, *6*, 609.
[40] Li, Q.; Woods, K. W.; Wang, W.; Lin, N. H.; Claiborne, A.; Gu, W. Z.; Cohen, J.; Stoll, V. S.; Hutchins, C.; Frost, D.; Rosenberg, S. H.; Sham, H. L. *Bioorg. Med. Chem. Lett.* **2005**, *15*, 2033.
[41] Hocek, M.; Naus, P.; Pohl, R.; Votruba, I.; Furman, P. A.; Tharnish, P. M.; Otto, M. *J. Med. Chem.* **2005**, *48*, 5869.
[42] Smith, N. D.; Huang, D.; Cosford, N. D. P. *Org. Lett.* **2002**, *4*, 3537.
[43] Genda, Y.; Muro, H.; Nakayama, K.; Miyazaki, Y.; Sugita, Y. *Chem. Abstr.* **1987**, *107*, 198076y.
[44] DellErba, C.; Giglio, A.; Mugnoli, A.; Novi, M.; Petrillo, G.; Stagnaro, P. *Tetrahedron* **1985**, *51*, 5181.
[45] Uno, H.; Sakamoto, K.; Tominaga, T.; Ono, N. *Bull. Chem. Soc. Jpn.* **1994**, *67*, 1441.
[46] Terzidis, M.; Tsoleridis, C. A.; Stephanidou-Stephanatou, J. *Tetrahedron* **2007**, *63*, 7828.
[47] Misra, N. C.; Panda, K.; Ila, H.; Junjappa, H. *J. Org. Chem.* **2007**, *72*, 1246.
[48] de Leon, C. Y.; Ganem, B. *Tetrahedron* **1997**, *53*, 7731.
[49] Larionov, O. V.; de Meijere, A. *Angew. Chem., Int. Ed.* **2005**, *44*, 5664.
[50] (a) Woydziak, Z. R.; McDonagh, A. F.; Lightner, D. A. *Tetrahedron* **2006**, *62*, 7043; (b) Woydziak, Z. R.; Boiadjiev, S. E.; Norona, W. S.; McDonagh, A. F.; Lightner, D. A. *J. Org. Chem.* **2005**, *70*, 8417.
[51] Di Santo, R.; Costi, R.; Massa, S.; Artico, M. *Synth. Commun.* **1995**, *25*, 795.
[52] Zhuang, Y.; Hartmann, R. W. *Arch. Pharm. Pharm. Med. Chem.* **1999**, *332*, 25.
[53] Horne, D. A.; Yakushijin, K.; Buchi, G. *Heterocycles* **1994**, *39*, 139.
[54] Van Leusen, A. M.; Hoogenboom, B. E.; Siderius, H. *Tetrahedron Lett.* **1972**, *13*, 2369.
[55] Hundscheid, F. J. A.; Tandon, V. K.; Rouwette, P. H. F. M.; Van Leusen, A. M. *Tetrahedron* **1987**, *43*, 5073.
[56] Oldenziel, O. H.; Van Leusen, A. M. *Tetrahedron Lett.* **1974**, *15*, 163.
[57] Ito, Y.; Sawamura, M.; Hayashi, T. *J. Am. Chem. Soc.* **1986**, *108*, 6405.
[58] Motoyama, Y.; Kawakami, H.; Shimozono, K.; Aoki, K.; Nishiyama, H. *Organometallics* **2002**, *21*, 3408.
[59] Sawamura, M.; Hamashima, H.; Ito, Y. *J. Org. Chem.* **1990**, *55*, 5935.
[60] (a) Govoni, M.; Lim, H. D.; El-Atmioui, D.; Menge, W. M. P. B.; Timmerman, H.; Bakker, R. A.; Leurs, R.; De Esch, I. J. P. *J. Med. Chem.* **2006**, *49*, 2549. (b) Kitbunnadaj, R.; Hoffmann, M.; Fratantoni, S. A.; Bongers, G.; Bakker, R. A.; Wieland, K.; el Jilali, A.; De Esch, I. J. P.; Menge, W. M. P. B.; Timmerman, H.; Leurs, R. *Bioorg. Med. Chem.* **2005**, *13*, 6309.
[61] Solladie-Cavallo, A.; Quazzotti, S.; Colonna, S.; Manfredi, A.; Fischer, J.; DeCiaan, A. *Tetrahedron: Asymmetry* **1992**, *3*, 287.
[62] Oldenziel, O. H.; Van Leusen, A. M. *Tetrahedron Lett.* **1974**, *15*, 167.
[63] Krishna, P. R.; Reddy, V. V. R.; Sharma, G. V. M. *Synlett* **2003**, *11*, 1619.
[64] Saikachi, H.; Kitagawa, T.; Sasaki, H.; Van Leusen, A. M. *Chem. Pharm. Bull.* **1982**, *30*, 4199.
[65] Bull, J. A.; Balskus, E. P.; Horan, R. A. J.; Langner, M.; Ley, S. V. *Chem. Eur. J.* **2007**, *13*, 5515.
[66] Sasaki, H.; Kitagawa, T. *Chem. Pharm. Bull.* **1987**, *35*, 4747.
[67] Baumann, M.; Baxendale, I. R.; Ley, S. V.; Smith, C. D.; Tranmer, G. K. *Org. Lett.* **2006**, *8*, 5231.
[68] Van Nispen, S. P. J. M.; Mensink, C.; Van Leusen, A. M. *Tetrahedron Lett.* **1980**, *21*, 3723.
[69] Van Leusen, A. M.; Wildeman, J. *Synthesis* **1977**, 501.
[70] (a) Jacobi, P. A.; Egbertson, M.; Frechette, R. F.; Miao, C. K.; Weiss, K. T. *Tetrahedron* **1988**, *44*, 3327. (b) Jacobi, P. A.; Frechette, R. F. *Tetrahedron Lett.* **1987**, *28*, 2937.
[71] Van Nispen, S. P. J. M.; Bregman, J. H.; Van Engen, D. G.; Van Leusen, A. M.; Saikachi, H.; Kitagawa, T.; Sasaki, H. *Recl. Trav. Chim., Pays. Bas.* **1982**, *101*, 28.
[72] (a) Van Leusen, A. M.; Wildeman, J.; Oldenziel, O. H. *J. Org. Chem.* **1977**, *42*, 1153. (b) Beebe, X.; Gracias, V.; Djuric, S. W. *Tetrahedron Lett.* **2006**, *47*, 3225.
[73] Sisko, J.; Kassick, A. J.; Mellinger, M.; Filan, J. J.; Allen, A.; Olsen, M. A. *J. Org. Chem.* **2000**, *65*, 1516.
[74] Samanta, S. K.; Kylaenlahti, I.; Yli-Kauhaluoma, J. *Bioorg. Med. Chem. Lett.* **2005**, *15*, 3717.